煤炭院校特色应用型本科系列教材

MEITAN YUANXIAO TESE YINGYONGXING BENKE XILIE JIAOCAI

矿井地球物理勘探

邰振华　丁宝国　主编

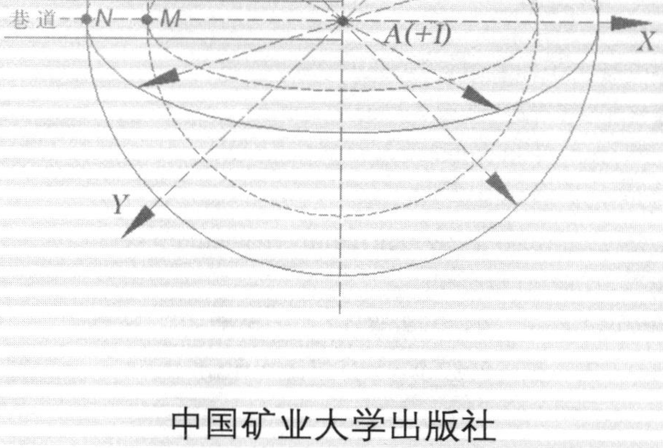

中国矿业大学出版社
·徐州·

内容提要

矿井地球物理勘探是煤矿井巷工程中运用的各种地球物理勘探技术的总称。本书主要涉及弹性波法、直流电法、电磁法三类代表性矿井地球物理勘探技术，首先简要介绍了矿井地球物理勘探基础知识，而后系统介绍了矿井地震勘探、瑞利波勘探、槽波地震勘探、矿井声波探测、矿井直流电法勘探、矿井瞬变电磁法勘探、电磁波透视探测及矿井地质雷达探测的基本原理与工作方法。每项技术配有实际勘探案例，以帮助学生理解与掌握相应知识。

本书可供资源勘查工程专业及相关专业本科生使用，也可供矿井现场工作人员参考。

图书在版编目(CIP)数据

矿井地球物理勘探 / 郜振华，丁宝国主编. — 徐州：中国矿业大学出版社，2022.11

ISBN 978-7-5646-5399-6

Ⅰ.①矿… Ⅱ.①郜… ②丁… Ⅲ.①矿井—地球物理勘探 Ⅳ.①P631

中国版本图书馆 CIP 数据核字(2022)第 081024 号

书　　名	矿井地球物理勘探
主　　编	郜振华　丁宝国
责任编辑	潘俊成
出版发行	中国矿业大学出版社有限责任公司 (江苏省徐州市解放南路　邮编 221008)
营销热线	(0516)83884103　83884995
出版服务	(0516)83995789　83884920
网　　址	http://www.cumtp.com　**E-mail**:cumtpvip@cumtp.com
印　　刷	江苏淮阴新华印务有限公司
开　　本	787 mm×1092 mm　1/16　**印张** 18.25　**字数** 467 千字
版次印次	2022 年 11 月第 1 版　2022 年 11 月第 1 次印刷
定　　价	46.00 元

(图书出现印装质量问题，本社负责调换)

《矿井地球物理勘探》
编写人员名单

主　编　邰振华　丁宝国

副主编　曲　跃　王连元

参　编　李东林　姜龙龙　潘永恒

前　言

煤炭是我国的主要能源，巨大的消耗需求催动着煤炭的大量开采，这使得优势地质条件下的煤炭资源量锐减。在此背景下，我国煤炭开发已逐渐走向深部、走向成煤模式与开采条件复杂区。水害、采空区、煤与瓦斯突出、冲击地压等对煤矿的安全生产构成威胁，预测与治理不当可造成严重的人员伤亡与巨大的经济损失。为此，利用正确、高效的探测方法实现地质条件的准确预测、地质灾害的准确预警，符合煤矿生产的迫切需求。

煤矿生产需要及时、准确预测的地质条件主要包括，采动影响范围内的小断层与褶曲、陷落柱、煤层的风化与产状变化带、煤层厚度变化带、岩浆岩侵入体、溶洞、采空区积水区域、导(含)水通道等。这些地质异常体往往规模较小，无法完全依靠传统地质学方法、数学地质统计预测方法查明，也不能依靠钻探实现连续性探测。同时，这些地质异常体的深度较大，受制于地球物理勘探的体效应，地面高分辨率三维地震勘探、高精度电磁勘探技术均无法胜任此类精细化超前探测任务。矿井地球物理勘探以煤层及其顶底板围岩为主要研究对象，探测巷道掘进或开采过程中可能遇到的煤层产状变化、断层、陷落柱、采空区积水、围岩松动、顶板冒落等地质问题，从而可为煤矿的安全与高效生产提供可靠资料。只有将地球物理勘探工作移入井下，才能缩小与地质异常体的距离，突出相应地质异常的特征，从而更好地解决煤矿生产过程中面临的地质问题。

基于探测目标物理性质的不同，形成了弹性波法、直流电法、电磁法3类常用的矿井地球物理勘探技术：① 弹性波法主要包括井下折射波法、井下反射波法、地震CT技术、矿井地震超前探测技术、瑞利波勘探法、槽波地震勘探法等矿井地震勘探技术，也包括矿井岩体声波探测与微地震技术；② 直流电法主要包括巷道顶底板电测深法、巷道层测深法、矿井电剖面法、矿井高密度电阻率法、矿井直流透视法、矿井直流电法超前探测技术；③ 电磁法主要包括矿井瞬变电磁法、电磁波透视法、矿井地质雷达探测技术。

矿井地球物理勘探属于地球物理勘探类专业课的后继课程。为了有效衔接前后课程内容，帮助读者理解矿井地球物理勘探技术体系，本书首先简述了岩(矿)石的物理性质、地震波运动学基础知识、矿井直流电场的全空间理论、电磁场基础知识，而后系统介绍了上述常用矿井地球物理勘探技术的基本原理、施工方法及实际案例。

本教材由郃振华、丁宝国任主编，曲跃、王连元任副主编，李东林、姜龙龙、潘永恒参编。编写分工为：黑龙江科技大学郃振华编写第1、2章，黑龙江龙煤矿业控股集团有限责任公司李东林编写第3章，黑龙江龙煤矿业控股集团有限责任公司丁宝国编写第4章，黑龙江科技大学王连元编写第5章，黑龙江科技大学曲跃编写第6、7章，黑龙江龙煤矿业控股集团有限责任公司姜龙龙编写第8章，黑龙江龙煤矿业控股集团有限责任公司潘永恒编写第9章。全书的统稿、定稿工作由郃振华完成。

需要说明的是，本书引用了刘天放、刘盛东、刘树才、于景邨、刘志新等众多学者的文献，在此表示衷心感谢。

限于编者水平，书中难免存在不足之处，敬请专家、同行及广大读者指正。

编　者

2022年7月

目　录

第 1 章　矿井地球物理勘探基础知识

矿井地球物理勘探以岩石、矿石(或地层)与其围岩的物理性质差异为物质基础,以煤层及其围岩作为主要研究对象,用专用的仪器设备观测和研究人工形成或天然存在的物理场的变化规律,进而探测出煤层掘进或开采过程中可能遇到的断层、陷落柱、采空区积水等矿井地质异常,从而为煤矿的安全、高效生产提供可靠的矿井地球物理勘探技术资料。为此,本章主要介绍表征岩(矿)石物理性质的密度、地震波传播速度(简称波速)、磁学性质、电学性质及各自的影响因素,同时给出有关物理参数的测试方法,并介绍电磁波与地震波的基本理论。

1.1　岩(矿)石的物理性质

1.1.1　岩(矿)石的密度及其影响因素

各种岩(矿)石的密度是有差异的,大量的测定和许多研究结果表明,决定岩(矿)石密度的主要因素是:① 岩(矿)石的成分及其含量;② 岩(矿)石中的孔隙直径及孔隙中的充填物体积百分含量;③ 岩(矿)石所受的压力;④ 岩(矿)石的埋藏深度及地质条件。常见岩(矿)石的密度见表 1-1-1。

表 1-1-1　常见岩(矿)石的密度　　单位:g/cm^3

岩(矿)石的名称	岩(矿)石的密度	岩(矿)石的名称	岩(矿)石的密度	岩(矿)石的名称	岩(矿)石的密度
钨酸钙矿	5.9～6.2	铝矾土	2.4～2.5	云母片岩	2.5～3.0
锰矿	3.4～6.0	钾盐	1.9～2.0	千枚岩	2.7～2.8
赤铁矿	4.5～5.2	纯橄榄岩	2.5～3.3	大理岩	2.6～2.9
磁铁矿	4.8～5.2	橄榄岩	2.6～3.6	白云岩	2.4～2.9
黄铁矿	4.9～5.2	玄武岩	2.6～3.3	石灰岩	2.3～3.0
磁黄铁矿	4.3～4.8	辉长岩	2.7～3.4	页岩	2.1～2.8
铬铁矿	3.2～4.4	安山岩	2.5～2.8	砂岩	1.8～2.8
黄铜矿	4.1～4.3	辉绿岩	2.9～3.2	黏土	1.5～2.2
重晶石	4.4～4.7	花岗岩	2.4～3.1	表土	1.1～2.0
刚玉	3.9～4.0	石英岩	2.6～2.9	褐煤	1.1～1.3
硬石膏	2.7～3.0	流纹岩	2.3～2.7	烟煤	1.2～1.5
石膏	2.2～2.4	片麻岩	2.4～2.9	无烟煤	1.4～1.8

岩浆岩的密度主要由矿物成分的密度及含量决定。当从酸性岩向基性岩过渡时，密度随岩石中铁镁暗色矿物含量的增加而变大。此外，成岩过程中的冷凝、结晶分异作用也会造成不同岩相带岩石的密度差异；不同成岩环境（如侵入与喷发等）也会造成同一岩类存在较大的密度差异。

通常，沉积岩的密度主要取决于孔隙率。沉积岩一般具有较大的孔隙率，例如砂岩的孔隙率为30%～40%，黏土岩的孔隙率甚至可达50%。干燥沉积岩的密度随孔隙率减小而线性增大；孔隙中如有充填物，则充填物的成分（如水、油、气等）及被充填孔隙占全部孔隙的比例也明显影响沉积岩的密度。此外，随着成岩时代的推移及埋深的加大，上覆岩层对下伏岩层的压力加大，这种压实作用也会使密度变大。

变质岩的密度与矿物成分、矿物含量和孔隙率均有关，主要取决于变质作用的类型和变质程度。通常，区域变质作用会使变质岩的密度大于原岩的密度。变质作用有助于岩石孔隙的充填并使岩石以致密的形式再结晶，所以它们的密度往往随变质程度的加深而增大。因此，经过变质的沉积岩，如大理岩、板岩和石英岩等，通常比原生的石灰岩、页岩及砂岩致密。对于经过变质的岩浆岩，变质程度较高的片麻岩、麻粒岩等的密度要比变质程度较低的千枚岩、石英片岩等的密度大。如果受动力变质作用，那么岩石密度会因原岩结构遭受破坏、矿物被压碎而减小；但同时原岩发生硅化、碳酸盐化以及重结晶等作用，又会使岩石密度大于原岩的。由于变质作用的复杂性，变质岩密度的变化很不稳定，遇到具体情况时需要具体分析。

1.1.2 岩(矿)石中的波速及其影响因素

1.1.2.1 *岩(矿)石中的波速*

若岩（矿）石的弹性性质不同，则地震波在其中的传播情况不同。地震勘探就是利用这种差异来研究地下地质构造的。地震波在不同岩（矿）石中的传播速度取决于岩（矿）石的弹性常数和密度。岩（矿）石中地震波的纵波速度和横波速度分别为：

$$v_{\mathrm{P}}=\sqrt{\frac{\lambda+2G}{\rho}}=\sqrt{\frac{E(1-\mu)}{\rho(1+\mu)(1-2\mu)}} \tag{1-1-1}$$

$$v_{\mathrm{S}}=\sqrt{\frac{G}{\rho}}=\sqrt{\frac{E}{2\rho(1+\mu)}} \tag{1-1-2}$$

式中 v_{P}——纵波速度；

v_{S}——横波速度；

λ、G——岩（矿）石的拉梅常数（G 又称剪切模量）；

E——岩（矿）石的弹性模量；

μ——岩（矿）石的泊松比；

ρ——岩（矿）石的密度。

通常，岩浆岩中的波速大于变质岩和沉积岩的，变化范围最小。变质岩中波速的变化范围略大。沉积岩中的波速最小，但因沉积岩结构复杂，其波速影响因素众多，沉积岩中波速的变化范围最大。根据大量的资料统计，各种介质中的纵波速度见表1-1-2。

表 1-1-2　各种介质中的纵波速度

介质	纵波速度 v_P/(m/s)	介质	纵波速度 v_P/(m/s)
砾岩、碎石、干砂	200～800	泥质页岩	2 700～4 100
砂质黏土	300～900	石灰岩、致密白云岩	2 500～6 100
湿砂	600～800	石膏、硬石膏	3 500～4 500
黏土	1 200～2 500	泥灰岩	2 000～3 500
疏松岩石	1 800～4 000	冰	3 100～3 600
煤	1 800～2 400	盐岩	4 200～5 500

1.1.2.2　岩(矿)石中波速的影响因素

(1) 孔隙率及孔隙充填物

大多数沉积岩可视为双相介质，即岩(矿)石中的实际波速由岩(矿)石基质、孔隙率及孔隙充填物等因素决定。前人提出的时间平均方程可用于描述岩(矿)石中的波速与孔隙率的关系：

$$\frac{1}{v}=\frac{1-c'\varphi}{v_{\mathrm{rm}}}+\frac{c'\varphi}{v_{\mathrm{pf}}} \tag{1-1-3}$$

式中　v——岩(矿)石中的波速；

v_{rm}、v_{pf}——岩石骨架和孔隙流体中的波速；

φ——岩(矿)石的孔隙率；

c'——压差调节系数。

当流体压力等于岩(矿)石压力的一半，岩(矿)石压力相当于埋深 1 700 m，岩石承受的压力为 4.13×10^{7} Pa 时，c'值约为 0.85。孔隙充填物不同，波速有明显差异。另外，当 $c'=1$ 时，式(1-1-3)可转化为双相介质岩(矿)石的常规波速公式。

(2) 密度

岩石孔隙率的变化，意味着岩石密度的变化。岩石孔隙率与密度呈反比例关系，即孔隙率增大，密度变小。它们一般呈线性关系，其经验公式为：

$$\rho'=\rho'_{\mathrm{pf}}\varphi+(1-\varphi)\rho'_{\mathrm{rm}} \tag{1-1-4}$$

式中　ρ'——岩石的密度；

ρ'_{rm}——岩石骨架的密度；

ρ'_{pf}——孔隙充填物的密度。

依据实测资料，不同地区、不同岩石能总结出不同经验公式。以某矿区的灰岩和砂页岩为例，其波速和密度呈正相关关系：

$$v=6\rho'-11 \tag{1-1-5}$$

式中，v 的单位是 km/s，ρ 的单位是 g/cm^3。

大量岩石样品测试结果表明，加德纳公式能更好地反映纵波速度与岩石密度的关系，普适性更强：

$$\rho' = 0.31 \times v_P^{\frac{1}{4}} \tag{1-1-6}$$

式中，v_P 的单位为 m/s，ρ' 的单位是 g/cm³。

图 1-1-1 所示是岩石中波速与岩石密度的关系曲线。由图 1-1-1 可以看出，式(1-1-6)对砂岩、泥岩、石灰岩、白云岩等比较适用，对盐岩和硬石膏的偏差大一些，不过地层中所含盐岩和硬石膏的厚度百分比不太大，加德纳公式是可以使用的。图 1-1-2 显示了某地区各时代地层中的波速与岩石密度和埋藏深度的关系。由图 1-1-2 可见，地层中的波速随岩石密度的增大而增大。

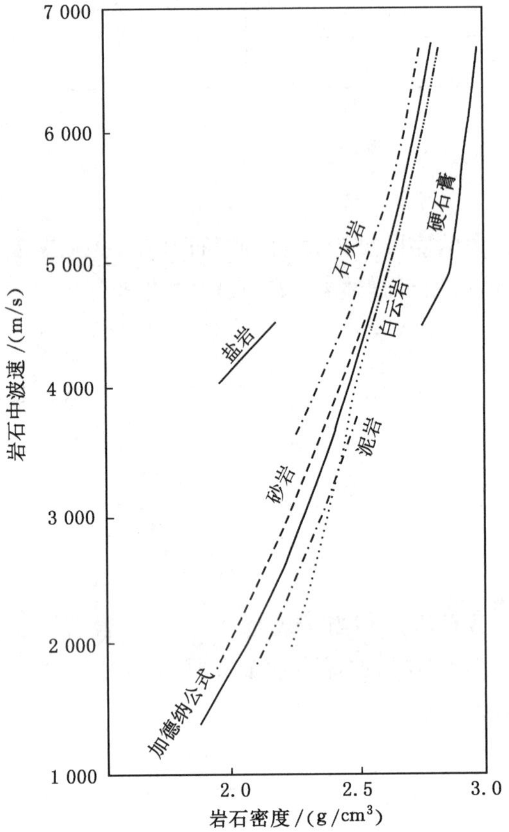

图 1-1-1　岩石中波速与岩石密度的关系曲线

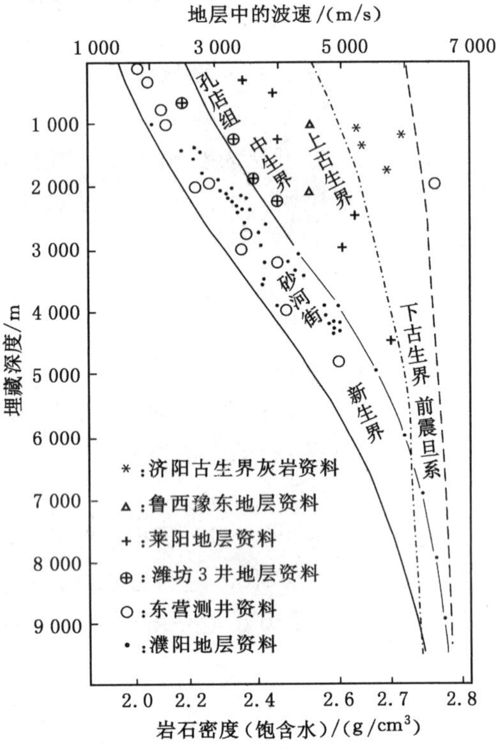

图 1-1-2　某地区各时代地层中的波速与岩石密度和埋藏深度的关系示意
（由于岩石的压实作用，6 000 m 埋深以下地层的密度差很小）

(3) 埋藏深度

实际资料表明，在岩石性质和地质年代相同的情况下，地层中的波速随埋藏深度的增加而增大(图 1-1-2)。其主要原因是来自上覆地层的压力变大，即压实作用所致。

(4) 构造和地质年代

实际资料表明，埋深相同、成分相似的岩石，地质年代不同，波速也不同。古老岩石中的波速比年轻岩石中的大。波速与构造的关系，在不同地区有不同的表现。在强烈地槽褶皱区，经常观测到波速增大的现象；而在隆起的顶部，则发现波速减小。一般来说，波速随构造应力的增大而增大。此外，构造应力的方向不同，地震波沿不同方向传播的速度也不同。

(5) 温度

波速随温度的变化规律不显著，温度每升高 100 ℃，波速一般减小 5%～6%(图 1-1-3)。

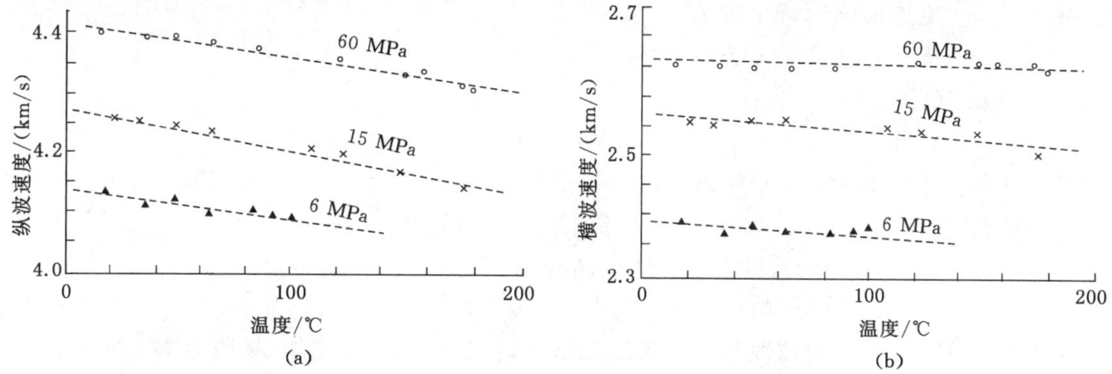

图 1-1-3　波速与温度的关系

1.1.2.3　沉积岩中波速的一般分布规律

① 沉积岩中波速的空间分布规律取决于沉积层序及岩性特点。沉积岩的基本特点是成层分布。根据不同的沉积条件，可以将整个地质剖面分为若干层，不同层位中的波速不同。因此，波速的成层分布是沉积岩层的基本特点，也正是地震勘探的有利前提。

② 波速与埋藏深度和地质年代有关，这个关系基本上是平滑变化的。所有因素的共同作用使波速具有方向性，即波速随着埋藏深度的增加而加大。速度的垂直梯度随埋藏深度的增加而减小。

③ 地质构造与沉积岩相的变化，也会引起波速在水平方向上的变化。一般来说，波速的水平梯度不大，但在要求细致地处理和解释资料时，也应该注意波速的水平梯度。

此外，构造破坏(如断层、陷落柱等)可以引起波速的突变，地层中的不整合及地层尖灭现象都会显著影响波速的水平梯度。

1.1.3　岩(矿)石的磁学性质

1.1.3.1　表征磁性的物理量

(1) 磁化强度和磁化率

若均匀无限磁性介质受外部磁场(其磁场强度记为 H)的作用，衡量物质被磁化的强度以磁化强度 M 表示，则磁化强度与磁场强度(简称场强)的关系为：

$$M=\kappa H \tag{1-1-7}$$

式中　κ——物质的磁化率，表征物质受磁化的难易程度。

磁化率无量纲，在 SI(国际单位制)中用 SI(κ)表示，在 CGSM(绝对电磁单位制)中用 CGSM(κ)表示，两者的关系为 1 SI(κ)＝CGSM(κ)×1/(4π)。在这两种单位制中，磁化强度的单位分别是 A/m、CGSM(m)，两者的关系是 1 A/m＝10^{-3}×CGSM(m)。在国际单位制中，磁化强度和磁场强度的单位相同，均为 A/m；在绝对电磁单位制中，磁化强度用高斯

(Gs)作单位,磁场强度用奥斯特(Oe)作单位。

(2) 磁感应强度和磁导率

在各向同性磁介质内部任意点上,磁化场(场强为 H)在该点产生的磁感应强度为:

$$B = \mu H \tag{1-1-8}$$

式中 B——磁感应强度,T;

μ——介质的磁导率,H/m。

若介质为真空,则:

$$B = \mu_0 H \tag{1-1-9}$$

式中 μ_0——真空磁导率,$\mu_0 = 4\pi \times 10^{-7}$ H/m。

相对磁导率 $\mu_r = \mu/\mu_0$,$\kappa = \mu_r - 1$,结合式(1-1-8)和式(1-1-9)可得:

$$\begin{aligned} B &= \mu_0 \mu_r H = \mu_0 H + \mu_0(\mu_r - 1)H = \mu_0(1+\kappa)H \\ &= \mu_0(H + M) \end{aligned} \tag{1-1-10}$$

式(1-1-10)表示物质磁性与外磁场的关系。显然,在同一外磁场(场强为 H)的作用下,与真空空间相比,在被磁介质充填的空间内,B 增加了 κH 项(介质受磁化后产生的附加场),其大小与介质的磁化率成正比。μ 和 μ_0的关系为:

$$\mu = \mu_0(1+\kappa) \tag{1-1-11}$$

(3) 感应磁化强度和天然剩余磁化强度

岩石圈中的地质体处于约 0.5×10^{-4} T 的地球磁场作用下,受现代地磁场的磁化而具有的磁化强度,叫感应磁化强度(M_i):

$$M_i = \kappa T \tag{1-1-12}$$

式中 T——地磁场总强度;

κ——岩(矿)石的磁化率,取决于岩(矿)石的性质。

岩(矿)石在生成时就受当时地磁场的磁化,成岩后经历漫长的地质年代,保留下来的磁化强度,称作天然剩余磁化强度 M_r,它与现代地磁场无关。因此,岩石的总磁化强度 M 由感应磁化强度与天然剩余磁化强度两部分组成,即

$$M = M_i + M_r = \kappa T + M_r \tag{1-1-13}$$

1.1.3.2 岩(矿)石磁性的影响因素与特征

(1) 岩(矿)石磁性的主要影响因素

① 铁磁性矿物的含量

岩(矿)石是由矿物组成的,逆磁性矿物的磁化率 κ 近似为零,顺磁性矿物的最大磁化率也只有 $0.06 \times 4\pi$ SI(κ),而铁磁性矿物特别是磁铁矿的磁化率竟达 $1.22 \times 4\pi$ SI(κ)。因此,岩(矿)石中铁磁性矿物的含量是影响岩(矿)石磁性的主要因素。一般说来,铁磁性矿物的含量越高,岩(矿)石的磁化率越大,但两者之间并不是简单的正比关系,而是服从某种统计的相关关系。另外,只有铁磁性矿物能够形成天然剩余磁性。因此,岩(矿)石中是否含有铁磁性矿物也就决定了它是否具有天然剩余磁化强度。

② 铁磁性矿物颗粒的大小与岩(矿)石的结构

通常,岩(矿)石中铁磁性矿物颗粒越小,岩(矿)石的磁化率越小,但矫顽磁力增强。此外,颗粒的形状对岩(矿)石的磁性也有一定影响。如果颗粒为长轴状且整齐排列(如片理状或条带状构造),则沿片理或条带方向的磁化率较垂直此方向者更强,从而使岩(矿)石的磁

化率呈各向异性。

③ 岩(矿)石形成过程中的冷却速度和机械力

岩(矿)石在地壳中从高温状态冷却的速度不一致,会引起磁性差异。喷出岩冷却很快,能保留较大的天然剩余磁化强度。此外,当受到机械力作用时,岩(矿)石可产生内应力,其矫顽磁力与内应力成正比,而矫顽磁力越大,往往天然剩余磁化强度也越大。

上述影响因素主要是在实验室发现的,需要解释自然界一些岩(矿)石的磁性特点时,须结合具体地质条件综合考虑。

(2) 各类岩石磁性的一般特征

地壳中的岩石可分为沉积岩、岩浆岩及变质岩三大类。一般说来,岩浆岩磁性最强,沉积岩磁性最弱,变质岩则介于这两者之间。变质岩的磁性取决于原岩的磁性。表 1-1-3 显示了常见岩石的磁性。

表 1-1-3　常见岩石的磁性

岩石类型	岩石名称	磁化率/[$4\pi\times10^{-6}$SI(κ)]	
		变化范围	最常见值
沉积岩	白云岩	0～75	10
	灰岩	2～280	25
	砂岩	0～1 660	30
	页岩	5～1 480	50
岩浆岩	花岗岩	0～4 000	200
	流纹岩	20～300	
	辉绿岩	80～13 000	4 500
	斑岩	20～16 700	5 000
	玄武岩	20～14 500	6 000
	闪长岩	50～10 000	7 000
	辉岩		10 500
	橄榄岩	7 600～15 600	13 000
	安山岩		13 500
变质岩	片岩	25～240	120
	千枚岩		130
	片麻岩	10～2 000	
	石英岩		350
	蛇纹岩	250～1 400	
	板岩	0～3 000	500

① 沉积岩的磁性

如果沉积岩不含铁质,可以认为其磁化率接近于零。在含有少量铁质时,κ 值有所增大。剥蚀地区的沉积岩,通常具有较大的 κ 值。通常,砾岩和砂岩因颗粒较粗,形成时又靠近剥蚀地区，故磁化率稍大。然而，泥灰岩、石灰岩等的磁化率可忽略不计。沉积岩的 M_i 一般很小，M_r 更小，但对古地磁研究均具有一定价值。

② 岩浆岩的磁性

岩浆岩依据产出状态，可分为侵入岩和喷出岩。a. 不同种类的侵入岩，其 κ 的平均值随岩石基性的增强而增大。它们的磁化率具有数值分布范围大的共性特征。b. 超基性岩是磁性最强的岩浆岩，在经受蛇纹石化时，辉石被分解形成蛇纹石和磁铁矿，从而使磁化率急剧增大。c. 基性岩与中性岩的磁性弱于超基性岩。d. 花岗岩建造的侵入岩，普遍呈现铁磁-顺磁性，磁化率不高。e. 喷出岩在化学和矿物成分上与同类侵入岩相近，磁化率的一般特征相同。喷出岩迅速且不均匀地冷却，结晶速度快，从而使磁化率离散性变大。f. 岩浆岩具有明显的天然剩余磁性，其 $Q(Q=M_r/M_i)$ 称作柯尼希斯贝格比。不同岩石群组的 Q 值范围为 0～10 或更大。

③ 变质岩的磁性

变质岩的磁性取决于原岩的磁性。如正片麻岩的磁性接近于花岗岩的磁性，副片麻岩的磁性接近于泥砂质岩石的磁性。纯大理岩和石英岩的磁性很弱，千枚岩的磁性稍强。当变质岩含有大量铁质时，其磁性极强，如含铁石英岩、磁铁石英片麻岩等具有很强的感应磁化强度和天然剩余磁化强度。蛇纹岩、角闪岩等有时也具有较强磁性。

1.1.3.3 岩(矿)石的剩余磁性

(1) 热剩磁

在恒定磁场作用下，岩石的温度从居里点以上逐渐冷却到居里点以下，在通过居里点时受磁化所获得的剩余磁性称为热剩磁。热剩磁不仅很强，而且特别稳定。在常温下，只要环境温度略有增加或使用一定强度的交变磁场，从磁场中获得的等温剩磁就可以消失。但在磁场中经高温冷却所获得的热剩磁，即使用很强的交变磁场，往往也不能完全退掉该剩磁。岩浆岩的剩余磁性主要属于热剩磁，比较稳定。

(2) 碎屑剩磁

沉积岩中含有由母岩风化剥蚀产生的碎屑颗粒，其中的磁性颗粒受当时的地磁场作用，会沿地磁场方向定向排列，或者这些磁性颗粒在沉积物的含水孔隙中转向地磁场方向。这种排列经沉积、压实、脱水后长期保存在沉积岩中，所形成的磁性称为碎屑剩磁。

(3) 化学剩磁

在居里点以下的某一温度条件下，化学作用(如氧化作用等)使得磁性颗粒直径增大或把原来的矿物变为新矿物。在此过程中，受当时地磁场作用获得的剩磁称为化学剩磁。

(4) 黏滞剩磁

岩石生成之后，长期处在地球磁场的作用下。随时间的推移，其中原来定向排列的磁畴逐渐地弛豫到磁场作用的方向，这一过程中所形成的剩磁称为黏滞剩磁。

(5) 等温剩磁

在没有加热的常温情况下，岩石因受外部磁场的作用(比如闪电作用)而获得的剩余磁性称为等温剩磁。这种剩磁是不稳定的，它的大小和方向随着外磁场的大小和方向的变化而变化。

1.1.4 岩(矿)石的电学性质

电阻率是表征岩石和煤性质的重要物理参数。岩石和煤的电阻率不同程度地依赖于它们的成分、结构、所含水分等因素，并随着影响因素的改变而在较大范围内变化。因此，在一定的地质条件下，可以通过测定岩石或煤的电阻率来解决煤矿生产中遇到的许多地质问题。

1.1.4.1　岩(矿)石的电阻率

(1) 电阻率的基本概念

自然界的各类岩石和矿物都具有一定的导电性，通常用电阻率或电导率来描述，二者互为倒数。根据物理学定义，当电流通过长度为 L、横截面积为 S 的柱状均匀介质时，电阻 R 的表达式为：

$$R = \rho \frac{L}{S} \tag{1-1-14}$$

式中　ρ——介质的电阻率，它在数值上等于单位横截面积、单位长度介质的电阻，其单位为 $\Omega \cdot m$。

电阻率越低，物质的导电性越好；反之，导电性越差。

(2) 矿物的导电方式

① 固体矿物的导电方式

固体矿物主要借助于自由电子导电。由于矿物的内部分子结构不同，导电性的差异也是很大的(表 1-1-4)。

表 1-1-4　主要矿物的电阻率

矿物名称	$\rho/(\Omega \cdot m)$	矿物名称	$\rho/(\Omega \cdot m)$	矿物名称	$\rho/(\Omega \cdot m)$
石油	$10^9 \sim 10^{16}$	硬石膏	$10^1 \sim 10^{10}$	无烟煤	$10^{-4} \sim 10^{-2}$
云母	$10^{14} \sim 10^{15}$	煤	$10^2 \sim 10^6$	黄铁矿	$10^{-4} \sim 10^{-3}$
盐岩	$10^{14} \sim 10^{15}$	菱铁矿	$10^0 \sim 10^3$	褐铁矿	$10^6 \sim 10^8$
钾盐	$10^{13} \sim 10^{15}$	软锰矿	$10^0 \sim 10^3$	闪锌矿	$10^3 \sim 10^6$
硫黄	$10^{12} \sim 10^{15}$	白铁矿	$10^{-2} \sim 10^0$	赤铁矿	$10^{-3} \sim 10^6$
石英	$10^{12} \sim 10^{15}$	镍铁矿	$10^{-2} \sim 10^{-1}$	方铅矿	$10^{-3} \sim 10^0$
长石	$10^{11} \sim 10^{12}$	黄铜矿	$10^{-3} \sim 10^{-1}$	磁黄铁矿	$10^{-6} \sim 10^{-3}$
白云母	$10^{10} \sim 10^{12}$	辉铜矿	$10^{-3} \sim 10^0$	石墨	$10^{-6} \sim 10^{-4}$
方解石	$10^7 \sim 10^{12}$	磁铁矿	$10^{-4} \sim 10^{-2}$	锡石	$10^{-3} \sim 10^6$

a. 电子导电：石墨、无烟煤及大多数金属硫化物主要依靠内部大量的自由电子传导电流，这种导电方式称为电子导电。在不存在外电场的情况下，介质内部的自由电子呈不规则运动，沿各个方向运动的概率相同，故总的来看，介质内部不显出电荷的定向运动，即没有电流；当存在外电场时，自由电子趋于反电场方向运动，导体内出现电流，导电性强。其中，常见的自然金和自然铜的电阻率最低，自然金的电阻率为 $2 \times 10^{-8}\ \Omega \cdot m$，自然铜的电阻率为 $1.2 \times 10^{-8} \sim 3.0 \times 10^{-7}\ \Omega \cdot m$；由于石墨、无烟煤等含有大量的自由电子，故它们的电阻率非常低，一般小于 $10^{-2}\ \Omega \cdot m$，是良导电体。实际上，自然金和自然铜在自然界是分散分布的，只有石墨在电法勘探中可以遇到。

b. 半导体导电：绝大部分金属硫化物和金属氧化物的导电方式属于半导体导电，因能参与导电的电子数目较少，故这些矿物的电阻率高于电子导体的。自然界中半导体矿物的性质多半与所含杂质的种类和含量有关，有时微量的杂质便可使半导体的导电性提高几个级次。因此，半导体矿物的电阻率常有较大的变化范围，通常在 $10^{-6}\sim10^{6}$ Ω·m 之间。

c. 晶体离子导电：绝大多数造岩矿物，如石英、长石、云母、方解石等，都属于晶体离子导电，导电性极其微弱，电阻率都相当高(大于 10^{6} Ω·m)。致密坚硬的火成岩、白云岩、石灰岩等几乎不含水，而含有的矿物多为晶体离子导电，故电阻率很高，属于劣导电体。

② 孔隙水的导电方式

几乎所有的天然岩石都或多或少地含有水分。这些存在于岩石裂隙或孔隙中的水(本书统称孔隙水)影响着岩(矿)石的导电性。纯蒸馏水的导电性极差，近似绝缘体。然而，天然岩石中的孔隙水含有各类盐分(电解质)，构成电解液。在外加电场的作用下，水溶液中的正离子(如 Na^{+}、K^{+}、Ca^{2+} 等)和负离子(如 Cl^{-}、SO_4^{2-} 等)发生定向运动而传导电流，这种导电方式称为孔隙水的离子导电。离子导电的电阻率与其载流子(离解的正、负离子)的浓度和迁移率成反比。通常，岩石孔隙水溶液中离解的正、负离子的浓度和迁移率都远大于造岩矿物(固体电解质)中填隙离子或空格点的浓度和迁移率。因此，孔隙水的电阻率通常远小于造岩矿物的。大量实测资料证明，岩石孔隙水的电阻率很少超过 100 Ω·m，通常在 1～10 Ω·m之间。

(3) 常见岩石的电阻率

表 1-1-5 给出了常见岩石的电阻率。通常，岩浆岩的电阻率最高，变化范围为 $10^{2}\sim10^{5}$ Ω·m，如花岗岩、闪长岩、玄武岩等。变质岩中的结晶片岩、片麻岩、大理岩、石英岩等的电阻率一般为 $10^{2}\sim10^{6}$ Ω·m，而泥质板岩则稍低，一般为 $10^{1}\sim10^{3}$ Ω·m。沉积岩的固体骨架一般由导电性差的造岩矿物组成，所以沉积岩的电阻率主要取决于孔隙水溶液的离子导电，电阻率偏低，其中土壤、黏土、亚黏土等的电阻率为 $10^{-1}\sim10^{1}$ Ω·m，砂岩的一般为 $10^{-1}\sim10^{3}$ Ω·m，石灰岩电阻率略高，一般为 $10^{2}\sim10^{5}$ Ω·m。

表 1-1-5　常见岩石的电阻率

岩石名称	ρ/(Ω·m)	岩石名称	ρ/(Ω·m)	岩石名称	ρ/(Ω·m)
黏土	$10^{-1}\sim10^{1}$	白云岩	$5\times10^{1}\sim6\times10^{3}$	花岗岩	$10^{2}\sim10^{5}$
砂岩	$10^{-1}\sim10^{3}$	片麻岩	$10^{2}\sim10^{4}$	大理岩	$10^{2}\sim10^{5}$
砾岩	$2\times10^{1}\sim2\times10^{2}$	石灰岩	$10^{2}\sim10^{5}$	石英岩	$10^{3}\sim10^{5}$
页岩	$6\times10^{1}\sim10^{3}$	玄武岩	$10^{2}\sim10^{5}$	硬石膏	$10^{4}\sim10^{6}$

(4) 影响岩石电阻率的因素

① 岩石电阻率与成分和结构的关系

多数岩石由均匀相连的胶结物和不同形状的矿物颗粒组成。因此，岩石电阻率与组成岩石矿物的电阻率、含量及分布有关。当岩石含有良导电矿物时，矿物导电性对岩石电阻率的影响取决于良导电矿物的分布和含量。如果岩石中的良导电矿物颗粒彼此隔离分布且体积含量不大，那么岩石电阻率与所含良导电矿物的关系很小。只有良导电矿物的体积含量较大(大于 30%)时，岩石电阻率才会随良导电矿物体积含量的增大而逐渐减小。但是，如果良导电矿物的电连通性较好，即使它们的体积含量不大，岩石电阻率也会随良导电矿物含量的增加而急剧减小。

② 岩石电阻率与含水性的关系

沉积岩主要依靠孔隙水传导电流，因而岩层水的导电性质直接影响岩层电阻率。在其他条件相同的情况下，岩层电阻率与岩层水的电阻率成正比。影响岩层水的导电性的主要因素是岩层水中离子的浓度和温度。煤田中常见的岩层水属于中低浓度水。岩层水的含盐浓度增大，离子数量随之增多，溶液导电性变好。另外，岩层水的导电性还与温度有关，它的电阻率可随温度的升高而降低，此原因在于：一方面，水中盐类的溶解度随温度的升高而增大，这致使溶液中离子数量增多；另一方面，温度的升高还会降低溶液黏度，提高离子迁移速度。

③ 岩石电阻率与孔隙率、孔隙结构的关系

地下水主要充填于岩石孔隙中，故岩石电阻率不仅与孔隙水的电阻率有关，还与岩石的孔隙率和孔隙结构有关。岩石孔隙率决定岩石中水的含量，因而决定离子数量。岩石孔隙结构影响离子的运动速度和参加运动离子的数量。通常，当孔隙连通性较好时，孔隙水对岩石导电性的影响较大；空穴式孔隙(如喀斯特溶洞或喷出岩的气孔等)，因其连通性差，即使充满了水，对岩石整体电阻率的影响也较小；节理或裂隙式孔隙具有明显的方向性，这往往使岩石电阻率具有各向异性，即沿节理或裂隙方向的电阻率较小，其垂直方向的电阻率比较大。

④ 岩石电阻率与岩性的关系

沉积地层主要由砂-泥质岩及碳酸盐岩组成，它们的电性特征如下。

a. 砂-泥质岩

砂-泥质岩包括碎屑岩类和黏土岩类。碎屑岩由碎屑颗粒、胶结物、泥质及含水孔隙组成。与碳酸盐岩相比，碎屑岩的孔隙率较大，孔隙结构较简单、规则。通常，碎屑岩的电阻率降低的主要原因有：粒度的减小、分选性变好、泥质含量增高、胶结度变差、孔隙水含盐量增加。

砂岩电阻率在 $n \sim n \times 10^3\ \Omega \cdot m$($n$ 可取 1,2,3,…,9)之间变化。分选性差、颗粒粗、胶结程度高的致密砂岩电阻率高；反之，分选性好、颗粒细、胶结程度低的疏松砂岩电阻率较低。胶结物不同，砂岩电阻率也不同，钙质、硅质或铁质胶结的砂岩电阻率通常高于泥质、黏土质胶结的砂岩电阻率。砾岩因颗粒粗、分选性差，电阻率多高于砂岩的。

黏土、页岩、泥岩等黏土岩以泥质颗粒的离子导电为主。因泥质颗粒表面的电荷量基本相同，故黏土、页岩、泥岩等黏土岩的导电性较稳定，电阻率通常在 $1 \sim n \times 10\ \Omega \cdot m$ 之间。其中，页岩比黏土和泥岩更致密，故其电阻率稍高。

若砂岩或砾岩含泥质，由于增添了泥质的附加导电性，电阻率也会降低。砂-泥质岩电阻率由小到大的顺序是：泥岩或黏土、页岩、细砂岩或粉砂岩、中砂岩、粗砂岩、砾岩。

b. 碳酸盐岩

碳酸盐岩主要以纯化学方式沉淀生成。这类岩石的颗粒极细，粒间孔隙极小，故电阻率通常很高，可达 $5 \times 10^3 \sim 1 \times 10^4\ \Omega \cdot m$。然而，在外因作用下，若碳酸盐岩形成充水裂隙或溶洞，电阻率将会明显降低。此外，若碳酸盐岩含有泥质，它的电阻率也会有所下降。

⑤ 岩石电阻率与层理的关系

在大多数沉积岩和部分变质岩中，沉积旋回和构造挤压作用往往使两种或多种不同电性的薄层(如砂岩、泥岩、片岩、板岩以及煤层等)交替成层，形成层状构造，它们均由很多薄层相互交替组成。如图 1-1-4 所示，这种岩石的电阻率具有明显的方向性，即沿层理方向和垂直层理方向岩石的导电性不同，称为岩石电阻率的各向异性。岩石电阻率的各向异性用各向异性系数 λ 表示：

$$\lambda=\sqrt{\frac{\rho_n}{\rho_t}} \tag{1-1-15}$$

式中 ρ_n——垂直层理方向的平均电阻率（横向电阻率）；

ρ_t——沿层理方向的平均电阻率（纵向电阻率）。

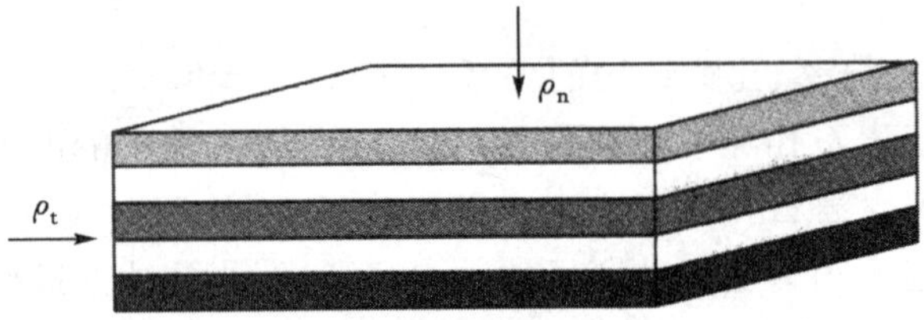

图 1-1-4 层状结构岩石的等效模型

由于在平行层面上介质是连通的，而垂直于层面方向的介质是相互离开的，故岩层的横向电阻率始终大于纵向电阻率，所以岩石的各向异性系数始终大于 1。特别地，当 $\lambda=1$ 时，则为各向同性介质。组成煤系的常见岩层中，石墨、碳质页岩组成的互层和无烟煤的各向异性最明显，烟煤或黏土质页岩次之。一般地，岩层与夹层的导电性差异越大，互层越频繁，岩石的各向异性越明显。

⑥ 岩石电阻率与温度的关系

岩石电阻率随温度的变化遵循导电定理。电介质中离子的能动性随温度的升高而增大，当其运动能量积累到一定值时很容易脱离晶格，这致使电介质的导电性增强。当半导体温度升高时，其导电区电子浓度增大，导电性相应增强。如前所述，在低温条件下，含水岩石中水溶液的导电性随温度的升高而增大，这是由于温度升高导致水溶液浓度增大、黏滞度降低，水溶液中离子数量增多、活动性增强。当温度继续升高时，因水分蒸发，岩石电阻率略有增加，只有当温度再继续升高时电阻率才开始减小。例如，在油页岩的加温试验中，当温度升高到 50～100 ℃时，岩样的电阻率降低；温度持续升高至 200 ℃，岩样的电阻率增大；当温度超过 200 ℃时，岩样的电阻率急剧下降；在温度超过 600 ℃后，岩样的电阻率又呈回升趋势。褐煤和烟煤（肥煤、气煤）电阻率与温度间的关系与上述情形类似。

⑦ 岩石电阻率与压力的关系

岩石原生结构破坏是压力作用下岩石性质变化的主因。根据压力特征，这种破坏可能导致岩石压实，孔隙收缩，颗粒接触面积增大，裂隙组形成，个别区域间黏结性减弱等。

静水压力对岩石的压实作用最大。在静水压力作用下，岩石内出现残余变形，孔隙率减小。此时，压力对岩石电阻率的影响与岩石内液体和气体的含量有关。往往随压力的增大，干燥或者稍许含水岩石的电阻率减小，其原因是孔隙率降低、颗粒间接触性良好。除此之外，岩石中孤立的含水孔隙在压力作用下可闭合形成连续的导电通路，这也会使电阻率减小。对于大多数岩石，当单轴压力由 10 MPa 增大到 60 MPa 时，其电阻率将剧烈变化（1.2～2 倍）。但是，某些黏土在压力作用下其孔隙水被挤出，含水孔隙通道的截面缩小，从而导致电阻率增大；对于非常潮湿的煤，当压力增大时，其电阻率也增大。相反，在应力弱化作用下，岩石颗粒之间的黏结性降低，这使岩石强度变小，岩石可碎性增强。当岩石内部裂隙发育且不充水时，岩石电阻率会增大；若裂隙充水，则岩石电阻率会显著减小。

⑧ 岩石电阻率与成岩类型、地质年代的关系

成岩类型、地质年代对岩石的孔隙率或储水能力以及所含水的盐量都有直接影响，故含水岩石的电阻率与它们也有一定的间接关系。在表1-1-6中，从左到右，岩石的孔隙率逐渐减小，如海相碎屑沉积岩的孔隙率高达40%，电阻率较小；实际上可认为化学沉积岩不含水分，电阻率最高。自上而下，岩石的地质年代由新到老，越老的岩石，其胶结和致密程度越高，孔隙率和储水能力越低，电阻率越高。

表1-1-6　不同成岩类型、地质年代岩石的电阻率　　单位：Ω·m

地质年代	成岩类型		
	海相碎屑沉积岩	陆相碎屑沉积岩	化学沉积岩（页岩、盐岩）
第四纪、新近纪、古近纪	1～10	15～50	50～5 000
中生代	5～20	25～100	100～10 000
晚古生代	10～40	50～300	200～100 000
早古生代	40～200	100～500	10 000～100 000
前寒武纪	100～2 000	300～5 000	10 000～100 000

（5）煤的电阻率

煤变质程度对其电阻率有决定性的影响。在成煤过程中，随着煤化作用的进行，煤变质程度增高，煤的含碳量增大，挥发分减少，煤的电阻率相应减小。另外，煤与其他岩层一样，其电阻率与湿度的关系密切。煤层及其顶底板岩层中都含有一定量的水分，水分溶解了煤层及其顶底板岩层中的矿物质，呈一种带极性分子的溶液存在于煤层及其顶底板岩层孔隙中，该种溶液为离子导电物质，因而对电阻率影响很大。

煤化程度低的褐煤常含有较高的水分和较多的溶于水的腐殖酸离子，故电阻率较低，一般仅为$n\times10\sim n\times10^2$ Ω·m。随着煤化程度的加深，褐煤中水分和溶于水的腐殖酸离子含量显著减少，褐煤的离子导电性减弱，其电阻率明显增大。烟煤常具有较大的电阻率，但随煤变质程度的加深，电阻率减小，当过渡至无烟煤时，电阻率急剧下降。烟煤电阻率的变化范围为$n\times10^2\sim n\times10^3$ Ω·m。无烟煤常具有良好的电子导电性，因而其电阻率很小，一般在1 Ω·m以下。

煤中矿物杂质的电阻率通常小于褐煤或烟煤有机质的电阻率，而大于无烟煤有机质的电阻率。因此，褐煤或烟煤的电阻率随矿物杂质含量的增大而减小，而无烟煤的电阻率随矿物杂质含量的增大而增大。但当无烟煤中含有大量黄铁矿时，由于黄铁矿的电阻率很低，黄铁矿含量的增大会使无烟煤的电阻率减小。

煤的湿度分为内部湿度和外部湿度。煤的内部湿度是煤的电阻率随变质程度变化的主要影响因素之一。煤的外部湿度取决于煤田的水文地质条件，外部湿度的增大会使煤的电

阻率降低。在煤的氧化带中,外部湿度一般较大,所以氧化带煤的电阻率往往比深部煤的电阻率小。

1.1.4.2 岩(矿)石的介电常数

(1) 交变电磁场的基础知识

在电磁场作用下,不导电的介质在紧靠带电体的一端会出现异号的过剩电荷,另一端则出现同号的过剩电荷,即介质被极化。因此,在交变电磁场中,介质同时具有导电性和介电性。利用交变电磁场进行矿井电法勘探时,岩(矿)石的导电性除显示出与电阻率 ρ 有关的传导电流密度 j_ρ 外,还存在与介质的介电常数 ε 有关的位移电流密度 j_ε。因此,交变电磁场中总电流密度为:

$$j = j_\rho + j_\varepsilon \tag{1-1-16}$$

传导电流密度和位移电流密度可分别表示为:

$$\begin{cases} j_\rho = \dfrac{1}{\rho} E_0 \mathrm{e}^{\mathrm{i}wt} \\ j_\varepsilon = \dfrac{\varepsilon f}{2} E_0 \mathrm{e}^{\mathrm{i}(wt+\pi/2)} \end{cases} \tag{1-1-17}$$

式中 E_0——电场强度幅值;

w——交变电磁场的角频率,$w=2\pi f$(f 为频率);

t——时间;

i——虚数,$\mathrm{i}=\sqrt{-1}$。

传导电流密度的幅值 $j_{\rho,0}$ 和位移电流密度的幅值 $j_{\varepsilon,0}$ 之比称为介质的电磁系数 m,即

$$m = \frac{j_{\rho,0}}{j_{\varepsilon,0}} = \frac{1.8}{\omega \varepsilon_r \rho} \tag{1-1-18}$$

在式(1-1-18)中,ε_r 是相对介电常数。式(1-1-18)表明,当 $m \gg 1$ 时,介质中传导电流起主要作用,此时的位移电流可忽略;反之,当 $m \ll 1$ 时,起主要作用的是位移电流,可忽略传导电流。利用式(1-1-18)可计算出导体($m>10$)和介电体($m<0.1$)的范围(图 1-1-5)。考虑野外实际情况,ε_r 取 5~50。在频率 f 小于 1 000 Hz 及介质电阻率 ρ 不大于 10^5 Ω·m 的范围内,皆可忽略位移电流的影响。在自然条件下,岩石电阻率一般很少超过 10^5 Ω·m;在频率测深工作中采用的是低频电磁场。因此,在低频感应电磁法中不考虑位移电流的影响;在频率超过 10^6 Hz 的高频电磁法(如无线电波透视法等)中才考虑位移电流的作用。

由式(1-1-17)和式(1-1-18)可知,传导电流密度的幅值与频率无直接关系,而位移电流密度的幅值与频率呈正比例关系。传导电流密度的电导率是 $1/\rho$,位移电流密度的电导率是 $\varepsilon f/2$。因此,传导电流密度的电导率对固定介质而言是常量,而位移电流密度的电导率是随频率不同而改变的,位移电流密度比传导电流密度相位超前。

在直流电法中,当 ρ 很大时,介质几乎不导电,传导电流几乎为零;在交变电法中,即便 ρ 很大(即高阻层),因受交变电磁场频率 f 的影响,电导率也会随着频率的升高而增大,此时的介质近似导体,这与直流电法有本质区别。

(2) 岩(矿)石的介电常数

介电常数 ε 是表示岩(矿)石在电场中极化程度的一个物理量。介质的绝对介电常数定义为 $\varepsilon=\varepsilon_0\varepsilon_r$。其中,$\varepsilon_0$ 是真空介电常数,ε_r 是介质的相对介电常数。

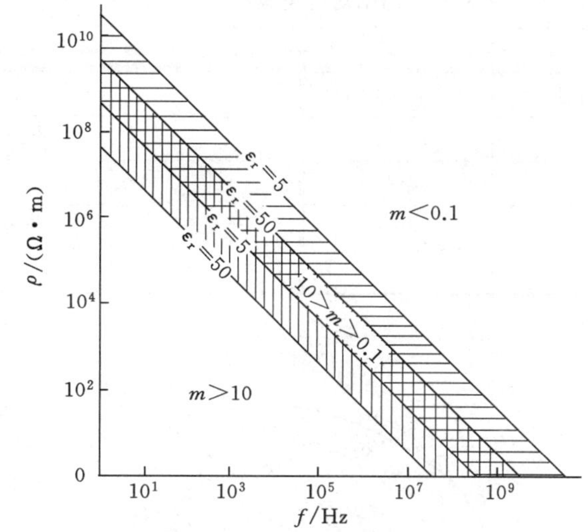

图 1-1-5　介质导电性与频率的关系

绝大多数造岩矿物的 ε_r 不超过 11(表 1-1-7)。然而,一些氧化物、硫化物和碳酸盐矿物的 ε_r 可达 80～170(如金红石)。对于广泛分布的岩石,尤其是沉积岩,影响介电常数的主要因素是含水性,且水分子的张弛极化是介电极化的重要原因。只有对于坚固和干燥的岩石,矿物成分才是影响介电常数的重要因素。

表 1-1-7　常见介质的相对介电常数

介质	ε_r	介质	ε_r	介质	ε_r
普通辉石	6.9～10.3	磷灰石	7.4～10.5	方铅矿	17.9
硬石膏	5.5～6.3	重晶石	7.0～12.2	闪锌矿	7.9～69.7
长石	4.5～6.2	钾盐	4.8	锡石	23.0
白云母	6.2～8.0	石膏	5.0～11.6	铝钒	50.0～74.0
黑云母	6.2～9.3	刚玉	11.0～13.2	纯水	80.0
石英	4.2～5.0	绢云母	19.6～25.4	无烟煤	3.0～20.0
方解石	7.8～9.5	赤铁矿	25.0	煤	2.0～5.0

如表 1-1-8 所示,岩浆岩的相对介电常数 ε_r 为 7～14。超基性岩石和基性岩石的 ε_r 相对偏高,而酸性岩石的 ε_r 较低。变质岩的 ε_r 为 3～15,而沉积岩 ε_r 的变化范围较宽(2～32)。最低值是对干燥的多孔隙岩石测得的,最高值是这些孔隙被地下水充满时测得的。

影响岩石相对介电常数的主要因素是频率和湿度(W)。对大多数疏松沉积岩而言,ε_r 随岩石的水分含量的增加而增大。图 1-1-6 显示了在不同频率条件下石英砂岩的相对介电常数与湿度的关系曲线。随着湿度的增加,石英砂岩的 ε_r 均逐渐增加,最后达到饱和值 100。在低频电场中,湿度较低(1%)条件下曲线已出现饱和现象;在高频电场中,湿度很高(10%～30%)时曲线才出现饱和现象。

表 1-1-8　常见岩石的相对介电常数（测试频率为 10^5 Hz）

岩石种类	岩石名称	ε_r	岩石种类	岩石名称	ε_r
岩浆岩	花岗岩	7～12	变质岩	片麻岩	8～15
	正长岩	13～14		大理岩	3
	闪长岩	8～9	沉积岩	石灰岩	15
	橄榄岩	10～11		砂岩	9～11
	玄武岩	12		土壤	2～32

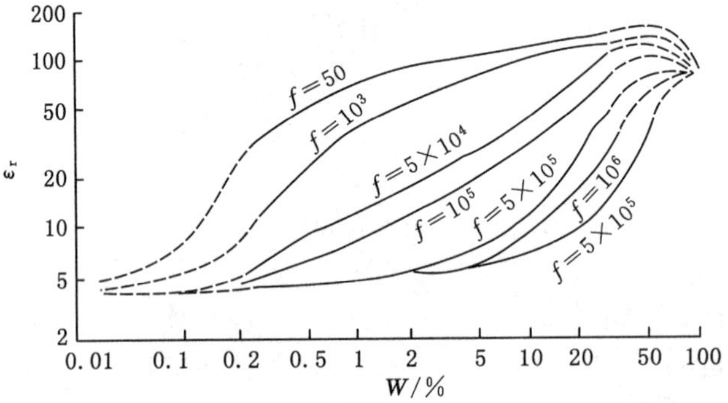

图 1-1-6　在不同频率条件下石英砂岩的相对介电常数与湿度的关系曲线
（虚线为推断值，图中 f 的单位为 Hz）

1.2　地震波运动学基础知识

1.2.1　地震波的激发

在地震勘探中，一般采用爆炸和锤击震源的方式激发地震波。这时震源附近的岩石，因受到瞬间巨大激发力的作用，由内及外产生破裂、塑性形变。随着能量的衰减，当岩石压力小于弹性限度时，岩石表现出弹性特征，即趋向恢复到原来的形状，质点产生弹性振动，并向周围辐射或传播，从而形成了地震波。

在矿井地震勘探中通常采用锤击等机械震源（又称为集中力源），这样能够激发出纵波（记为 P 波）、横波（记为 S 波）、面波。通常在离震源较远的观测点处可接收到地震波列，其到达的先后次序是 P 波、S 波、勒夫面波、瑞利面波（图 1-2-1）。

1.2.2　地震波在平界面上的反射与透射

当地震平面波入射到一个弹性分界面上时，就会产生反射与透射（图 1-2-2）。当 P 波或 SV 波从上半空间非垂直入射到该界面（$z=0$）上时，界面上质点的位移既有 x 分量也有 z 分量。以该点为新震源，则既能产生 P 波，又能产生 SV 波，并分别向上半空间辐射形成反射 P 波与反射 SV 波，分别向下半空间辐射形成透射 P 波与透射 SV 波。因此，单一的入射 P 波（或 SV 波）入射到弹性分界面上会出现四个二次波。反射与透射 P 波称为入射 P 波的

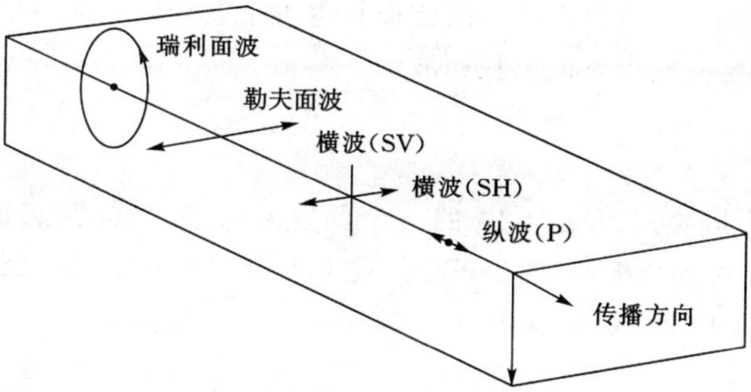

图 1-2-1　地震波传播示意图

同类波，而反射与透射 SV 波称为入射 P 波的转换波。对于入射 SV 波，可以类推。唯独 SH 波由于只有 y 分量，结果就只有 SH 同类波的反射与透射。

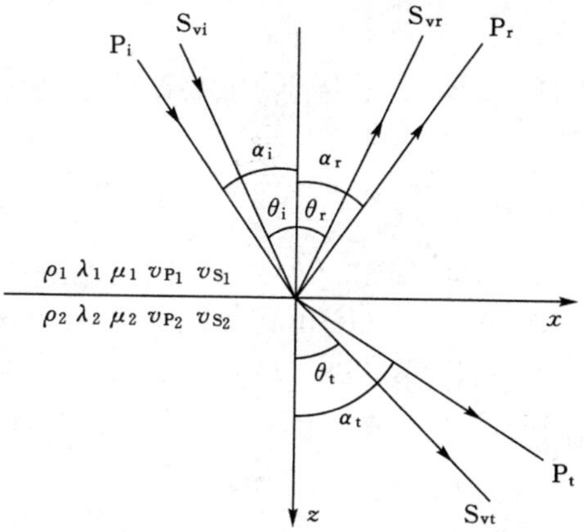

图 1-2-2　平面波的反射与透射

当地震平面波入射到弹性分界面上时，产生的反射波返回入射波所在介质，同时产生的透射波进入另一介质。反射波、透射波的传播方向取决于入射角与介质的速度。斯涅耳定律给出了地震波在弹性分界面上反射与折射的运动学条件，即

$$\frac{\sin\alpha_i}{v_{P_1}}=\frac{\sin\alpha_r}{v_{P_1}}=\frac{\sin\theta_i}{v_{S_1}}=\frac{\sin\theta_r}{v_{S_1}}=\frac{\sin\alpha_t}{v_{P_2}}=\frac{\sin\theta_t}{v_{S_2}}=p \tag{1-2-1}$$

式中　v_P、v_S——P 波、S 波速度；

$\alpha_i,\alpha_r,\alpha_t$——P 波在入射、反射、透射时与法线的夹角；

$\theta_i,\theta_r,\theta_t$——S 波在入射、反射、透射时与法线的夹角；

p——常数，称为射线参数。

1.2.3　低速夹层中的导波

若在多层层状介质的低速夹层中激发地震波，则在低速"槽"边界上地震波可产生多次反射并相互叠加，从而形成一种特殊的干涉现象。它的大部分能量集中在该低速夹层内传播，于是低速夹层内就形成一个"波导"，该低速夹层称为波导层。沿该波导层传播的波，称

为导波或槽波。理论上，导波只沿波导层传播且垂直于波导层方向不辐射能量，然而围岩介质并非刚体，故波导层两侧仍可能出现面波。

1.2.3.1 SH 导波

(1) 基本方程

在上下弹性半空间夹层厚度为 $2d$ 的一个低速夹层中，坐标原点置于低速夹层中心面上，z 轴垂直向下，y 轴垂直纸面(图 1-2-3)。设上下半空间介质具有相同的性质，它们的弹性参数为 ρ_1、μ_1、v_{S_1}，低速夹层的参数为 ρ_2、μ_2、v_{S_2}，且 $v_{S_2}<v_{S_1}$。

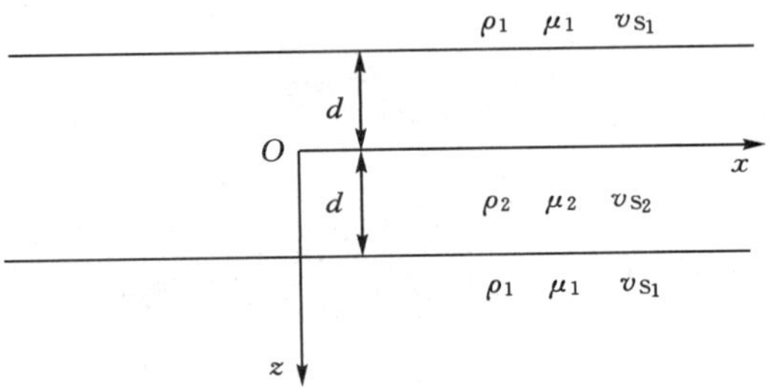

图 1-2-3 低速夹层示意图

依据波动方程，SH 波的位移场为：

$$\begin{cases} v_1 = C\exp[\beta_1(z+d)] & -\infty < z \leqslant -d \\ v_2 = A\cos\beta_2 z + B\sin\beta_2 z & -d < z \leqslant d \\ v_3 = D\exp[-\beta_1(z-d)] & d < z < +\infty \end{cases} \tag{1-2-2}$$

在分析过程中，略去相同的谐波因子 $\exp[\mathrm{i}\omega(t-x/c_L)]$，式中 β_1、β_2 均为正实数：

$$\begin{cases} \beta_1 = (1-c_L^2/v_{S_1}^2)^{1/2}\omega/c_L \\ \beta_2 = (c_L^2/v_{S_2}^2-1)^{1/2}\omega/c_L \end{cases} \tag{1-2-3}$$

显然，$v_{S_2} \leqslant c_L \leqslant v_{S_1}$。将 SH 波位移场代入边界条件得线性方程组：

$$\begin{cases} C - A\cos\beta_2 d + B\sin\beta_2 d = 0 \\ \mu_1\beta_1 C - \mu_2\beta_2 A\sin\beta_2 d - \mu_2\beta_2 B\cos\beta_2 d = 0 \\ \mu_1\beta_1 D - \mu_2\beta_2 A\sin\beta_2 d + \mu_2\beta_2 B\cos\beta_2 d = 0 \\ A\cos\beta_2 d + B\sin\beta_2 d - D = 0 \end{cases} \tag{1-2-4}$$

为使四个系数 A、B、C、D 不同时为零，要求系数行列式等于零，进而可得低速夹层中导波相速度与频率的关系，亦称为周期方程或频散方程：

$$\tan\beta_2 d = \mu_1\beta_1/(\mu_2\beta_2) \tag{1-2-5}$$

或

$$\frac{\omega d}{c_L}(c_L^2/v_{S_1}^2-1)^{1/2} = \arctan\left[\frac{\mu_1}{\mu_2}(1-c_L^2/v_{S_1}^2)^{1/2}/(c_L^2/v_{S_2}^2-1)^{1/2}\right]+n\pi \tag{1-2-6}$$

式中 n——整数，取 0,1,2,…。

(2) SH 导波的特征

① SH 导波是指在低速夹层中激发的 SH 波在边界上经多次全反射，在层内相互叠加和相长干涉形成的导波。实际上，SH 导波就是层间的勒夫面波。为了区别，又称为勒夫型导波或槽波，也记作 L 波。

② 低速夹层中导波(L 波)的相速度介于上下围岩 S 波速度与低速夹层中 S 波速度之间，与频率有关，所以这里的 L 波也是频散波。

③ 低速夹层中的导波可能存在多阶振型，振型的阶数取决于 n 值。

④ 由于 SH 波只有 y 分量，故 L 波在低速夹层中传播时，质点在平行于界面的平面内垂直于传播方向振动。

1.2.3.2　P-SV 导波

对于在低速夹层中的 P、SV 波，仿照前面的方法，可以得出 P-SV 导波的周期方程或频散方程，这里不再赘述。

以三层介质为例，由于上下半空间内瑞利面波(R 波)的振幅随与界面距离的增加而衰减，$c_R < v_{S_1}$，$c_R < v_{S_3}$。或者说，相速度必须小于两个半空间中体波的速度。若 v_{P_2} 小于 v_{S_1} 和 v_{S_3} 中的最小值，则波导中的体波可以在两个界面上全反射，此时 c_R 大于或等于 v_{P_2} 与 v_{S_1}，且 v_{S_3} 成了虚数，于是得出典型的 P-SV 型导波或瑞利型导波；若 v_{P_2} 大于 v_{S_1}、v_{S_3} 中的一个，这时至少有一边不能全反射，于是能量就将向该侧围岩中辐射，从而产生“泄漏”。“漏能”振型就是指这一类型波。另外，若 c_R 足够小，这时波导中的波动不是以体波而是以面波的形式存在。

1.3　矿井直流电场全空间理论

1.3.1　稳恒电流场的基本性质

1.3.1.1　电流密度与电场强度的正比性

电流密度矢量的幅值 j 与电场强度矢量的幅值 E 成正比，比例因子是该点岩石的电导率 σ：

$$j = \sigma E = E/\rho \tag{1-3-1}$$

1.3.1.2　电流的连续性

在稳恒电流场中，源点以外的任何一点处电流密度的散度均等于零，即

$$\mathrm{div} j = 0 \tag{1-3-2}$$

1.3.1.3　电流的势场性

从上述性质可知，稳恒电流场在空间的分布的稳定的(不随时间变换)，它与静电场一样均为势场，故电场强度与电位有以下关系：

$$E = \mathrm{grad} U \tag{1-3-3}$$

对于均匀或分区均匀的无源介质空间，式(1-3-3)可归结为拉普拉斯方程的形式：

$$\nabla^2 U = 0 \tag{1-3-4}$$

1.3.2　巷道周围稳恒电流场的边界条件

1.3.2.1　第一类边界条件

(1) 当 R(空间内两点的距离)→0 时

若源点位于巷道顶底板或巷道侧帮上，则：

$$U = I\rho/(2\pi) \tag{1-3-5}$$

若源点位于导电介质内部，则：

$$U=I\rho/(4\pi) \tag{1-3-6}$$

（2）当 $R\to\infty$ 时

$$U=0 \tag{1-3-7}$$

1.3.2.2　第二类边界条件

$$j_{\mathrm{n}}=-\frac{1}{\rho}\frac{\partial U}{\partial n}=0 \tag{1-3-8}$$

即在巷道顶底板或巷道侧帮上电流密度的法向分量等于零。

1.3.2.3　第三类边界条件

当界面两侧介质电阻率为有限值时，在该界面上以下条件均成立：

$$U_1=U_2 \tag{1-3-9}$$

$$j_{1\mathrm{n}}=j_{2\mathrm{n}} \text{ 或 } \frac{1}{\rho_1}\frac{\partial U_1}{\partial n}=\frac{1}{\rho_2}\frac{\partial U_2}{\partial n} \tag{1-3-10}$$

$$E_{1\mathrm{t}}=E_{2\mathrm{t}} \text{ 或 } j_{1\mathrm{t}}\rho_1=j_{2\mathrm{t}}\rho_2 \tag{1-3-11}$$

求解巷道周围电流场的分布，就是求解一定边界条件下方程(1-3-4)的边值问题。

1.3.3　三维全空间的稳恒电流场

由场论可知，在均匀各向同性介质三维空间内的电极 A 处供电时，电极 M 处的电位值 U_M、电场强度 E_M 和电流密度 j_M 分别为：

$$U_M=\frac{I\rho}{4\pi r} \tag{1-3-12}$$

$$E_M=\frac{I\rho}{4\pi r^2} \tag{1-3-13}$$

$$j_M=\frac{I}{4\pi r^2} \tag{1-3-14}$$

式中　r——电极 A、M 间的距离，也可用 d_{AM} 表示；

ρ——介质电阻率；

I——供电电流强度。

显然，等位面是以电极 A 为中心的同心球面。电流线垂直于等位面，这些电流线是从供电点发出的一簇辐射状直线(图 1-3-1)。

同样，当介质内部为双异极性电极 $A(+I)$ 和 $B(-I)$ 同时供电时，测量电极 M、N 间的电位差 ΔU_{MN} 为：

$$\Delta U_{MN}=\frac{I\rho}{4\pi}\left(\frac{1}{d_{AM}}-\frac{1}{d_{AN}}-\frac{1}{d_{BM}}+\frac{1}{d_{BN}}\right) \tag{1-3-15}$$

1.3.4　全空间视电阻率概念与矿井电阻率法的实质

考虑全空间均匀各向同性介质的情况，由式(1-3-15)可得：

$$\rho=K\frac{\Delta U_{MN}}{I} \tag{1-3-16}$$

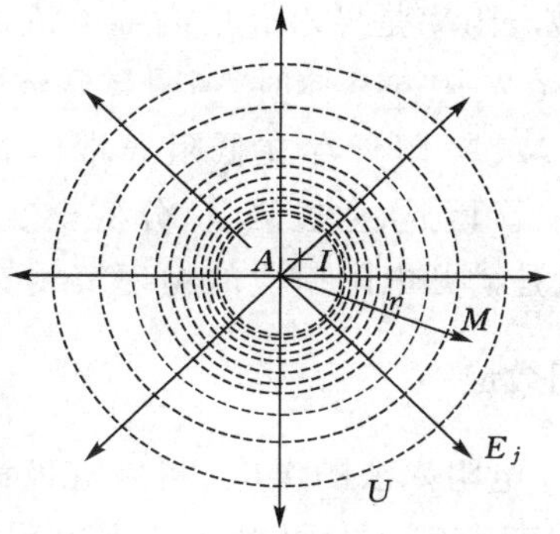

图 1-3-1　三维空间中的点电源场

$$K=\frac{4\pi}{\frac{1}{d_{AM}}-\frac{1}{d_{AN}}-\frac{1}{d_{BM}}+\frac{1}{d_{BN}}} \tag{1-3-17}$$

理论上，若采用图 1-3-2 所示的装置测得供电回路 A、B 中的电流强度 I 和电位差 ΔU_{MN}，则不论电极 A、B、M、N 的相对位置如何，都可由式(1-3-16)、式(1-3-17)计算出介质的电阻率。

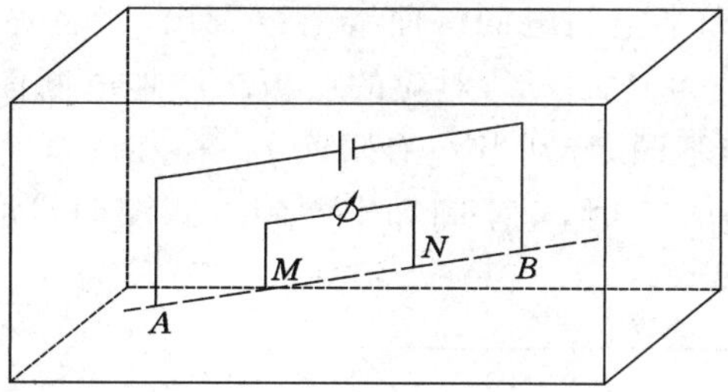

图 1-3-2　大地电阻率的测定装置

在地下巷道中进行电法工作，地下电流通过布置于巷道顶底板或侧帮的供电电极在巷道周围岩层中建立起全空间稳定电场(当不考虑巷道挖空影响时)，该稳定电场的特征取决于巷道周围不同电性特征岩石的赋存状态。按照式(1-3-16)的计算结果将不再是某种介质的真电阻率，而是电流分布于三维空间体积范围内电性变化的一种综合反映，称为全空间视电阻率，用 ρ_s 来表示：

$$\rho_s=K\frac{\Delta U_{MN}}{I} \tag{1-3-18}$$

借鉴地面电阻率法的原理，可以导出全空间视电阻率的微分表达式：

$$\rho_s=\frac{j_{MN}}{j_0}\rho_{MN} \tag{1-3-19}$$

式中　ρ_{MN}——电极 M、N 附近介质的真电阻率；

j_{MN}——电极 M、N 间的实际电流密度；

j_0——全空间内充满均匀介质(电阻率为 ρ_0)时的电流密度。

式(1-3-19)进一步说明，视电阻率是导电介质内部电流场分布状态的外在表现。

当测量电极 M、N 附近存在高阻异常体时，高阻异常体对电流有排斥作用，所以 $j_{MN}>j_0$，因而 $\rho_s>\rho_{MN}$；当测量电极 M、N 附近存在低阻异常体时，低阻异常体对电流有吸引作用，所以 $j_{MN}<j_0$，因而 $\rho_s<\rho_{MN}$。因此，通过测量、分析全空间视电阻率的相对变化可以推断介质电性的变化情况。这就是矿井电阻率法的物理实质。

1.3.5 矿井电阻率法的全空间效应

与地面电阻率法不同，矿井电阻率法的供电、测量电极都布置在井下巷道边界上，电流场在巷道周围呈全空间分布状态。矿井电阻率法的视电阻率不仅与巷道周围介质的导电性、装置形式、装置大小有关，也受巷道空间的影响。

数值模拟、物理模型试验和井下技术试验结果表明，全空间效应和巷道空间影响是客观存在的，而且全空间效应和巷道空间的大小及特征与多种因素有关。这些因素包括观测接收装置的形式和大小、巷道长度和横截面的尺寸、巷道围岩的电性特征以及测点位置等。

图 1-3-3(a)中实线为不考虑巷道空间影响的全空间电测深曲线[图 1-3-3(b)所示为地电断面]，图中虚线为 ρ_3、ρ_4 组成的等效半空间二层地电模型的电测深理论曲线。全空间——四层地电断面，由 ρ_1、ρ_2、ρ_3、ρ_4 组成；半空间——二层地电断面，由 ρ_3、ρ_4 组成；$\rho_1=1$，$\rho_2=10$，$\rho_3=1$，$h_2=1$，$h_3=1$，ρ_4 的值标在图中(ρ_1 至 ρ_4 的单位为 $\Omega\cdot m$，h_2 至 h_3 的单位为 m)。通过对比全空间和半空间电测深曲线可以看出，二者存在明显差异：① 当 $\rho_4>\rho_3$ 时，全空间电测深曲线表现为似"H"形，对应的底板二层地电断面半空间电测深曲线为"D"形；② 曲线首、尾支渐近值不同，特别当 ρ_1 有限而 $\rho_4\to\infty$ 时，全空间电测深曲线尾支不再是呈 45°上升的直线；③ 当 $\rho_4<\rho_3$ 时，全空间和半空间电测深曲线的类型相同，但同一极距的视电阻率值不同。

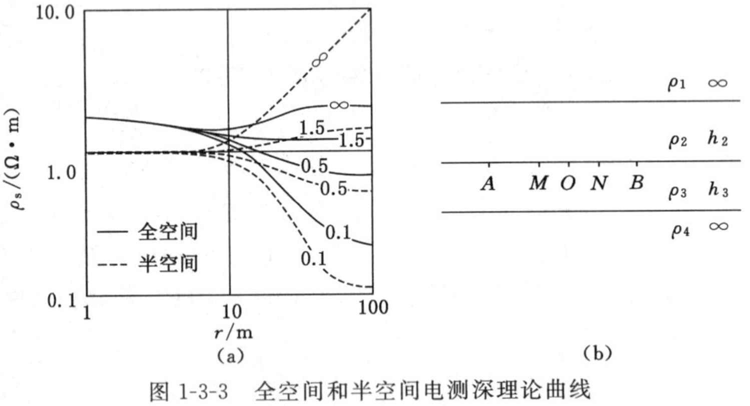

图 1-3-3 全空间和半空间电测深理论曲线

正演模拟和试验结果证明：① 布置在巷道顶底板或其侧帮的供电电源，其电流场在巷道四周分布，故矿井电法测量结果不单是布极一侧岩层电性的某种反映，更是整个地电断面电性变化的综合反映。除布极一侧岩层外，其他介质的分流作用及其内部地电异常体在矿井电法观测结果中的反映统称为全空间场效应。② 巷道空间对全空间电流场的分布可产生较大影响，这种影响与测点、布极点的位置和装置形式以及巷道所在岩层电阻率等多种因素有关，可使全空间电流场的分布更趋复杂化，从而给实测矿井电阻率法的资料分析带来许多困难。

1.3.6　层状介质地电模型的电场

一般来说，巷道顶底板和煤层由电性不同的层状介质组成。对于二层或三层水平层状介质组成的简单地电模型，点电源在空间中的电位表达式可用镜像法求解；对于图 1-3-4 所示的井下多层水平层状介质模型，通常采用求解全空间拉普拉斯方程的方法建立多层水平层状介质的电位表达式。

设第 i 层为煤层，电阻率为 ρ_i，顶底板由不同电阻率的水平层状介质组成，而第 1 层和第 n 层的厚度无限大，点电源 A 置于第 i 层中，观测点 P 在第 j 层（电阻率为 ρ_j）中。选取 A 为坐标原点，z 轴垂直层面，在柱坐标系中，各电性层的电位函数表达式为：

$$U_{i,j}(r,z)=\frac{I\rho_j}{4\pi}\int_0^{\infty}\left[c_{i,j}\mathrm{e}^{-\lambda|z|}+a_{i,j}(\lambda)\mathrm{e}^{-\lambda z}+b_{i,j}(\lambda)\mathrm{e}^{+\lambda z}\right]J_0(\lambda_r)\mathrm{d}\lambda \qquad (1\text{-}3\text{-}20)$$

式中　$a_{i,j}, b_{i,j}, c_{i,j}$——与地层电性参数有关的待定系数，可由边界条件求取，$i,j=1,2,3,\cdots,n$。

对于图 1-3-5 所示的井下三层地电断面，根据式(1-3-20)可求得在顶板（电阻率为 ρ_1）和底板（电阻率为 ρ_3）介质中的电位函数 $U_{1,1}$（电极 A 和 P 在顶板）和 $U_{3,3}$（电极 A 和 P 在底板），即

顶板

$$U_{1,1}=\frac{I\rho_1}{4\pi}\Big\{1/(r^2+z^2)^{1/2}+K_{2,1}\sum_{n=0}^{\infty}(K_{2,1}K_{2,3})^n/[r^2+(2nh_1-z)^2]^{1/2}+K_{3,2}\sum_{n=0}^{\infty}(K_{2,1}K_{2,3})^n/[r^2+(2nh_1+2h_1-z)^2]^{1/2}\Big\} \qquad (1\text{-}3\text{-}21)$$

底板

$$U_{3,3}=\frac{I\rho_3}{4\pi}\Big\{1/(r^2+z^2)^{1/2}+K_{2,3}\sum_{n=0}^{\infty}(K_{2,1}K_{2,3})^n/[r^2+(2nh_1-z)^2]^{1/2}+K_{1,2}\sum_{n=0}^{\infty}(K_{2,1}K_{2,3})^n/[r^2+(2nh_1+2h_1-z)^2]^{1/2}\Big\} \qquad (1\text{-}3\text{-}22)$$

式中　$K_{2,1}, K_{2,3}$——煤层和顶板、煤层和底板分界面的反射系数，其他同理。

对四层及以上多层介质，有类似的电位表达式。

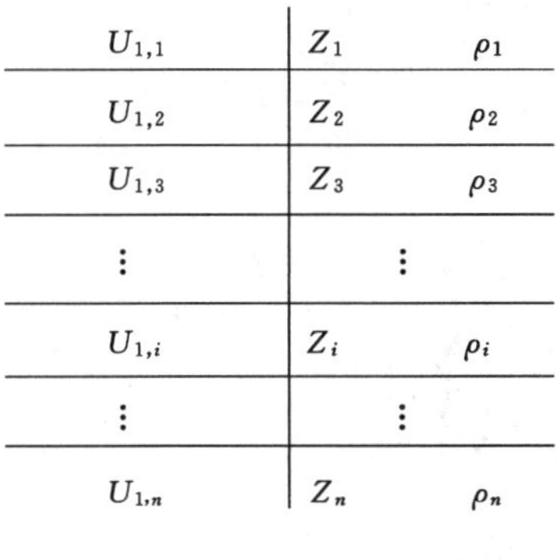

图 1-3-4　井下多层水平层状介质模型

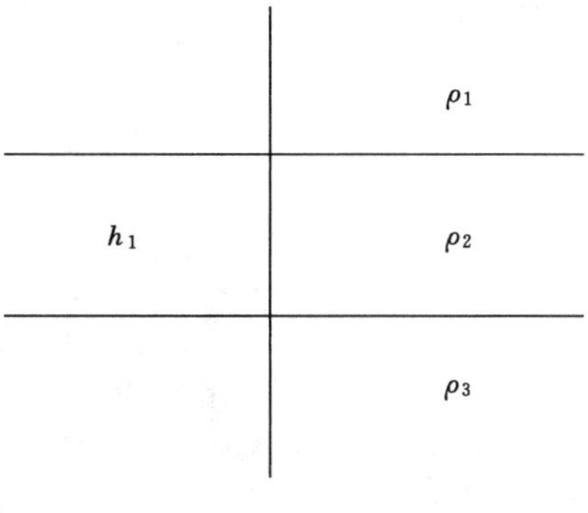

图 1-3-5　井下三层地电断面

1.4 电磁场基础知识

1.4.1 电磁场的激发与传播

电磁波的激发采用电偶极子(天线)作为发射源。电磁波的激发和传播可以近似用极板由近及远逐渐张开的电容器充、放电过程进行模拟(图 1-4-1)。当电源为简谐变化时,电力线的变化特征如图 1-4-2 所示,图中显示了六个不同时刻的电力线分布。当 $t=T/2$(T 为周期)时,天线偶极子电荷 $q=0$,形成第一个电力闭合圈;而后反向充电至 $t=T$ 时,电力线又缩成第二个闭合圈,同时第一个闭合圈向外推移。随着时间的推移,如此反复,就形成了一系列电力闭合圈。在均匀空间中,电力闭合圈上下对称;磁力线是以天线为轴心的一系列同心圆,随时间的推移依次离开天线向外扩展。图 1-4-3 展示了电力线和磁力线的传播情况。

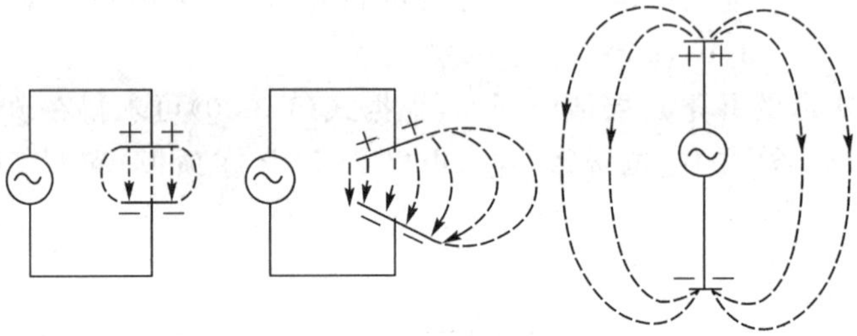

(a) (b) (c)

图 1-4-1 电磁波电场辐射示意图

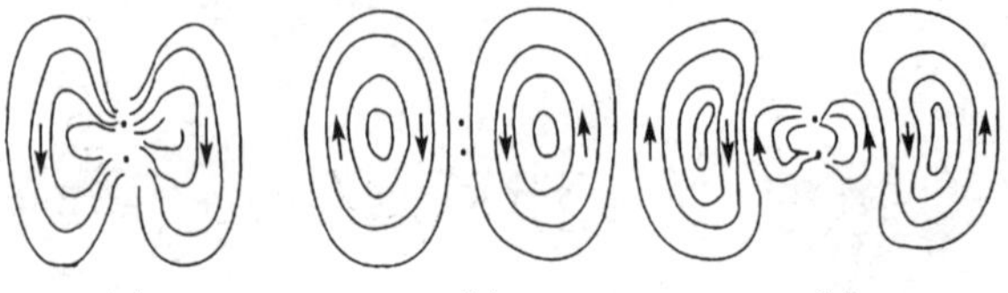

(a) (b) (c)

(d) (e) (f)

图 1-4-2 电磁场电力线空间分布

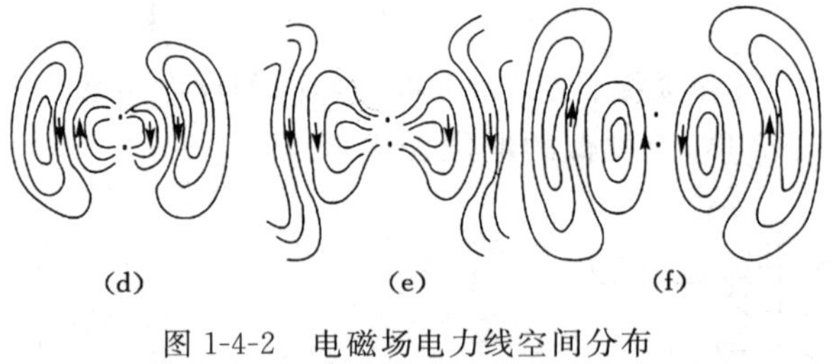

图 1-4-3 电磁波传播示意图

交变偶极子天线周围存在变化的电场、磁场，且电场和磁场相互激发。即电场的存在产生相应的磁场，而磁场又激发出电场，电场和磁场不断地运动，离开场源向外辐射（以波的形式向外传播），从而形成了辐射电磁波。

1.4.2　偶极子电磁场

在交流电法勘探中，一般采用偶极子发射装置，偶极子又分为电偶极子（电偶源）（图 1-4-4）和磁偶极子（磁偶源）（图 1-4-5）。为增大电偶距和增大发射天线上的电流强度，将极板平放过来以增加对地电容[图 1-4-4(b)]。当极板无限靠近地面时，电容将变得无限大，对于交流电法就等于接地。磁偶极子发射时，一般采用垂直磁偶极子，即磁偶距与发射面垂直，因此发射线圈应平放在发射面上（图 1-4-5），垂直磁偶极子发射的是横电磁波（TEM 波）。

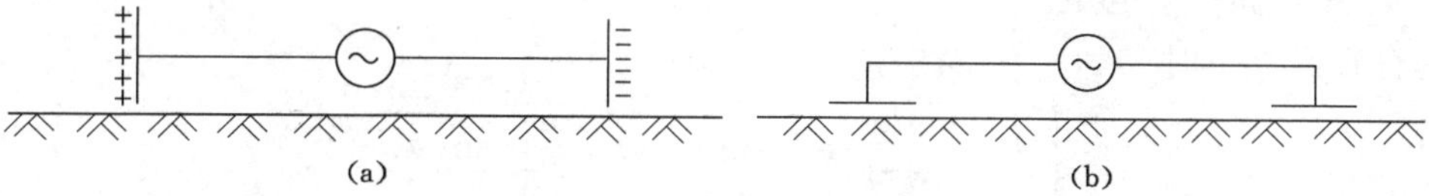

图 1-4-4　水平电偶源示意图

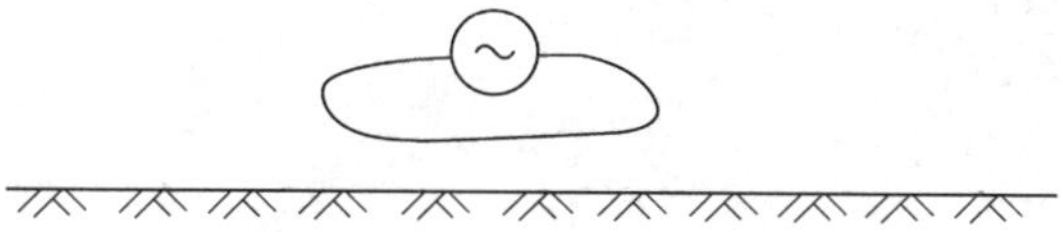

图 1-4-5　垂直磁偶源示意图

1.4.2.1　偶极子的自有场和辐射场

稳定的电偶极子或磁偶极子产生的场分布在偶极子周围，其场强将以 $1/r^2$ 的关系随距离 r 的增大而衰减。这种场好像偶极子自己所携带的场，当偶极子位置变化时，场的分布也随之而改变；如果偶极子消失，场也随之消失。因此，这种场称为偶极子的自有场。

对于交变偶极子，与稳定偶极子的场一样，其场的分布受控于偶极子。不同点是：场随时间变化；由于交互感应，电场和磁场将同时存在，且和波源交换能量。所以，偶极子附近的场仍可称为自有场或感应场。

交变偶极子除了感应场部分外，尚有一部分场远离偶极子向外辐射出去，即脱离场源并以波的形式向外传播，这部分场称为辐射场。一经辐射出去的辐射场，将按自己的规律传播而与场源之后的状态无关；即便偶极子消失，辐射电磁波仍然存在并向外传播。随着距离的增加，辐射场强度随之衰减，但辐射场强度的衰减速度比自有场的慢，以 $1/r$ 的关系随距离 r 的增大而衰减。

1.4.2.2　偶极子电磁场数学表达式

根据波动方程和给定的边界条件，可以导出在球坐标系中远区电磁场分量（图 1-4-6）的数学表达式：

垂直电偶极子时

$$\begin{cases} E_\theta = \dfrac{Il\omega\mu}{4\pi r} e^{-ar} \sin\theta = E_0 \dfrac{e^{-ar}}{r} \sin\theta \\ H_\varphi = \dfrac{Il\omega\sqrt{\mu\varepsilon}}{4\pi r} e^{-ar} \sin\theta = H_0 \dfrac{e^{-ar}}{r} \sin\theta \\ E_r = 0 \end{cases} \tag{1-4-1}$$

式中 $\dfrac{Il\omega\mu}{4\pi}$——初始电场强度，即 E_0；

$\dfrac{Il\omega\sqrt{\mu\varepsilon}}{4\pi}$——初始磁场强度，即 H_0；

θ——方位角；

a——吸收系数；

Il——偶极子电矩。

垂直磁偶极子时

$$\begin{cases} H_\theta = \dfrac{ml\omega\mu}{4\pi r} e^{-ar} \sin\theta = H_0 \dfrac{e^{-ar}}{r} \sin\theta \\ E_\varphi = \dfrac{ml\omega\sqrt{\varepsilon\mu}}{4\pi r} e^{-ar} \sin\theta = E_0 \dfrac{e^{-ar}}{r} \sin\theta \end{cases} \tag{1-4-2}$$

式中 l——偶极子长度；

ml——偶极子磁矩。

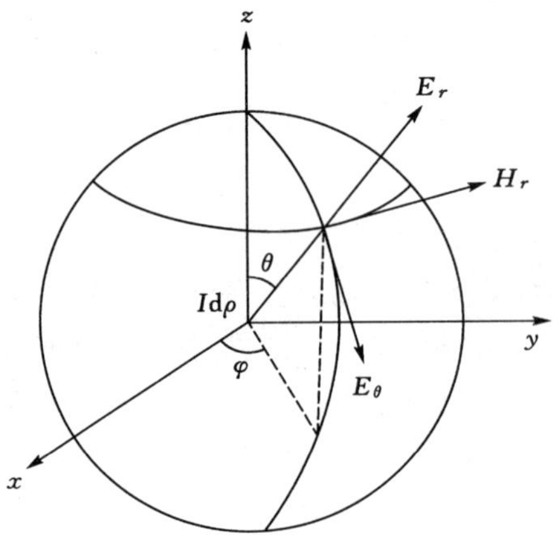

图 1-4-6 偶极子电磁场分量示意图

1.4.3 电磁波在导电大地中的衰减

电磁波在介质中传播时，除随传播距离的加大而变弱外，还会因介质的吸收作用而加快衰减。

1.4.3.1 介质的吸收系数

上述波动方程的一个解为：

$$E(r) = E_0 e^{iKr} \tag{1-4-3}$$

式中 K——波常数，为一个复矢量，可分解为实部和虚部两部分，即

$$K = \alpha + \mathrm{i}a \tag{1-4-4}$$

当偶极子激发源为谐振波时，电磁场的复数形式为：

$$E(r,t) = E(r)\mathrm{e}^{-\mathrm{i}\omega t} \tag{1-4-5}$$

因此，在无限均匀介质中，电磁波瞬时解（可表述为两种形式）为：

$$E(r,t) = E_0 \mathrm{e}^{\mathrm{i}(Kr-\omega t)} \tag{1-4-6}$$

$$E(r,t) = E_0 \mathrm{e}^{\mathrm{i}(\alpha r-\omega t)} \mathrm{e}^{-ar} \tag{1-4-7}$$

在式（1-4-7）中，波常数实数部分 α 描述了波传播的相位关系，称相位常数；其虚数部分描述了振幅衰减，a 称衰减常数或介质吸收系数。由电磁场波动方程，可以给出 K 值：

$$K^2 = \mu\varepsilon\omega^2\left(1 - \mathrm{i}\frac{\sigma}{\omega\varepsilon}\right) \tag{1-4-8}$$

由式（1-4-4）可知：

$$K^2 = \alpha^2 - a^2 + 2\mathrm{i}\alpha a \tag{1-4-9}$$

对比式（1-4-8）和式（1-4-9），其实部和虚部分别为：

$$\begin{cases}\alpha^2 - a^2 = \omega^2\mu\varepsilon \\ 2\alpha a = -\mu\omega\sigma\end{cases} \tag{1-4-10}$$

求解式（1-4-10）并取正根，得：

$$\alpha = \omega\sqrt{\mu/\{2[\varepsilon + (\varepsilon^2 + \sigma^2/\omega^2)^{1/2}]\}} \tag{1-4-11}$$

$$a = \omega\sqrt{\mu/\{2[(\varepsilon^2 + \sigma^2/\omega^2)^{1/2} - \varepsilon]\}} \tag{1-4-12}$$

1.4.3.2　趋肤厚度概念

电磁波在有损耗介质中的穿透能力是有限的。由式（1-4-7）可以看出，电磁波振幅按指数规律衰减，且与介质吸收系数有关。如果规定电磁波衰减为 E_0（初始电场强度）的 1/e 时的距离（即 $ar=1$）为穿透深度（或称趋肤厚度）δ，则有：

$$\delta = 1/a = 1/\left[\omega\sqrt{\mu\varepsilon} \times \sqrt{1/2\left(\sqrt{1+\sigma^2/\omega^2\varepsilon^2} - 1\right)}\right] \tag{1-4-13}$$

穿透深度表示电磁波从外面进入导体时，它仅在导体表面附近不厚的一层较显著，再往深其能量就趋于零。需要说明，导体中的电磁波是逐渐衰减的，深度大于 δ 的地方仍然存在电磁波，只是与深度小于 δ 处的相比实际上衰减了不少，所以趋肤厚度具有某种平均意义。当不考虑位移电流影响（即在低频段工作）时，可认为 $\sigma/(\omega\varepsilon) \gg 1$，由式（1-4-13）可得：

$$\sigma = \sqrt{\frac{2}{\mu\omega\sigma}} \tag{1-4-14}$$

如果认为 $\mu = \mu_0$，则：

$$\delta = \left(\frac{2\rho}{2\pi f\mu_0}\right)^{1/2} = \left(\frac{2\rho}{2\pi f \times 4\pi \times 10^{-7}}\right)^{1/2} \approx 503\sqrt{\frac{\rho}{f}} \tag{1-4-15}$$

显然，趋肤厚度取决于工作频率 f 和介质电阻率 ρ。

1.4.4　平面电磁波的基本特性

在远离偶极子源的地方，可视电磁波为平面波，即波的传播方向和波前可视为平行。无论是在地面电法勘探中，还是在地下利用电磁波从事探测工作，均可利用所谓的“远区”场 $[r \gg \lambda/(2\pi)]$。在观测范围不大的地段，完全可以视电磁波为平面波。

1.4.4.1 场的结构和方向

偶极子的电场分量为 E_θ 和 E_r，偶极子的磁场分量为 H_θ 和 H_r。偶极子的磁场 H_φ 垂直于 E_θ、E_r 方向和观测点 P 所组成的平面[图 1-4-7(a)]，偶极子的电场 E_φ 垂直于 H_θ、H_r 方向和观测点 P 所组成的平面[图 1-4-7(b)]。

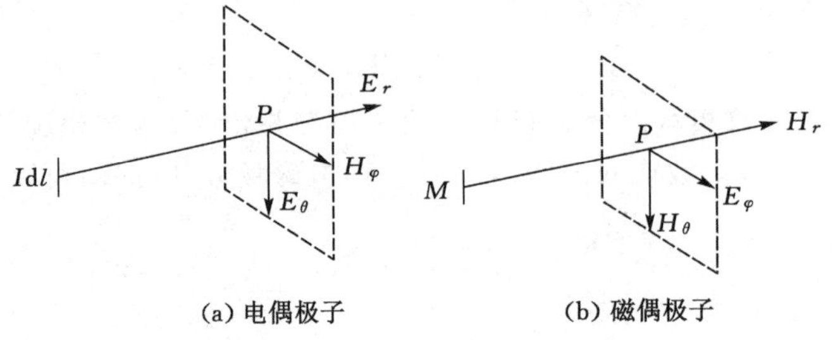

图 1-4-7 电偶极子和磁偶极子场

平面电磁波的电场和磁场方向与传播方向两两相互垂直，故称该类型波为横电磁波，可利用右手螺旋法则确定各矢量的方向。

1.4.4.2 常量与 r、θ、φ 的关系

对于电偶极子，其场的量值随 r 的增加而衰减，衰减程度上 E_r 比 E_θ 和 H_φ 差一个级次。E_r 按 $1/r^2$ 关系随距离的增大而衰减，而 E_θ 和 H_φ 按 $1/r$ 关系随距离的增大而衰减。因而在 r 较大的远区，应以 E_θ 为主，并认为 E_r 趋于零而可忽略；在近区，即 r 较小时，E_r 不能忽略，应以 E_r 为主。

极角 θ 的变化特征使场具有方向性。在偶极子轴向方向，即 $\theta=0°$ 时，由电磁场表达式可以看出，$E_\theta(H_\theta)$ 和 $H_\varphi(E_\varphi)$ 最小，而 E_r 最大；在偶极子轴垂直方向，即 $\theta=90°$ 时，E_θ 和 E_φ 最大，而 E_r 为零。由于偶极子这一不均匀发射特性，在工作中应有选择地设置观测点位置。通常在沿垂直偶极子轴的方向(即赤道方向)观测以取得最大场强值。场强值与方向角 φ 无关，说明偶极子场具有轴对称性。

1.4.4.3 电场和磁场相位差

在均匀理想绝缘介质中，电场 E 和磁场 H 同相位，即 $\varphi_E=\varphi_H$[图 1-4-8(a)]。在导电介质中，电磁场间有明显的相位差[图 1-4-8(b)]，在良导体中，$\varphi_E-\varphi_H=45°$。

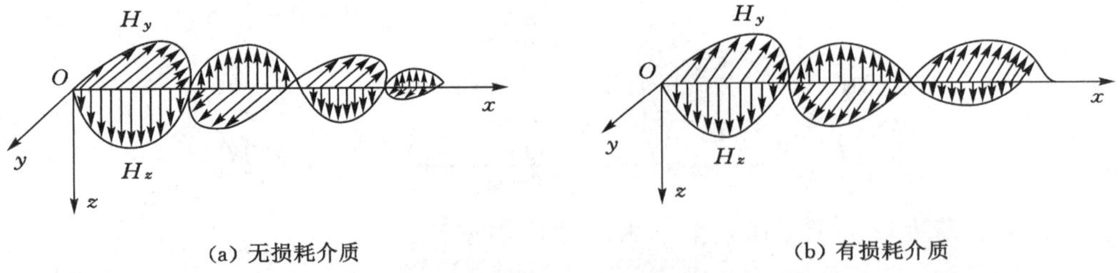

图 1-4-8 无损耗和有损耗介质中的均匀平面波

1.4.4.4 特性阻抗

电场强度与磁场强度的比称为特性阻抗，具有阻抗量纲，即

$$Z = E/H \tag{1-4-16}$$

在理想介质或真空中，$Z = \sqrt{\mu_0/\varepsilon} \approx 337(\Omega)$，为一常数。

1.4.4.5　传播速度

在均匀理想的绝缘介质中，波的传播速度可表示为：

$$v = \frac{1}{\sqrt{\mu_0 \varepsilon}} \tag{1-4-17}$$

在真空中，$C = v_0 = 1/\sqrt{\varepsilon_0 \mu_0} = 3 \times 10^8 (\mathrm{m/s})$。在均匀理想的绝缘介质中，式(1-4-17)可进一步写为 $v = C/\sqrt{\varepsilon_r}$。由此可知，均匀理想的绝缘介质中的波速 v 为真空中的 $1/\sqrt{\varepsilon_r}$；在导电介质中，波速可改写为：

$$v = C/n \tag{1-4-18}$$

式中　n——折射率，$n = \sqrt{1/\{2[\varepsilon_r + \sqrt{(\varepsilon_r)^2 + (60\lambda\sigma)^2}]\}}$；$\lambda$ 为波长。

显然，在导电介质中，$\sigma \neq 0$，$n > \sqrt{\varepsilon_r}$。因此，电磁波在导电介质中的传播速度小于在均匀理想的绝缘介质中的传播速度。

1.4.5　电磁波在煤层中的反射和透射

当电磁波入射到呈无限分布的两种岩石界面上时，将发生能量的重新分配。根据能量守恒定律，一个界面两侧能量总和应保持不变。由于界面本身并不提供新的能量，因而入射能量和透过到另一介质的能量差，即反射波能量。所以在入射界面上，波可分为入射波、反射波和透射波(折射波)三种。这三种波的特性取决于入射波的电场和磁场相对入射界面的方向，即所谓“极化特性”。

当入射波的电场方向与入射平面垂直(即垂直极化)时，按平面波结构，波入射方向由左方斜向下入射[图 1-4-9(a)]，磁场方向应在入射平面上。根据界面边界条件，电场和磁场切向分量相等，故反射电场和透射(折射)电场只存在与界面平行且与入射场平行的一个量。反射和透射电场、磁场的方向按右手法则确定。当入射波的电场方向与入射平面平行(即水平极化)时，入射波的电场方向指向右斜上方，反射波的电场方向必然指向左斜上方[图 1-4-9(b)]，折射波方向由边界条件确定。

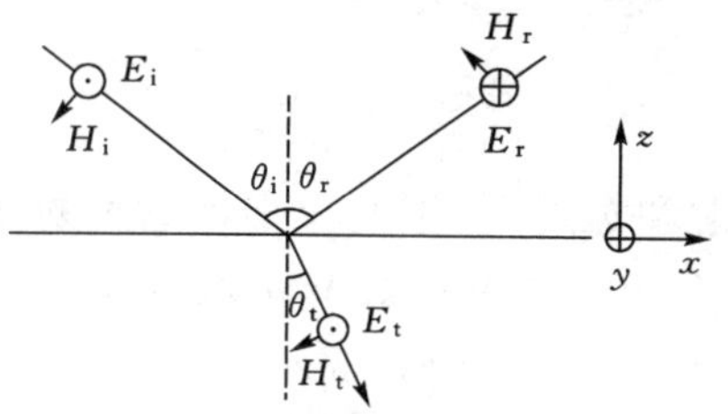

(a) 垂直极化波

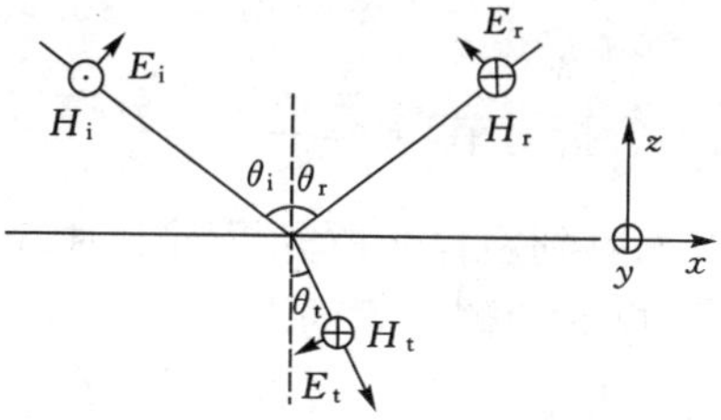

(b) 水平极化波

图 1-4-9　垂直极化波和水平极化波射线示意图

在入射波和透射波射线示意图(图 1-4-10)中，垂直其方向的平行线 a_1a_2 和 $a'_1a'_2$ 为等相线。等相线每秒钟移动距离即波速。设上下两介质波速分别为 v_1 和 v_2，当 $\varepsilon_1 > \varepsilon_2$时，则

$v_1 < v_2$。于是，波射线和等相线通过反射界面时便发生了如该图所示的偏折。由图 1-4-10 可知：

$$\sin\theta_i = \frac{a_1a_1'}{a_2a_1'} = \frac{v_1}{a_2a_1} \tag{1-4-19}$$

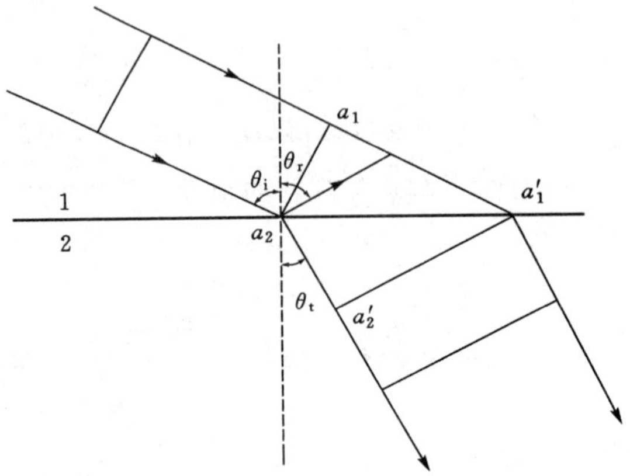

图 1-4-10　入射波和透射波射线示意图

若 E_i 可看作单位时间移动的距离，则同样有：

$$\sin\theta_t = \frac{a_2a_2'}{a_2a_1'} = \frac{v_2}{a_2a_1'} \tag{1-4-20}$$

$$\sin\theta_r = \frac{v_1}{a_2a_1'} \tag{1-4-21}$$

由式(1-4-19)、式(1-4-20)、式(1-4-21)可得：

反射定律

$$\frac{v_1}{\sin\theta_i} = \frac{v_1}{\sin\theta_r} \qquad (\theta_i = \theta_r) \tag{1-4-22}$$

折射定律

$$\frac{v_1}{\sin\theta_i} = \frac{v_2}{\sin\theta_t} \quad 或 \quad \frac{\sin\theta_i}{\sin\theta_t} = \frac{v_1}{v_2} = n \tag{1-4-23}$$

式中　n——折射率，$n = \frac{v_1}{v_2} = \sqrt{\frac{\varepsilon_2\mu_2}{\varepsilon_1\mu_1}} = \frac{K_2}{K_1}$。

当波入射到两种介质分界面上时，产生反射和透射(折射)，反射波的反射角 θ_r 等于入射角 θ_i，与界面两侧介质的电性无关；折射和入射的关系由折射率 n 表示，n 的大小由两侧介质的性质决定。当 $n>1$ 时，表示 $\theta_i>\theta_t$，$v_1>v_2$；当 $n<1$ 时，表示 $\theta_i<\theta_t$，$v_1<v_2$。

第 2 章　矿井地震勘探

矿井地震勘探主要包括折射波、反射波及透射波勘探，可用于解决煤矿建设和生产过程中所遇到的多种地质问题，如巷道及工作面内的构造探测、煤层厚度探测、迎头超前地质异常探测等。应根据矿井巷道空间与探测目的，合理布置观测系统并采集地震数据。按照地震波勘探理论，采用折射波、透射波、反射波等反演方法，从而达到矿井地质勘探的目的和要求。

2.1　矿井地震勘探概述

2.1.1　矿井地震勘探条件与特殊性

2.1.1.1　地震地质条件

不同于地面，矿井地震勘探的地质环境属于三维空间，地震波激发与接收受到全空间波阻抗异常的影响。煤层作为一种特殊介质，与顶底板存在明显的弹性差异。在含煤地层中，煤层是相对低速、低密度的软弱夹层。按照波阻抗理论，设煤层的波阻抗为 Z_1，顶底板岩层的波阻抗为 Z_2，则 $Z_1=\rho_1 v_1$、$Z_2=\rho_2 v_2$。其中，ρ、v 分别为介质的密度、波速。基于反射原理，煤层与顶板岩层间界面的垂直反射系数 R 为：

$$R=\frac{Z_2-Z_1}{Z_2+Z_1}=\frac{\rho_2 v_2-\rho_1 v_1}{\rho_2 v_2+\rho_1 v_1} \tag{2-1-1}$$

对煤层及其顶板的岩样测定结果进行统计分析，发现煤层密度 $\rho_1=1.2\sim1.4\ \mathrm{g/cm^3}$、顶板岩层密度 $\rho_2=2.4\sim2.6\ \mathrm{g/cm^3}$、煤层波速 $v_1=800\sim2\ 200\ \mathrm{m/s}$、顶板岩层波速 $v_2=2\ 500\sim4\ 500\ \mathrm{m/s}$。若取 $\rho_1=1.3\ \mathrm{g/cm^3}$、$\rho_2=2.5\ \mathrm{g/cm^3}$、$v_1=1\ 200\ \mathrm{m/s}$、$v_2=3\ 000\ \mathrm{m/s}$，则 $R=0.66$。

上述分析表明，煤层与岩层的界面是一个强反射界面，利于开展与煤层厚度、煤层构造等有关的地震勘探工作。按照波阻抗异常的大小划分，异常界面的强弱排序为采空区、煤层、陷落柱、断层、其他岩性界面。

2.1.1.2　裂隙松动作用

巷道在形成过程中受机械或爆破等振动作用，这往往使巷帮或煤层顶底板产生裂隙以及松动带，对高频地震波的吸收加强。同时，松散的煤岩层结构直接影响地震波的激发与接收条件，从而限制了探测距离。因此，井下地震波的激发、接收需要合理避开巷道围岩裂隙，尽量在原岩中进行数据采集。

在放顶煤工作面开采过程中，由于受重力作用，顶煤产生大量网格状裂隙，这导致煤帮及顶板的横向波速变化较大，从而限制了小排列地震折射波法和反射波法的应用。在井下实测的相邻波形，往往相干性较差。可以找到相对致密的介质体积元，该体积元被周边的裂隙所切割，这相当于形成了一系列的高速波导体，因而在单个体积元上激发和接收将会取得一定的效果，例如，可以探测剩余顶煤厚度及其他地质构造。对于煤岩帮的探测，应尽量使用合适的锤击垫片或激发孔，还应避开煤岩帮的松动圈范围。在探测巷道剩余底煤厚度时，同样可利用钢钎等工具作辅助，以避开浮煤对地震波信号接收的影响。

2.1.1.3　井下空间作用

在放顶煤开采中，割煤支架宽为 1.5 m，在支架之间仅有约 10 cm 的间隙（前探梁间相对宽一些），这样的场地限制了许多物探方法的施工。因而要想快速、准确查明顶煤厚度，只能采用零偏移距的方法施工。在支架间隙中，有的部位顶煤已冒落，有的部位破裂严重，使用排列方法无法均匀布点。另外，对迎头断面前方地质构造体的探测，可利用空间更小。可将瑞利波勘探、单点自激自收、矿井地震超前探测等手段相结合，有效激发、接收地震波，从而获得较理想的探测效果。

2.1.1.4　震源扰动与井下干扰作用

矿井震源多为点源，面波的干扰作用在有限的巷道空间内更突出。因此，面波去噪需要从井下地震波的激发、接收系统上考虑。震源要使用高频点源以增大震源本身频带；接收仪器的前置模拟滤波档要向高频端移动，以采集可靠的高频反射波，还应将频带门坎放在面波的高频端；地震传感器要求具有宽频、高阻尼特性，可使用 100 Hz 速度传感器、加速度传感器等。只有在震源、传感器、接收仪器三个方面同时压制面波干扰，才可取得较好效果。此外，巷道空间具有更强的机械波干扰性，包括巷道行车、落煤、采掘、通风、排水、爆破、顶板来压等，因而需要根据矿井生产条件，实施干扰波调查，做到合理规避。

2.1.2　井下地震波激发与接收

2.1.2.1　井下震源

井下震源对勘探数据质量至关重要，对不同的地质问题和干扰条件可采用不同震源，如炸药震源、锤击震源等。通常，探测范围小于或等于 80 m，可采用锤击震源；大于 80 m，可采用炸药震源。此外，雷管也是一种性价比较高的震源，电雷管多会产生 1～2 ms 的延迟，需要设置爆炸点检波器以记录起爆信号。为保证记录的一致性，一个探测区域最好使用同一型号、同一批次的电雷管，从而避免相应误差。

当目标体距离较近时，锤击震源是一种最简便、成本低、使用广泛的激发方式，主要由大锤、垫板、锤击开关、连接电缆组成。激发信号由锤击开关经电缆输入记录系统。在这种激发方式中，测区煤岩层性质对锤击震源的激发效果影响较大，如在松散的煤体上的锤击效果差，而在潮湿牢固、坚硬的岩层上的锤击效果较好，获得的信号频率高。锤击震源的缺点是面波、声波干扰较严重。为改善锤击震源的激发效果，常在锤击点放置金属板，但锤击金属板常伴有较强的声波干扰，改用化学板（如聚氨酯塑料）可减弱声波干扰。若煤岩体松软，则可用长约50 cm、截面积约10 cm^2 的木桩代替金属板。表 2-1-1 列举了井下常用震源的使用特点。

2.1.2.2　井下检波器

井下的浅层地震勘探常使用动圈式速度检波器和加速度传感器，频带范围为 4～1 000 Hz。此外，也可根据任务需要采用不同分量检波器，如单分量或三分量检波器。除成品检波器外，根据现场条件可加工不同形状的检波器，如井下锚杆检测可利用磁座形式进行耦合，可对锚杆长度、锚固状态进行快速检测。另外，检波器可放置于孔中，以有效避开煤岩层松动的影响。

表 2-1-1　井下常用震源的使用特点

震源类型	震源特点	探测距离/m	使用的炸药量(g)或铁锤质量(磅)	备　注
爆炸震源	激发的地震波具有良好的脉冲特性，频带宽、能量强、高频成分丰富	<80	30～70 g	属高分辨率地震勘探广泛使用的震源
		150～200	150～300 g	
雷管	比较廉价，但声波干扰大	<120	—	应使用同批次雷管
锤击震源	简便、成本低廉，但面波、声波干扰大	<80	18 磅	属井下常用震源
震源枪	可分为不同档位，能量相对较均一	<20		可进行井下煤厚探测

2.1.2.3　井下激发与接收的特殊性与要求

井下地震勘探具有一定的复杂性与特殊性：① 在井下三维空间进行地震波的激发与接收，干扰因素较多，可能接收到来自不同方向的地震波，进而给地质体的分辨与解释带来困难。② 井下探测没有地面探测时的广阔空间，无法设计长测线、大面积的观测系统，许多地面成熟的观测方法在井下无法使用，数据采集的体量、技术受限。③ 除了沿顶底板的顺层布置与穿层探测外，多数探测均为迎面布置、顺层观测，从而使数据分析缺少地质标志层作为依托。④ 对于同一矿区的不同矿井或同一矿井的不同煤层，地震波的传播特征并不相同，故必须根据现场地质和探测条件设计施工方案、完成数据分析。⑤ 井下探测对仪器设备的要求更高，仪器必须具备防爆、防水、防尘、防潮等性能，且应便携易操作，以保证施工的安全、简便、高效、快捷。

井下地震勘探受电磁波干扰小，但为了获得最佳探测效果，应注意：① 传感器应插入原状煤层，若巷道内浮煤较厚，为避免浮煤影响可在测点打入一根钢钎，将传感器固定在钢钎上，从而避开浮煤松动带来的不利影响。② 传感器、锤击点应尽量远离巷道中的钢轨。③ 为保证激发信号的稳定性，需要在锤击点放置一个锤垫，使能量更均匀地传播。这需要针对巷帮的支护情况加工相应锤垫，如“工”字形、圆柱形、薄片形锤垫等，而检波器也要尽量避开煤岩壁的松动范围，以保证接收到有效的地震波信号。④ 为了增大探测距离，可在同一腰线上按一定距离打深度为 1.5～2.0 m 的小孔径钻孔，并采用“闷炮激发”“水炮激发”，从而增强波的能量，改善记录质量。⑤ 井下作业繁忙，随机干扰严重。若炮检距较大，则增益值不宜太大。同时，为压制干扰波，可多次重复激发、垂直叠加，并利用仪器信号的增强功能提高信噪比。

2.2　矿井常规地震勘探技术

2.2.1　井下折射波法

浅层折射波法必须满足下伏地层的波速大于上覆地层的条件。对剩余煤层厚度的探测大多能够满足上述条件，煤层与底板岩层可形成明显的速度分界面。因此，井下折射波法能够探测煤层厚度，为煤炭资源储量估算提供参数。

2.2.1.1　折射波法的基本原理

依据斯涅耳定律，当入射波到达界面，界面下伏介质的速度 v_2 大于上覆介质的速度 v_1 时，透射角大于入射角；当入射角为临界角 i_0 时，透射角为 90°，透射波在界面下伏介质中以速度 v_2 沿界面滑行，形成折射波。如图 2-2-1 所示，折射波只有在入射角大于或等于临界角时才能被观测到，入射角小于临界角时观测不到折射波的地段称为折射波的盲区（x_M 以内）。

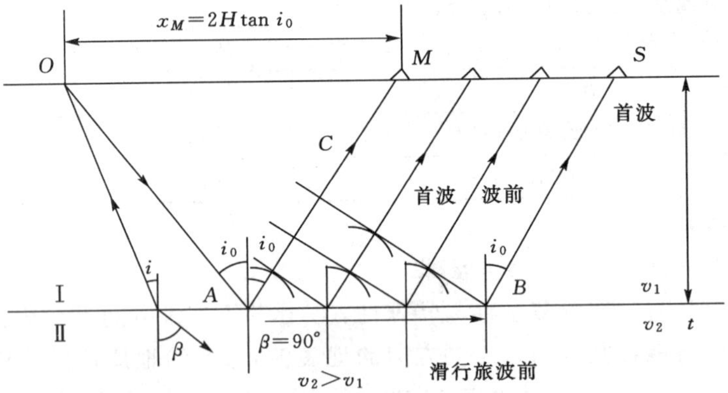

图 2-2-1　单一水平界面上折射波的形成

（1）单一水平界面的折射波时距曲线

由图 2-2-2 可知，对于 S 点处的检波器，折射波的传播时间为：

$$t=\frac{OA}{v_1}+\frac{AB}{v_2}+\frac{BS}{v_1}=\frac{x-x_M}{v_2}+\frac{2H}{v_1\cos i_0} \tag{2-2-1}$$

式中　v_1——界面上层介质波速；

v_2——界面下层介质波速；

x——炮检距；

i_0——临界角；

H——界面深度。

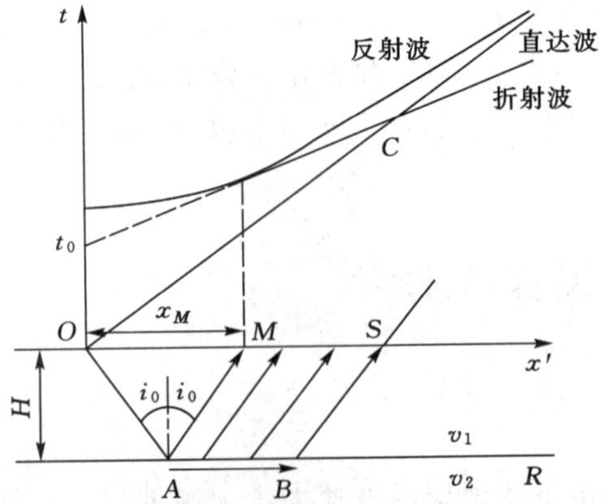

图 2-2-2　单一水平界面的折射波路径与时距曲线

令 $t_0=\dfrac{2H}{v_1\cos i_0}$，则：

$$t=\frac{x-x_M}{v_2}+t_0 \tag{2-2-2}$$

由此可见，折射波的时距曲线是一条斜率为 $1/v_2$、截距为 t_0 的直线。其中，t_0 称为时间项或交叉时，交叉时与折射界面法线深度有关。直达波时距曲线与折射波时距曲线的交点对应的炮检距 x_C，称为临界距离：

$$x_C=2H\sqrt{\frac{v_2+v_1}{v_2-v_1}} \tag{2-2-3}$$

盲区半径 x_M 与临界距离 x_C 并非同一个参数。当 $x<x_M$ 时，接收不到折射波；在 M 点，第一个折射波与反射波同时到达，折射波时距曲线与反射波时距曲线相切；在 C 点，直达波与折射波同时到达；在 $x_M<x<x_C$ 区间内，折射波晚于直达波到达，且在直达波的续至区间内，折射波的初至在记录上难以辨认；当 $x>x_C$ 时，折射波先于直达波到达，初至记录清晰可辨，是观测折射波的有利地段。实际工作中，折射界面埋深 H 的计算公式如下：

$$H=\frac{t_0v_1}{2\cos i}=\frac{t_0v_1v_2}{2\sqrt{v_2^2-v_1^2}} \tag{2-2-4}$$

$$H=\frac{x_C}{2}\sqrt{\frac{v_2-v_1}{v_2+v_1}} \tag{2-2-5}$$

(2) 单一倾斜界面的折射波时距曲线

对于倾斜界面，炮点相对接收排列处在界面上倾方向时，称为上倾爆破下倾接收；反之，称为下倾爆破上倾接收。由图 2-2-3 可见，上倾爆破下倾接收的折射波时距方程为：

$$t=\frac{OA}{v_1}+\frac{BC}{v_2}+\frac{CS}{v_1}=\frac{x\sin(i_0+\varphi)}{v_2}+\frac{2h\cos i_0}{v_1} \tag{2-2-6}$$

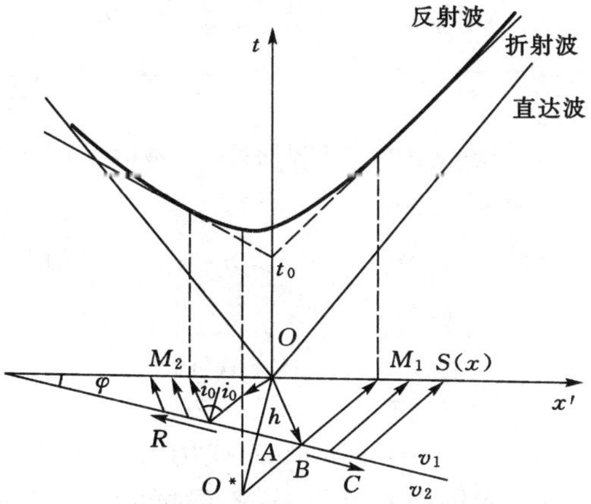

图 2-2-3　单一倾斜界面的折射波路径与时距曲线

同理，下倾爆破上倾接收的折射波时距方程为：

$$t=\frac{x\sin(i_0-\varphi)}{v_2}+\frac{2h\cos i_0}{v_1} \tag{2-2-7}$$

式中 h——界面的法线深度；

φ——界面倾角。

(3) 多个水平界面的折射波时距曲线

现以 3 个波速层为例，讨论多层界面的折射波时距曲线。如图 2-2-4 所示，$v_3>v_2>v_1$，对于折射界面 R_2 和观测点 S_5，波的传播路径为 $OM'M''P''P'S_5$。依据斯涅耳定律，R_2 界面的折射波时距方程为：

$$t=\frac{OM'+P'S_5}{v_1}+\frac{M'M''+P''P'}{v_2}+\frac{M''P'}{v_3}$$

$$=\frac{x}{v_3}+t_{02} \tag{2-2-8}$$

$$t_{02}=\frac{2h_2\cos\alpha_2}{v_2}+\frac{2h_1\cos\alpha_1}{v_1}$$

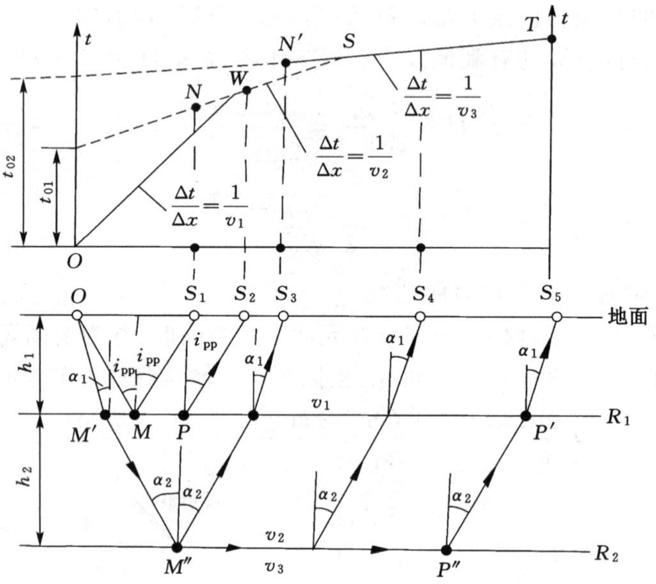

图 2-2-4　多个水平界面的折射波时距曲线

对于 n 个波速层的情况，若 $v_n>v_{n-1}>\cdots>v_2>v_1$，则同理可得第 $n-1$ 层界面的折射波时距方程：

$$t=\frac{x}{v_n}+\sum_{k=1}^{n-1}\frac{2h_k\cos\alpha_k}{v_k} \tag{2-2-9}$$

可见，在多个水平界面情况下，折射波时距曲线仍为直线，直线的斜率分别是各折射层下伏介质层波速的倒数。由于各层的波速不同，各层折射波时距曲线的斜率也不同。也就是说，多个水平界面的折射波时距曲线必然是一簇相互交叉的直线。

(4) 弯曲界面的折射波时距曲线

对于弯曲的折射界面，地层倾角 φ 的变化可导致折射波的出射角发生变化(图 2-2-5)。基于视速度定理，折射波的时距曲线上各点的视速度不同，即曲线斜率不断变化。因此，时距曲线为弯曲形状，且与界面的弯曲呈中心对称关系。

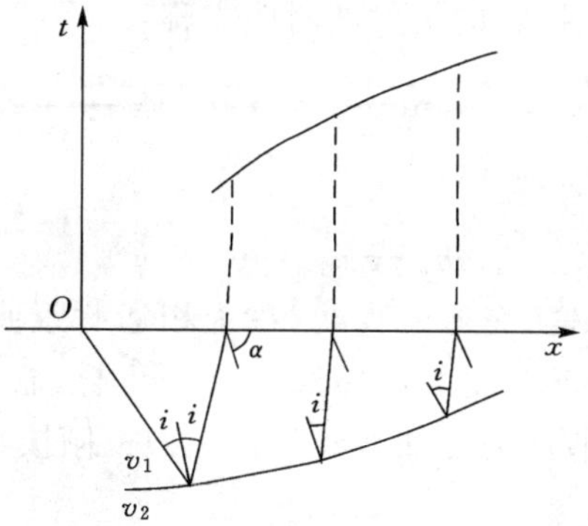

图 2-2-5　弯曲界面的折射波时距曲线

（5）相遇折射剖面的折射波时距曲线

图 2-2-6 所示是分别在 O_1、O_2 点激发，在 O_1、O_2 点间观测的折射观测系统。其中，h_u、h_d 分别为 O_1 与 O_2 点的界面法线深度，界面倾角为 φ，折射波时距方程为：

$$t=\frac{O_1M+PO_2}{v_1}+\frac{MP}{v_2}$$

$$=\frac{x\cos\varphi}{v_2}+\frac{h_u+h_d}{v_1}\cos i \tag{2-2-10}$$

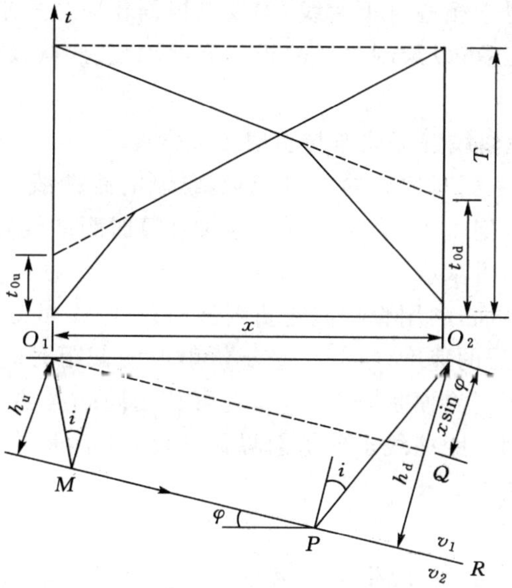

图 2-2-6　相遇折射剖面的折射波时距曲线

对于上倾爆破下倾接收，利用 h_d 与 h_u 的几何关系，可得折射波的时距方程：

$$t_d=\frac{x}{v_1}\sin(i+\varphi)+t_{0d}=\frac{x}{v_d^*}+t_{0d} \tag{2-2-11}$$

$$t_{0d}=2h_d/(v_1\cos i)$$

$$v_d^*=v_1/\sin(i+\varphi)$$

同理，可得下倾爆破上倾接收的折射波时距方程：

$$t_u=\frac{x}{v_1}\sin(i-\varphi)+t_{0u}=\frac{x}{v_u^*}+t_{0u} \tag{2-2-12}$$

$$t_{0u}=2h_u/(v_1\cos i)$$

$$v_u^*=v_1/\sin(i-\varphi)$$

由上述方程可知，两条相互交叉的直线，称为相遇时距曲线。不管是上倾爆破下倾接收，还是下倾爆破上倾接收，折射波的传播路径完全重合，旅行时相等，称为互换时间。因 $v_d^* < v_u^*$，上倾爆破下倾接收的时距曲线比下倾爆破上倾接收的更陡。

2.2.1.2 工作方法

煤层折射波法常采用相遇与单边排列观测系统。折射波勘探盲区长度一般为目的层深度的 2 倍。为了可靠追踪岩石折射界面，最大炮检距一般为目的层深度的 7～10 倍，以取得长的折射波时距曲线，保证勘探精度。道距可据目的层深度选取，通常为 3～5 m。折射波法的震源主要为锤击震源。为提高解释精度，设计观测系统、采集参数时应保证能够获得清晰的初至记录。这是因为在初至区内观测折射波时没有其他波的干扰，易于进行波的对比与解析。

2.2.1.3 资料解释

依据观测系统的不同，折射波数据可分为单支时距曲线、相遇时距曲线两种主要类型。其中，对于单支时距曲线，基于相应时距曲线公式，可通过计算机求得折射界面的埋深、产状等，从而达到勘探目的；对于相遇时距曲线，不仅可根据相应公式求出折射层的波速，分析与推断折射层和岩层特征，还可以绘制出反映折射界面深度、产状及构造形态的地震剖面图和构造图。

(1) 利用折射波时距曲线解算波速与折射界面深度

在直角坐标系内，可依据对比后的折射记录，绘制时距曲线。通常以震源为坐标原点，以时间为纵坐标，以距离(炮检距)为横坐标。通过计算时距曲线斜率的倒数，可以求取各层速度；通过速度和交叉时，可求取折射界面的深度。

若折射界面是水平界面，利用直达波与折射波时距曲线，可分别计算出直达波与折射波的速度，即覆盖层与折射层的速度。同时，基于折射波的截距时间或临界距离，可直接计算出折射界面的深度。若折射界面是倾斜界面，则可利用同一震源的左右支时距曲线或者两个震源同一接收段的相遇时距曲线求取折射界面速度，进而求得折射界面的法线深度以及倾角。

(2) 绘制折射界面

折射界面的绘制方法很多，应根据不同情况进行选择。以 t_0 差数时距曲线法为例，若界面起伏或弯曲，则需要利用 t_0 差数时距曲线法求取界面速度，并用 t_0 差数时距曲线法解算各测点下方的折射界面法线深度。此方法要求折射面的曲率半径比深度大得多，且波沿折射面滑行时无穿透现象，并已知界面以上介质中的波速。

如图 2-2-7 所示，O_1 和 O_2 为震源，S_1 和 S_2 分别为折射波时距曲线。在点 S 处可得折射波的旅行时间 $t_1=t_{O_1ABS}$ 和 $t_2=t_{O_2DCS}$，以及互换时间 T：

$$T=t_{O_1AB}+t_{BC}+t_{O_2DC} \tag{2-2-13}$$

当折射界面的曲率半径比深度大很多时，三角形 SBC 近似为等腰三角形。自接收点 S

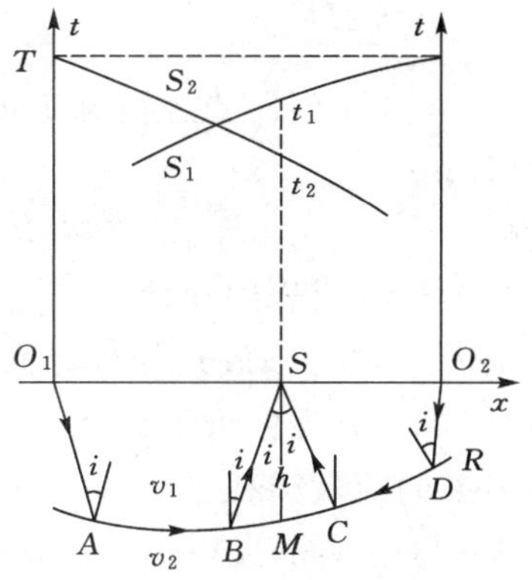

图 2-2-7　利用 t_0 差数时距曲线法绘制的折射界面

作 BC 的垂直平分线 SM，得 $SM=h$。利用几何学知识易得：

$$h=\frac{t_0 v_1}{2\cos i}=kt_0 \tag{2-2-14}$$

$$k=\frac{v_1}{2\cos i}=\frac{v_1 v_2}{2\sqrt{v_2^2-v_1^2}} \tag{2-2-15}$$

式中　i——临界角；

v_1——覆盖层波速；

v_2——折射界面的下伏介质层波速。

因此，要求取折射界面深度，需要 t_0、k 两个参数。

2.2.1.4　折射波法的应用

(1) 折射波法的应用范围

利用折射波法能够获取界面下伏介质层的波速，进而可与岩性联系起来，从而确定煤层与底板岩层的特征。矿井分层开采时，常使用折射波法探测剩余煤层的厚度。对折射波资料进行解释时，首先要对折射波进行识别和对比，而后根据折射波时距曲线和波速资料绘制可反映折射界面的深度、产状和构造形态的地震剖面图、构造图。

(2) 折射波的识别与对比

在初至区接收的折射波，称初至波。初至波的对比和追踪一般较为容易，但若折射界面深度较大，初至波就不易追踪，故折射波也可以是续至波。因此，折射波的对比依据有：① 同相性，即当相邻接收点的距离较小时，有效波的相同相位到达相邻道的时间差很小，折射波的同相轴应是平滑的直线段和曲线段(折射界面为曲面或界面波速有变化时)，每个有效波都可以有几条彼此近似平行的同相轴；② 波形的相似性；③ 振幅标志，属于同一界面的有效波，沿测线的振幅衰减较缓慢，但来自不同界面的有效波，振幅多存在差异。

(3) 底板剩余煤层厚度的探测

相遇折射波法可用于底板剩余煤层厚度的探测，即在煤层底板布置测线，在测线两端各放置一个传感器，测线长度 X 应足够大，以保证折射波的接收。设剩余煤层厚度为 H，煤层波速为 v_1，下伏岩层波速为 v_2，那么 X 应该满足：

$$X \geqslant 2H\sqrt{\frac{v_2+v_1}{v_2-v_1}}+L \tag{2-2-16}$$

其中，$L=(3\sim4)\Delta x$，即至少需要 3～4 个时距点才能确定折射界面的波速。

2.2.1.5 折射波法煤层陷落柱探测

(1) 陷落柱对折射波的影响

煤层中的陷落柱一般由不同地层的煤岩碎块填充，其纵横波的速度介于煤层与围岩的之间。如图 2-2-8 所示，折射波在沿煤层与顶底板的分界面传播时遭遇陷落柱，由于陷落柱与煤层、陷落柱与围岩的分界面与煤岩分界面近乎垂直，因此折射波将以近乎垂直的角度入射进陷落柱内。垂直入射使折射波的能量损耗很小，且传播方向几乎不发生改变，主要能量仍沿水平方向传播，再由陷落柱的另一侧垂直射出，故折射波仅有部分能量衰减。对于槽波，由于槽波传播所需要的全反射条件被陷落柱破坏，槽波在遇断层后能量衰减严重，大部分能量发生散射。总之，陷落柱能够造成折射波能量的一定衰减，但衰减程度弱于槽波的。

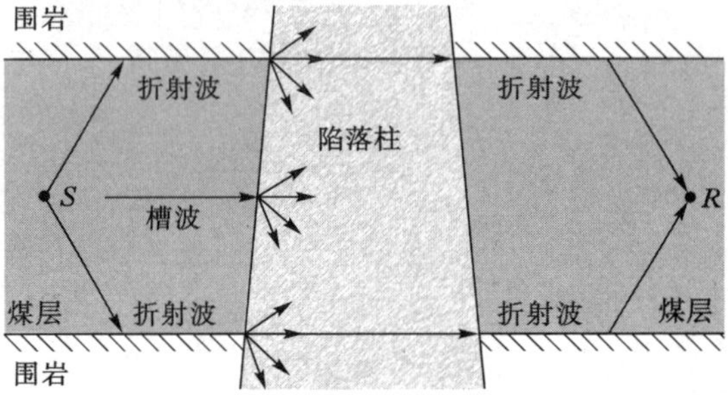

图 2-2-8 陷落柱对折射波的影响

(2) 折射波振幅衰减系数成像法

在地震波的振幅衰减系数成像方法中，振幅与传播距离的关系一般为：

$$A_x=A_0e^{-ax} \tag{2-2-17}$$

式中 A_x——传播距离为 x 处的地震波振幅；

A_0——震源处的地震波振幅；

a——地震波振幅衰减系数，$a=a_g+a_m$（a_g是因地震波随波前面扩散而产生的几何因素衰减系数，a_m是因传播介质的吸收衰减而造成的介质因素衰减系数）。

折射波是沿煤层与顶底板的分界面传播的，且在传播过程中不断向煤层内衍射。因此，由煤层内某一点激发而产生的折射波，波前可近似看作柱面波。随传播距离 x 的不断增大，振幅将按 x^{-1} 衰减。根据槽波的传播理论可知，艾里震相槽波的振幅按 $x^{-5/6}$ 衰减。因此，折射波随传播距离的衰减程度大于艾里震相槽波的。当炮检距较大时，艾里震相槽波的能量将明显强于折射波的。对于几何因素衰减系数 a_g，若折射波的为 1，则艾里震相槽波的取 0.83；介质因素衰减系数 a_m对艾里震相槽波来说是煤层的衰减系数，对折射波来说则是围岩的衰减系数。

折射波振幅衰减系数成像法步骤如下。

① 将成像区域划分成 N 个网格，计算出每条射线在每个网格上的长度 x_n。

② 求出每个炮点附近折射波的振幅 A_S 和每个检波点折射波的振幅 A_R，利用

式(2-2-18)建立式(2-2-19)的方程组：

$$\sum_{n=1}^{N} a_n x_n = \ln A_S - \ln A_R \tag{2-2-18}$$

$$\boldsymbol{X b} = \boldsymbol{a} \tag{2-2-19}$$

式中　$\boldsymbol{X}$——$M \times N$ 矩阵(M 是射线数，N 是网格数)，表示每条射线在所有网格中的传播距离；

$\boldsymbol{b}$——$N \times 1$ 矢量，表示每个网格的折射波振幅衰减系数；

$\boldsymbol{a}$——$M \times 1$ 矢量，表示每条射线的折射波振幅衰减值。

③ 求解式(2-2-19)可得各个网格对应的 β 值，从而实现工作面折射波振幅衰减系数成像。

(3) 折射波法探测实例

碾沟煤矿 2101 工作面宽度为 220 m，长度为 700 m，巷道揭露的平均煤厚约为 1.3 m，顶板为砂质泥岩，底板为细砂岩。测线沿进风巷、回风巷、开切眼侧帮布置，总长度为 1 570 m，接收道距为 10 m，炮距为 20 m。该工作面井下地震记录见图 2-2-9。

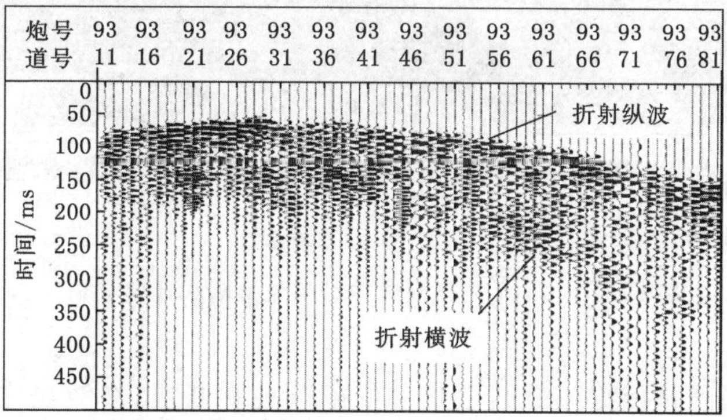

图 2-2-9　2101 工作面井下地震记录

图 2-2-9 中仅存在 2 组波列。通过计算，这两组波列对应的速度分别为 3 800 m/s、1 650 m/s。由此可知，这两组波列分别为煤层折射纵波和折射横波。而槽波在地震记录中不明显。根据碾沟煤矿 2101 工作面围岩与煤层的波速与频率等参数绘制的频散曲线随煤厚的分布情况见图 2-2-10。

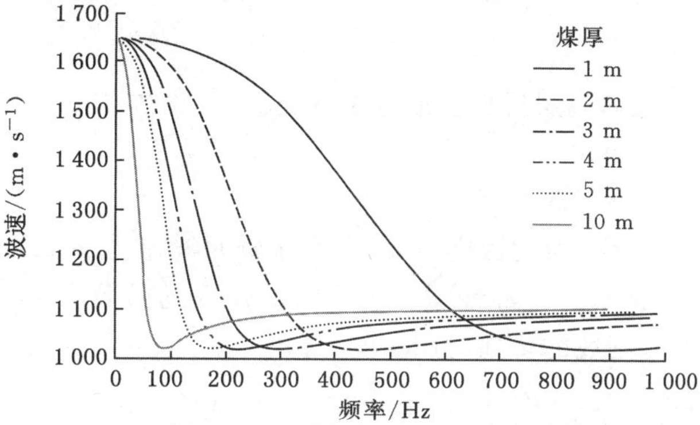

图 2-2-10　2101 工作面频散曲线

由图 2-2-10 可知，当煤层变薄时，槽波艾里震相频率迅速提高。当煤厚为 1 m 时，槽波艾里震相已不明显，频率约为 900 Hz，槽波不形成明显驻波。此外，高频槽波衰减快，900 Hz的地震波无法穿透 220 m 宽工作面。因此，槽波在记录中不易识别且能量很弱。

按照 3 800 m/s 的速度拾取煤层折射纵波时，选取到时点附近一段区域内的平均振幅。利用式(2-2-18)、式(2-2-19)实现煤层折射纵波的振幅衰减系数成像，成像结果见图 2-2-11(可扫描图中二维码获取彩图，下同)。其中，蓝色区域为振幅衰减正常区；红色区域为振幅衰减异常区，红色区域表示该区域内折射纵波衰减严重，能量损失较大。

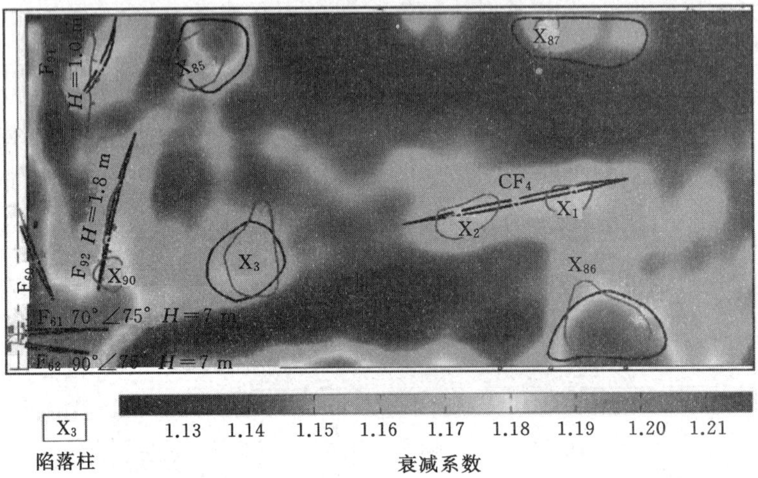

图 2-2-11 2101 工作面成像结果与推断构造验证情况

图 2-2-11 中，黑线是依据成像结果解释的陷落柱和断层，红线是实际回采揭露的异常构造。总体上，成像结果能够较好反映陷落柱的位置和边界，如陷落柱 X_3、X_{85}、X_{86}、X_{87}。除此以外，断层也会引起折射纵波的振幅衰减，如落差为 1 m 的 F_{91} 断层。断层在成像结果中与陷落柱引起的异常区形态接近，故容易将断层错误解释为陷落柱，如解释的 CF_4 断层实际为 X_1 与 X_2 两个相邻的陷落柱；解释的 F_{92} 断层，实际为陷落柱 X_{90} 及其伴生断层。总体而言，成像结果显示的陷落柱位置、边界与实际揭露情况具有较高的吻合度。需要说明的是，采用折射横波也可以获得类似的衰减系数成像结果。

2.2.2 井下反射波法

井下反射波勘探与地面浅层反射波勘探技术类似，在煤矿井下具有广泛的应用前景。

2.2.2.1 反射波法的基本原理

(1) 水平界面的反射波时距曲线

如图 2-2-12 所示，反射界面的深度为 h，上覆介质的波速为 v_1，O^* 点是与激发点 O 对称的虚震源。地震波自激发点 O 经地震界面反射点 R 到达接收点 S 的传播时间为 t，接收点 S 距 O 点的距离为 x，则波的传播时间 t 应为：

$$t=\frac{OR+RS}{v_1}=\frac{O^*RS}{v_1}=\frac{\sqrt{4h^2+x^2}}{v_1} \tag{2-2-20}$$

式(2-2-20)即水平界面的反射波时距方程。当 $x=0$ 时，$t_0=2h/v_1$(称为回声时间或自激自收时间)。利用 t_0 可以求出界面的法线深度 h。式(2-2-20)也可简化为标准的双曲线方程：

$$\frac{t^2}{t_0^2}-\frac{x^2}{4h^2}=1 \tag{2-2-21}$$

(2) 倾斜界面的反射波时距曲线

如图 2-2-13 所示，当反射界面倾斜、与测线夹角为 φ 时，虚震源 O^* 不再位于 O 点的正下方，而向上倾方向偏移。用 M 表示 O^* 在地面的投影点。地震波由 O 点出发，在 R 点反射到炮检距为 x 的检波点 S，所用旅行时间 t 为：

$$t=\frac{OR+RS}{v_1}=\frac{O^*RS}{v_1}=\frac{\sqrt{O^*M^2+(x+OM)^2}}{v_1}$$

$$=\frac{\sqrt{4h^2+4hx\sin\varphi+x^2}}{v_1} \tag{2-2-22}$$

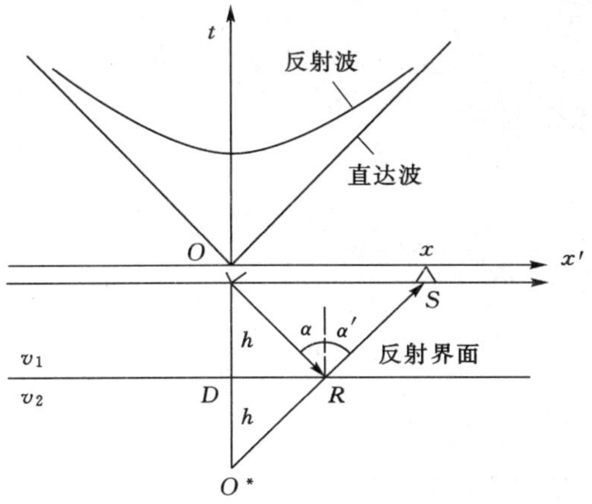

图 2-2-12　水平界面的反射波时距曲线

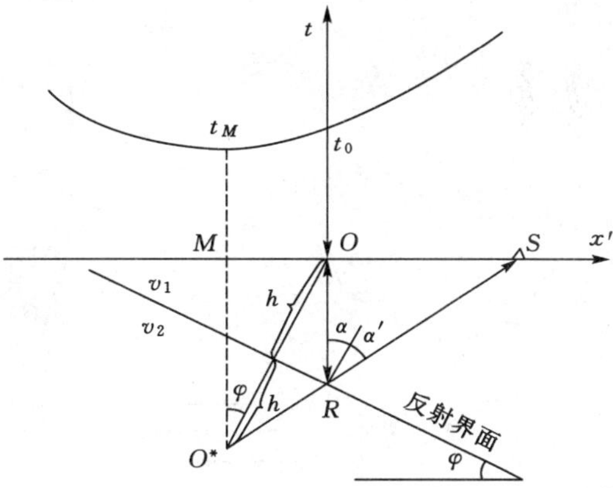

图 2-2-13　倾斜界面的反射波时距曲线

关于 φ 的正负有这样的规定：若反射界面的下倾方向和 x' 轴方向一致，φ 为正；反之，φ 为负，且 $\sin\varphi$ 项将改变符号。式(2-2-22)即倾斜界面的反射波时距方程，反映了反射波沿测线方向的时空关系以及反射界面深度 h、倾角 φ 及倾向间的关系，它可转化为标准双曲线方程：

$$\frac{t^2}{\left(\frac{2h\cos\varphi}{v_1}\right)^2}-\frac{(x+2h\sin\varphi)^2}{(2h\cos\varphi)^2}=1 \tag{2-2-23}$$

可见，倾斜界面的反射波时距曲线是一条以 MO^* 为对称轴的双曲线。依据采集的地震数据，利用式(2-2-23)与时距曲线可求得反射层的相关信息，从而达到勘探目的。与水平界面的反射波时距曲线相比，倾斜界面的有如下特点：

① 曲线的极小值不在 O 点，而向反射界面的上倾方向偏移，偏移距离 $x_M=OM$(与反射界面的倾角、深度有关，$x_M=2h\sin\varphi$)。

② x_M 对应的时间 t_M 为：

$$t_M=\frac{2h\cos\varphi}{v_1}=\frac{\sqrt{4h^2-x_M^2}}{v_1} \tag{2-2-24}$$

t_M 总是位于反射界面的上倾方向。因此，依据 t_M 点的位置可定性地判断出反射界面的倾斜方向，而且界面越深或倾角越小，t_M 越大。

③ 在接收点 O，仍与水平界面一样，$t_0=2h/v_1$。因此，当界面倾斜时，其法线深度的公式为 $h=1/(2t_0v_1)$，仍与求水平界面的一样。

(3) 多个水平界面的反射波时距曲线

如图 2-2-14 所示，一组水平层状介质构成反射界面 R_1、R_2、R_3、R_4、…，若 O 点激发、S 点接收，地震波经过各界面并在第 n 个界面反射，而后返回观测面，旅行时间 t 为通过各层介质的旅行时间之和：

$$t=2\sum_{i=1}^{n}\frac{h_i}{v_1\cos\alpha_i} \tag{2-2-25}$$

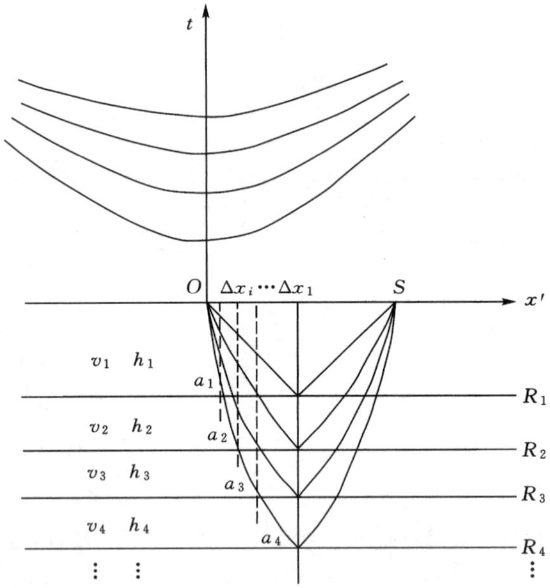

图 2-2-14　多个水平界面的反射波时距曲线

根据斯涅耳定律，整理得：

$$t=2\sum_{i=1}^{n}\frac{h_i}{v_1\sqrt{1-p^2v_i^2}} \tag{2-2-26}$$

对式(2-2-26)作二项式展开，并令 $t_i=h_i/v_i$ 表示波在各分层中的单程垂直传播时间，可得：

$$t=2\sum_{i=1}^{n}t_i\left(1+\frac{1}{2}p^2v_i^2+\frac{1}{2}\times\frac{3}{4}p^4v_i^4+\cdots\right) \tag{2-2-27}$$

当接收点位于震源附近时，α_i 较小，$\sin a_i=pv_i$ 中的高次项可略去，则式(2-2-26)近似为：

$$t=t_0+\sum_{i=1}^{n}t_ip^2v_i^2 \tag{2-2-28}$$

S 点的横坐标(炮检距)x 为：

$$x=2\sum_{i=1}^{n}\Delta x_i=2\sum_{i=1}^{n}\frac{h_ipv_i}{\sqrt{1-p^2v_i^2}} \tag{2-2-29}$$

式(2-2-28)和式(2-2-29)共同构成了多个水平界面的反射波时距方程组。其中,参数 p 是一个未知的常量,若将两式各自取平方,略去 pv_i 的高次项,并消去参数 p,可得:

$$t^2 = t_0^2 + \frac{x^2}{v_{RMS}^2} \tag{2-2-30}$$

式中　v_{RMS}——均方根速度,$v_{RMS} = \sqrt{\dfrac{\sum_{i=1}^{n} t_i v_i^2}{\sum_{i=1}^{n} t_i}}$。

对于 n 个水平界面的反射波时距方程,只要将第 n 层以上各层介质用一个波速为均方根速度的均匀介质代替,则它和两个水平界面的时距方程具有相同的形式,时距曲线亦是对称于纵轴的双曲线。但在这种简化的推导过程中,由于略去了 pv_i 的高次项,若炮检距和反射界面深度的比值 x/h 小于 0.5,则产生的误差很小,但随着炮检距 x 的增大,误差增大。

(4) 断层的反射波时距曲线

如图 2-2-15 所示,设正断层两侧为水平界面,震源 O 在该断层的下降盘一侧。现在讨论最简单的情况,作下降盘 R_1A 反射界面的虚震源 O_1^*,因界面在 A 点断开,所以下降盘的反射波只能在 S_1点的左方被接收,又因界面是水平的,所以下降盘的反射波时距曲线呈双曲线特征,极小值点位于 t 轴上,时间 t_0为 $2h_1/v_1$。

同理,可把上升盘 R_2B 当作另一个独立的反射界面,作虚震源 O_2^*,上升盘界面的反射波时距曲线只在 S_2点以右的区段内才能出现。因而在 S_1、S_2点之间出现了不存在反射波的"空白带",且时距曲线的断点上有一时差 Δt,该时差和断层的断距 Δh 有关。因此,可根据 Δt 和波速 v_1来确定断距 Δh。

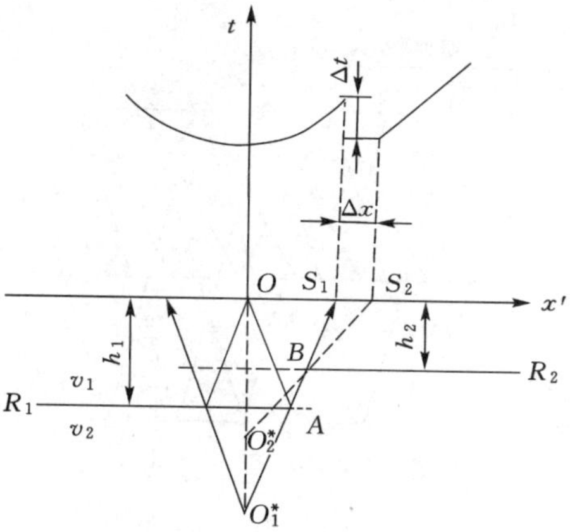

图 2-2-15　断层的反射波时距曲线

(5) 井下反射共偏移法

依据反射波勘探原理,在单炮记录分析基础上,选定最佳偏移距,在巷道两帮及底板中激发地震波,采用多次覆盖观测系统完成数据采集。探测时,针对测试区的地震地质条件进行现场噪声调查,对单炮记录分析对比,确定最佳共偏移接收窗口、窗口内检波器间距,按一定的步距同步前移,从而完成探测任务。只要地质体中存在波阻抗差异(如地质界面),就会产生反射波,且反射波能量受界面特性控制,这是反射波法分辨地质体的前提。通常可采用密集型单道共偏移数据解决实际问题,可以满足施工现场的需要,从而实现地质体的连续追踪。

现场探测是指在最佳窗口内选择一个公共偏移距,采用单道小步长,保持炮检距不变,同步移动震源和检波器。每激发一次就接收一道波形,最终得到多道记录,各道具有相同的偏移距。图 2-2-16 为共偏移法现场施工示意图。另一种方法通过对共炮点记录进行自动排列,也可获得各种偏移距的共偏移地震剖面。利用这种共偏移地震剖面可正确识别反射波同相轴。由于偏移距相同,在数据处理时不需要作正常时差校正。

2.2.2.2 工作方法

受井下特殊条件及三维空间位置的限制，井下反射波勘探的测线布置、地震仪器、激振方式、检波器耦合条件等，要充分结合目标体的特点，考虑现场数据采集的可靠性，以获得高质量的反射地震数据。

(1) 单点自激自收反射测试

单点探测的现场布置较为简单，根据不同探测目的和要求，具体布置方式有所不同。如图 2-2-17 所示，在实际工作中，因震源的影响很难做到自激自收，故只能以极小的偏移距近似为单点单道的自激自收，一般要求最浅目的层的反射角在 30°以内。巷道前方超前探测因受断面控制，故可在一侧或中间煤岩层中布置孔内耦合式检波器，并以一定间距布设激发孔，从而实现数据采集。依据探测距离，激发方式可选用锤击或爆破。检波器和激发震源应布置在断面前方 1～2 m 深的钻孔内，且检波器孔要比激发孔深 1 m 左右；激发孔不少于 3 个，可分布于检波器孔周围。最好采用多分量多波反射技术进行多波分析和解释。

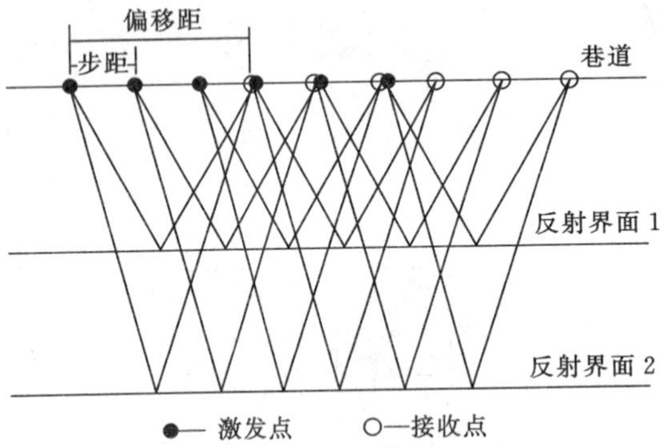

图 2-2-16 共偏移法现场施工示意图

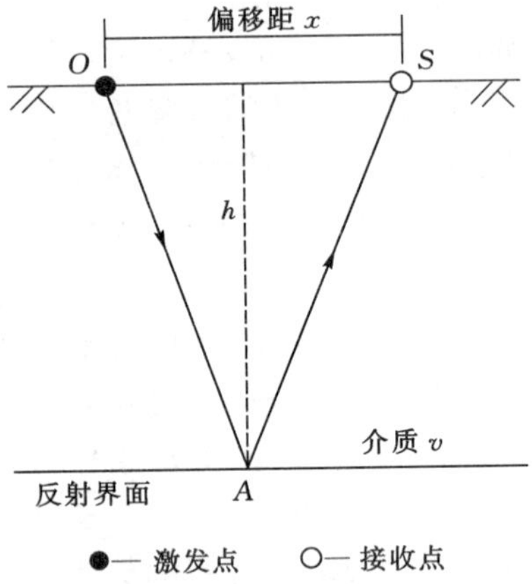

图 2-2-17 单道观测系统波路图

对于顶煤厚度探测，受综采工作面特殊条件的限制，探测点一般选在液压支架之间相对完整的煤层处。利用 PVC 导杆将传感器托至顶板与煤层充分接触。将震源枪以丝扣形式连接到 PVC 导杆上，尽量保持零偏移距进行激振。图 2-2-18、图 2-2-19 分别为巷道掘进迎头和侧帮超前探测的自激自收观测布置示意图。图 2-2-20 是巷道迎头超前探测单点激发-接收的两种布置方式。

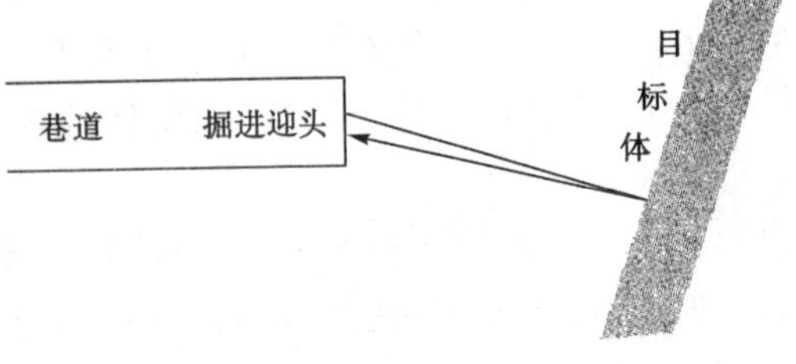

图 2-2-18 巷道掘进迎头超前探测示意图

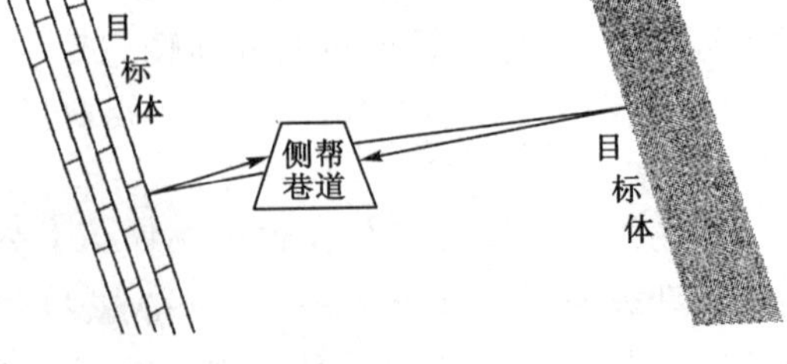

图 2-2-19 巷道侧帮超前探测示意图

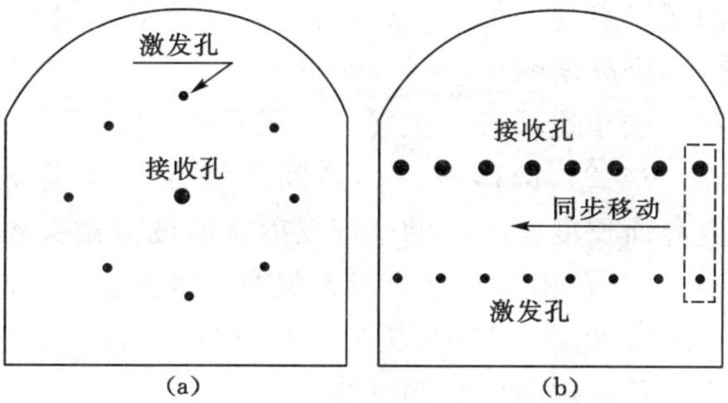

图 2-2-20　巷道迎头超前探测单点激发-接收的两种布置方式

(2) 井下反射共偏移测试

为了识别有效反射波,必须现场确定最佳接收窗口。通常,现场进行噪声调查时,检波器接收到的弹性波包括反射波、折射波、面波、声波、多次波等,也有测试空间的常时微动、人为干扰等,故必须确定最佳偏移距以保证反射波同相轴清晰易辨,同时还要考虑激发能量的有效性。图 2-2-21 为共偏移法的最佳窗口选取示意图。此外,探测中的移动步距影响横向分辨率,故不宜太大。

在共偏移测试过程中,对底板岩层探测可沿底板布置测线,而对工作面或两帮内目标体的探测只能在巷帮布置测线。图 2-2-22 为共偏移法的巷帮测线布置示意图。

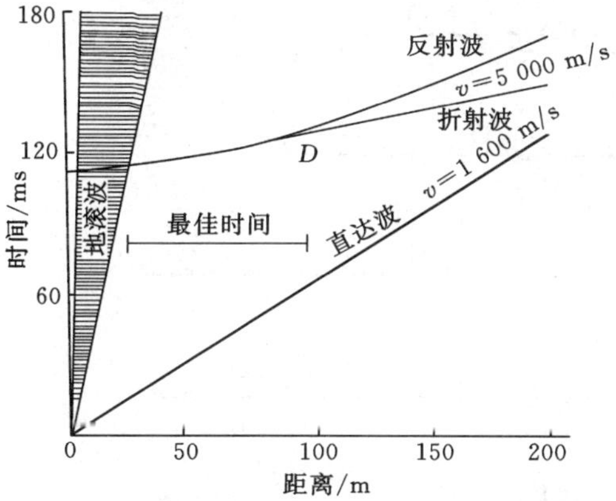

图 2-2-21　共偏移法的最佳窗口选取示意图

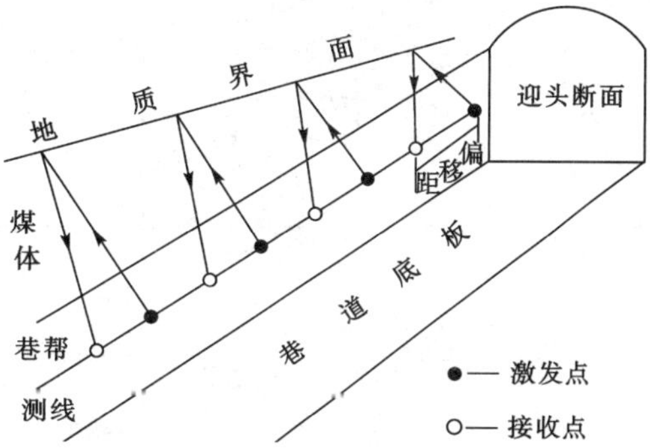

图 2-2-22　共偏移法的巷帮测线布置示意图

井下地震波的激发和接收是关键。受煤帮松动或煤体自身松散特性的影响,煤壁探测往往不能形成高质量地震波。因此,必须针对巷帮的支护情况加工各种锤垫(如"工"字形、圆柱形、薄片状锤垫等),辅助激发有效的地震波,以保证能量向介质内传播与返回,被检波器接收。同样,检波器也要尽量避开煤岩壁的松动范围,以保证可接收到有效的地震波信号。

(3) 多次覆盖观测系统

当地震地质条件较复杂时,采用单次覆盖观测系统研究地下反射界面往往不可靠。特别是在外界干扰较严重时,单次覆盖观测系统难以探测地下地质构造,这时需要采用多次覆盖观测系统。在采用多次覆盖观测系统时,须有规律地同时移动激发点与接收点。在不同接收点处，接收来自不同激发点的反射波，然后将这些共反射点的反射波叠加，这样可有效压制多次波等特殊干扰波，提高信噪比。

图 2-2-23 是 24 道接收的单边爆破 6 次覆盖观测系统。该观测系统的设计参数为：覆盖次数 $n=6$，仪器接收道数 $N=24$，偏移距为 0，道间距为 Δx。每爆破一次探测到的研究界面长度有限，故要使研究界面长度范围内的全部反射点的被覆盖次数相同，需要沿测线等间距布置震源，而后依次激发，并在相应的接收段上接收。因此，可得出炮点移动道数 γ 与叠加次数 n 的关系，即 $\gamma=NS/(2n)$。其中，S 为常数，单边爆破时 $S=1$，双边爆破时 $S=2$。通常，应优先选用下倾方向单边爆破的观测系统。

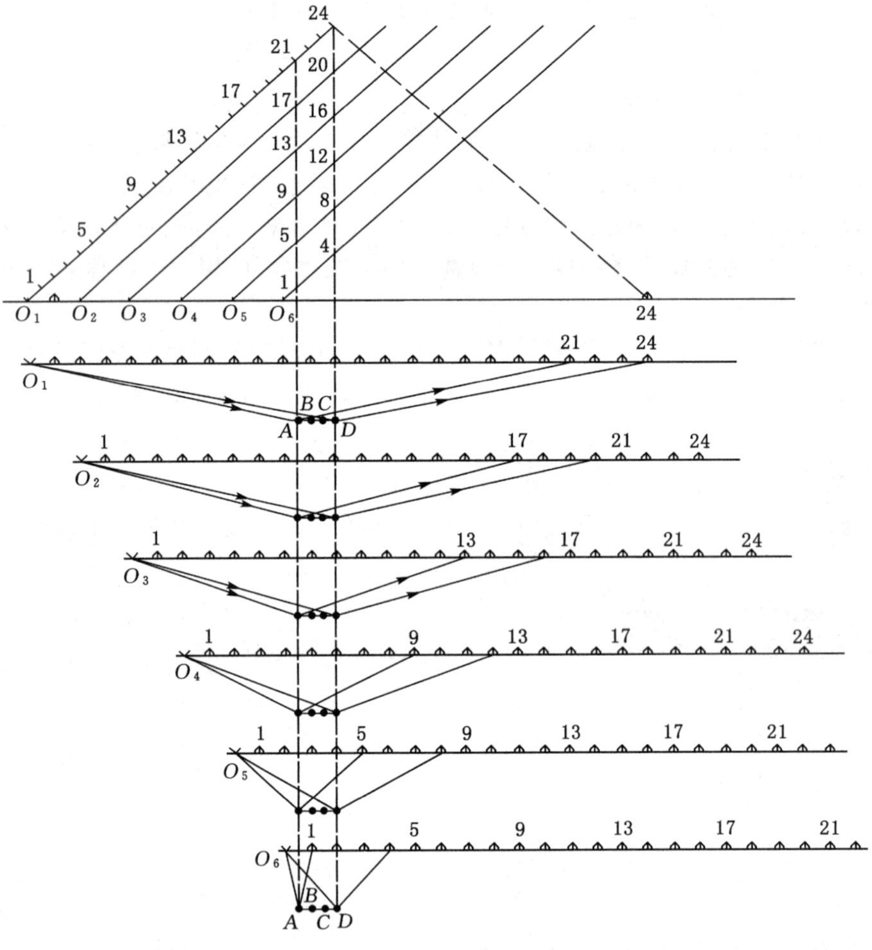

图 2-2-23　24 道接收的单边爆破 6 次覆盖观测系统

(4) 地震勘探的分辨率

地震勘探的分辨率是指地震记录所能反映的地质体的最小尺寸，包括垂向分辨率和横向分辨率。井下反射波法所要解决的地质问题具有深度浅、分层薄的特点，地震资料应有较高的垂向与横向分辨率。另外，声波、面波、环境噪声等对反射波记录的干扰较强，甚至可完全淹没有效信号，所以反射波法在数据采集与资料处理中都存在需要提高信噪比与分辨率的问题，且该问题可能比油气地震勘探中的更突出。

大量实践工作表明，最大炮检距应约等于目的层的深度；当考虑面波干扰时，最大道距应为有效信号最小视波长的四分之一，即 $\Delta x \leqslant \lambda^*_{\min}/4$（$\Delta x$ 为道距，$\lambda^*_{\min}$ 为有效信号的最小视波长）。假设反射界面是水平的，则最小视波长为：

$$\lambda^*_{\min} = \frac{v^*}{f_{\max}} = \frac{v_a}{f_{\max}}\sqrt{\left(\frac{2H}{x_{\max}}\right)^2 + 1} \qquad (2\text{-}2\text{-}31)$$

式中　v^* ——视速度；

v_a ——平均速度；

H——目的层埋深；

$f_{\max}$——有效波的最高频率。

为了增强信号，压制随机干扰，提高信噪比，可适当增加叠加次数。另外，提高仪器的低切滤波器频率有利于消除面波等低频干扰。

矿井地震勘探的任务包括薄地层划分、小断层及地层尖灭的勘查、陷落柱的调查等，因而需要从地震记录中正确识别薄层顶底界面的反射波。图 2-2-24 是接收点 R 记录到的来自两个反射界面的叠加地震记录。当振动的延续时间 Δt 小于两组反射波的时差 τ 时，这两个反射界面是可分辨的；当 $\Delta t > \tau$ 时，来自顶底界面的反射波构成了一组复合波，这两个反射界面是不可分辨的。因此，在选择采集参数时要考虑分辨率的要求，通常以四分之一波长来估算垂向分辨率，若地层厚度 $\Delta h > \lambda/4$，则能够从地震记录的波形特征中分辨出夹层顶底界面；若 $\Delta h < \lambda/4$（称为薄层），则仅从地震记录的波形特征中很难分辨出薄层顶底界面。要分辨厚度较小的煤层夹矸层，必须提高信号频率，同时必须采用不同方法对波形特征进行处理，如小波变换类、神经网络类方法。

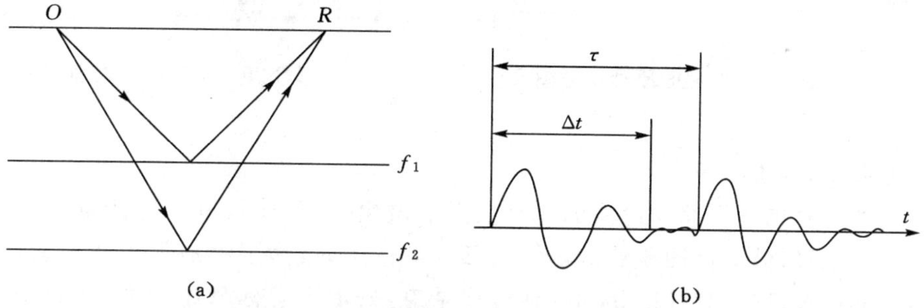

图 2-2-24　接收点 R 记录到的来自两个反射界面的叠加地震记录

2.2.2.3　资料处理

井下反射波法的数据处理主要是将中深层地震勘探的部分有效数据处理方法移植到井下地震勘探中。目前，常用的方法有以下几种。

（1）CDP（共深度点）选排

在实际观测时，一次爆破得到 12 道或 24 道记录。为方便处理，将全部记录按 CDP 集合（共深度点反射波记录）重新编排，称为 CDP 选排。

（2）振幅平衡（AGC）

野外获得的地震记录多为折射波，且面波的振幅强，反射波的振幅弱。为便于处理分析，通常要将一些振幅小的反射波振幅放大到与初至波的振幅相近，此处理称振幅平衡。处理前，必须给定有意义信号的振幅，选择有代表性的 CDP 集合进行试验，确定阈值。

图 2-2-25是振幅平衡处理的原理示意图，阈值取－10 dB，经振幅平衡处理，放大了－6 dB 的波形，但未放大－14 dB 的波形。

（3）频谱分析

对随时间变化的地震记录进行傅里叶变换，使其变成随频率变化的函数，这个函数就是该地震记录的频谱。从地震记录中求取各个不同频率谐波的振幅和相位，称为频谱分析。通过频谱分析，可以掌握地震波包含的频率成分，为干扰波的压制、有用信息的提取、频率滤波的开展等提供参数依据。

（4）反褶积滤波

反褶积是指通过压缩地震记录中的基本地震子波（简称子波），压制交混回响和短周期多次波，从而提高时间分辨率，再现地层的反射系数；通常应用于叠前资料，也可用于叠后资料。理想的反褶积不仅能压缩子波，还能消除大部分的多次波，从而使得地震道内只留有地层反射信息。子波压缩可借助反滤波器（作为反褶积算子）加以实现。如图 2-2-26 所示，作反褶积时，反滤波器可以将地震子波转变成尖脉冲，从而提高分辨率。反褶积的效果取决于时窗长度和滤波长度，这两个参数可利用具有代表性的 CDP 集合试验确定。

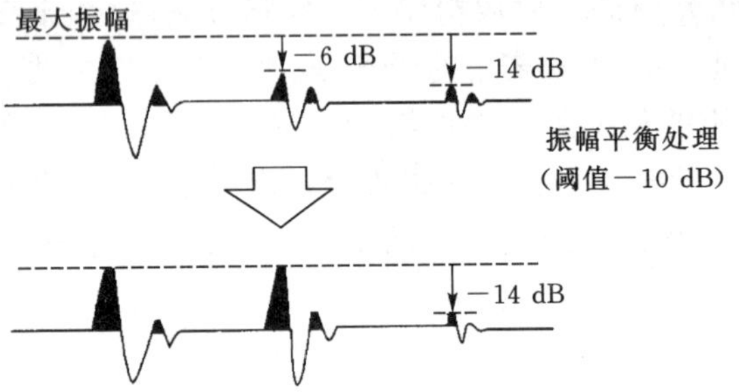

图 2-2-25　振幅平衡处理的原理示意图

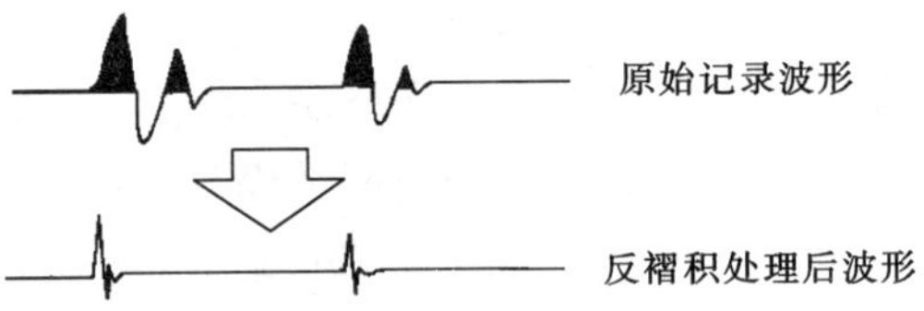

图 2-2-26　反褶积的处理效果

（5）共偏移距波形记录

上述处理是对包含全部反射波的续至波作了振幅平衡，使具有一定能量的波形得到不同程度的放大，而后借助反褶积滤波压缩出孤立波。此时，为了解地下大致构造，需要提取共偏移距波形记录，选出炮检距相同的地震记录道，按水平坐标顺序排列，从而获得与剖面测量方式相似的结果。共偏移距波形记录含有连续性好的反射相位，尽管准确度未必高，但能够反映大致的地下构造，可使资料处理人员大致了解反射相位的位置。

（6）速度分析

速度谱和速度扫描是常用的速度分析方法。速度谱的方法简单、成本较低，在一般地震地质条件下即可得到较理想的叠加速度。速度扫描运算量较大、成本较高，但在复杂的地震地质条件下依然能够获得较可靠的叠加速度。

速度分析多依赖具有代表性的 CDP 集合。设某接收点的炮检距为 x，其对应的第 i 个反射界面反射同相轴的时间为 $T_i(x)$，共中心点处的反射时间为 $T_{0,i}$。依据共反射点原理有如下关系：

$$T_i(x)=\sqrt{(T_{0,i})^2+(x/v_{\text{stack},i})^2} \tag{2-2-32}$$

式中　$v_{\text{stack},i}$——第 i 个反射界面对应的叠加速度。

当界面近水平时，叠加速度接近均方根速度。当选择的试验速度恰好等于叠加速度$v_{\text{stack},i}$时，由式(2-2-32)计算出的$T_i(x)$曲线与实测反射同相轴完全一致，这些$T_i(x)$处的振幅相加可得最大值。当试验速度大于或小于叠加速度时，计算的$T_i(x)$曲线与实测反射同相轴不一致，这些$T_i(x)$处的振幅相加所得值必然小于上述的最大值。相反，通过这一方法可以确定第i个反射界面的叠加速度，只要该界面的反射波叠加速度$v_{\text{stack},i}$包含在试验速度范围内，就可通过寻找"能使叠加振幅达到最大的试验速度"确定叠加速度。

(7) 动校正

非零偏移距的双程旅行时与零偏移距的双程旅行时存在差值，这个差值称为正常时差(NMO)。将全部CDP集合的记录变换成零偏移距的记录，称为动校正或正常时差校正。CDP叠加前，必须进行反射波旅行时的NMO校正。正常时差依赖于反射层以上的速度、偏移距、与反射同相轴有关的双程零偏移距时间、反射层的倾角、炮点-检波器方向与真倾角方向的夹角、反射层以上的介质等。NMO校正有以下两种常用模式。

① 利用式(2-2-33)和一定范围内的不同常速度对一个CMP(共中心点)道集进行NMO校正，然后将每次得到的图像并排显示，将同相轴最大化拉平的速度确定为NMO速度，从而完成NMO校正。

$$\Delta t_{\text{NMO}}=t_0\left[\sqrt{1+\left(\frac{x}{v_{\text{NMO}}t_0}\right)^2}-1\right] \tag{2-2-33}$$

式中　t_0——垂直传播的双程旅行时间；

x——炮检距；

v_{NMO}——NMO校正速度。

② 采用迭代模式，即选择v_{NMO}的初始值进行NMO校正、初次叠加，根据需要调整v_{NMO}。重复上述过程，直至满足处理要求。v_{NMO}的初始值常用两种方法确定：a. 认为叠加速度与NMO校正速度相同，由t^2-x^2平面上最佳拟合旅行时拾取的直线估算得到；b. 利用速度分析获得。

通常，NMO随偏移距的增大而增大，随深度的增大而减小。速度较大时，NMO较小；深度较大时，因综合效应，速度越大，NMO越小。

(8) 切除

动校正易导致波形拉伸(畸变)，随后的CDP叠加将严重损害浅层同相轴。为此，需要去掉因动校正产生的失真波形、初至附近的折射波形，此处理称为切除。

在信噪比与切除之间，往往采用折中原则。若信噪比足够，宁愿多切除一些拉伸以保留信号频带宽度；若信噪比很低，就需要保留大量的拉伸，以便叠加之后得到一切可能得到的同相轴。图2-2-27给出了一个实例，未切除时，CDP的浅层部分可见一个低频的拉伸带。

除直接切除外，另一种切除方法是逐步叠加。图2-2-28(a)是未作切除的CDP道集，叠加结果见图2-2-28(b)。图2-2-28(b)中最右边的道与图2-2-28(a)的最右道相同，从右向左，第二道是第一道与第二道的叠加，依此类推，最左边道即全部道的叠加。沿着某一同相轴观察波形的变化，进而定出切除带[图2-2-28(b)]。

(9) CDP叠加

CDP叠加的目的是，将CDP集合的记录合成一条能够反映该CDP点地下信息的波形记录。对动校正、切除后的零偏移距波形进行叠加，同时调整振幅，这就是CDP叠加。

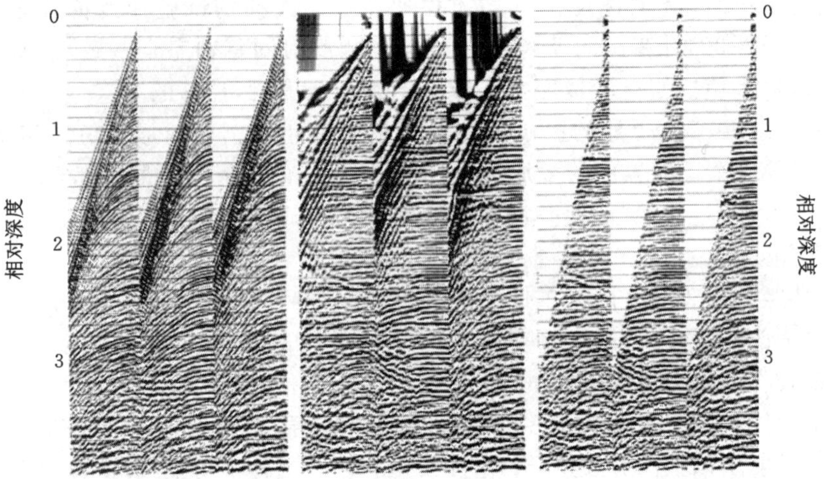

(a) 经 NMO 校正的 CDP 道集　(b)逐步叠加结果与最佳切除带的确定　(c) 切除后

图 2-2-27　NMO 校正和切除

图 2-2-29是 NMO 校正、切除和 CDP 叠加示意图。CDP 叠加突出了具有叠加速度的反射相位,抑制了与叠加速度不同的多次波、面波等干扰波。

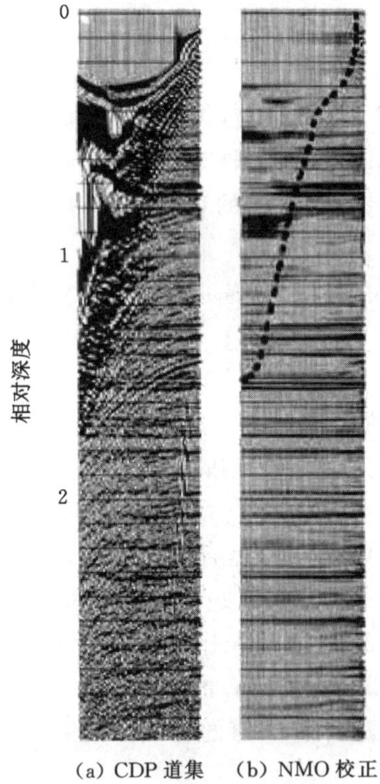

(a) CDP 道集　(b) NMO 校正

图 2-2-28　最佳切除带的选择

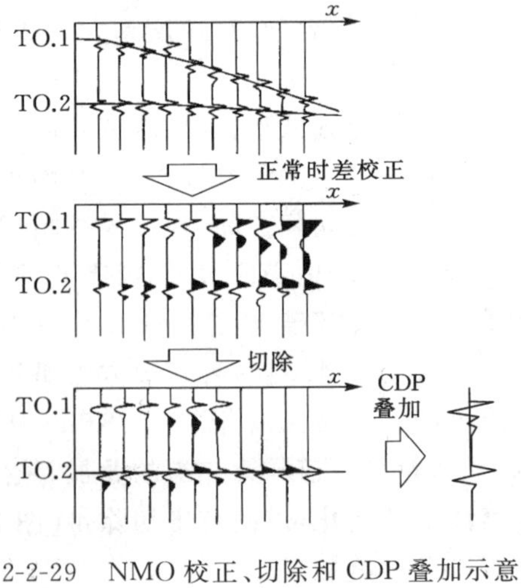

图 2-2-29　NMO 校正、切除和 CDP 叠加示意图

(10) 偏移

偏移是指将因界面倾斜和凹凸产生的反射相位(如凹界面产生的回转波)恢复到构造形状的处理,又称波形归位。当界面倾角不大时,可先叠加再偏移;当倾角较大时,实际上共中心点(O 点)的接收道(如 x_1、x_2)已不能接收到反射点的记录。如图 2-2-30 所示,接收点 x_1、x_2 虽然与震源 S_1、S_2 关于 O 点对称,但因界面倾斜,反射点由水平界面时的单一点变为 P_1、P_2 两个点,且界面倾角越大,P_1、P_2 偏离越远,这时就要先作偏移再作叠加。图 2-2-31 是偏移处理效果示意图。采用叠加偏移或偏移叠加处理,利于反射波的归位、干涉带的分解、绕射波的收敛,从而进一步改善资料质量。

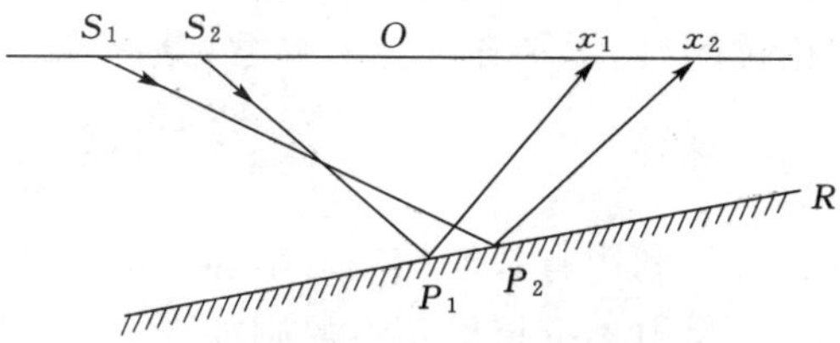

图 2-2-30　反射点分离示意图

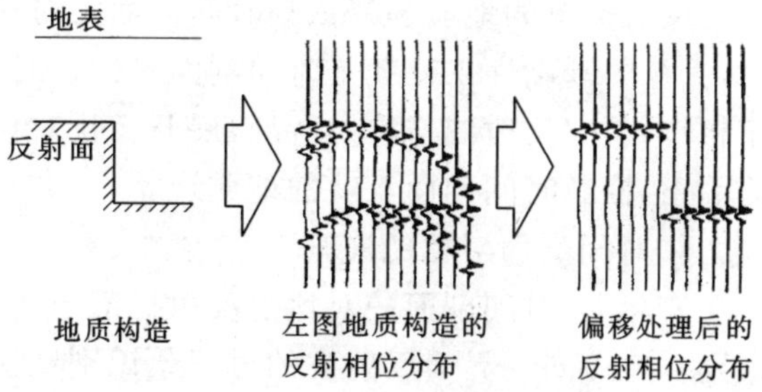

图 2-2-31　偏移处理效果示意图

(11) 时深转换

输入准确的速度参数,将时间剖面转换为深度剖面。通常,将速度分析求出的叠加速度 $v_{\text{stack},i}$ 假定为均方根速度 v_{RMS},使用迪克斯公式求取各反射界面之间的层速度,再由各层速度和 $T_{0,i}$ 计算出各反射界面的深度。

2.2.2.4　反射波法的解释与应用

在地震勘探中,对反射层位的地质解释主要依据地震剖面的反射特征,选择特征明显的标准反射波,而后结合研究区地层层位关系,从而确定反射波代表的地质层位。这种具有明显地震特征和地质意义的反射层,常称为反射标准层。然而,在矿井地震勘探中所要解释的地层较浅或者因观测测线的特殊性,可能没有标准反射层,但仍须找到标准的反射波实现有效对比与解释,才能获得理想的探测结果。

(1) 反射层位对比与解释

在反射波记录中,最先到达的多是围岩直达波,而后才是反射波。反射波的对比,可采用反射波强相位对比、多相位对比及多张记录的分析对比等方法。

① 地震剖面与地质剖面的对应关系

地震剖面是地下地质体的地震响应,蕴藏着大量地质信息。然而,除地质现象的响应之外,地震剖面还包含与地质现象无关的噪声等干扰,这些干扰无任何地质意义。因此,在地震剖面与地质剖面之间,即反射界面与地质界面、反射波形态与地下构造、反射层与地层之间存在紧密联系,但也存在区别。

地震反射界面是波阻抗有差异的界面。地质上可构成物性差异的界面有层面、不整合面、剥蚀面、断层面、侵入体接触面、流体分界面、采空区界面等,均可构成反射界面,故反射界面未必与地层或岩性界面完全对应。例如,相邻地层因岩石成分不同而构成地质界面,但没有形成明显的波阻抗差异，不足以构成地震反射界面。另外，同一岩性的地层，既无层面也无岩性界面，但因岩层所含流体成分不同（如水层与气层、煤层瓦斯气体含量差异界面）而存在明显的波阻抗差异，这足以构成地震反射界面，但并非地质界面。

因此，在确定反射波代表的地层层位及进行地震相分析及岩性预测时，往往无法直接利用地震反射剖面进行时间-地层划分，需要结合地层、岩性、古生物、沉积旋回等地质信息进行综合分析，才能更好地确定地震反射界面代表的地层界面。特别在计算薄煤层及夹矸厚度时可能产生误差。

② 时间剖面对比

反射资料的地质解释依赖时间剖面的对比，并结合标准反射层或有效反射层确定。其中，大量的基础性工作就是时间剖面对比。时间剖面对比包括：收集、分析地质资料，选择对比相位，研究反射波与波组特征，展开相位对比和相位闭合，识别各种波的类型，分析波与波的关系，推断时间剖面反映的地质现象。

a. 时间剖面对比的原则

实际上，时间剖面的对比是反射标准层的对比，就是利用有效波的动力学和运动学特点识别和追踪同一界面反射波的过程。识别和追踪同一反射标准层的基本原则如下：

一是相位相同。来自地下同一物性界面的反射波，在相邻共反射点上的时间相近，极性相同，相位一致。地震勘探将相同相位（波峰与波谷）的连线称为同相轴。这种相位的相似性称为同相性，是识别和追踪同一层反射波的基本标志。

二是波形相似。在相邻地震道间，同一反射波的激发、接收条件相近，当传播路径和穿过地层的性质差别较小时，波形也基本相似。波形包括视周期、相位个数、包络线、各极值振幅比等。

三是振幅增强。在时间剖面上，反射波的能量通常高于干扰波与背景场的，这表现为振幅峰值突出、黑色梯形面积较大、边线变陡。如果反射波能量弱于干扰波与背景场的，则无法识别反射波，因此要求地震记录具有较高的信噪比。在时间剖面上，反射波的振幅不仅是识别同一层反射波的重要标志，也是判断岩性、煤（矿）层、油气、构造等的重要依据。

四是连续性。在横向上，反射波的相位、波形及振幅保持一定的距离，并延续一定的长度。当界面水平时，反射波表现为变面积小梯形且首尾相接；当界面倾斜时，反射波各梯形的一腰会排列在同一直线上。反射波的连续性代表上下相邻两套地层的连续性，这取决于这两套地层的岩性、密度、所含流体性质等因素。

b. 反射波相位的极性

在单一界面上，当反射波与入射波的波形相似时，反射波的振幅取决于上下介质的波阻抗差。波阻抗差越大，反射波的振幅越大。反射波的极性由波阻抗变化的方向而定，当地震波从较疏松介质（通常称为软介质）射向较密介质（通常称为硬介质）时，反射系数大于零，反射波与入射波振幅的符号相同，或称极性相同。反之，当地震波由密介质射向疏松介质时，反射系数小于零，反射波振幅与入射波振幅的符号相反，反射波与入射波相位的极性相反。

此外，反射波的振幅还与地震波的激发、传播和接收因素有关，如地震波的激发和接收条件、波前扩散-吸收-散射、中间界面的透射损失、微层多次反射、反射系数随入射角的变化、界面的聚焦和发散作用、岩相变化、波的干涉及各种噪声干扰等。

c. 波组对比的具体方法

一是收集地质资料，对探测区域进行全面分析。二是相位对比，因地震记录存在干扰背景，反射波的波前首次到达(初至)时间难以识别。在时间剖面上，不能对比波的初至，只能对比波的相位，这种对比方法叫相位对比(分为强相位对比和多相位对比)。三是闭合对比。四是剖面间的对比。

③ 矿井地震反射波对比的特殊性

对于矿井地震勘探来说，测线的布置不同于地面的，其资料解释具有一定特殊性。通常，为探测工作面、巷道两帮或迎头地质体中存在的地质构造及异常，将测线布置于巷帮或迎头，探测介质是煤层或岩层。因受煤层特殊空间的限制，地震波的波路特征将发生一定变化，往往沿着煤层顶底板界面之间折射，这给波组对比带来困难。因此，在布置测线时，应尽量从正常煤岩层到异常区域，甚至再穿过异常区域到另一端正常区域，这样做的目的是在波组对比时具有可比性。需要说明的是，煤层测线获得的地震波记录不同于地面地震的，各层地质界面的反射波组特征明显，而其地震波形往往具有自身的传播衰减规律。当到达异常区时，波形受到影响，波速、能量、频率等发生变化，这是波组对比的重要内容。

同时，矿井地震勘探的干扰因素较多，在进行反射波对比与解释时应格外注意。这要求解释人员必须充分掌握探测区的地质资料，做好井巷地质调查，必要时应结合不同位置处的钻探成果，从而提高解释精度和地质构造的分辨率。

④ 煤层巷道的波速选取

反射波数据经处理后，获得偏移时间剖面，再利用同相轴的连续追踪与对比，结合已知地质资料及其他地球物理勘探资料，最终形成地质剖面。在时间剖面中，不同地质体具有不同的反射波同相轴特征，即反射时间不同。界面的深度与位置可以根据每一组反射波的旅行时间计算，但前提是地震波速度的有效选取(可通过井下煤岩体的调查试验获得)。表 2-2-1给出了煤岩层中常见介质的密度和波速。

表 2-2-1　煤岩层中常见介质的密度和波速

介质	密度 ρ /(g/cm^3)	纵波速度 v_P /(km/s)	横波速度 v_S /(km/s)
黏土	1.60～2.04	1.2～2.5	—
饱水砂、砾石	—	1.5～2.8	—
砾岩	1.60～4.20	1.6～4.2	0.9～2.2
泥质灰岩	2.45～2.65	2.0～4.4	1.2～2.4
硅质石灰岩	2.80～2.90	4.4～4.8	2.6～3.0
致密石灰岩	2.60～2.77	2.5～6.1	1.4～3.5
页岩	2.30～2.70	1.3～4.0	0.8～2.3
砂岩	2.42～2.77	2.4～4.2	0.9～2.4
致密白云岩	2.80～3.00	2.5～5.0	1.5～3.0
煤	1.20～1.50	0.8～2.2	0.5～1.0
水	1.00	1.4～1.6	—
空气	—	0.34	—
混凝土	2.40～2.50	2.0～4.5	1.2～2.7

井下探测时，可以利用简单方法获得煤岩层介质波速的粗略值。当探测距离远时，应结合顶底板岩性选取综合波速，可借助多次探采对比反演获得。更有效的方法是对目标体进行偏移归位。

a. 用两点法求取波速

将两个检波器平行布置于需要探测的煤岩介质上；以一定的偏移距在任一检波器的一端进行激发，可获得两道地震记录。若 Δx 为道间距，Δt 为两道的直达波时差，则待探测介质的直达波速度 $v=\Delta x/\Delta t$。需要说明的是，这里的直达波速度是表面波速，通常略小于介质的地震波速度，且受表面破坏情况的影响较大。

b. 用钻探对比验证法求取波速

对于顶底板煤厚探测，必须利用煤岩层介质的速度才能计算出目的层厚度或距离。探测顶底板的煤厚时，可在某点进行钻探，并与地震波的探测记录作对比；利用平均速度和煤层顶板反射波时间，计算出顶板煤层的剩余厚度；再利用钻孔资料加以对比与反推，校正速度值，并进行适当调整，从而为下一个点的计算提供相对准确的波速值。

在巷道前方进行地质构造超前探测时，根据反射波时间，利用煤层顶底板岩性的平均波速进行计算，获得前方地质体界面的距离。然后，利用钻探实见或后期的巷道掘进揭露情况进行二次反演，从而获得该条件下煤岩层的综合波速，并为下一次探测提供速度参数。

(2) 反射波法探测的应用范围

反射波法探测较折射波法探测应用范围广。在井下常规地质探测中，巷道超前探测、综采工作面顶板煤层剩余厚度探测，受限于空间条件，可采用零偏移距(自激自收)的探测方法，其布置与要求相对简单；底板煤层剩余厚度探测，除了折射波法，也可采用反射共偏移法；工作面内断层的延展长度、陷落柱尺寸、煤层变化范围、煤岩体中的注浆质量等探测任务，可以利用巷道两帮及开切眼的宽松条件在两帮布置测线，并使用反射共偏移法获得工作面内地质条件的评价结果；巷道底板岩层的稳定性评价，可利用较长测线沿煤层底板开展反射共偏移法探测，以获得底板的反射地震剖面。

(3) 单点反射探测

① 顶煤厚度探测

对综采工作面的顶底板煤层剩余厚度进行探测，有利于了解煤层发育的基本特征，便于进行资源量管理。矿井生产中，获得顶底板煤厚的最常用方法是煤电钻探测法，但该方法的劳动强度大、工作效率低。与之相比，反射波法凭借操作简单、工作效率高、解释精度高的优势，可以更有效地探测出剩余煤厚。图 2-2-32 是淮南矿区新集一矿 1301A 工作面风巷 H4 号测点以东 7.5 m 处剩余煤厚的探测结果。其中，图 2-2-32(a)为单点多次探测波形，煤层反射波组(共 15 组)特征明显，可进行对比与解析；图 2-2-32(b)为首次探测波形的解析结果，煤层中地震波的平均速度取 1.0 m/ms，解释的剩余煤层结构为 4.5 (0.6) 1.1，钻探实测的巷道上方煤层结构为 4.8(0.8)1.0。可以看出，单点自激自收的探测结果能够满足生产需要。

② 巷道超前探测

先采用单点反射技术并以分频记录的方式进行数据采集，再依据波形相位特征判别前方构造形态和距离，并依据幅值特征判别构造的相对大小，进而预报出前方的地质特征。在数据采集时，为力求多点采集必须注重现场布置及震源选择，从而利于波形数据的对比和反

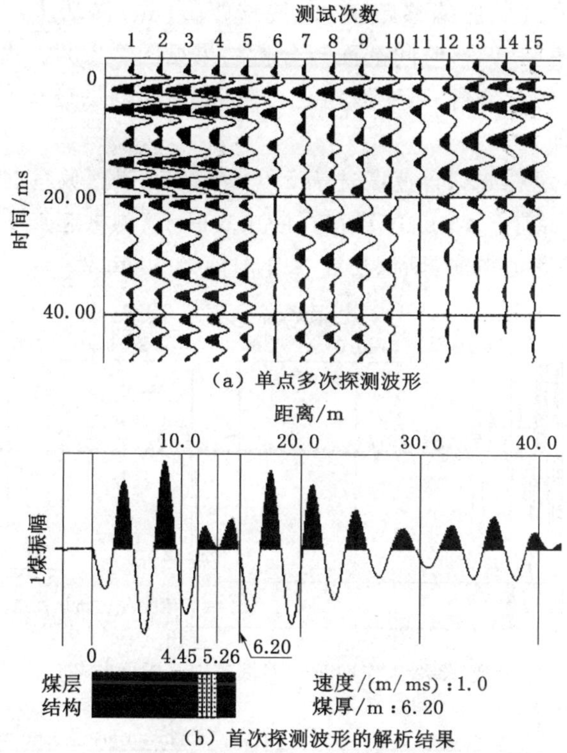

图 2-2-32　淮南矿区新集一矿 1301A 工作面风巷 H4 号测点以东 7.5 m 处剩余煤厚的探测结果

射相位的判识;在参数选取时,通常注意采样间隔,采样点数多为 1 024 个;在数据处理时,应对各单点记录进行拼接,形成时间剖面,进而加以对比和判识。图 2-2-33 为潘一矿 11521 工作面机巷开切眼超前探测波形及结果,据此可判断前方37.45 m处为一反射界面,掘进后被证实为断层面。图 2-2-34 为东滩矿 1302 工作面运输巷掘进中某断面的超前探测结果,已知煤层波速 2.8 m/ms,分析前方 12.88 m 为一反射界面,实际揭露时前方 13 m 处为一断层。

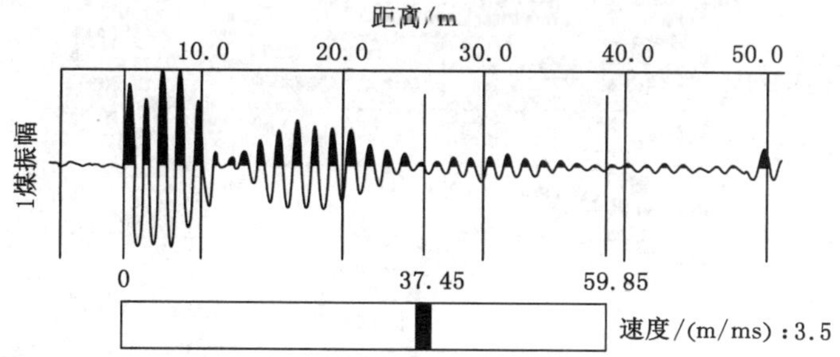

图 2-2-33　潘一矿 11521 工作面机巷开切眼超前探测波形及结果

③ 井下共偏移探测

a. 断层探测

在某矿条带联巷的不同位置均揭露出落差为 6～9 m 的大断层。为判定它在未揭露区前方的延伸状况，采用单道最佳偏移距法，以偏移距 20 m、移动步距 2 m 的参数进行了 130 m 段帮内数据的采集，其偏移时间剖面与分析结果见图 2-2-35。由该图可以看出，该断层的反射波同相轴连续、易于分辨；若对波组进行整体分析，断层迹线有所摆动，沿测试起点向联巷方向的摆动距离加大。

结合现场测试，煤体地震波综合速度选为 2 500 m/s。依据偏移时间剖面判定，在距离测试起点 30 m 处、工作面前方 43 m 位置存在断层；在距离测试起点 110 m 处、工作面前方 57.5 m位置存在断层（经巷道揭露，断层位于工作面前方 60 m 处）。

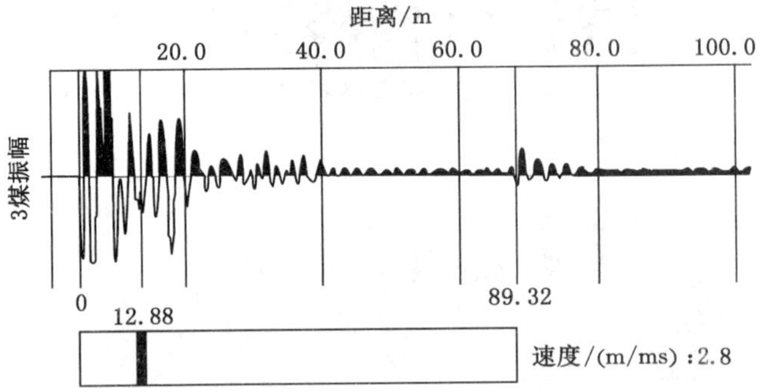

图 2-2-34　东滩矿 1302 工作面运输巷掘进中某断面的超前探测结果

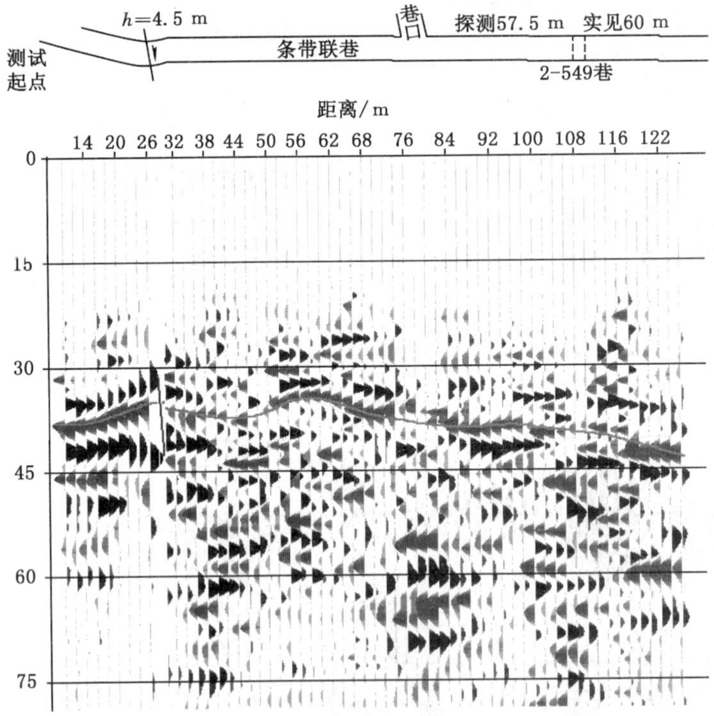

图 2-2-35　某矿条带联巷断层探测的偏移时间剖面与分析结果

b. 陷落柱探测

某矿在开拓过程中同时施工两条斜井，分别是进风斜井、回风斜井。两井口处于同一水平，倾角均为 25°且相互平行，平距为 31.7 m。岩层倾角约为 20°，斜井与岩层呈大角度穿层状态，两斜井均已进入上二叠统长兴组长兴灰岩，进风斜井已掘入长兴灰岩约 50 m，未发现异常。回风斜井在 140～150 m 段的紫色泥岩中出现异常，根据进风斜井揭露的地层层位、厚度及构造特点，预计回风斜井约在 173 m 处进入长兴组，迎头距长兴灰岩的斜长约为 13 m。经分析后推断，下部长兴灰岩中存在岩溶陷落柱，使上部的紫色泥岩失稳、逐渐陷落，从而造成泥浆侵入形成异常。采用反射共偏移方法，在进风斜井中沿朝向回风斜井的巷帮布置测线（经背景噪声调查，确定偏移距为 16 m，移动步距为 0.5 m，测线长度为 100.5 m），获得的偏移时间剖面见图 2-2-36（彩图中红色代表地震记录的正相位，蓝色代表负相位）。测试区域岩层的各种反射波组特征明显，相位清晰，可为解释和判别提供依据。分析认为，距测试起点 40～62 m 段的波组较紊乱，这源于岩性破碎杂乱而产生的反射回波，异常区延伸约 22 m。因该区处于灰岩层中，破碎较严重，掘进时应注意与含水层的导通问题，并加强防范。后经回风斜井的掘进证实，该陷落柱在巷道中的延伸长度为 22.5 m，与探测结果的误差仅为 0.5 m。

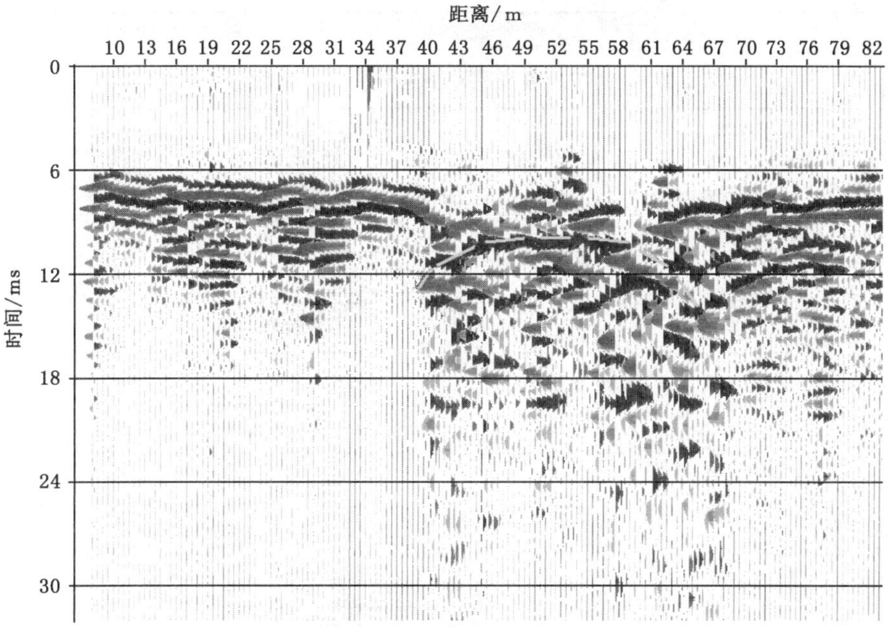

图 2-2-36　某矿进风斜井地质构造异常区域探测的偏移时间剖面

2.2.2.5　*矿井常规地震勘探总结*

在影响煤矿安全生产的地质因素中，煤层厚度及其变化特征、顶底板岩层组合特征及发育特点、断层与褶曲等构造特征及分布规律、矿井水文地质条件、瓦斯地质及煤体结构特征等较为突出。其中，最主要的因素是断层，故探明断层特征及分布规律是查明开采地质条件和保障安全生产的基础。井下常规地震勘探的重点是，对矿井巷道掘进、工作面生产过程中遇到的各种地质问题进行探测。各探测方法具有各自优势，必须有针对性地选取探测方法。表 2-2-2 列举了井下地震勘探方法及其可解决的地质问题。

矿井地震勘探可以在巷道的两帮、迎头、顶底板布置测线（点）。折射波法和反射波法，因探测内容的不同，布置方式也有所不同。表 2-2-3 给出了井下地震勘探观测系统的类型及特征。

表 2-2-2　井下地震勘探方法及其可解决的地质问题

探测范围	地震勘探方法	可解决的地质问题	特　　点
采煤工作面	折射波法	(1) 底板剩余煤层厚度及起伏状况 (2) 围岩松动深度及混凝土喷层厚度	测线相对较长，可避开折射波盲区
	反射波法	(1) 工作面内地质构造延展情况 (2) 工作面内隐伏构造及其变化特征 (3) 底板剩余煤层厚度及其变化 (4) 底板岩层界面判定及水文地质条件评测	针对要解决的地质问题有两帮及底板探测
掘进巷道	零偏移距单点反射法	顶板煤层厚度探测、锚杆检测、喷浆质量检测	可进行单点探测
	反射波法	迎头超前探测，包括断层、采空区、陷落柱等异常探测	主要在迎头断面上布测

表 2-2-3　井下地震勘探观测系统的类型及特征

探测方法	观测系统		图　　示	特　　点
反射波法	排列	纵测线普通单次排列	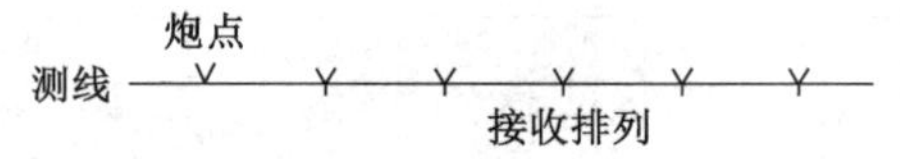	适用于近距离探测
		纵测线普通连续排列	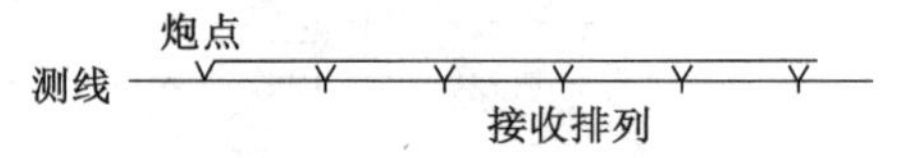	
		中心排列	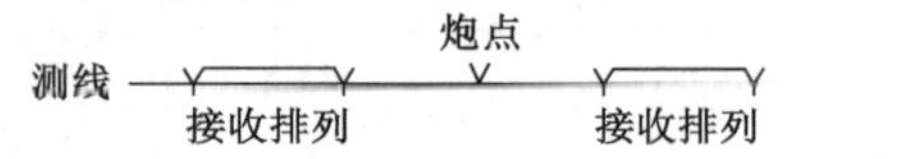	
		纵测线间隔排列	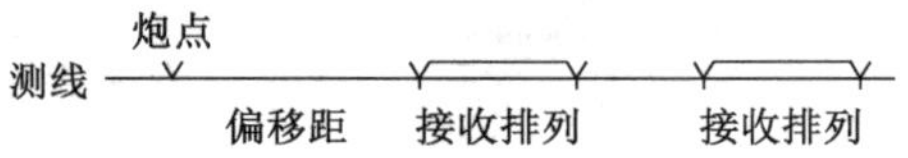	适用于远距离探测
	共偏移	零偏移距自激自收观测	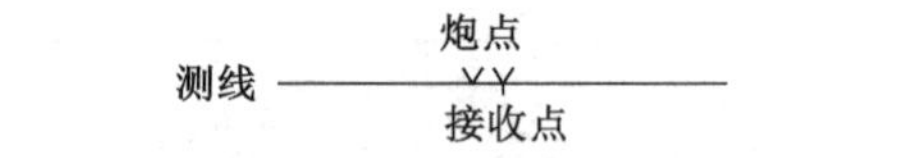	适用于简单构造
		零偏移距连续观测	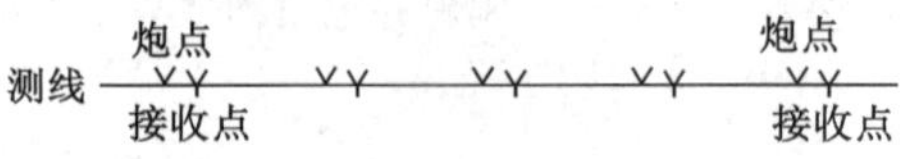	适用于不同地质异常界面及位置探测
		最佳偏移距法	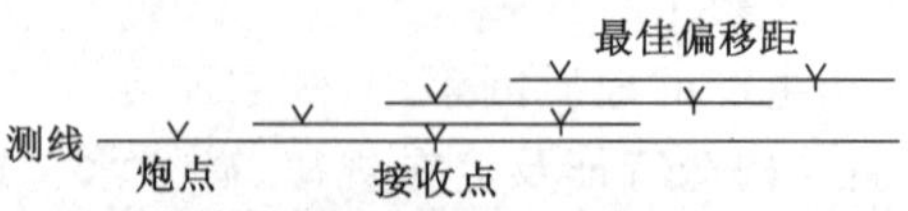	
折射波法	纵测线普通单次排列		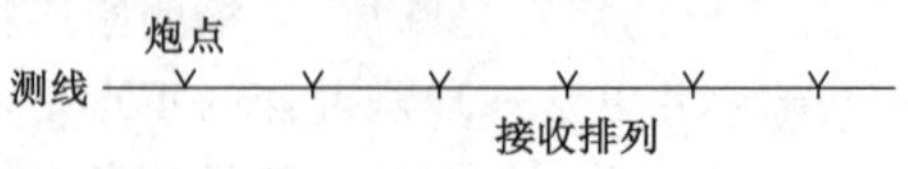	适用于浅层底煤厚度探测
	纵测线双边剖面		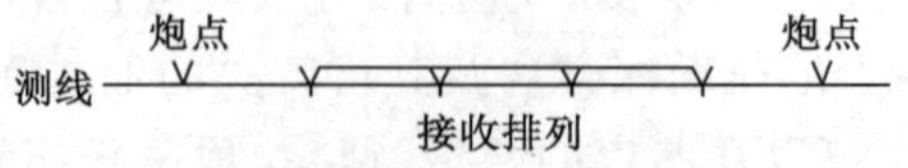	

2.3　矿井地震 CT 技术

地震层析成像技术,简称地震 CT 技术,已广泛应用于地球内部结构探测、石油勘探、固体矿产勘探、土木工程检测、地质灾害防治等领域。矿井地震 CT 是指在巷-巷(例如,在一条巷道煤帮激发地震波,在另一条巷道的煤帮接收地震波)、孔-巷、孔-孔或巷-地面之间建立探测区域,利用相应数学方法处理地震数据,重建介质波速或衰减特征的二维图像;然后通过分析重建的地震波速度场或衰减特征,结合介质的物理性质,推断剖面的精细构造与地质体的位置、形态及分布状况。

2.3.1　矿井地震 CT 的基本原理

2.3.1.1　*方法原理*

假设地震波的第 i 个传播路径为 l_i,则波的初至时间为:

$$t_i = \int_{l_i} S(x,y)\mathrm{d}s \tag{2-3-1}$$

式中　$\mathrm{d}s$——弧长微元。

当速度场变化不大时,传播路径可近似为直线,然后将测区介质划分成规则网格,则走时成像公式可表示为:

$$t_i = \sum_{i=1}^{N} S_{i,j} d_{i,j} \tag{2-3-2}$$

式中　$d_{i,j}$——第 i 条射线在第 j 个网格中的射线路径长度。

式(2-3-2)表示第 i 条射线的观测走时 t_i 与第 j 个网格慢度 $S_{i,j}$ 的关系。

基于不同接收点取得的 M 个观测数据,式(2-3-2)可写成矩阵形式 $\boldsymbol{T}=\boldsymbol{AS}$。其中,$\boldsymbol{T}$ 为地震波走时向量,为观测值;$\boldsymbol{A}$ 表示射线的几何路径矩阵;$\boldsymbol{S}$ 表示慢度向量,为待求值。因此,CT 成像就是求解 $\boldsymbol{S}=\boldsymbol{A}^{-1}\boldsymbol{T}$。如果 $\boldsymbol{T}$ 为完全投影,$\boldsymbol{A}$ 已知,则可求出 $\boldsymbol{S}$ 的精确值。然而,在实际应用中,受井巷条件限制,地震 CT 很难实现完全观测系统的布置,故 $\boldsymbol{T}$ 并非完全投影,这就需要使用迭代法求解该方程。对速度场图像进行重建,应先确定射线追踪方法(主要有直射线和弯曲射线追踪法),并计算地震波的理论到时,再使用不同的反演方法进行 CT 数据反演,而后选用反投影法(BPT)、算术迭代法(ART)、最小二乘法(LSQR)、联合迭代法(SIRT)等实现终值迭代。

相比直射线追踪法,用弯曲射线追踪法追踪地震波到时更贴近真实值。此外,SIRT 方法的收敛速度快,且对投影误差的敏感程度小,因此,常使用弯曲射线线性插值法(LTI)进行时间追踪、采用 SIRT 方法进行反演,从而获取矿井地震 CT 图像。

2.3.1.2　*应用前提*

当地震波在煤层中传播时,煤层是地震波的低速介质。当煤层均匀分布时,CT 反演的波速分布结果应当是一个较均匀的速度图;当煤层中出现构造或其他异常,特别是出现单个的中小正断层或者煤层顶底板凸出时,煤层变薄,顶底板岩层取代煤层或部分煤层,从而形成波速差异,而这也为矿井地震 CT 解释提供了物质基础。可以认为,在波速 CT 图中,高速线性条带代表正断层的一盘或煤层构造变薄区,低速条带代表断层的另一盘、裂隙发育区或煤层增厚区等,低速带的精确解释还应结合区域地质与条带产状进行。

2.3.1.3　多波多参数计算

地震波在传播过程中,依接收距离的不同,可同时接收到纵波(P 波)、横波(S 波)和槽波(含煤地层的特有波),表 2-3-1 列举了这三种波的识别特征。因此,在 CT 反演中,可以分别对不同波组进行到时拾取与反演,获得各自的成果剖面图,并重点依据纵波波速(v_P)和横波波速(v_S)成果作出解释。据槽波艾里震相可判定煤层的连通性。同时,依据地震波动力学方法还可计算出其他动力学参数,用以辅助判别地质构造及其特征。可利用的动力学参数包括动弹性模量(E_d)、动剪切模量(G_d)、动泊松比(μ_d)、纵横波波速比等。

表 2-3-1　纵波、横波、槽波的识别特征

波的种类	速度	能量	频率	备注
纵波	最快	较弱	较高	
横波	次之	较高	较低	通常 $v_P = \sqrt{3}v_S$
槽波	最慢	高	高	具有艾里震相特征

2.3.2　工作方法

2.3.2.1　观测系统的布置方式

若工作面斜长大于 100 m,则必须使用爆炸震源激发地震波。现场施工时,炮孔位于风巷或机巷煤帮的腰线处,孔深为 1.5 m,孔径以矿用煤电钻钻杆的直径为准,倾角为俯角 10°～15°,炮孔距为 5～10 m。检波器放在对面巷道的煤帮上,检波器间距约为 10 m,采用磁座形式耦合在巷帮的锚杆头上,或将自制的铜钎插入煤帮腰线位置并进行耦合。要注意检波器的位置与方向,目的是保证接收到有效地震波。这样通过风巷、机巷及开切眼,形成地震 CT 数据采集的非完全观测系统。表 2-3-2 列举了透射法常用的几种非完全观测系统。对于孔-巷观测系统,检波器可预先埋进钻孔中。

表 2-3-2　透射法常用的几种非完全观测系统

观测系统	图　示	说　明
巷-巷观测系统	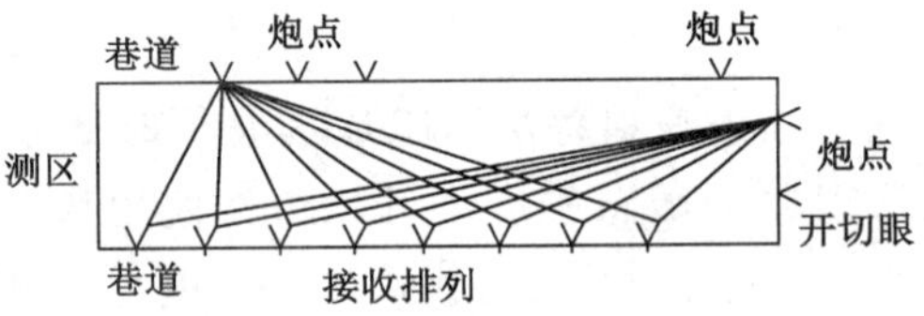	以双巷及开切眼形成测区,适用于工作面内的构造、异常探测
孔-巷观测系统	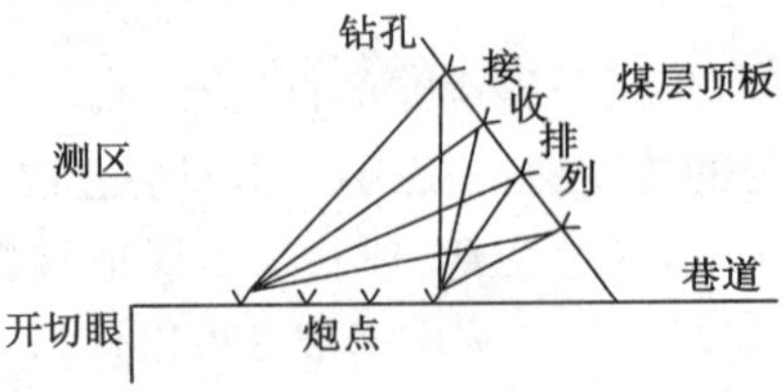	探测煤层顶底板受采动影响的破坏特征及规律,底板探测时应向下施工不同倾角的钻孔

表 2-3-2(续)

观测系统	图 示	说 明
孔-孔观测系统	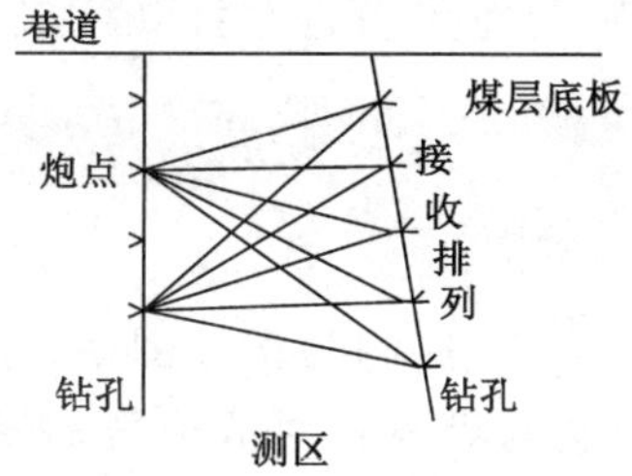	探测两孔之间的地质条件,适用于底板岩层的结构评价
地面-巷道观测系统	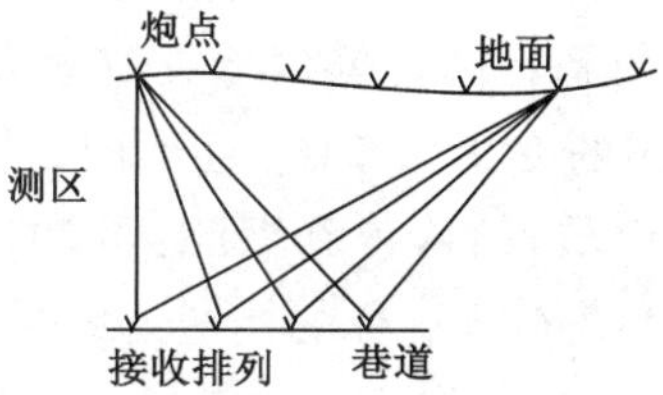	探测地面与巷道之间的地质条件,适用于覆岩破坏观测等

2.3.2.2 数据采集方式

依据非完全观测系统的设置,通过电缆连接激发单元、接收单元和记录仪器。对巷-巷、地面-巷道观测系统须另加两部直通电话以控制爆破时间。在每个炮孔中装入 50～70 g 矿用乳胶炸药,要求雷管延时最小。

仪器采集参数可视探测距离作适当调整,采样间隔通常为 300～400 μs,采集点数为 1 024 个,频带为 1 kHz、低通即可。不同测站可能会有所变化,但宗旨是保证有效波组被完整记录下来。

2.3.3 资料处理与应用

2.3.3.1 数据处理

地震 CT 数据处理可使用专门的解析软件完成。经数据传输、道头编辑、道数据编辑、二次采样、噪声剔除、频谱分析、初至拾取等处理后,从地震波的能量、速度、频率等方面进行地震 CT 反演。

反演时为了计算简便,多将探测区域均匀划分成矩形网格,各像元的尺寸基本相同,并将像元内的平均波速作为中心点的值。建立的坐标系要将探测区域完整圈定,确定出 x、y 轴,从而取得各炮点、检波点的坐标。为了提高成像分辨率,像元的尺寸越小越好,但是像元尺寸又受震源间距和接收器间距的限制。因为一个像元至少要有一条射线通过,否则这个像元就没有存在的意义。网格形成后,结合不同波组的到时,利用正反演方法即可完成地震 CT 反演,从而获取相应图像,并将计算出的不同参数综合成图。

2.3.3.2 地质解释

将获得的波速及其他参量图附于相应已知的探测区岩层、构造编录图(如煤层底板等高线图或其他带构造线的图件)上。结合已揭露的地质构造及异常情况,可对探测区内地质特征进行全面分析与判断,并依据波速、泊松比、波速比、弹性模量等参数,按照一定的解释原则进行联合解释,从而判定对探测区影响较大的断层、陷落柱、采空区、顶板破碎区等的异常范围,或者煤岩层的破坏发育特征。依据波速图中异常波速可对断层落差进行半定量解释。当然,不同煤矿区的煤层结构及其特征不同,解释的原则需要利用探采对比验证才能确定。同时须结合地质构造发育规律进行优化与取舍,全方位分析目标区的地质特征。

2.3.3.3 应用案例

(1) 工作面内的构造探测

以某矿 3241 工作面巷间地震 CT 探测为例。图 2-3-1 所示是 3241 工作面地震 CT 纵波波速反演结果,可以标注出断层与纵波相对低速区的界线;高速区和断层构造处几乎一致,所以未在图中直接标出;右下角区域为无射线经过区,未参加反演运算。

同样可得横波波速 v_S 切片与解释图。依据地震波动力学方法可反演出波速比、弹性模量、泊松比等参数,并绘制出相应的变化分布图,且不同剖面图中的构造特征具有较好的一致性。结合巷道掘进时揭露的地质资料,得到探测区域的综合解释结果。地震 CT 探测的断层基本情况及其验证结果见表 2-3-3,解释的构造迹线见图 2-3-2。

图 2-3-2 为 3241 工作面回采煤层实际厚度分布与地震 CT 探测解释结果对照图。从图 2-3-2中可以看出,工作面中无煤区或薄煤区与解释的构造线对应程度较高。除 F_8 断层处于煤层增厚区外,探测出的其他断层均位于构造影响区。经回采验证,探测的低波速区存在严重淋水现象。

表 2-3-3 地震 CT 探测的断层基本情况及其验证结果

断层编号	可信度	延展长度/m	断层落差/m	距开切眼最小水平距离/m		说明
				机巷	风巷	
F_1	++	140	0~1.0	0		与回采实见一致
F_2	+++	60	0~1.5		145	与回采实见一致
F_3	+++	60	0~1.5	95		与回采基本一致
F_4	+++	70	0~2.0	165		隐伏,与回采基本一致
F_5	++++	90	0~2.0	180		与回采完全一致
F_6	++	50	0~3.0	360		与回采基本一致
F_7	++++	150	0~5.0		320	与回采完全一致
F_8	++	70	0~2.0	430		隐伏,实为煤层增厚区
F_9	++++	195	0~10.0		525	工作面收作,风巷已实见

(2) 覆岩导水裂缝带高度探测

在煤层开采后,查明覆岩导水裂缝带高度及其分布规律是矿井水害防治的重要内容。传统方法是通过钻探获得相应资料,但施工难度大、成本高,而且局限性较大(仅为一孔之见)。以地震 CT 技术取代传统钻探方法,能够探明探测区内的地质体形态;利用时空域的多次对比(开采前与开采后)探测,可获取煤岩层的破坏情况及相关信息。

在某煤矿 A 组煤试采工作面开采后,对其所在西四采区采用地面-钻孔地震 CT 探测,先后两次探测覆岩导水裂缝带高度与底板破坏带深度,对比结果见图 2-3-3。在有效探测区

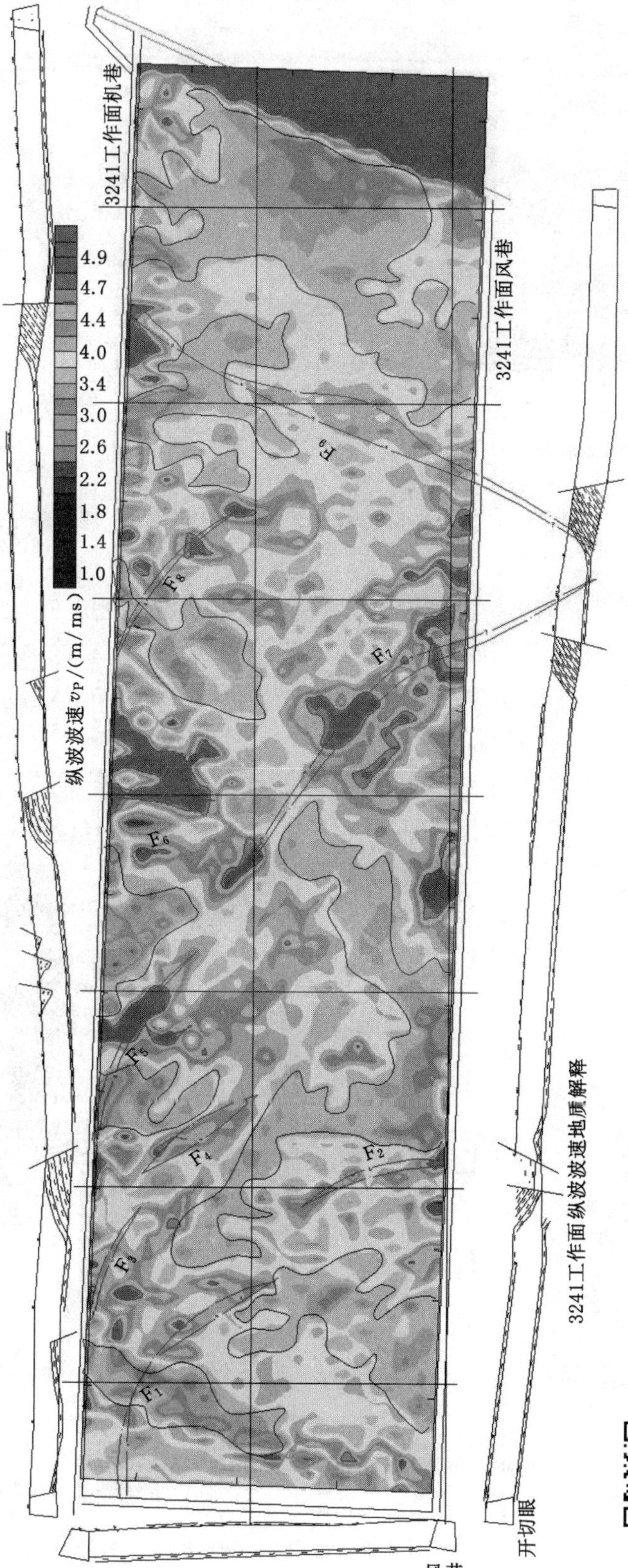

图2-3-1 3241工作面地震CT纵波波速反演结果

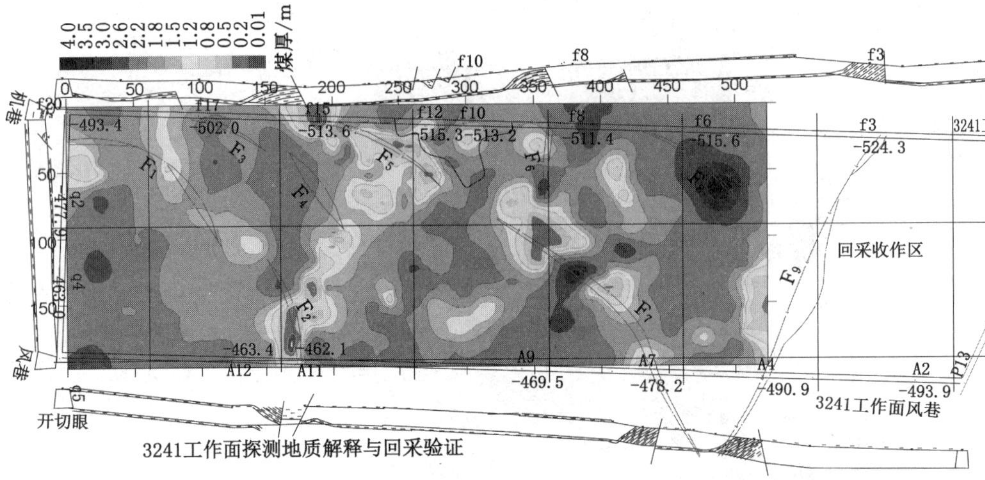

图 2-3-2　3241 工作面回采煤层实际厚度分布与地震 CT 探测解释结果对照图

内，西四采区的地质单元岩性分层明显，结构较完整。在首次地震 CT 探测时，A 组槽煤开采后形成的采空区尚未波及西四采区的地震 CT 探测切面。第二次地震 CT 探测时间分别为 A_1 槽煤一阶段开采后的第 29 个月（即 A_3 槽煤二阶段开采后的第 4 个月）。对于 A 组槽煤顶板来说，其主要特征可总结为以下两点。

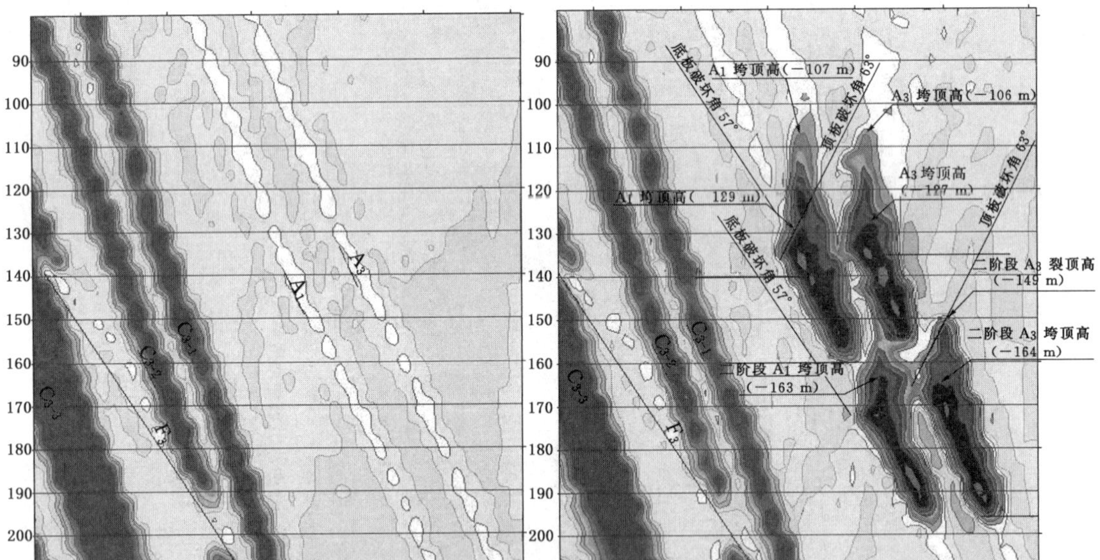

(a) 首次地震波 CT 解释(1∶1 000)　　(b) 二次地震波 CT 解释(1∶1 000)

图 2-3-3　西四采区地震 CT 探测的成果解释

① A_1、A_3 槽煤顶板均有较宽的低速带和中速带。一阶段顶部自 −140 m 标高以上分为：低速垮落带（$v_P \leqslant 1.6$ m/ms），A_1、A_3 槽煤垮落带顶部标高（此处简称"垮顶高"，下同）分别为 −129 m、−127 m，垮落带高度分别为 11.6 m、8.2 m；中速导水裂缝带（v_P介于 1.6～2.4 m/ms之间），A_1、A_3 槽煤导水裂缝带顶部标高（此处简称"裂顶高"，下同）分别为 −107 m、−106 m，导水裂缝带高度分别为 33.6 m、29.6 m。二阶段自 −167 m 以上，A_1、A_3 槽煤低速垮顶高分别为 −163 m、−164 m，垮落带高度分别为 4.5 m、6.8 m。A_1 槽煤顶板的中速导水裂缝带并入了一阶段的 A_3 槽煤，A_3 槽煤中速裂顶高为 −149 m，导水裂缝带高度为 18.2 m。

② 低、中速两个带的上边界与煤层仍呈反倾斜阶梯状排列，与水平线的夹角约为 63°，这可解释为顶板破坏角。

（3）底板采动破坏带深度探测

煤层开采后，底板采动破坏带的发育规律始终是煤矿安全生产中重点关注的问题，查明底板采动破坏带深度是精确预测底板阻水能力的首要工作。采用地震 CT 技术，能够连续观测底板采动破坏过程，可深入研究底板采动破坏的动态变化，从而为煤矿安全开采、水害防治提供更可靠的依据。

图 2-3-4 为地震 CT 探测某矿 2614 综采工作面底板破坏规律的反演切片与解释图。此时，工作面煤壁距钻孔孔口的距离为 9.8 m，煤层开采对底板岩层产生的破坏程度已达最大。由地震 CT 切片图的对比结果可以看出，受采动影响，煤层底板岩层发生了巨大变化，地震波的波速分带性增强且较稳定。其中，距巷道垂深 0～9 m 范围内的波速变化较大，局部岩层的迭代波速小于 0.5 m/ms，推测为底板岩层受到破坏的结果，且底板采动破坏带的最大深度达 9.8 m，采空区附近的岩层具有压密趋势，即破坏深度变小。

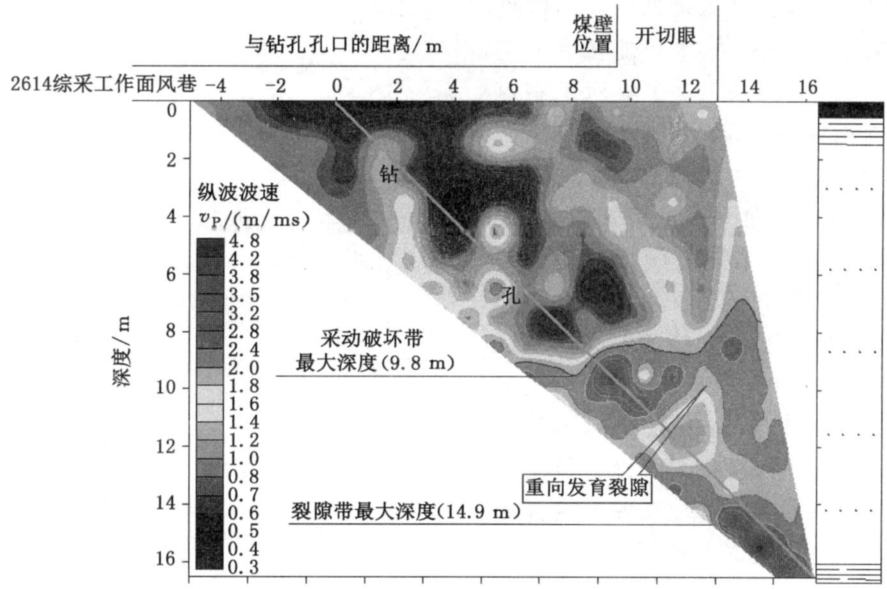

图 2-3-4　地震 CT 探测某矿 2614 综采工作面底板破坏规律的反演切片与解释图

综合前面 5 次探测的地震 CT 切片，9～14 m 垂深范围内地震波的波速同样产生了变化，但变化幅度小，该范围内岩层以裂隙发育为主，波速介于 1.5～2.1 m/ms 之间，裂隙带的最大深度达 14.9 m。需要说明的是，地震 CT 获得的煤层采动破坏规律及参数值与有限元数值模拟结果基本一致。在该条件下，利用 FLAC 数值模拟获得的煤层底板采动破坏带的最大深度约为 17 m。

2.4 矿井地震超前探测技术

利用反射波法地震勘探对巷道前方地质异常体的位置及特征进行探测与评价，称为地震超前探测。利用反射波自激自收法可以解决巷道前方一定的地质问题，但随着矿井安全生产要求的提高，单点自激自收探测法有时不能获得较高的探测精度。目前，国内研究较为完善的矿井地震超前探测（mine seismic prediction，简称 MSP）技术采用的是巷道多次覆盖观测系统，是一种多波多分量联合地震勘探技术。MSP 技术的核心在于，通过对巷道前方构造的模拟研究，掌握反射波传播规律。在此规律指导下，先有效提取来自巷道前方的反射波，同时利用质点振动的极化特性分离纵波和横波；而后采取偏移速度建模技术获取探测范围内的近似速度分布；再通过深度偏移方法将反射波能量归位到巷道前方界面上，以获取反射界面形态；最后利用速度模型、时频分析等获取煤岩体的地震参数。

2.4.1 MSP 技术的基本原理

MSP 技术是在巷道迎头断面上设置震源点，用锤击或小药量爆炸激发地震波；地震波在煤岩层中以球面波的形式传播，当遇到岩石物性界面（即波阻抗差异明显的界面，如断层、采空区、岩石破碎带和岩性变化等）时，部分地震波反射回来，其余部分透射进入前方介质，反射回来的地震信号被高灵敏度的检波器接收。

受施工空间限制，MSP 技术只能在巷道迎头附近的有限区域开展。图 2-4-1 显示了巷道前方不同倾角界面在后置接收点的时距曲线，倾角自 15°起，依次递增为 22.5°、30°、45°、…、90°。由不同角度的时距曲线对比可知，受时距曲线最小值点控制，最小值点随倾角的变化向上倾方向移动。当界面为低倾角（15°～30°）时，最小值点位于测线内，在曲线的单调递减区（左侧）反射波同相轴为负视速度，在单调递增区表现为正视速度；当界面为高倾角（45°～90°）时，最小值点不在测线内，测线段只能反映出单调递减的反射波同相轴，均表现出负视速度；直立界面（倾角 90°）的时距曲线已简化为直线，斜率为 $-1/v_1$。综上，受巷道测线长度限制，在前方界面的反射波场中只能反映出局部反射波同相轴；该局部反射波同相轴和界面倾角相关，当前方界面为高倾角时，后置接收点的时距曲线段表现出负视速度特征。

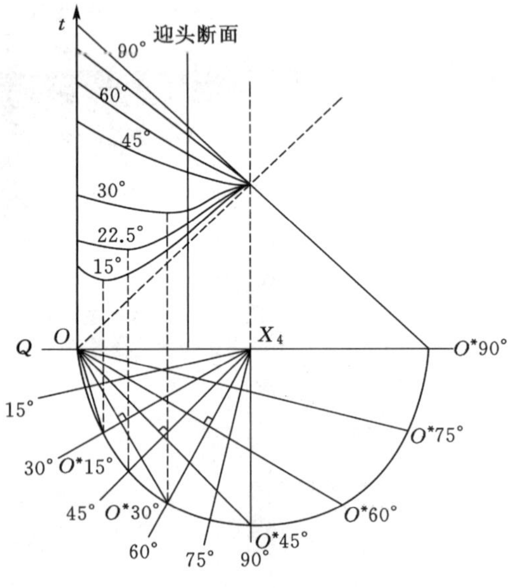

图 2-4-1 巷道前方不同倾角界面在后置接收点的时距曲线

2.4.2　MSP 技术的工作方法

2.4.2.1　测量标点

建立观测系统的坐标体系，需要先确定相对坐标原点（以下简称原点）和角度坐标。原点可设置在巷道中任意位置，但常见做法是将原点设置在迎头断面的中心点或设计在距离巷道断面一定距离的后方中心轴线上。x 轴水平指向巷道前方，y 轴竖直指向煤层顶板，z 轴水平指向巷道左帮。现场操作时，注意测量巷道标志点和观测系统原点的相对空间关系。该系统中的水平方位角特征为：自 x 轴正向起，在水平面（xz 面）内逆时针旋转为正向，角度范围为 0°～360°。确定倾角的原则为：以 z 轴正向为起点，在竖直平面（yz）内逆时针为正，角度范围为－90°～90°。

炮点多设计在巷道左帮，炮点测线尽量避开硐室、叉巷等影响地震波传播的空腔障碍物。炮点自迎头开始布置，炮数为 20～24 个，炮间距为 1.5～2 m，炮孔深为 1.5 m，若测区内松动圈范围较大，则可适当加深炮孔；当炮孔不水平时，应测量其倾角和方位角。为了提高信号质量，接收点应尽量布置在完整性较好的岩（煤）体中，尽量避开已揭露断层等较松散的地方。接收点分别布置在巷道左帮、右帮和迎头断面上，接收点的位置没有严格要求，但必须测量、记录接收点的位置与上述对点的空间关系。

2.4.2.2　炮检钻孔施工

为保证数据采集质量，炮点和检波点均应安装在钻孔内，钻孔的数量与位置依据设计的观测系统而定，可在巷道的左右帮、顶板、底板和迎头断面布设。炮检孔以矿用风钻为准（直径为42 mm），以足够放进炸药为宜。其中，炮孔的俯角约为 10°，便于加水封闭钻孔消除干扰；检波器孔的仰角约为 10°。钻孔完成后，将孔中岩屑等吹尽，对易变形的钻孔可塞上木棍，防止围岩堵塞。对于煤巷的超前探测，有时只能在数据采集时施工炮眼，防止煤屑塌入堵塞钻孔。

2.4.2.3　震源与数据采集设备

（1）震源

雷管的选择：应选取和炮孔数相同或略多于炮孔数的同批次、最小延时（I 段）的瞬发雷管；

药量：每炮孔装入 100 g 乳胶炸药；

装炮：正向装药，黄泥封堵至炮眼的孔口；

放炮：现场采取一炮一放方式，做好全过程监测和上报工作。

需要说明的是，若井下炸药震源不能施工，亦可选择锤击震源。

（2）数据采集设备

现场采用多通道地震记录仪进行三分量数据采集。要求采用防爆型地震仪器；检波器采用孔中三分量检波器，注意应与孔壁耦合完好。

2.4.2.4　现场参数收集

现场探测时，必须注意收集检波器孔附近的巷道半径、高度等参数，收集各炮检距等空间位置数据，记录检波器孔和迎头断面的距离，绘制探测断面的地质素描图，进而为地质解释提供资料。

2.4.2.5　施工环境要求

在利用MSP技术施工时，要尽量降低现场噪声水平，停止有机械振动或有较大噪音的工作，如停止掘进机工作、皮带传输、人员走动等，减少杂物堆放。

2.4.3　MSP技术的资料处理

针对巷道超前探测的基本条件，应选用利于提高记录信噪比和分辨率的数据处理技术，并采用合理的计算方法及处理参数，尽可能保护和恢复记录中的高频成分，最大限度提高记录的信噪比和分辨率，处理后可获得能够直观反映巷道前方地质构造和界面的地震剖面。

2.4.3.1　数据编辑

地震数据的常规处理就是对原始记录做初步加工，以满足计算机或数据处理方法的要求，同时改善地震记录质量，为后续处理提供有效的地震信息。巷道超前探测时，观测系统不同，则记录排序具有一定区别。因此，必须根据现场条件及处理方法的格式要求，对不同观测系统的数据进行解编或重排，从而获得所需地震数据。数据记录具有一定的参数格式，因而通过对记录的道头参数和道参数的编辑可重构现场观测系统。其中，道头参数主要包括巷道参数和采样参数，分别校对巷道技术参数与测试参数，如测试中的分量类型、接收点数、激发炮数、采样点数、采样间隔等现场采集参数。道参数主要包括道号、有效性、分量类型、炮检距、激发点空间坐标、接收点空间坐标等。被确认为无效的地震道将不参与后续处理。输入的传感器参数与激发孔参数均是隶属于指定坐标系的相对值。

2.4.3.2　振幅处理

对于巷道地震超前探测，因采用多炮方式，各炮炸药量、耦合条件的差异导致激发出的地震波能量各不相同。另外，随着传播时间的推移，各采样时间的振幅也将逐渐减小，反射波能量逐渐衰减，深层能量与浅层能量不均衡。但是，后续的反射波提取、速度分析、深度偏移等处理对振幅变化极为敏感。为了使各道振幅在后续处理中的贡献基本一致，必须对各记录道进行道间、道内振幅平衡与调整。这种处理主要包含振幅恢复、振幅控制、道间均衡、动平衡等，力求只保留与反射强度有关的相对振幅。

2.4.3.3　滤波处理

在频谱分析的基础上，应了解信号的频率分布、有效波和干扰波的频段，利用带通滤波器提取信号的主频带，从而提高地震记录的信噪比。

2.4.3.4　初至拾取

初至拾取就是拾取地震记录中的直达波波至，包括纵波和横波的初至。纵横波的初至可为后续处理（如速度分析）提供必要的技术参数。地震超前探测虽不受类似地表的低速带影响，但巷道帮起伏、松动圈厚度变化容易引起初至的畸变。同时，外触发用的雷管震源存在延时，且不同雷管之间也存在较小的延时差，均会影响地震记录的波至时间。因此，需要将原始道集的接收点校正到同一参考线，以消除雷管延时等引起的截距误差（τ 校正）。

2.4.3.5　反射波提取

巷道掘进空间的地震波场异常复杂，所要探测的目标体主要集中在迎头断面前方，而前方的地质信息完全存在于直达波后的续至反射波组中。因此，识别不同地质体的反射波，有效提取前方的反射波组，成为地震超前探测数据处理的关键。在线性观测系统下，巷道前方界面的反射波均表现出负视速度特征，而后方界面、侧方界面的反射波均表现出正视速度特征，这是反射波提取的基础。因此，基于视速度的差异规律，采用 F-K 域滤波法、τ-p 域滤波法提取巷道前方界面的反射波，同时压制声波、面波等干扰波，从而提高地震记录的信噪比。

2.4.3.6　纵横波分离

地震超前探测采用多波多分量观测，主要获得三分量数据体。震源激发的地震波同时包含纵波和横波，加之在各相异性介质中传播时的分裂与转换作用，因而地震记录为 P 波、SH 波和 SV 波叠加的多波多分量记录。相比单一纵波记录，多波多分量记录能够提供更丰富的地震属性信息(如时间、速度、振幅、频率、相位、偏振及波阻抗等)，并衍生出各种组合参数(如纵横波速比、各种弹性参数等)。这些参数对于正确识别岩性、裂隙、孔隙流体等具有直接物理意义。

然而，纵波和横波的联合也增加了波场的复杂性。因此，多波多分量勘探的前提是，必须依据各种波的特点将它们从复杂的叠加波场中分离出来。MSP 技术是基于纵横波的极化特性差异实现纵横波分离的。根据极化滤波原理，MSP 技术选用的传感器为二分量或三分量，相应的纵横波分离流程见图 2-4-2。

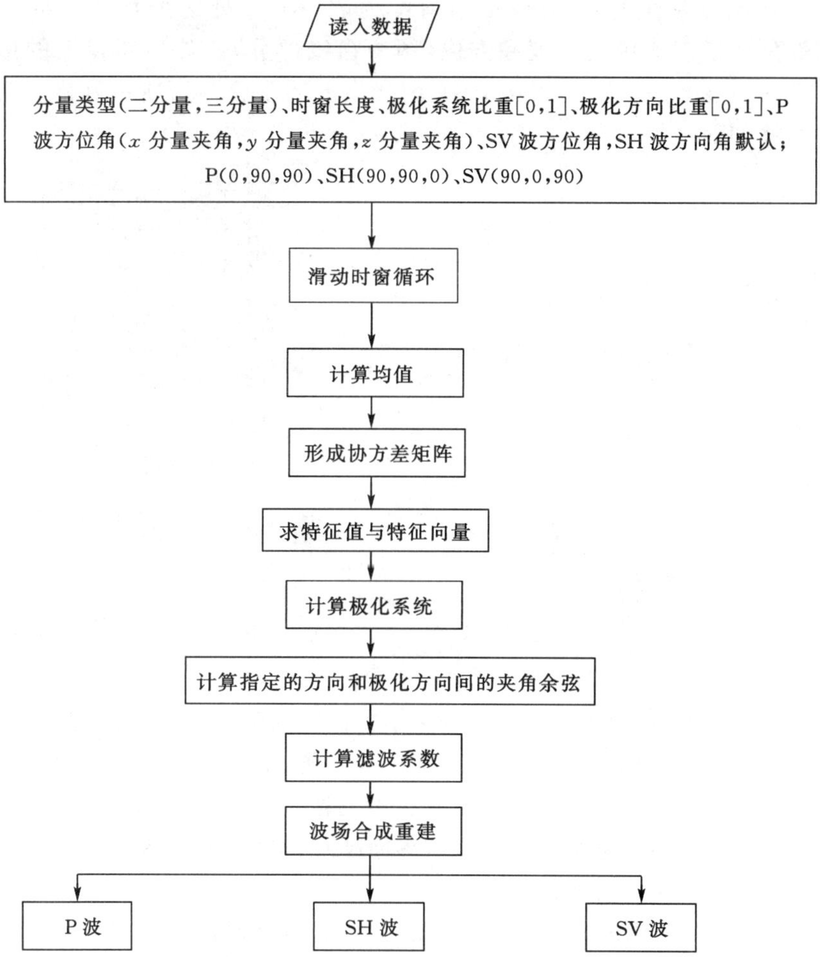

图 2-4-2　MSP 技术的纵横波分离流程

2.4.3.7　速度分析

相比地面地震勘探的速度分析，巷道地震超前探测的难度较大：巷道前方因地质构造引起的高倾角地质异常，重构难度较大；受限于巷道空间，激发-接收的地震记录道数据较少，反射成像点有限，不利于速度校正；巷道超前探测可解决前方 0～120 m 范围内的地质问题，属于浅层探测，易受多种近场源干扰，反射波信噪比低。MSP 技术基于巷道岩（煤）层结构特点和波场发育规律，将速度谱扫描与偏移速度建模方法结合（即利用常规速度谱建立层状背景速度模型，利用偏移速度分析方法校正），从而获得巷道前方的非均匀近似速度模型。

（1）叠前绕射偏移的基本原理

叠前绕射偏移是一种不利用水平叠加记录、基于地震波绕射原理的深度偏移方法。叠前绕射偏移原理认为，在均匀速度的介质中，某一炮检对接收到的反射波的反射点位置位于以炮点和检波点为焦点，以旅行路径的一半为长轴的椭圆边界上（图 2-4-3）。基于上述椭圆理论，在叠前绕射偏移时，首选将待成像空间网格化，将任一网格视为潜在反射点。如图 2-4-4 所示，对于某一网格 $G_{i,j}$ 和某一炮检对（X_S，X_R），利用射线追踪出路径 X_S—$G_{i,j}$—X_R 的旅行时间 t_i，在对应记录道中提取时间 t_i 处的振幅并沿椭圆轨迹放置，即可利用投影角度控制弧段的长度和方位（图中粗线部分）。如果路径上的速度正确，所有记录中的反射弧在 $G_{i,j}$ 反射点相互干涉、增强。上述步骤遍历所有网格点后，即可获得成像空间的偏移剖面。

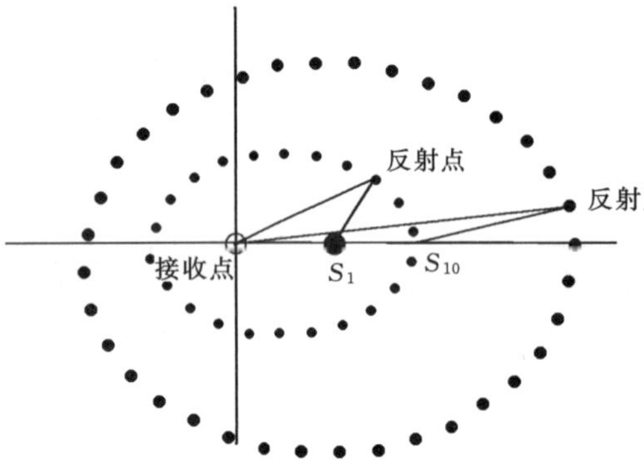

图 2-4-3　以炮检对为焦点的反射点位置椭圆轨迹

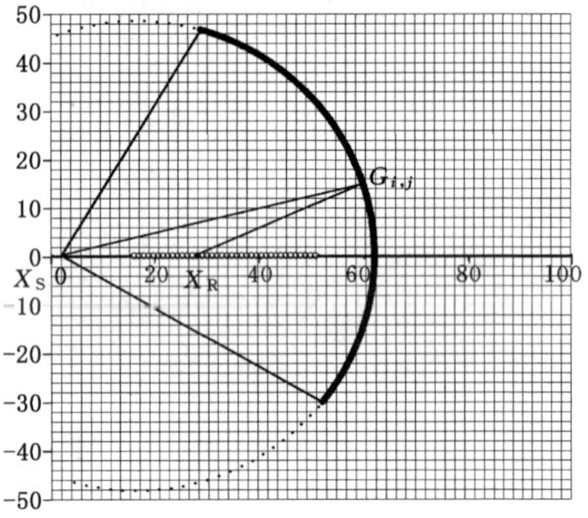

图 2-4-4　绕射偏移原理

在叠前绕射偏移中，可以依据探测目的灵活控制反射弧段的投影角度。MSP 技术就是对前方构造作偏移成像，因此反射弧段主要集中在前方；若是对水平层偏移成像，则可控制在下方投影。此外，投影角度的大小（即弧段长度的范围）与反射界面的倾角有关。缓倾角界面可选择较小的投影角度进行偏移；反之，界面越陡，选用的角度越大，弧段越长。

（2）共深度点成像（CIG）道集

所谓 CIG 道集，就是使每个点在每道记录上对应的反射振幅不是叠加到空间点上，而是按照偏移距（炮号）-成像深度域进行放置。将探测范围网格化后，每个单元格都可视为波场中的一个反射点，将该点的反射时间域记录偏移转换为深度记录，由该点对应各炮点形成的道集即共成像点道集（空间域-空间域）。图 2-4-5 是成像点模型示意图，绕射点 G 的空间位置为(X_0,R_0),周围介质的波速为 v_0。利用此模型,可获得时间域(x-t)反射波剖面(图2-4-6),为对应各炮号,设反射波的到达时间分别为 T_1、T_2、…、T_6。

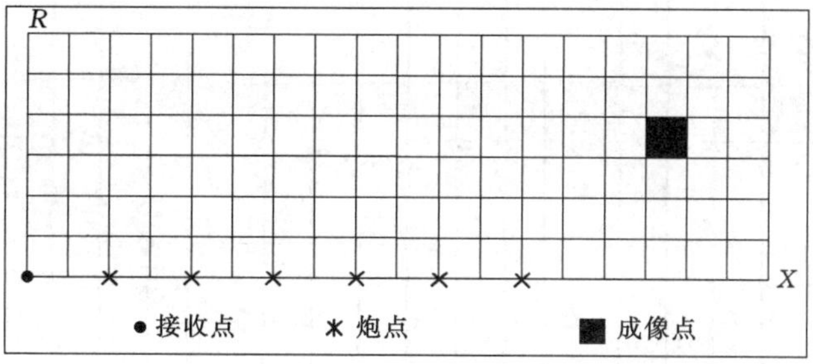

图2-4-5 成像点模型示意图

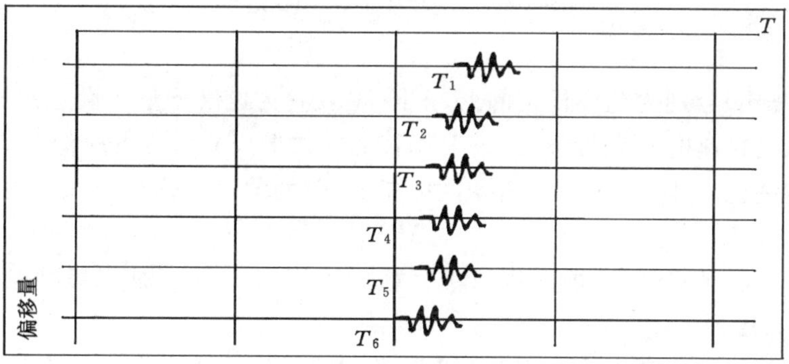

图2-4-6 时间域反射波剖面

进行偏移处理时,如给定的速度恰为 v_0,对单元格(X_0,R_0)进行射线追踪所求得的正确时间恰为 T_1、T_2、…、T_6,将追踪时间处的振幅按炮号-成像深度 X 进行放置。由所得CIG道集的振幅特征可以看出,各道来自该点的反射相位处于同一深度 R 或 X 上,即同相轴水平、斜率为零[图2-4-7(b)]。

如果上述模型在射线追踪时的速度不等于 v_0,不妨取 $v<v_0$,单元格 G 的射线追踪结果不是 T_1、T_2、…、T_6,而是一系列时间稍大的 t_1、t_2、…、t_6,时间 T_1、T_2、…、T_6将为另外的多个单元格所获得。此时,在抽取的CIG道集 X 处的相位不会是水平直线,反射相位将具有一定斜率,且斜率为正[图2-4-7(a)]。反之,$v>v_0$ 时,斜率为负[图2-4-7(c)]。通过对速度反复校正,直至成像的同相轴斜率变为零,届时的速度就是最佳速度。

(3) 速度校正准则

从实际地震记录的偏移成像CIG道集中拾取成像点同相轴的斜率,难度较大,也不可行。为此,可以采用相关能量法,将成像深度处、不同速度下的最大相关能量作为该深度点的最佳速度评价标准。

(4) 叠前绕射偏移速度的建模流程

① 利用扫描速度分析,以获得的速度模型作为背景场,从而完成网格划分。

② 对某一网格单元格,如 $G(X_i,Y_i)$属于[v_0-v_a, v_0+v_a],其中 v_0 为背景速度,

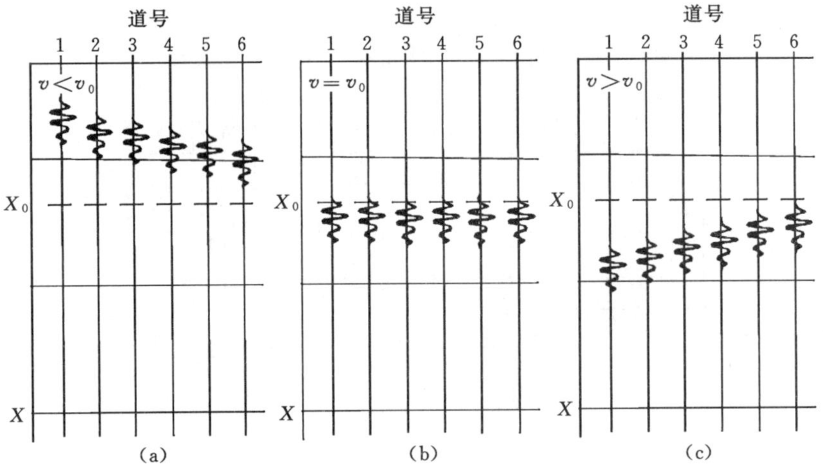

图 2-4-7 速度不同时 CIG 道集

(v_0+v_a)、(v_0-v_a)分别为允许校正的上、下限，以 Δv 为速度增量。设定初始速度为 v_j。

③ G 单元格在速度 v_j 条件下，以绕射偏移的方式形成共深度点成像道集。

④ 利用相关公式计算共成像点道集中、深度 X_i 处的窗口内所有振幅的相关能量或相关系数。

⑤ 重复步骤②至步骤④，每次将该单元格的速度递增 Δv，即可获得本单元速度-相关系数 $G(v_j, A_j)$序列。

⑥ 将 $G(v_j, A_j)$序列中最大相关能量值所对应的速度作为本单元格的最终速度。

⑦ 进入下一单元格，重复上述步骤，直至遍历所有单元格。

遍历单元格时，自后向前，采用剥层法将已校正过速度的单元格作为已知速度的单元格，而后进行射线追踪。

2.4.3.8 极化偏移

多波多分量地震勘探通常采用三分量激发、三分量接收的方式。在地面地震勘探中，三分量分别是垂直地面的垂直 P 分量、平行地面且炮检线垂直的水平 SH 分量、平行地面且炮检线平行的水平 SV 分量。如图 2-4-8 所示，往返箭头代表质点振动方向，小箭头代表波的射线方向(行进方向)。其中，P 震源激发纵波，质点振动方向与波的射线方向一致；SH 震源激发水平横波，质点振动方向与射线方向垂直，且垂直于炮检线铅垂平面；SV 震源激发垂直横波，质点振动方向与射线方向垂直，但平行于炮检线铅垂平面。

在均匀各向同性水平介质中，炮检距通常不为零，这使地震波的入射射线不垂直于地面。因此，反射到地表的地震射线与地面夹角并非 90°，这导致三分量地震记录含有转换波，如入射 P 波可反射出 P-P 波和 P-SV 波，但不产生 P-SH 转换波；入射 SH 波除自身反射外，不产生转换波；入射 SV 波可反射出 SV-P 波、SV-SV 波。其中，P-P 波、SV-SV 波、SH-SH 波称为同类波。探测区域存在构造、地层、岩性的复杂变化，导致地震波长的不均匀、各向异性及非水平特征，此时的波场更复杂。此外，还有可能接收到其他波，如 P-SH 转换波、SH-P 转换波、SH-SV 转换波、SV-SH 转换波。波场的复杂性严重影响成像效果，为了得到较纯净的 P-P、SV-SV 等波，必须将多分量中的 P-SV 等波滤除，并且压制干扰波，从

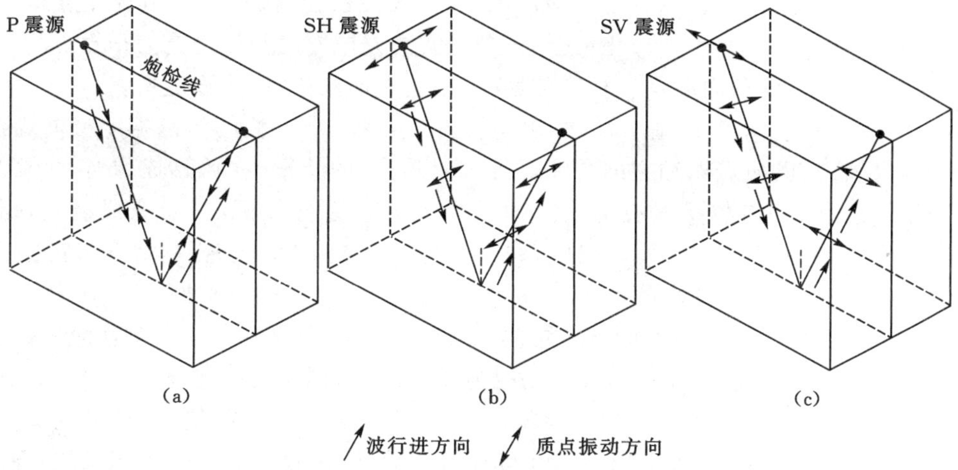

图 2-4-8　三分量激发与质点运动方向示意图

而完成空间方向的极化滤波。

在复杂波场条件下，极化滤波是运用地震波的偏移参数实现波场分离。如图 2-4-9 所示，偏振是地震波场的时空特征，即地震波通过接收点时，介质质点（或位移矢量末端）描绘出的空间轨迹。不同类型的地震波具有不同的质点振动轨迹，即具有不同的偏振特性。质点从静止状态开始振动时，在没有其他类型地震波干涉的情况下，纵波呈线性偏振特性，即

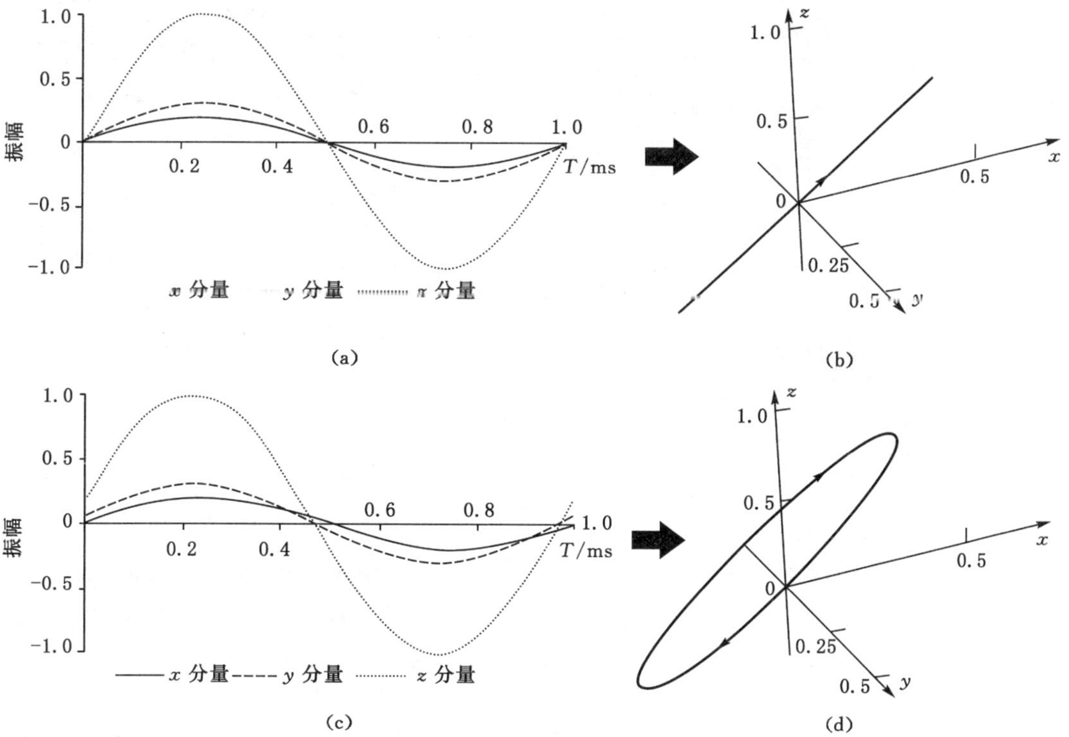

图 2-4-9　地震波的极化轨迹

质点在平衡点位置附近以直线轨迹振动，这表现为线性极化，极化轨迹由许多直线段构成；横波同纵波一样也表现为线性极化偏振，只是横波的偏振方向与传播方向垂直，即与纵波偏振方向呈正交关系；瑞利面波是一种椭球偏振波，呈球形极化，极化程度低。

MSP 技术基于纵横波的基本性质，利用波传播过程中"纵波的质点振动方向与波行进方向平行"及"横波的质点振动方向与波行进方向垂直"的特征；在偏移成像时，主要通过对接收点处质点振动方向与反射波射线方向的相关关系进行分析，从而完成极化成像。如图 2-4-10 所示，在巷道超前探测过程中，井下全空间 x 方向指向迎头，z 方向指向顶板，y 方向指向左帮，x、z、y 分别对应 P、SV、SH 分量；巷道前方空间已被网格划分，黑色部分为假设的空间某反射点；迎头后方同侧布置两个接收点及若干激发点。在单炮激发单道三分量接收的情况下，设传播时间为 t，传播路径为图中的方向射线；在巷道空间坐标系下，从激发点传播到反射点的时间为 t_1，入射路径为 L_1，自反射点反射到接收点的时间为 t_2，反射路径为 L_2。在均匀空间内，L_1、L_2射线路径可利用反射点、接收点的空间坐标求取；在非均匀空间内，L_1、L_2射线路径可由射线追踪拟合曲线计算。

基于激发点、接收点到反射点的空间位置和速度参数，利用射线追踪技术，可计算(t_1+t_2)；根据(t_1+t_2)确定以信号周期为单位的时窗，基于接收的三分量时窗振幅信息(图 2-4-11)，利用数学统计的方法计算(t_1+t_2)时刻接收点处质点振动方向 L_i 及质点极化程度。利用质点振动方向 L_i 与反射点及接收点之间的射线 L_2 计算夹角 θ；基于纵横波夹角 θ 的差异，结合不同类型波的极化程度及相干值，便可设置极化滤波函数。

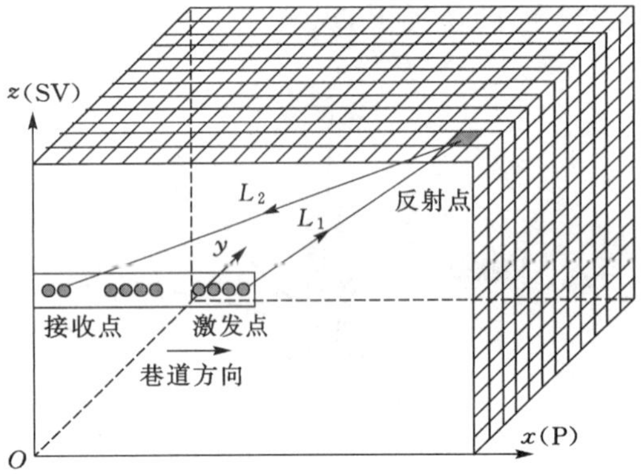

图 2-4-10　极化偏移原理图

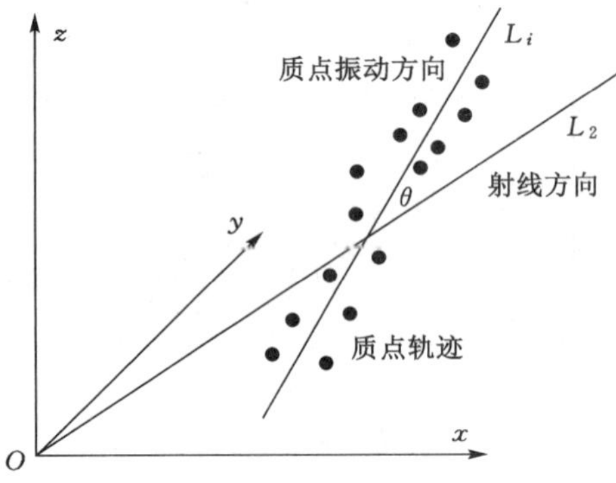

图 2-4-11　三分量时窗振幅信息

在地震波场的特性参数中，地震波的偏振最敏感。因此，从接收点地震波的偏振特性出发，改变传统的固定滤波方向，依据不同反射点不断变化的波射线方向实时设置滤波器，从而实现动态极化滤波。同时，结合"面波具有球形极化特性，极化程度低"，利用滤波器滤除面波。此外，为有效压制 P-SV、SV-P 等转换波，在极化成像过程中，根据同类波及转换波的速度差异，利用相干叠加原理可滤除转换波。将上述三种滤波融合到叠前偏移中可实现波场的准确成像。因此，极化成像是集波场分离、偏移成像于一体的方法。

2.4.3.9　多波多参数计算

巷道超前探测采用了空间立体数据采集观测系统，用三分量传感器采集数据，可有效获得 P、SH 和 SV 等反射波信息。经反射波提取、波场分离等数据处理，可得到巷道前方岩

(煤)体的 P、SH 和 SV 等反射波速度。在此基础上,能够计算出相应的地震属性参数和岩石动力学参数。这些参数对于推断目标体的岩石力学性质、含流体(水和瓦斯)及破碎性、裂隙发育程度等具有重要意义,从而可获得较好的岩性预测效果,为巷道超前预报提供更丰富的地质信息。

2.4.4　MSP 技术地质解释的原则

2.4.4.1　反射波属性参数的解释原则

巷道超前探测利用的主要地震属性包括地震纵横波速度、反射波振幅能量、反射波极性、频率等参数,重点解释巷道前方的地质界面及其围岩性质。反射波属性参数的主要解释原则:① 反射波的振幅能量越强,反射系数和波阻抗的差异越大,据此可判别物性界面。② 反射波极性是岩(煤)层结构性质、围岩类别的重要判定依据。正振幅表明反射系数为正,说明岩层结构条件趋好,主要是刚性岩层;负振幅表明遇到软弱岩层。若同一岩层结构存在波组极性差异,说明内部岩体存在变化。③ 在巷道超前探测中,P 波和 S 波的反射振幅有不同作用。若 S 波偏移能量高于 P 波,则低频段能量丰富,这通常表明岩(煤)层富含水。④ 在同一界面中,若纵波速度降低,则表明岩(煤)层中裂隙密度或孔隙率增大,岩(煤)层较破碎。

2.4.4.2　煤(岩)层结构与裂隙发育带

在各向异性介质中,波沿各方向的速度不同。研究结果表明,介质的各向异性对 P 波影响不大,但对 S 波(特别是 SH 波)的影响可观。在裂隙发育带中,介质表现为明显的各向异性,即在与裂隙走向垂直或平行的两个方向上,介质的性质存在较大差异。在各向异性介质中,S 波沿不同方向的传播速度明显不同。因此,当通过裂隙发育带后,地震波会出现 S 波分裂现象。根据 S 波分裂程度,可以判断裂隙的方向和发育程度。

2.4.5　MSP 技术应用案例

2.4.5.1　断层破碎带探测

某矿 21 煤试采区内断层发育,煤层顶底板有奥陶系灰岩含水层,属于具有突水威胁的间接充水含水层;断层破碎带等构造为水的赋存、运移提供了条件。为确保采区回风巷的安全掘进,采用 MSP 技术对巷道前方进行连续追踪探测,并及时查明巷道前方的断层赋存情况。

现场工作以回风巷测点 W_{13}(+81.3 m)为零点进行探测布置。在巷道有限空间内,观测系统布置在迎头断面、左帮及右帮上;检波器合计 3 个,分别为左帮布置的 C_1、右帮布置的 C_2、迎头布置的 C_3;激发孔设计了 32 个,其中左帮 24 个,受风筒影响,右帮设计了 8 个,传感器与激发孔的方位、倾角见图 2-4-12。左帮激发孔设计间距为 2 m,9# 孔距离迎头 2.3 m;右帮激发孔的设计间距也为 2 m,8# 孔距离迎头 2 m。C_1 检波器距 32# 炮孔22.5 m,C_2 检波器距 1# 炮孔28 m。实际布置时,受现场条件影响可以对布置参数略作调整,具体以现场记录为准,数据处理以实际三维坐标为准。

有 3 炮哑炮,共获得观测系统的 29 炮地震记录。频谱分析表明,主频段为 100～400 Hz。基于初至拾取的纵横直达波的速度分别为 3 000 m/s、1 700 m/s,利用道间平衡补偿炮检距对反射波能量衰减的影响,采用 τ-p 变换及 F-K 变换处理反射信号。图 2-4-13 存

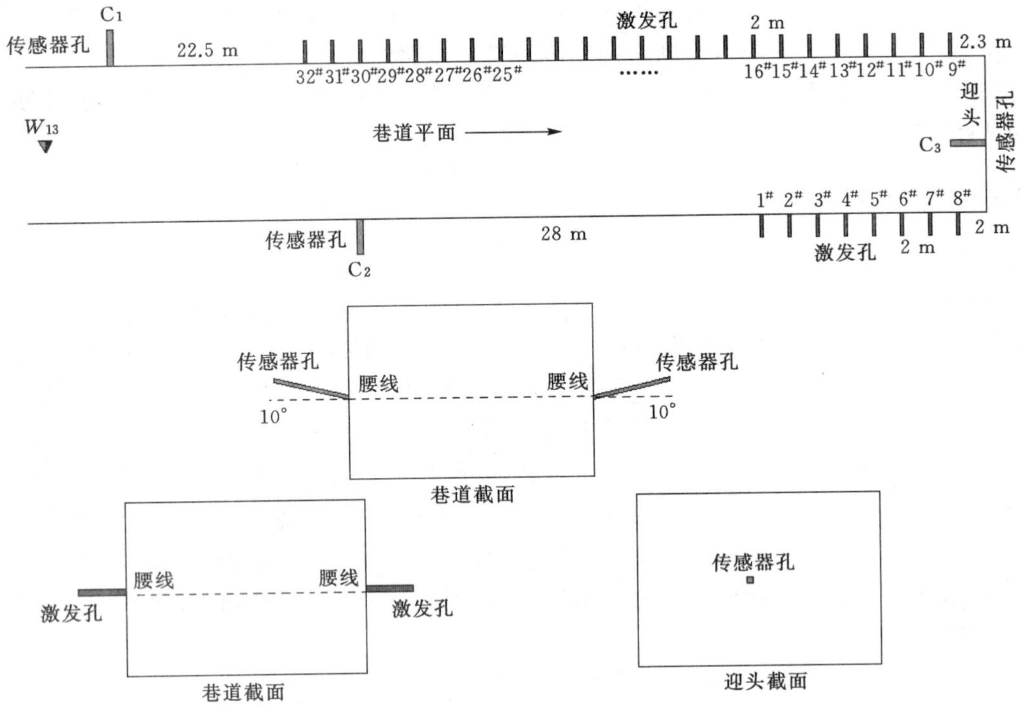

图 2-4-12　地震超前探测现场布置图

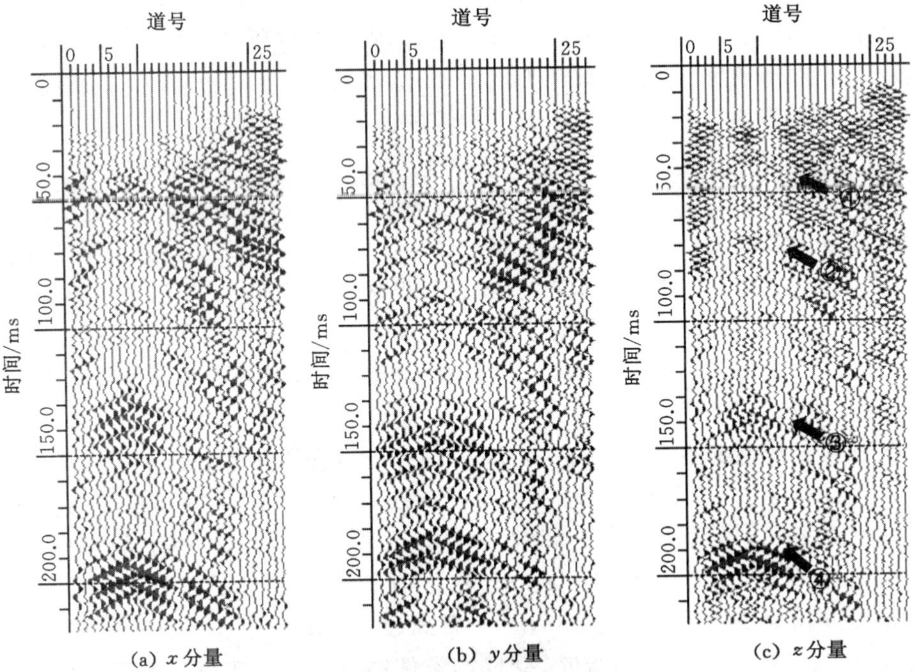

图 2-4-13　反射波提取的信号

在四组负速度的同相轴。基于偏移速度分析方法，建立速度模型，利用极化偏移技术得出偏移成像剖面图。在极化偏移结果中，强振幅位置是前方可能存在的异常界面位置，由能量异常位置的延展线与巷道中轴线的交点可确定预测的距离，基于延展线与中轴线的空间关系可推测异常界面的倾向、倾角。z 分量 SV-SV 波极化偏移结果如图 2-4-14 所示，在迎头前方 37 m、76 m、121 m 处分别存在异常界面 R_1、R_2、R_3（第一组负速度特征同相轴偏移结果对应迎头界面），三个异常界面均倾向巷道。

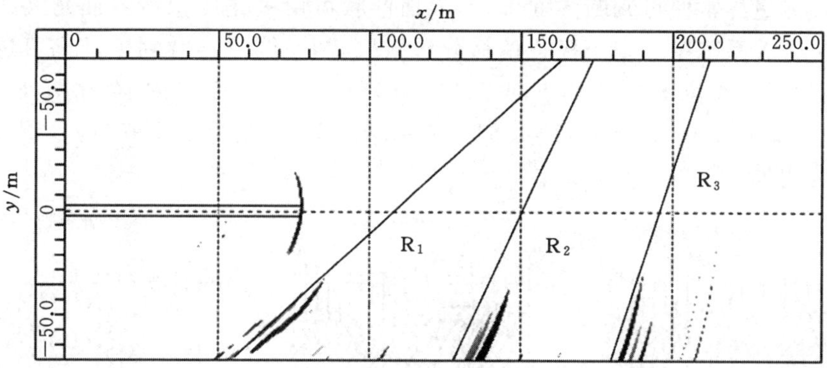

图 2-4-14　z 分量 SV-SV 波极化偏移结果

实际揭露情况如图 2-4-15 所示，在 W_{13}（+81.3 m）前方 37～57 m 段为岩性变化带，岩性由粗砂岩过渡为灰岩；迎头 77～97 m 段为砂质泥岩与粗砂岩变化带，在 77～80 m 段顶板较破碎、潮湿；迎头前方 120 m 为 F_6 断层，断层落差 40 m，倾角 70°。对比探测结果与实际揭露情况可知，F_6 断层与 R_3 界面距离的探测误差为 1 m，倾角误差为 2 °；R_1、R_2 界面与岩性变化带基本吻合；三个界面的倾向探测结果与实际揭露情况完全吻合。因此，利用极化偏移技术能够实现超前定量预报，预测结果可为巷道快速掘进提供保障。

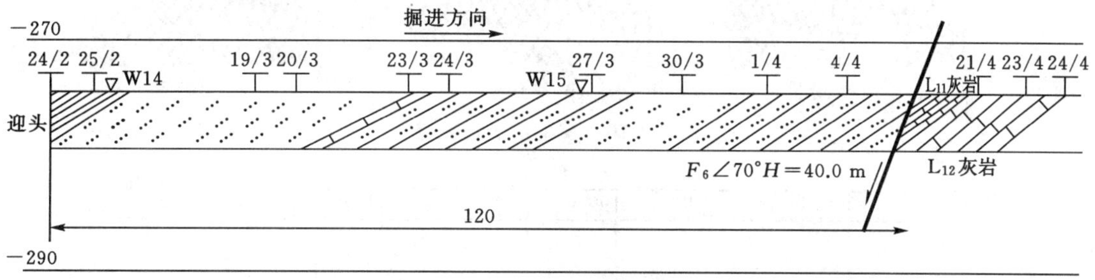

图 2-4-15　回风巷实测剖面图

2.4.5.2　陷落柱探测

在某矿巷道超前观测系统中，在迎头后方左、右帮非对称布置两个正交三分量检波器，同时在迎头布置一个单分量检波器，从而构成多炮检并可对空间任意观测点进行数据采集。由于该矿为煤与瓦斯突出矿井，现场震源采用特制雷管震源。受现场施工条件的影响，激发点均布置在右帮，按 1 m 间隔依次从迎头向后布置 21 个。采用矿井地质探测仪采集数据，采集参数包括 0.08 ms 的采样间隔、4 096 个采样点。在数据采集过程中，风钻、带式输送机等干扰设备均已停止运转，接收信号良好，记录质量可靠，可用于数据处理和解释。

频谱分析结果表明，主频段为 100～450 Hz。初至拾取的纵波波速为 1 800 m/s，软煤巷道波速较低。先利用道间平衡补偿炮检距对反射波能量衰减的影响，同时借助道内平衡消除波前扩张和吸收因素的影响，再利用带通滤波进行预处理，以 τ-p 变换与 F-K 变换联合提取前方反射信号(图 2-4-16)。由图 2-4-16 可知，两组具负视速度特征的同相轴时间分别为 35～60 ms、85～110 ms，利用极化偏移技术得 SV-SV 波成像剖面图(图 2-4-17)。若两种介质的密度、波速差异大，波阻抗差异明显，反射系数大，则成像剖面图表现为强振幅特征。通过振幅能量异常便可判断界面位置，界面产状可由极化成像后界面延展线与巷道中轴线的空间位置关系确定。基于极化偏移分析结果，利用能量异常判断准则可进行超前预报分析：在当日掘进头位置(204 测点向东 36.3 m)前方 100 m 范围内，存在两处主要反射界面，分别为迎头前方 20～32 m 处(R_1)、84～88 m 处(R_2)。结合地质资料，预测界面 R_1、R_2 可能为陷落柱边界。

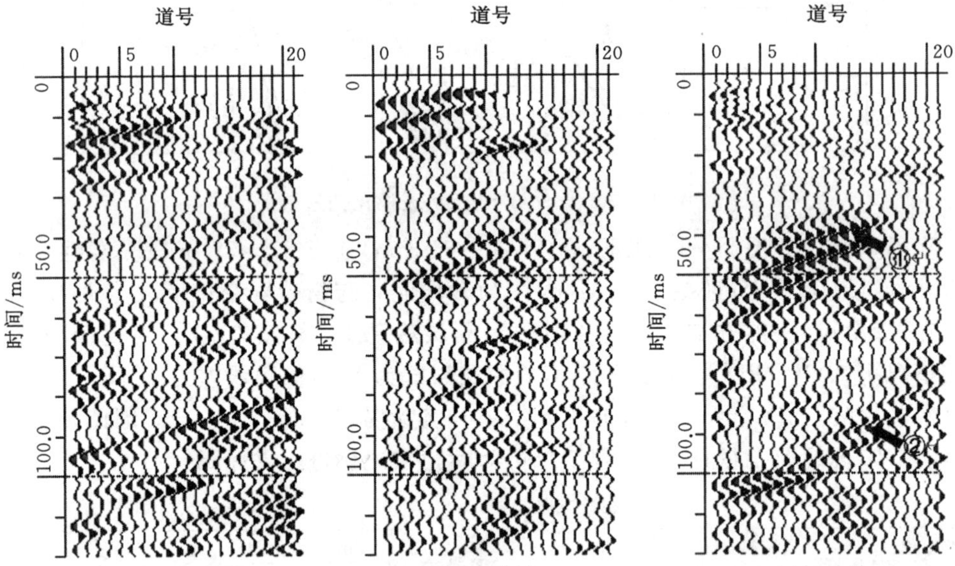

(a) x 分量　(b) y 分量　(c) z 分量

图 2-4-16　反射波提取的信号

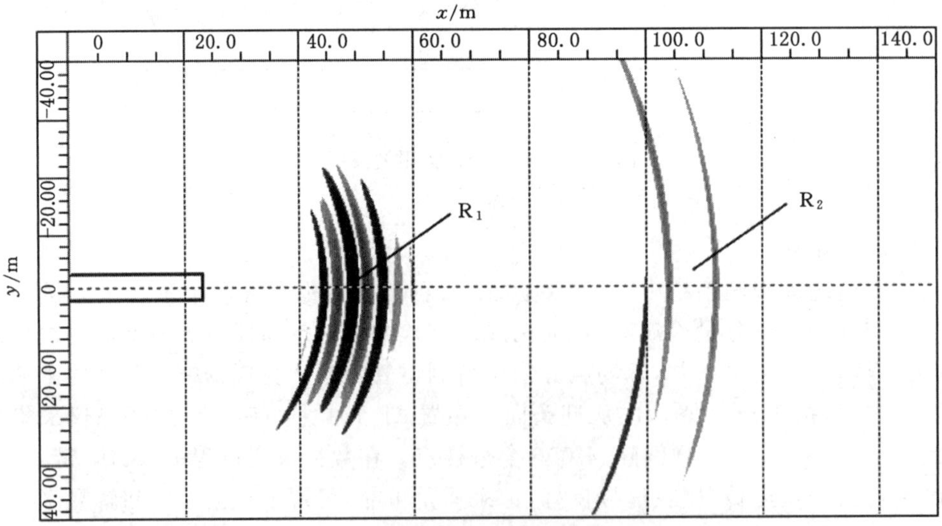

图 2-4-17　SV-SV 波成像剖面图

掘进巷道通过探测区后，揭露情况为：204 测点向东 64.3 m 处煤巷遇岩，实际为一陷落柱边界；204 测点向东 120.3 m 处岩性显著变化，为陷落柱边界；陷落柱呈椭圆形，长轴 56 m，陷落柱内岩性杂乱，棱角明显，以砂岩、砂质泥岩碎块充填为主，柱体边缘呈上大下小的倒八字形，无水，其他参数见图 2-4-18。从该图中可见，陷落柱边界倾角 85°。陷落柱两边界位置与 R_1、R_2 界面吻合，边界呈 85°倾角与探测结果基本一致。

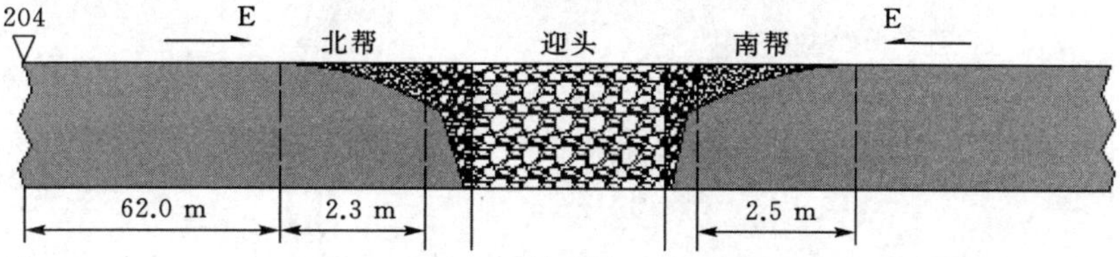

(a) 剖面图

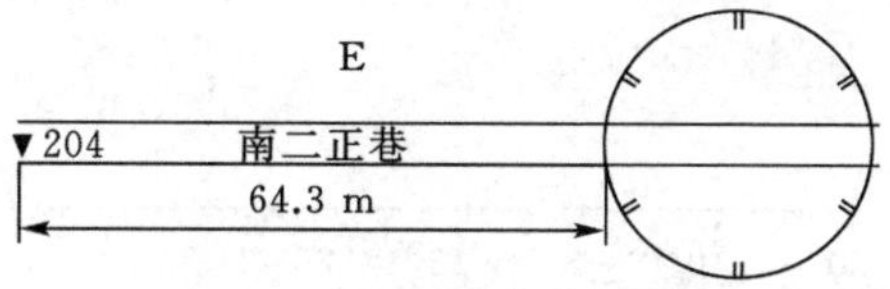

(b) 平面图

图 2-4-18　实测剖面和平面图

2.4.5.3　采空区探测

山西某矿井 2 号煤层中分布多处老采空区，在矿区中部该煤层中拟布置二采区的主体巷道。根据前期对老采空区的地质调查和资料分析，在二采区胶带大巷掘进前方可能存在老采空区，具体位置不详。采用巷道地震超前探测技术对二采区胶带大巷附近的老采空区进行探测，探测结果能为巷道掘进和防水煤柱的设计提供参考。如图 2-4-19 所示，地震超前探测采用检波器后置观测系统，布置激发点 21 个（P_1 至 P_{21}）、接收点 2 个（R_1、R_2）。采用 200 g 乳胶炸药作为震源，100 Hz 速度检波器进行三分量接收，激发点间隔 2 m、接收点间隔 5 m，最小偏移距为 10 m。

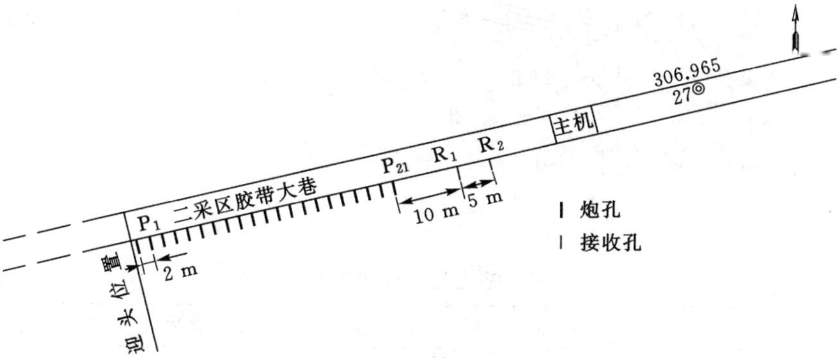

图 2-4-19　地震超前探测观测系统布置示意图

图 2-4-20 是经带通滤波、AGC、反射波提取、绕射扫描叠加偏移处理后的偏移成像图，

以探测当日的迎头中心位置为坐标原点。从该图可以看出，探测范围内主要存在两组反射波：由于巷道空腔和围岩松动圈的影响，在迎头附近存在一组能量较弱的反射波；在巷道前方约 35 m 处的反射波能量强(R_1)，推测该位置为老采空区。

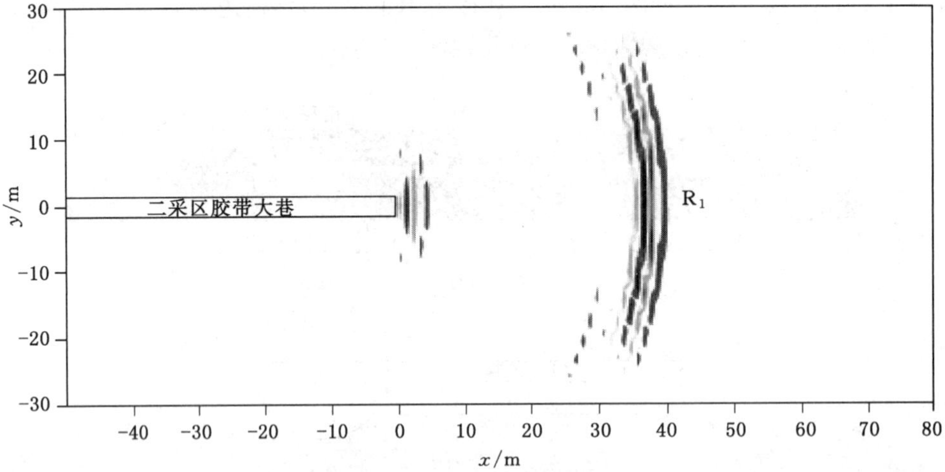

图 2-4-20　经处理后的偏移成像图

根据地震超前探测解释成果，对巷道前方异常界面 R_1 进行了钻探验证，在迎头和后方钻场共施工了 4 个超前探钻孔，钻孔布置平面图见图 2-4-21。钻探结果显示，在迎头前方 30 m 左右的位置出现喷孔、顶钻现象，并伴随瓦斯的涌出；随后钻孔内流出白色水，浑浊且有异味，推测为废弃老采空区积水。钻孔施工参数和异常描述见表 2-4-1，钻探结果与超前探测成果吻合。

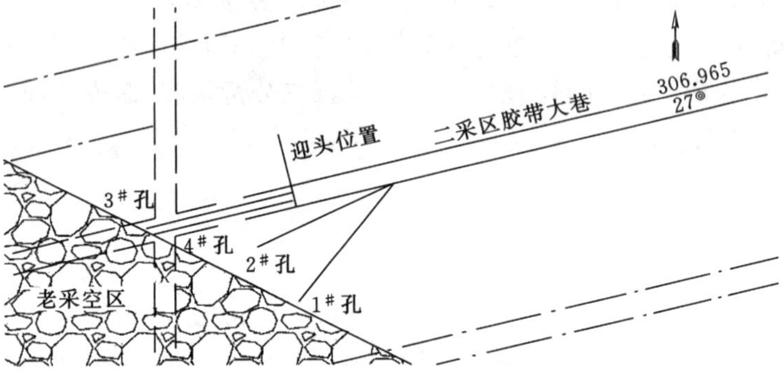

图 2-4-21　超前探钻孔布置平面图

表 2-4-1　钻孔施工参数和异常描述

钻孔名称	倾角/(°)	孔深/m	异常描述
1# 孔	2	34	在 29 m 处见岩层，在 34 m 处顶钻、卡钻
2# 孔	3	33	在 30 m 处见岩，在 33 m 处喷孔、顶钻
3# 孔	2	33	在 33 m 处喷水、涌出瓦斯，水呈白色、浑浊有异味
4# 孔	2	31	在 31 m 处涌出瓦斯、顶钻

2.4.5.4　冲刷带、煤厚突变区探测

煤层冲刷带常伴随煤层形态、厚度异常。煤厚突变的主因是原始沉积环境和后期构造变动，这直接关系煤矿设计，影响采掘部署和生产计划。煤厚突变区多是瓦斯聚集区。冲刷带预报主要采用煤层等厚图、砂体等厚图、局部相变等沉积分析法和地质统计法；煤厚突变区预报主要利用地质分析法、钻探及地面地球物理勘探方法。这些方法以区域推断为主，针对迎头局部的探测精度有限，故多采用矿井物探方法实现冲刷带、煤厚突变区的超前探测。

(1) 冲刷带探测

为有效判断冲刷带的影响范围，某矿井在掘进过程中进行了地震超前探测。在巷道左帮设计、布置 22 个激发孔，在左、右帮设计布置两个正交三分量检波器。采用雷管震源，有效采集了 19 炮数据，经预处理、极化偏移后的结果见图 2-4-22。探测结果显示，当日掘进头前方 100 m(D612 测点向北 12 m)范围内存在两组反射界面，界面位置分别为掘进头前方 42～52 m(R_1)、91 m(R_2)处。

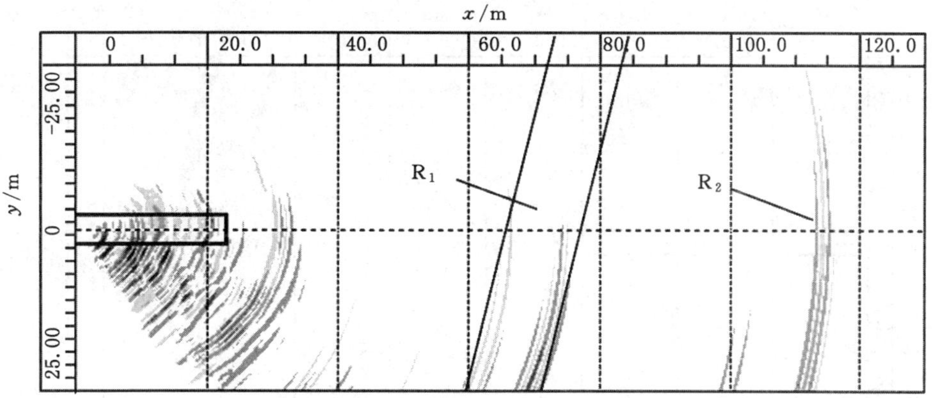

图 2-4-22　经预处理、极化偏移后的结果

实际揭露资料显示，D612 测点向北 55.2 m 处为见煤点，D612 测点向北 63.2 m 的迎头为全煤段；D612 测点向北 98.9 m 遇到另一冲刷带，冲刷带影响范围见图 2-4-23。在冲刷带边界及其附近位置的瓦斯浓度变化较大，从整体来看，在超前探测范围内瓦斯浓度的起伏较

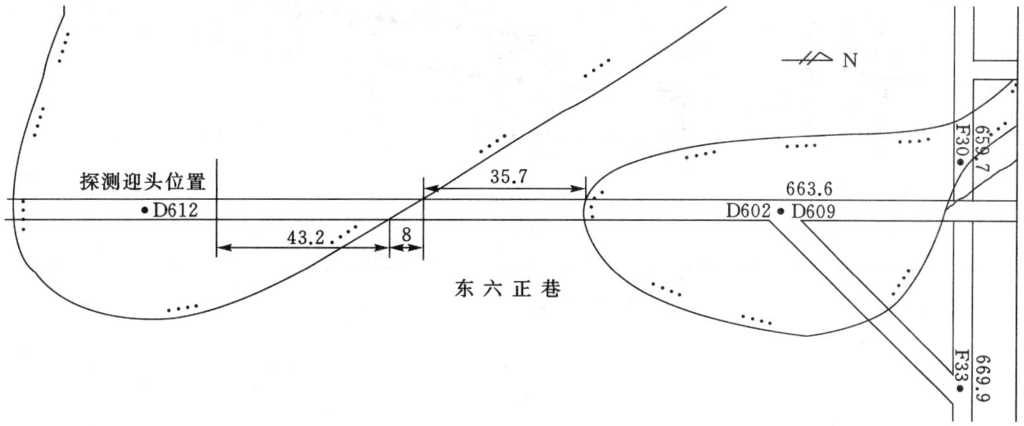

图 2-4-23　实测地质平面图(单位：m)

明显。由地震超前探测结果与实际验证的对比可知，R_1界面吻合，R_2界面误差相对较大。

(2) 煤厚突变区探测

义马矿区某矿井二$_1$煤层厚度(0.3～15.9 m)变化大，给安全、高效生产带来了困难。为此，采用地震波超前探测法查明迎头前方100 m内的煤厚突变界面，以12011工作面回风巷道联络巷+128 m标高处为零点进行探测布置。现场布置时，由于巷道右帮存在风筒和带式输送机，不易爆破，因而炮孔布置在12011工作面巷道左帮，炮孔数为20个，传感器布置在巷道的左帮。

经数据预处理、极化偏移后得图2-4-24。由该图可知，巷道迎头前方100 m范围内，共有2组主要能量异常界面(R_1和R_2)，与迎头的距离分别为10 m和78 m，推测两组界面为煤厚突变位置。图2-4-25实测煤厚剖面显示，在距迎头10 m的位置煤层厚度由正常煤厚3.7 m突然增大，而在距迎头80 m位置煤层厚度迅速减小至3 m。同时，在10～80 m范围内煤层厚度整体增大，平均厚度约7.5 m，增厚约127%，极值厚度为8.9 m。

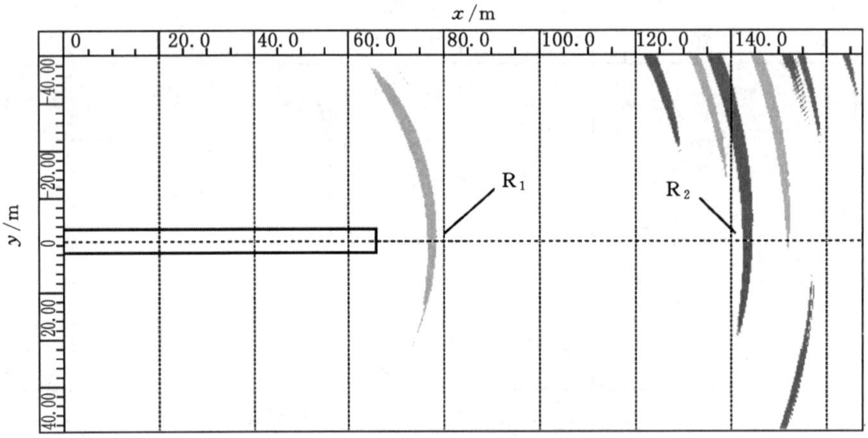

图2-4-24　极化偏移结果

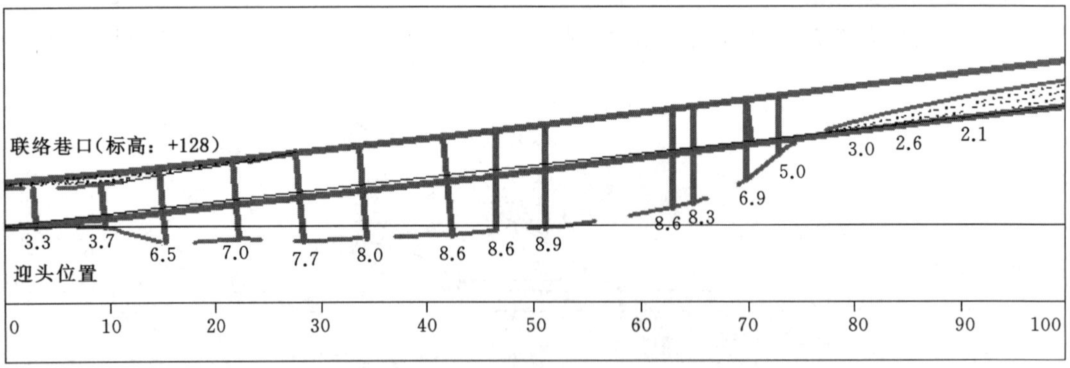

图2-4-25 实测煤厚剖面(单位:m)

第 3 章　瑞利波勘探

瑞利波(R 波)勘探属于浅层地震勘探方法,基于不同振动频率的瑞利波沿深度方向衰减的差异,通过测量不同频率成分(反映不同深度)瑞利波的传播速度,探测不同深度介质层及其中的构造、洞穴等地质异常体(如不同深度煤层及围岩内的断层、陷落柱、采空区、岩溶等)。由于各种介质层及地质异常体的密度和弹性参数不同,瑞利波的传播速度有明显差别,因而瑞利波的传播速度差异可作为区分地质体的重要标志。

3.1　瑞利波勘探的基本特征

3.1.1　瑞利波的传播特性

瑞利波沿固体的自由界面传播。图 3-1-1 为瑞利波的传播、衰减与质点运动示意图,显示了瑞利波在均匀半空间表面和实际大地地面质点运动、振幅衰减的情况。在均匀各向同性介质表面,瑞利波具有以下传播特征:传播速度与频率无关,且略小于介质的横波速度;质点的运动轨迹并非线性,而是椭圆形的(由纵波 P 和横波 S 沿自由界面传播相互叠加而成);波的振幅随界面深度的加大而呈指数下降趋势。

在实际观测中,各种岩层都是非均匀介质。在这样的介质表面,所观测到的瑞利波具有频散性。也就是说,瑞利波的速度与频率有关,是频率的函数。那么,在成层的非均匀介质的自由表面观测到的瑞利波应是频散的,质点运动呈椭圆形的,振幅随界面深度加大而呈指数下降的一种面波。

3.1.1.1　瑞利波的传播速度

瑞利波的传播速度与介质的密度、弹性性质密切相关。瑞利波在介质中的传播速度 v_R 和纵波速度 v_P、横波速度 v_S一样,是由介质的弹性常数(如弹性模量、泊松比等)决定的。瑞利波的速度 v_R始终小于横波的速度 v_S,但随着泊松比 μ 接近 0.5,横波和瑞利波的速度将趋于相同。我们知道,不同岩层的泊松比是不同的。比如,对于土层,μ 为 0.45～0.49;对于岩石,μ 约为 0.25。也就是说,对于土层,瑞利波的速度几乎与横波的相等;对于岩石,瑞利波的速度约为 0.919 4 v_S。整体上讲,瑞利波在土层和岩石中的传播速度接近横波的速度 v_S。

3.1.1.2　瑞利波在振动中所占能量比例及衰减情况

通常在垂直冲击激发振动后,瑞利波占总能量的 67%,横波占 26%,纵波占 7%。也就是说,冲击能量中有三分之二变成了瑞利波。

在能量的衰减方面,所有波的能量都将随着传播距离 r 的增大而不断衰减。由于球面波前扩散,P 波和 S 波按 r^{-1} 规律衰减,在近震源及地表按 r^{-2} 规律衰减。由于圆柱波前扩散,R 波按 $r^{-1/2}$ 规律衰减,比体波衰减慢得多。由此可知,若在震源附近观测,接收到的振

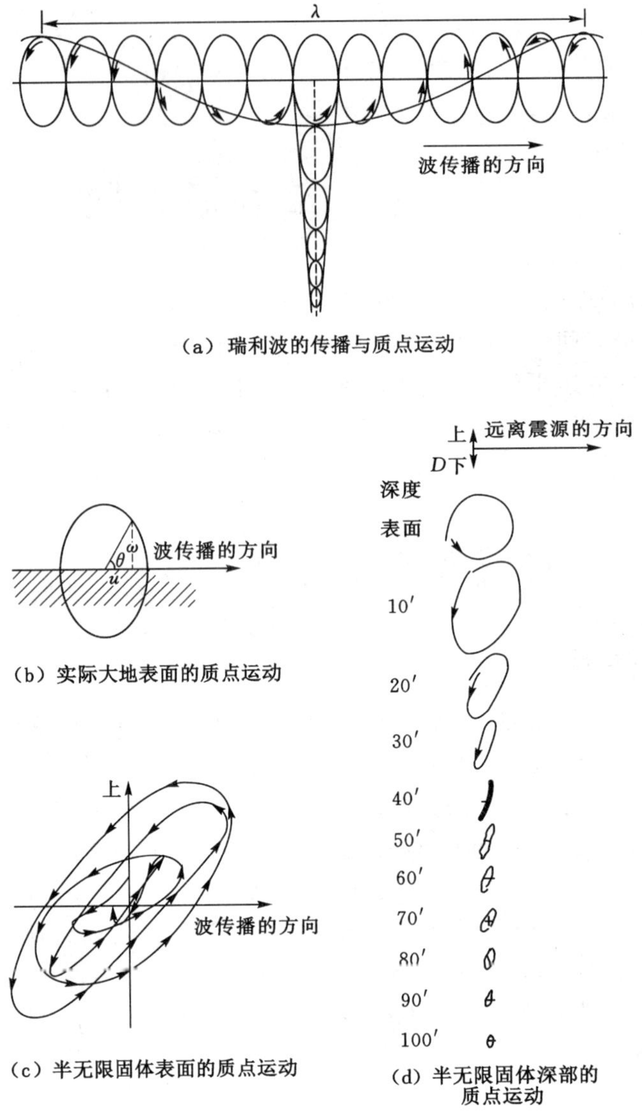

图 3-1-1　瑞利波的传播、衰减与质点运动示意图

动主要是瑞利波。瑞利波的衰减比体波的慢，这是有利的。瑞利波勘探正是利用了它的能量大、衰减慢的优点。

3.1.1.3　瑞利波振幅随深度的分布情况

瑞利波振幅随深度的分布特征见图 3-1-2。图中横坐标是相对振幅，纵坐标是相对深度 H/λ_R（深度与波长的比），R 波仅在近自由表面一个波长的深度范围内传播，而大部分能量仅局限在(0.5～0.7)λ_R深度范围，这说明某一频率的 R 波波速主要与一定深度范围内介质的性质有关。瑞利波的振幅并不随深度均匀分布，而是呈指数衰减的，主要能量集中在一个波长的深度范围。对弹性常量不同的介质，瑞利波的衰减具有相同的总体趋势，但衰减速率略有差异。

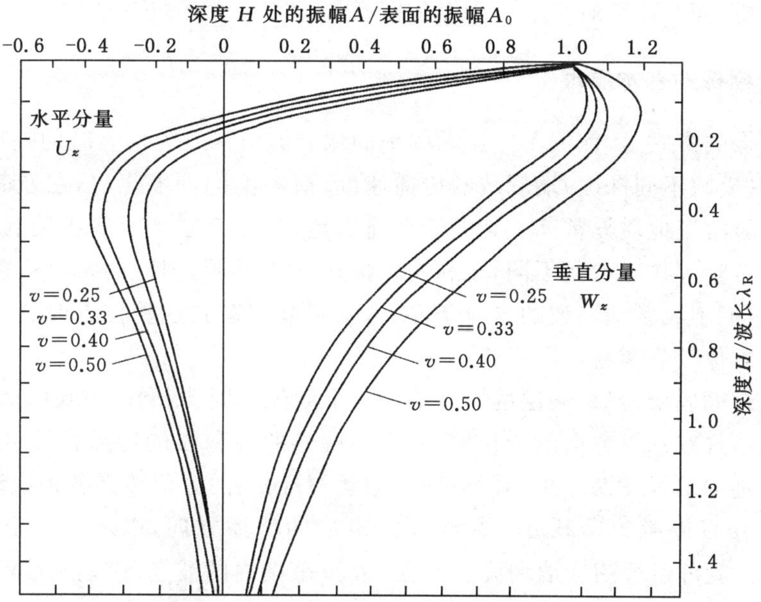

图 3-1-2　瑞利波振幅随深度的分布特征

（图中 v 的单位为 10^4 m/s）

3.1.1.4　瑞利波的频散

在均匀半无限弹性介质中，瑞利波速度是一个只与介质弹性常量有关、与频率无关的参数。也就是说，在均匀半无限弹性介质中，瑞利波不存在频散。但是，自然界的岩层都是成层的非均匀介质，在这样的介质中，瑞利波的传播速度与频率密切相关，不同频率成分，具有不同的瑞利波相速度，即瑞利波存在频散。瑞利波速度与频率的关系曲线称作瑞利波的频散曲线（图 3-1-3）。图 3-1-3 中，横坐标为频率 f，纵坐标为瑞利波速度（群速度 v_R、相速度 c_R分别与横波速度 v_S的比值）。在自由表面上的速度 v_R应代表近自由表面约 $\lambda_R/2$ 厚度层内介质的平均性质，称为瑞利波的平均速度，记为 $\bar{v}_R$ 。当无频散时，$\bar{v}_R = v_R$ ，且均为常数，

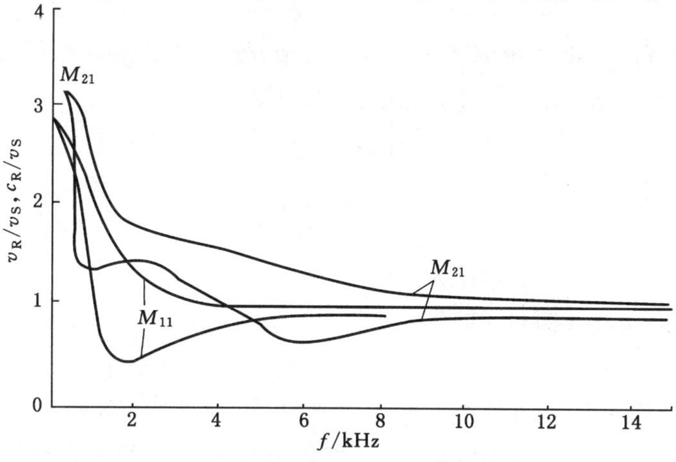

图 3-1-3　瑞利波的频散曲线

表层为均匀介质；当有频散时，$\bar{v}_R$ 是深度的函数。

3.1.2 瑞利波勘探的基本原理

瑞利波勘探的实质是，依据不同振动频率的瑞利波沿深度方向衰减的差异性，通过测量不同频率成分(反映不同深度)瑞利波的传播速度，探测不同深度煤、岩层及其中的断层、陷落柱、采空区、岩溶等地质异常体。它的物理前提是，基于煤层和顶底板及其他地质异常体的密度和弹性常量等物理参数不同，瑞利波传播速度也不同。特别是岩溶、裂隙、陷落柱和采空区等，因它们不具备瑞利波的传播条件，当瑞利波传播到这些位置时会突然消失，故识别此类地质异常体较为容易。

瑞利波沿地面表层传播，表层的厚度约为一个波长。因此，同一波长的瑞利波的传播特性反映了地质条件在水平方向的变化情况，不同波长的瑞利波的传播特性可反映不同深度的地质条件。地面的振动源产生不同频率的振动，并向周围介质传播各种波动，其中就包括沿岩石与空气界面传播的瑞利波。在地面上沿波的传播方向，以一定的道间距 Δx 设置 $N+1$个检波器，就可以检测到瑞利波在 $N\Delta x$ 长度范围内的波场，设瑞利波的频率为 f_i，相邻检波器记录的瑞利波的时间差为 Δt_i 或相位差为 $\Delta\varphi$，则相邻道 Δx 长度内瑞利波的传播速度为：

$$v_{R,i}=\Delta x/\Delta t_i \tag{3-1-1}$$

或

$$v_{R,i}=2\pi f_i\ \Delta x/\Delta\varphi_i \tag{3-1-2}$$

在满足空间采样定理的条件下，$N\Delta x$ 长度范围内的平均波速为：

$$v_R=\frac{N\Delta x}{\sum_{i=1}^{N}\Delta t_i} \tag{3-1-3}$$

或

$$v_R=2\pi f_i\ \frac{N\Delta x}{\sum_{i=1}^{N}\Delta\varphi_i} \tag{3-1-4}$$

在同一测点测量出一系列频率 f_i 对应的 $v_{R,i}$ 值，就可以得到一条 v_R-f 曲线，即所谓的频散曲线或进一步转换为 v_R-λ_R 曲线。其中，λ_R 为波长：

$$\lambda_R=v_R/f \tag{3-1-5}$$

由式(3-1-6)可计算出相应的勘探深度：

$$H=k\lambda_R=kv_R/f \tag{3-1-6}$$

式中　k——岩石中，$k=0.5$；煤层中，$k=0.7$。

k 的具体值可以通过探测对比确定。

v_R-f 曲线或 v_R-λ_R 曲线的变化规律与地质条件有内在联系。一方面，通过对频散曲线的反演，可得到地下某一深度范围内的地质构造情况、不同深度的瑞利波传播速度 v_R。另一方面，v_R 值的大小与介质的物理特性有关，据此可以对岩土的物理性质作出评价。测得平均速度 v_R 与深度 H 的关系曲线就达到了测量的目的。

3.1.3　瑞利波勘探技术的优点

(1) 瑞利波勘探技术是一种浅层弹性波无损探测方法(煤矿井下从探测面往前几十米距离),既可用于分层探测,又可用于构造探测。

(2) 瑞利波勘探技术施工面积小,移动方便,适合井下探测(包括独头巷道)。

(3) 瑞利波勘探技术既可进行垂直方向的探测,又可进行水平方向的探测(如工作面的超前探测)。

(4) 瑞利波勘探技术抗干扰能力强,不受井下各种交流电场的干扰。

(5) 介质只要有波速差异(不小于 10%)就可以被精确辨识,探测精度较高,勘测深度误差一般在 5%以内。

(6) 在高泊松比介质中,面波波速接近横波波速并具有相关性,即面波波速与介质的物理力学性质密切相关。

3.2　瑞利波勘探的方法

3.2.1　瑞利波勘探方法的特征

瑞利波勘探方法有频率域观测的稳态法和时间域观测的瞬态法两种。比较而言,稳态法的发展历史和应用时间要长一些,方法技术上也较为成熟,但缺点是激震设备笨重,工作效率低,且需要大功率的电源,给井下防爆工作带来一定困难;瞬态法具有轻便、快捷、效率高、符合井下安全要求等特点,井下探测应用范围更广。

瞬态法检测的实质是通过测量不同频率瑞利波的传播速度,探测不同深度(距离)的介质性质。工作中,在地面施加瞬间冲击力后,地面表层就发生瑞利波的传播(图 3-2-1)。这种方法产生的瑞利波由许多简谐波叠加而成,并以脉冲的形式向前传播。用人工震源(如锤击、夯击、爆炸等)使诸如地面等自由表面产生包含所需频率范围的瞬态激励。瞬态法记录的信号要经过频谱分析、相位谱分析,把各频率的瑞利波分离,从而得到频散曲线(v_R-f 曲线)和转换曲线(v_R-λ_R 曲线)。

测试时,利用锤击或小炸药量震源激发频谱很宽的瑞利波脉冲,利用预先布置的多道接

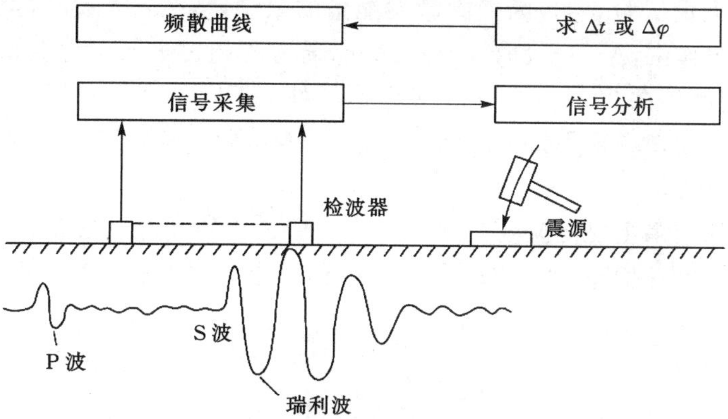

图 3-2-1　瞬态法工作原理示意图

收检波器一次性接收瑞利波信号，然后作频谱分析，计算不同频率成分的传播速度和波长，从而得出地质体的埋深和产状。

3.2.2 两道瑞利波勘探方法介绍

瞬态法较为简单，因而多用于浅层工程勘察、矿井地质构造探测任务。接下来以瞬态法为主来讲解两道瑞利波勘探的工作方法。瑞利波勘探的工作方法主要包括：激发和采集瑞利波信号；对采集的数据进行处理，获得各种频率面波的速度 v_R 和波长 λ_R，绘制其频散曲线，进而反演出介质的分层、地质构造面等信息。

3.2.2.1 数据采集

(1) 观测系统布置

在瑞利波勘探现场施工中，将两个加速度检波器(编号分别为 1、2)安置在震源同一侧。在井下煤岩层测试时，通常把检波器装在尖锥状托盘上，使检波器紧固在岩巷或煤巷的顶、底部或侧壁上，以实现更好耦合。精确测量两个检波器的距离 Δx，并将检波器连接到仪器输入端。图 3-2-2 为瞬态法现场工作布置示意图，图中 M 为测点，为了保证这两个检波器的接收信号存在足够相位差，Δx 可按式(3-2-1)选取：

$$\lambda_R/3 < \Delta x < \lambda_R \tag{3-2-1}$$

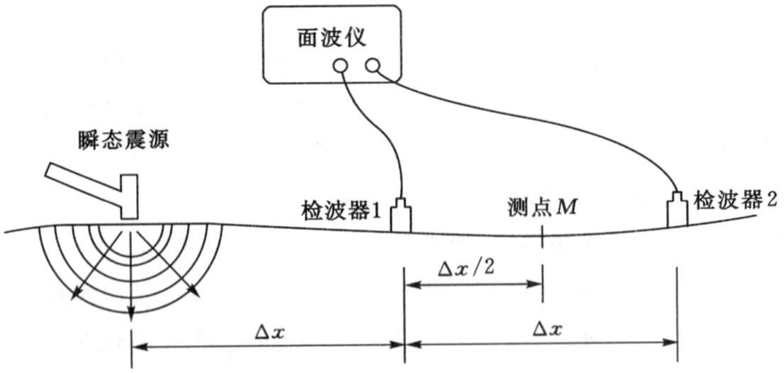

图 3-2-2 瞬态法现场工作布置示意图

上述相位差 $\Delta\varphi$ 应满足：$2\pi/3 < \Delta\varphi < 2\pi$。因此，随着勘探深度的增大，即 λ_R 增大，Δx 也相应增大。但是大量试验表明，因受到激发能量的限制，当 Δx 太大时，第二道信号的能量会很弱。在现场工作中，Δx 一般取 0.5～2.0 m，通常不超过 3 m。为保证第二道信号也有足够的能量，锤击距离在 0.5～2.0 m 之间为宜。对于不同的介质和场地条件，观测系统的最优布置也不同。在现场采集数据之前，应进行调查试验以确定最佳的观测系统。

(2) 瑞利波的激发

瞬态法的勘探结果主要受激发频率的影响。瞬态法的震源一般采用落重法激发，即让一质量为 M 的重块在提升高度为 H 时自由落下，撞击测试面从而产生瑞利波，这种震源激发的地震波主频 f_0 可用式(3-2-2)表示：

$$f_0 = \frac{1}{2\pi}\sqrt{\frac{4Gr_0}{M(1-\mu)}} \tag{3-2-2}$$

式中 r_0——重块底面的半径；

G——剪切模量；

μ——泊松比。

由式(3-2-2)可以看出，f_0与震源（重块）质量的平方根成反比，与重块底面半径的平方根成正比。因此，当进行浅部测试时可采用小铁锤激发震源，当测试深度较大时可采用大铁锤或重铁块激发震源。在实际应用中，须在测试现场根据要求的频率范围及分辨率进行试验，以筛选出合适的震源质量。

要探测到较深的目的层须激发出较低的频率。激发震源，除采用锤击外，还可根据现场的条件选择沙袋、木锤、橡皮垫、小药量炸药等其他类型来激发。如表3-2-1所示，若勘探深度不超过15 m，必须激发出有足够能量且频率下限为5 Hz的瑞利波。要达到表3-2-1的分辨率，相应的频率范围应为15～150 Hz，且要保持足够的连续性。

表3-2-1 勘探深度与所用频率对照表($v_R=150$ m/s, $H=15$ m, $\lambda_R=2H$, 分辨率为0.5 m)

频率/Hz	勘探深度/m	频率/Hz	勘探深度/m	频率/Hz	勘探深度/m
150.0	0.5	13.6	5.5	7.1	10.5
75.5	1.0	12.5	6.0	6.8	11.0
50.0	1.5	11.5	6.5	6.5	11.5
37.5	2.0	10.7	7.0	6.2	12.0
30.0	2.5	10.0	7.5	6.0	12.5
25.0	3.0	9.4	8.0	5.8	13.0
21.4	3.5	8.8	8.5	5.6	13.5
18.8	4.0	8.3	9.0	5.4	14.0
16.7	4.5	7.9	9.5	5.2	14.5
15.0	5.0	7.5	10.0	5.0	15.0

(3) 瑞利波的接收

瞬态法的记录与浅层地震勘探的相似，但在现场数据采集工作中应注意采样频率的选择。根据现场条件（如岩层、煤层、土层等的不同）以及震源情况选择适当的采样频率，以获得足够精确的采集波形。采样频率太低，可能丢掉波形中的极值，导致原始波形失真。但是，根据频谱分析的原理，当采样点数N一定时，频谱分辨率Δf与采样时间间隔Δt成反比，即$\Delta f=1/(N\Delta t)$。也就是说，提高采样频率的结果是降低了频谱分辨能力。在实际工作中，应根据现场激发条件和目的层的探测深度等折中选择。为了提高频谱分辨率，还可采用频谱局部放大等技术。记录中应尽量保留低频成分，所以采集时应选择低通的频带。

当有效信号和干扰信号在记录上难以区分时，应在同一激发点重复接收信号2～3次，把重复接收的信号叠加并取其平均值，以增强有效信号、压制干扰信号。另外，介质的各向异性对瑞利波的传播影响很大，在各向异性较大的介质中，测线布置的方向不同，得到的瑞利波记录可能差异很大。因此，在测点的一侧完成激发和接收后，可把震源移至测点的另一侧重新激发并接收2～3次。取两侧测量结果的平均值作为该点的最终结果。

3.2.2.2 *数据处理*

瞬态法的资料处理与解释主要包括面波识别和提取、频谱分析、功率谱及相位谱制作、相关分析及相位差求取、各频段的面波速度 v_R 和波长 λ_R 计算、频散分布曲线绘制及其反演解释等。对两道瑞利波勘探一般采用相位差分析法。

(1) 基本原理

瞬态法采集到的原始资料是瑞利波沿地面传播的振动波形。在地面施加瞬间冲击力后，地面表层就有瑞利波的传播，这种方法产生的瑞利波由许多简谐波叠加而成。每一简谐波都以一定的传播速度 v_R 传播，v_R 是 f 的函数。每一简谐波的波动垂直位移方程为：

$$U_z = A\cos\omega\left(t-\frac{x}{v_R}\right) \tag{3-2-3}$$

式中 A——常数；

ω——圆频率，$\omega=2\pi f$；

x——距离；

t——时间。

显然，式(3-2-3)还可以写成：

$$U_z = A\cos\left(\omega t-\frac{2\pi f x}{v_R}\right) \tag{3-2-4}$$

式中，$\frac{2\pi f x}{v_R}$ 为 x 处振动的相位角，故在波的传播方向上两检波器间的相位差为：

$$\Delta\varphi=\frac{2\pi f\Delta x}{v_R} \tag{3-2-5}$$

$$v_R=\frac{2\pi f\Delta x}{\Delta\varphi} \tag{3-2-6}$$

(2) 计算方法

设沿波传播方向 x、y 处的信号分别为 $x(t)$ 和 $y(t)$，则它们的互相关函数为：

$$\gamma_{yx}(\tau)=\int_{-\infty}^{+\infty} y(t+\tau)x(t)\,\mathrm{d}t \tag{3-2-7}$$

对求出的互相关函数作傅里叶变换，所得互相关谱为：

$$\begin{aligned}R_{yx}(f)&=\int_{-\infty}^{+\infty}\gamma_{yx}(\tau)\mathrm{e}^{-\mathrm{i}2\pi f t}\,\mathrm{d}\tau=Y(f)X^*(f)\\&=|Y(f)|\,|X(f)|\,\mathrm{e}^{-\mathrm{i}(\varphi_y-\varphi_x)}=|R_{yx}(f)|\,\mathrm{e}^{\mathrm{i}\Delta\varphi(f)}\end{aligned} \tag{3-2-8}$$

式中 $y(f)$——$y(t)$的线性谱；

$x(f)$——$x(t)$的线性谱；

$X^*(f)$——$X(f)$的共轭谱。

可见，互相关谱 $R_{yx}(f)$的相位就是 x、y 两点处的相位差 $\Delta\varphi$，把不同频率的 $\Delta\varphi(f)$代入式(3-2-6)就可以计算出不同频率谐波的传播速度 v_R。

为了评价记录信号的各频段质量，定义 $y(t)$和 $x(t)$的相干函数为：

$$\gamma(f)=1-\frac{\|X(f)|-|Y(f)\|}{|X(f)|+|Y(f)|} \tag{3-2-9}$$

$\gamma(f)$是与记录的信噪比相关的函数。如果信号来自同一震源，记录系统是理想的，则相干函数等于1，这说明信号质量良好；如果存在干扰信号、系统的非线性误差，则会降低信号质量，相干函数小于1。实际应用中，首先在相干函数图上确定一界限值，大于该界限值的频段认为是可靠的信号，可以用来计算 v_R；反之，应舍掉该频段。需要说明的是，相干函数仅是评价信号质量的一个参数，计算方式并不唯一。例如，有文献将相干函数定义为：

$$\gamma(f)=\frac{R_{yx}(f)R_{yx}^{*}(f)}{R_{xx}(f)R_{yy}(f)} \tag{3-2-10}$$

式中　$R_{yx}^{*}(f)$——$R_{yx}(f)$的共轭谱；

$R_{xx}(f)$——$x(t)$的自相关谱；

$R_{yy}(f)$——$y(t)$的自相关谱。

显然，当信号完全相同时，相干函数等于 1；当信号中存在干扰时，相干函数小于 1。

3.2.2.3　频散曲线

(1) 频散曲线的绘制

将互相关分析得到的相位谱代入式(3-2-6)即可绘制出瑞利波的频散曲线(v_R-f 曲线)。瞬态法的计算结果可给出不同频率的瑞利波传播速度，可以用离散点或各点的连线绘制出 v_R-f 曲线。另外，由 $v_R=\lambda_R f$ 的关系，也可换算出 v_R-λ_R 曲线。瑞利波的 v_R-λ_R 曲线是面波勘探的重要成果，它较直观地显示出介质的平均性质沿深度方向的变化规律。图 3-2-3 为松散层厚度探测瑞利波记录 v_R-λ_R 曲线。

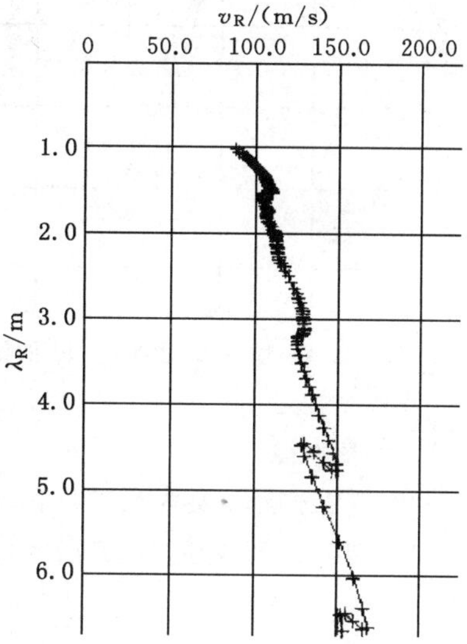

图 3-2-3　松散层厚度探测瑞利波记录 v_R-λ_R 曲线

(2) v_R-H 曲线的绘制

理论研究表明，瑞利波的穿透深度与波长 λ_R 成正比。速度反映深度($H=k\lambda_R$)以上介质的平均波速，k 为深度转换系数。因此，在确定了转换系数以后可直接绘制出 v_R-H 曲线。目前，深度和层速度的确定一般采用半波长解释法，即 $k=0.5$。但是在实际解释中发现半波长理论得到的结果往往偏小。试验表明，在致密介质中 k 的取值约为 0.5，在松散介质中 k 远大于 0.5。

表 3-2-2 给出了不同泊松比介质中瑞利波的理论穿透深度。从表 3-2-2 中可以看出，k 随泊松比的增大而增大。一般情况下，对于岩石来说，其泊松比为 0.25 左右，穿透深度约为 0.66 λ_R；对于土层和松散煤层而言，其泊松比在 0.40～0.45 之间，穿透深度约为 0.80 λ_R。

表 3-2-2　不同介质中瑞利波的理论穿透深度

泊松比 μ	穿透深度 H	转换系数 k	泊松比 μ	穿透深度 H	转换系数 k
0.05	0.506λ	0.506	0.30	0.702λ	0.702
0.10	0.542λ	0.542	0.35	0.745λ	0.745
0.15	0.580λ	0.580	0.40	0.791λ	0.791
0.20	0.620λ	0.620	0.45	0.840λ	0.840
0.25	0.660λ	0.660	0.50	0.892λ	0.892

为不同介质选取转换系数 k 后，可将 v_R-λ_R 曲线转换为 v_R-H 曲线。v_R-H 曲线直接反映了地下介质中瑞利波速度随深度的变化规律，从而实现地下介质的速度分层。因此，通常将 v_R-H 曲线作为瑞利波勘探的最终解释成果。图 3-2-4 中的 v_R-H 曲线与图 3-2-3 中的 v_R-λ_R 曲线对应，介质均为土层，k 取 0.8，横坐标是速度值，纵坐标是深度值。由图 3-2-4 可知，在 H 为2.5 m和 3.8 m 处，曲线均有明显拐点，说明拐点上下介质的物理性质有明显变化。图 3-2-5是对地下介质的瑞利波速度分层结果。

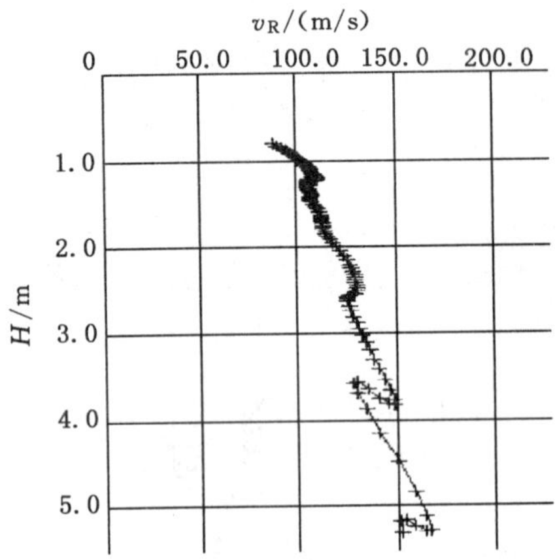

图 3-2-4　瑞利波记录 v_R-H 曲线

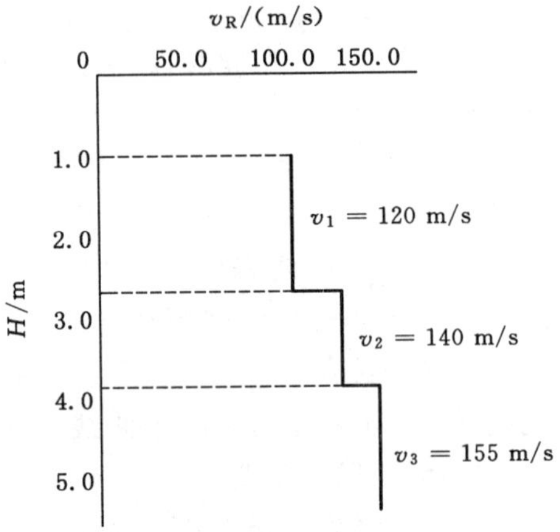

图 3-2-5　瑞利波速度分层结果

(3) 分层计算

瑞利波视速度转换为层速度的方法较多。下面以其中一种为例。

当视速度 v_R随深度 H 的增大而增大时：

$$v_{R,m}=\frac{H_n v_{R,n}-H_{n-1}v_{R,n-1}}{H_n-H_{n-1}} \tag{3-2-11}$$

当视速度 v_R随深度 H 的增大而减小时：

$$v_{R,m}=\frac{H_n-H_{n-1}}{\dfrac{H_n}{v_{R,n}}-\dfrac{H_{n-1}}{v_{R,n-1}}} \tag{3-2-12}$$

式中　H_n——第 n 点的深度；

H_{n-1}——第 $n-1$ 点的深度；

$v_{R,n}$——第 n 点深度以上介质的平均波速；

$v_{R,n-1}$——第 $n-1$ 点深度以上介质的平均波速；

$v_{R,m}$——深度 H_n与 H_{n-1}间介质的波速。

3.2.3　多道瑞利波勘探方法介绍

3.2.3.1　数据采集

为了提高数据处理精度，可以利用多道观测方式获得多道地震记录，从而获得质量更好的瑞利波信息。如图 3-2-6 所示，多道瑞利波勘探是指将多个检波器按一定间距、与震源排列在一条直线上，从而构成组合接收模式。理论和实践证明，多道采集的记录能在时间和空间域上识别各种波动组分(包括体波、面波和干扰波)的信息，有利于基阶面波的提取与利用;记录的数据经过 F-K 域变换能够快速有效地分离多阶模态的面波及其他类型波,便于绘制面波频散曲线。与常用的两道面波采集系统相比,多道面波采集系统的优势在于:可以在时间剖面上准确识别面波所在的时间、空间位置,为面波观测“窗口”提供设计依据;可以在多道采集的有效面波记录上依据波形的时序关系分析波的来源,识别出采集到的波是直接来自震源激发的波,还是间接来自震源激发的反射波、折射波以及环境干扰波等;可以通过多道记录的互相关性求取平均频散曲线,从而降低解释误差。

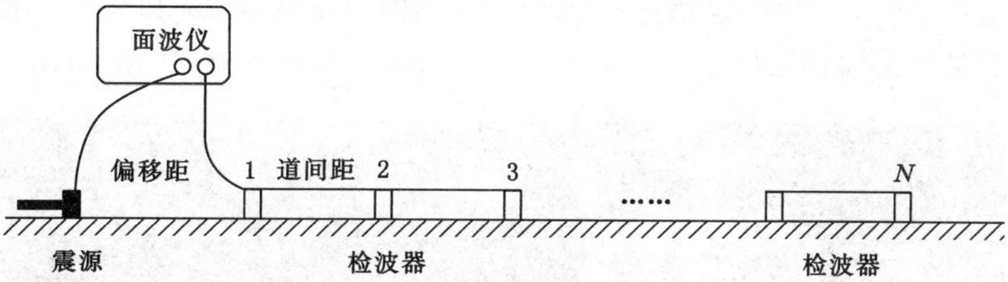

图 3-2-6　多道瑞利波勘探仪器布置示意图

3.2.3.2　数据处理

多道瑞利波记录通常采用二维 F-K 域数据分析方法。主要对采集的、与时间和距离有关的瑞利波记录作二维分析,并根据瑞利波能量最大特性,在提取瑞利波的频散曲线后作进一步处理。

图 3-2-7 为多道瑞利波原始记录。可见瑞利波可看作时间 t 与空间距离 x 两个自变量的函数 $f(x,t)$。给定 M 道,每道的采样点长度为 N,则量化的数据记录为:$f(m,n)=f_1(x_0+m\Delta x,t_0+n\Delta t)$。这里,$m=0,1,2,\cdots,M-1$;$n=0,1,2,\cdots,N-1$。$\Delta t$ 为采样间隔,Δx 表示道间距。

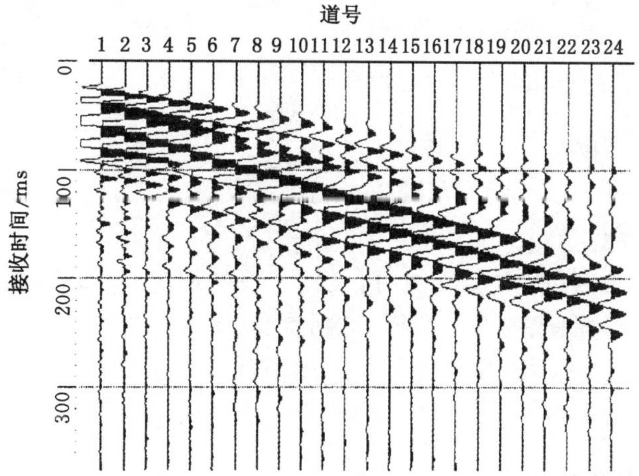

图 3-2-7　多道瑞利波原始记录

对 $f(m,n)$ 作二维离散傅里叶变换(DFT)可得到频谱函数 $F(k,f)$:

$$F(k,f)=\sum_{m=0}^{M-1}\sum_{n=0}^{N-1}f(m,n)W^{\left(\frac{nf}{N}+\frac{mk}{M}\right)} \tag{3-2-13}$$

$$W = e^{-2\pi i}$$

式中 f——频率(周期的倒数);

k——波数(波长的倒数)。

因此,这种分析方法就称为 F-K 域数据分析法。由二维实测信号波频谱性质可知,波频谱函数 $F(k,f)$具有对称性;$(M/2,N/2)$是其对称点;$F(k,f)$与 $F(M-k,N-f)$为共轭复数,它们对应着同一波频。因此,只要在四分之一区域$(0\sim M/2,0\sim N/2)$分析即可。根据波频谱函数 $F(k,f)$的振幅谱图或能量图找出能量最大线(瑞利波的能量在地震波中最大),则此能量最大线就是瑞利波的 k-f 线。图 3-2-8 为 F-K 域能量拾取图。

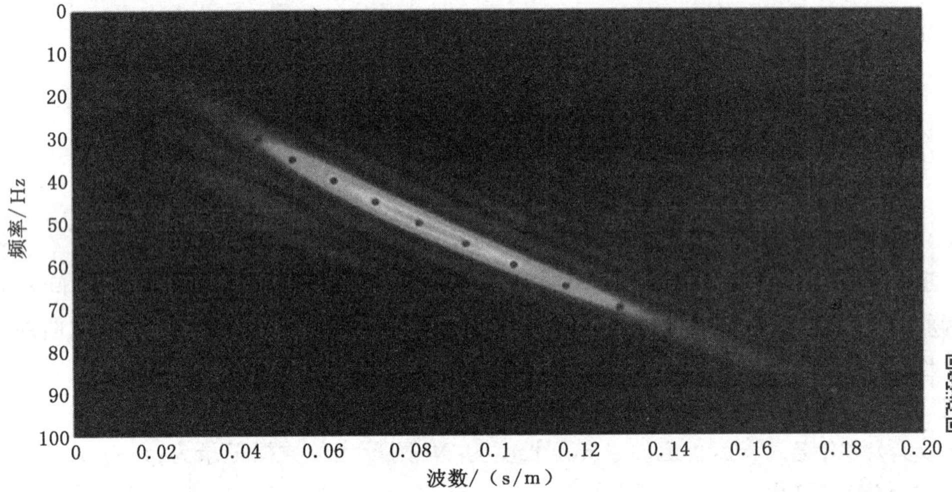

图 3-2-8 F-K 域能量拾取图

在 k-f 线上取某一点 k_i,其对应的频率为 $f_i(0\leqslant k_i<M/2,0\leqslant f_i<N/2)$。因为 $v_R=\lambda_R f$,$\lambda_R=1/k$,所以 $v_R=f/k$。那么,k_i点处有 $v'_R= f_i/k_i$,$\lambda'_R= 1/k_i$,将 k_i、f_i变成真频率:

$$\begin{cases} v_R = \dfrac{f_i/(N\Delta t)}{k_i/(M\Delta x)} \\ \lambda_R = \dfrac{M\Delta x}{k_i} \end{cases} \tag{3-2-14}$$

由此可绘制 v_R-λ_R曲线图(实际绘图时,根据半波长理论将 λ_R变成深度 H),即瑞利波的频散曲线。再根据频散曲线的形态特征(如拐点、频率等)对频散曲线进行分层,即将瑞利波视速度转换为瑞利波层速度。为确保分层速度和深度的准确性,可根据地层结构参数进行正演,反复修正分层结果,直至理论频散曲线与实测曲线拟合最优。

3.2.4 瑞利波勘探的曲线特征

在瑞利波勘探中,最终的实测记录是瑞利波平均速度 v_R随深度 H 变化的曲线(v_R-H 曲线)。地下的各种地质现象,包括地层界面、岩溶、采空区、断层等各种地质异常体信息集中于该曲线。资料处理与解释的任务就在于分析、解释这些曲线,确定各地层界面、各种地质体的空间位置。以下结合相关论著(储绍良的《矿井物探应用》、刘天放的《矿井地球物理勘探》等)中的模型和实际应用经验加以讲述。

3.2.4.1　地层界面的异常特征

(1)"之"字形曲线

对三层液体的半空间模型进行正演。模型中存在两个界面,相应存在两组瑞利波,第一组由界面 l 形成,第二组由界面 2 形成(图 3-2-9)。模型中给定的参数是:$v_1=350$ m/s,$\rho_1=1.0$ g/cm^3;$v_2=500$ m/s,$\rho_2=1.3$ g/cm^3;$v_3=650$ m/s、$\rho_3=1.5$ g/cm^3。在三种厚度组合下($H_1=10$ m,$H_2=30$ m;$H_1=20$ m,$H_2=20$ m;$H_1=30$ m,$H_2=10$ m)分别绘制三条 v_R-λ_R 曲线(图 3-2-10)。

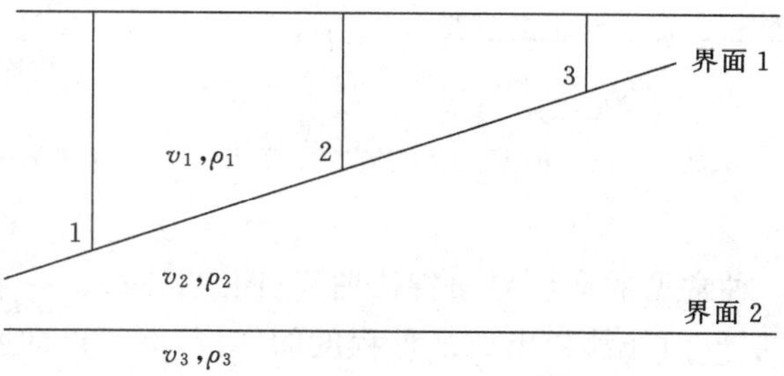

图 3-2-9　三层液体半空间模型示意图

(v_1、ρ_1,v_2、ρ_2,v_3、ρ_3分别为三层介质的纵波速度和密度)

如图 3-2-10 所示,对应 v_2值,f_{2max}(第二层界面瑞利波的最大频率)和 f_{1min}(第一层界面瑞利波的截止频率)有突变,在曲线对应位置出现波长的"之"字形转折。这种转折是频率突变的结果,是层状介质因边界条件变化而产生的异常,是资料解释时划分界面的重要标志。

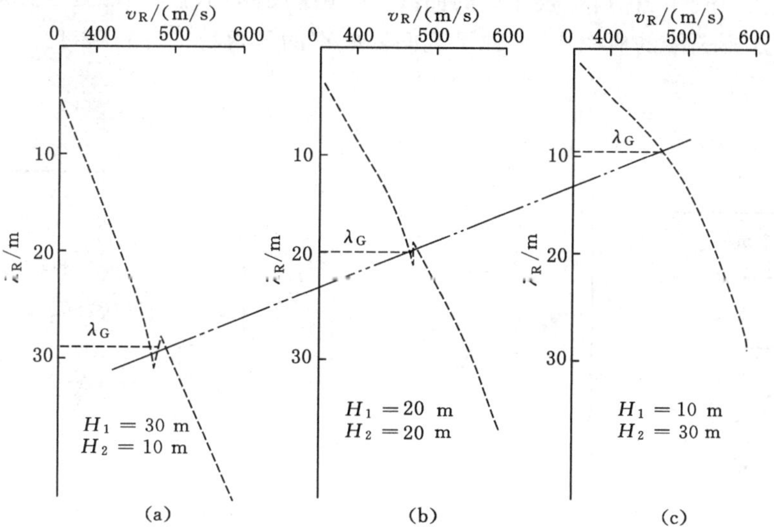

图 3-2-10　模型的 v_R-λ_R 曲线

实际测量中,由于介质成层状态、均匀程度等原因,在地层界面上看到的异常与理论的"之"字形相近,但存在差别。图 3-2-11 为模型及其实测"之"字形 v_R-H 曲线,这里的"之"字形曲线与理论曲线相近,但角度更平缓。

(2) 拐点型曲线

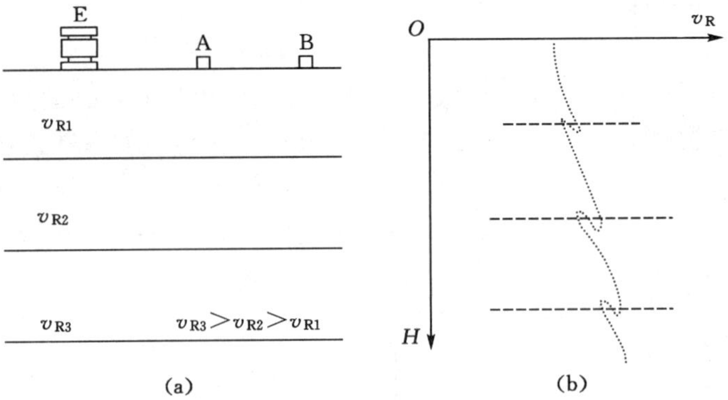

图 3-2-11 模型及其实测"之"字形 v_R-H 曲线

拐点型曲线也是一种常见的地层界面特征曲线(图 3-2-12)。一个只考虑地层平均速度变化的模型曲线,在地层界面处都会出现某种程度的转折,但拐点的明显程度与地层界面深度和界面两侧地层的速度差异有关。

在实际勘探中,v_R-H 曲线中的地层界面多呈拐点形异常,特别在深度大于 20 m 的曲线中,拐点是解释地层界面的主要标志。它虽然不如"之"字形异常明显,但往往不易与其他地质异常体的特征混淆。但需要注意的是,瑞利波勘探中按 v_R 的分层结果很精细,若介质岩性相同而深度不同,则具有的 v_R 值也有差异,有时岩层 v_R 的微小变化也会导致拐点异常。

(3) 间断型曲线

在数据采集过程中,特别是较深处的曲线,因频率间隔小($\Delta f=0.01\sim0.001$ Hz),出现"之"字形和拐点形曲线的概率小,往往呈现间断概率的异常特征(图 3-2-13)。多数情况下,这是深层地层界面在的 v_R-H 曲线中的特征。

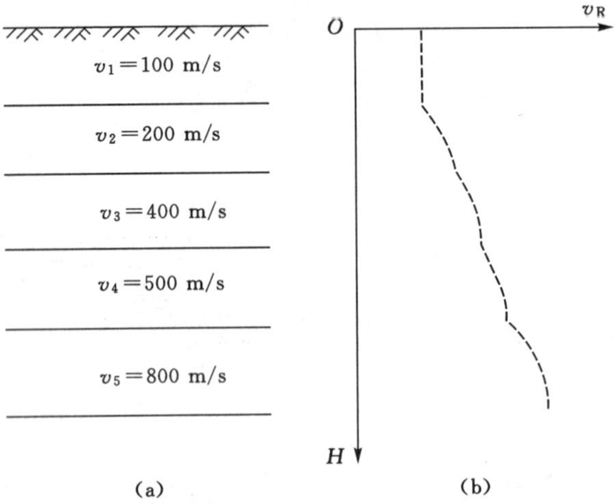

图 3-2-12 模型及其拐点型 v_R-H 曲线

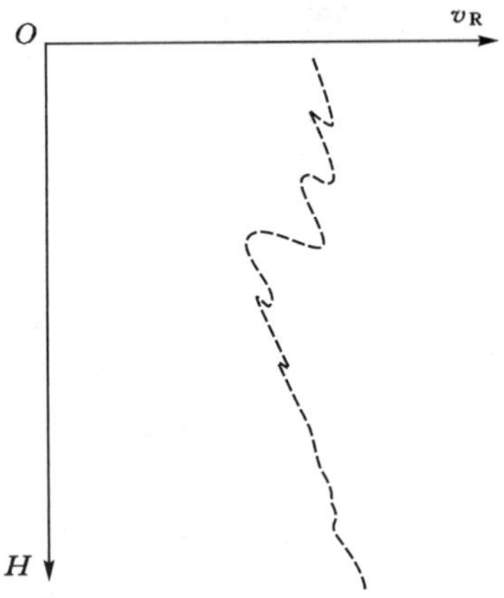

图 3-2-13 间断型 v_R-H 曲线

3.2.4.2 采空区界面的异常特征

(1) 曲线的中断和错断

若采空区规模较大,震源 E、接收检波器 A、B 均在采空区的上方(在井下水平探测时,采空区则位于 E、A、B 的正前方)而波动很难从边缘绕射传到空穴之下时,曲线将出现中断现象(图 3-2-14)。部分实测中,曲线在采空区边缘存在一定的分散范围(图 3-2-15)。当震源 E 的下方(井下水平探测时,则在 E 的正前方)存在采空区时,曲线往往会出现错断的情况(图 3-2-16),有时两条曲线之间仅有少量的点。

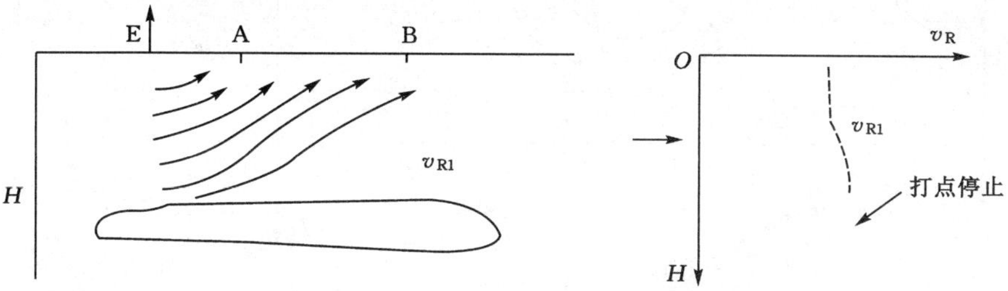

(a) (b)

图 3-2-14 采空区界面处曲线的中断

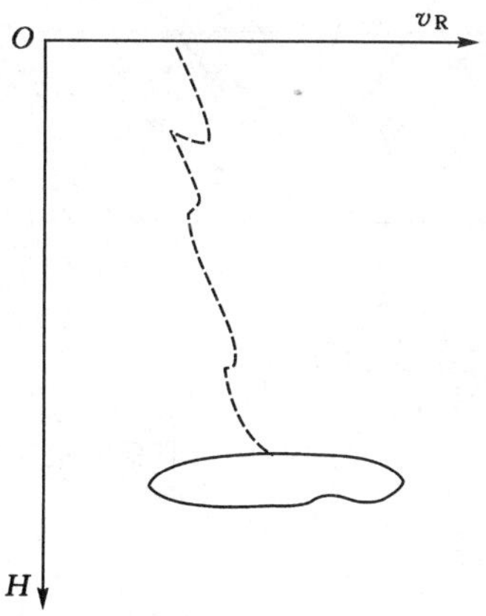

图 3-2-15 采空区界面处有一定分散范围的曲线中断

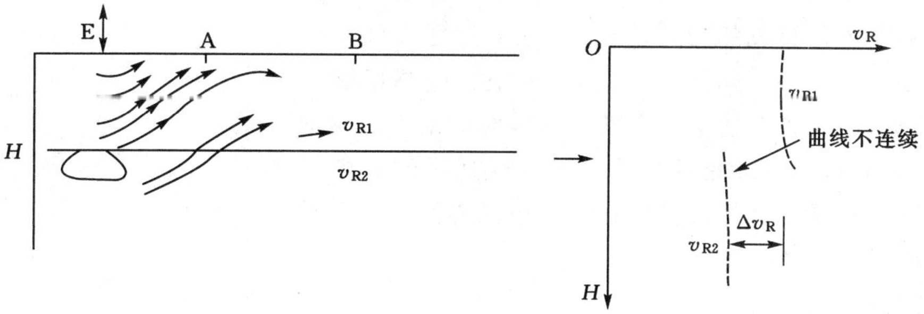

(a) (b)

图 3-2-16 采空区界面处曲线的错断

(2) 曲线的扭曲和密集型扭曲

① 当在远道检波器 B 的下方(井下水平探测时,则在 B 的正前方)存在洞穴时,曲线往往出现扭曲(图 3-2-17),这是经常出现的一种采空区探测特征;② 曲线密集型扭曲是瑞利波探测采空区时的最典型特征(图 3-2-18),多是两道检波器 A、B 之间存在采空区。与采空

区对应的深度位置有一团杂乱无章的点群。根据这种密集的点群容易判断出采空区的存在。但在实际探测中,具有这种典型特征的曲线并不多。

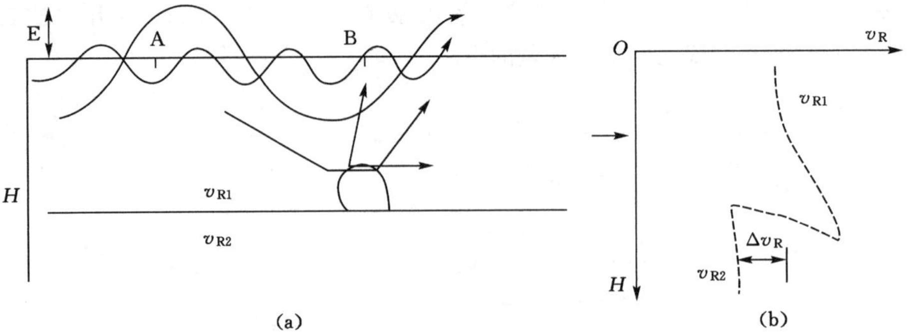

图 3-2-17　采空区界面处曲线的扭曲

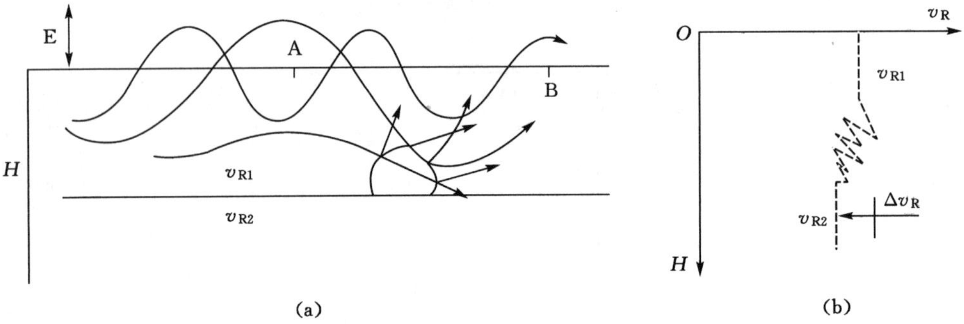

图 3-2-18　采空区界面处曲线的密集型扭曲

(3) 曲线的间断

在瑞利波勘探的 v_R-H 曲线中,许多采空区的表现特征是有一定间隔的间断(图 3-2-19)。但是实际曲线的变化又较复杂,常不以单条曲线的形式出现,而在采空区周围呈分散趋势(图 3-2-20)。曲线间隔的大小与采空区的高度和范围有关。通常,曲线间断的上断点处多直接对应采空区顶部位置。为了判断这种间断是地层界面的反映还是洞穴的反映,需要在已知点做充分的试验以掌握采空区界面处的曲线特征,并对曲线的整体形态作出合理解释。

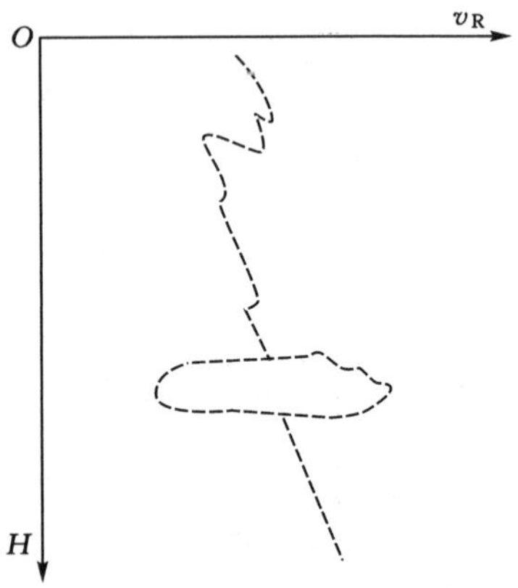

图 3-2-19　采空区界面处曲线的间断

3.2.4.3　*断层界面的异常特征*

图 3-2-21 为某煤矿工作面水平超前探测断层时获取的"之"字形与间断型 v_R-H 曲线。断层倾角为 68°,上下岩性分别为煤层与灰岩,落差为 25 m。这样的断层在水平方向探测时,实际上存在类似地层界面的表现特征,即在 v_R-H 曲线上表现为"之"字形和间断型(深部)特征。然而,当断层附近出现一定厚度的破碎带时,v_R-H 曲线呈现类似疏松层的特征(图 3-2-22)。

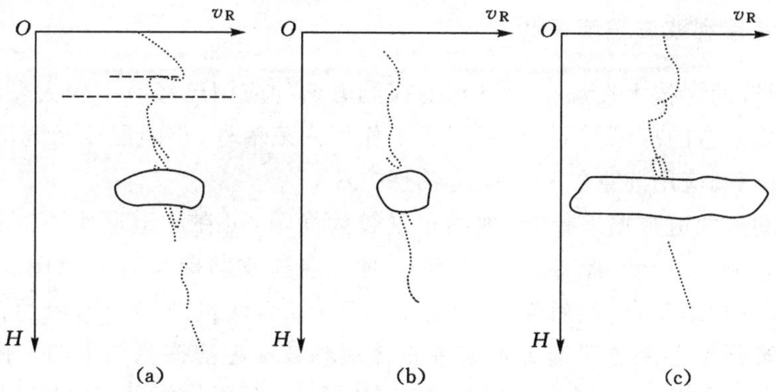

图 3-2-20　采空区界面处呈分散趋势的曲线间断

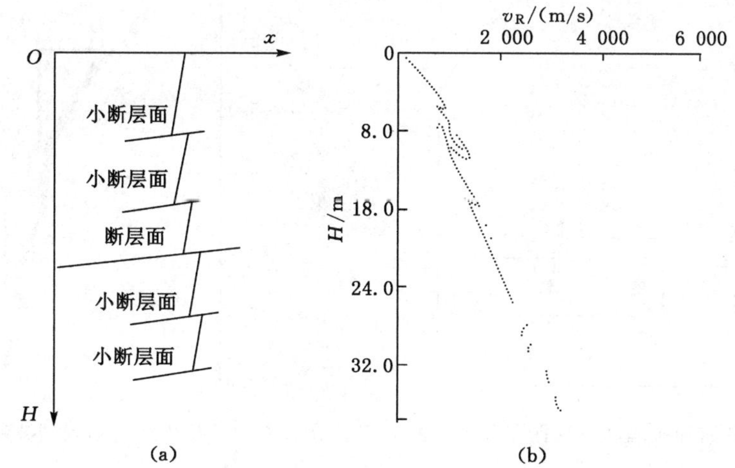

图 3-2-21　某煤矿工作面实测断层界面的“之”字形与间断型 v_R-H 曲线

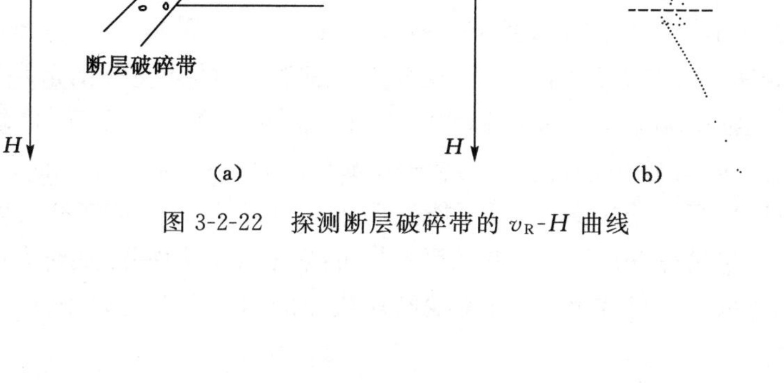

图 3-2-22　探测断层破碎带的 v_R-H 曲线

3.2.5 巷道迎头瑞利波法超前探测

目前，瑞利波勘探技术在煤矿井下超前探测方面的应用已经有了较大发展，不仅可以满足巷道前方地质构造的探测需要，也可用于工作面内陷落柱、小断层以及巷道围岩分层厚度的探测，是具有广阔应用前景的一种矿井物探方法。

在瑞利波勘探两道数据采集时，现场布置较为简单，可在巷道迎头不同位置进行布置，道间距宜选取 0.5～1.0 m。图 3-2-23 为巷道迎头瑞利波勘探布置示意图。若煤岩体松散或破碎，同样可以利用钻孔、钢钎辅助以避开松动范围，使检波器与探测目的层紧密接触。图 3-2-24 为某矿运输巷掘进时前方地质异常体瑞利波法超前探测结果图。由图 3-2-24 所示的 v_R-H 曲线可以看出，前方 12.5 m 处的波速有所降低，后经钻探证实该处为断层破碎带。

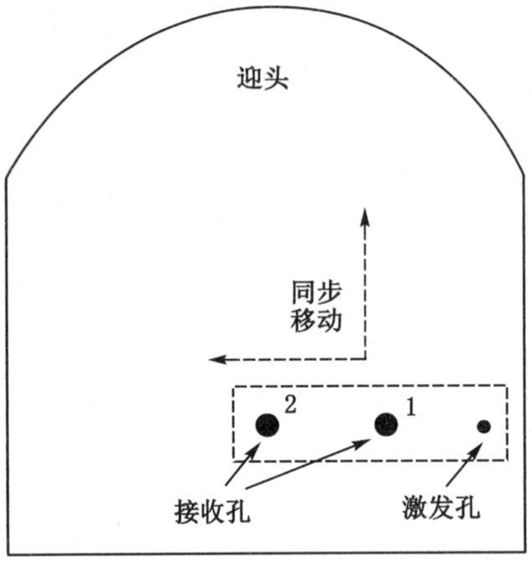

图 3-2-23　巷道迎头瑞利波勘探布置示意图

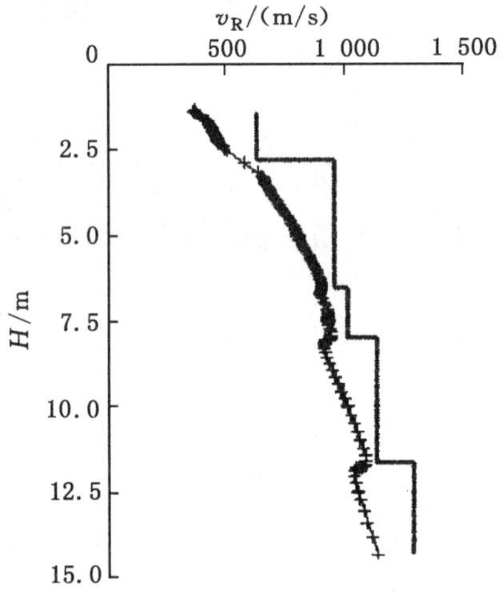

图 3-2-24　某矿运输巷瑞利波超前探测结果图

在瑞利波勘探多通道数据采集时，现场需结合巷道断面条件布置，将检波器布置在一条测线上，设道间距为 0.5～1.0 m。为了降低体波等的干扰、获得有效瑞利波，一般取偏移距等于道间距。震源激发时，采用橡胶垫作为激发垫板，可激发出较多的低频成分，从而提高探测效果。图 3-2-25 为某矿一796 胶回联巷迎头超前勘探结果图。由图 3-2-25 可知，在迎头正前方 80 m 范围内，7 m、30 m 和 65～75 m 处分别存在 1 个异常界面，推断这 3 处位置存在构造或地质分层。后证实该迎头前方存在落差为 6 m 的 F_6 断层，岩层破碎，局部裂隙发育。

3.2.6 瞬态瑞利波勘探的影响因素

不同波长的瑞利波反映不同深度介质的构成特点，v_R与采集方式、参数无关，只与介质特性有关，它的频率特性与介质的不均匀性有关。通常，v_R的变化范围是一定的，故影响 λ_R 的因素主要是瑞利波的频率。低频瑞利波的传播特征反映了深层介质（λ_R较大）的信息；高频的反映了浅层介质（λ_R较小）的信息。这表明频率是影响瑞利波勘探的决定性因素，数据采集时应针对不同勘探目的层深度，尽可能选取不同激发方式和采集参数以增强相应频段的瑞利波能量。如果勘探深度很浅，要求频率尽可能高；如果勘探深度较大（大于 10 m），则要尽可能保留低频成分。具体来说，影响瑞利波成分的因素主要有以下几个方面。

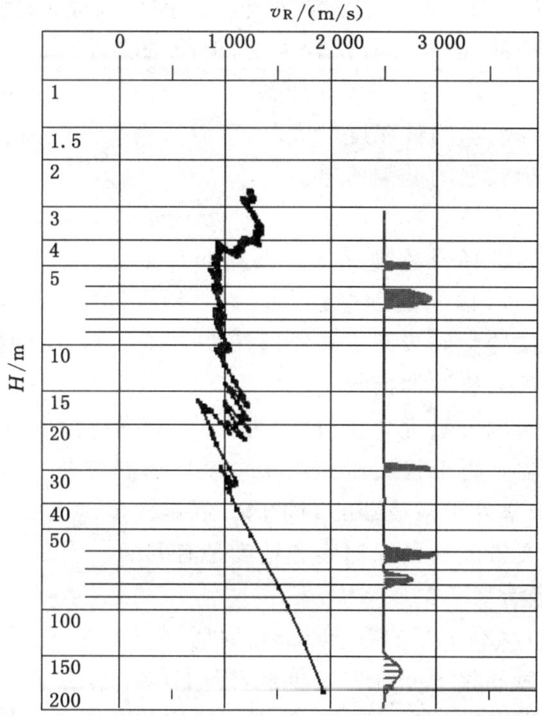

图 3-2-25　某矿—796 胶回联巷迎头超前探测结果图

3.2.6.1　观测系统的影响

如何根据目的层深度选择最佳采集窗口，观测系统的设置较为关键。

(1) 道间距的选择

瑞利波勘探中采用了二维傅里叶变换处理技术，考虑了瑞利波在空间域中的分布特点。因此，解释成果代表了整个记录排列下岩土体的平均速度特性。如果道间距过大，将在二维傅里叶变换中产生空间假频，从而影响频散曲线的拾取；同时，由于排列的间距增大，降低了勘探水平方向的分辨率，特别对于岩土层等水平方向变化较大的场地，勘探结果会出现较大误差。如果道间距过小，接收的信号就没有足够的相位差，从而产生计算误差。通常情况下，应该满足 $\lambda_R/3<\Delta x<\lambda_R$。满足此条件下，道间距越小则浅部信息量越丰富、分层界面越明显，但是勘探深度会有所降低。

(2) 偏移距的影响

随着偏移距的增大，频散曲线的拐点越来越明显，但是低频成分很容易受到干扰，深部信息的信噪比有相应程度的降低现象，频散曲线深部的拐点突变很明显。同时，随着偏移距的增加，同一震源激发的低频瑞利波到达检波器的能量衰减严重，很容易受到反射波和其他波的干扰。因此，在实际工程中，要根据实际勘探深度选择不同的偏移距。在满足勘探深度的前提下，可以舍弃深部信噪比低的信息。

3.2.6.2　震源的影响

瑞利波勘探也称作频率勘探，故如何产生频率丰富的瑞利波至关重要，即震源的选择关系勘探成果的质量。震源的选择，主要以满足勘探深度为目的，同时考虑场地条件、操作便捷程度等。目前，瞬态瑞利波勘探采用的震源主要包括小锤、大锤、落锤、少量炸药等的激发。

通常，锤击激发的地震波，高频成分比较丰富，但能量小，勘探深度小；落重法可激发出比较丰富的低频波，能量大，勘探深度大。因此，当进行浅部测试时，可以采用小铁锤或能够激发出高频成分的激发方式；当测试深度较大时，可以采用大铁锤锤击、重铁块落重、炸药激发等震源方式，以便激发出较强的低频信号。

3.2.6.3 检波器的影响

在瞬态瑞利波勘探中，选择合适频率的检波器非常重要。在工程勘探中，使用 4.5 Hz 的检波器一般可以完成 30 m 以内的勘探任务。为了增大勘探深度，在震源低频成分丰富时，可采用更低频率的检波器。对浅部或超浅部(0.2～0.5 m)地层的探测，必须激发出足够高频的瑞利波，同时采用高频检波器接收。

在实际工作中，通常选用灵敏度高(阻尼约为 0.6)、谐波畸变小、寄生共振频率在共振频带之外、耐用性好的检波器。每个检波器相当于一个低通滤波器。因此，选择检波器时，应充分考虑瑞利波的有效频率处于检波器的频带内。在震源能量大、频率范围较宽的条件下，检波器的低固有频率、高灵敏度对勘探深度和精度是有利的。

3.2.6.4 时间采样率的影响

根据采样定理：$\Delta t \leqslant 1/(2f)$ 或 $f \leqslant 1/(2\Delta t)$，时间采样率越大，出现假频的高频成分也就越多，同时傅里叶变换后的频率分辨率也越低，即时间域的 Δt 越小，频率域的 Δf 越大。虽然在一定深度内 v_R 的变化范围是一定的，但瑞利波的频率则在几赫兹到数百赫兹之间变化，在极浅层勘探中甚至可达一千赫兹以上。因此，当 f 以等间隔 Δf 增加时，低频段不同 f 对应的 λ_R 相差很大；高频段不同 f 对应的 λ_R 相差则很小，从而导致了瞬态瑞利波勘探的 v_R-λ_R 曲线上频散点的分布通常极不均匀，即高频段点很密，低频段点稀少，这十分不利于深层勘探记录的处理和解释。因此，对浅层、极浅层勘探宜采用较高的时间采样率；对较深目的层的勘探则应采用低时间采样率，以增加频散曲线上低频段的频点数，提高深层勘探记录的分辨率。

3.2.6.5 多道接收时一致性的影响

依据瞬态瑞利波勘探原理，只有当相邻道接收的信号有较好的相关性时，才可能取得好的勘探效果。因此，要求检波器有良好的振幅和相位一致性；否则，道间相关性差(包括幅度和相位)就会引起频散曲线的计算误差，从而造成地质解释错误。

3.2.6.6 周围环境的影响

瑞利波勘探同其他勘探方法一样，周围环境对它的影响同样很大，包括各种电磁场干扰、振动干扰以及震源本身的干扰等。

3.3 瑞利波勘探的应用

3.3.1 瑞利波勘探的应用范围

瑞利波勘探可应用于地层划分、地基加固处理效果评价、岩土的物理力学参数原位测试，公路和机场跑道质量无损检测、地下空洞及掩埋物的探测，饱和砂土层的液化判别，场地类型划分，滑坡调查、堤坝危险性预测、基岩的完整性评价和桩基入土深度探测等。

和浅层折射波法、反射波法相比，瑞利波法的独特之处是不受地层速度差异的影响，折射波法和反射波法对波阻抗差异较小的地质体界面的反映较弱，不易分辨，尤其折射波法要求下伏层波速大于上覆层波速，否则为其勘探中的盲层，瑞利波法则不存在此类问题。但是，瑞利波法的勘探深度受方法本身限制，明显不如前两者的，而纵横向分辨率又高于前两者的。

通常，矿井地质条件复杂，影响生产的地质因素较多，瑞利波勘探能够胜任煤层厚度、断层构造、老空区、前方巷道异常等多项探测任务，能为煤矿安全生产提供技术支撑。

3.3.2　瑞利波勘探在矿井中的应用

3.3.2.1　井下石门揭煤探测

在巷道掘进过程中，经常遇到石门揭煤工作，对高瓦斯煤层更要提前探明其准确位置，从而为巷道防突措施的制定提供地质参数。因受到巷道场地条件的限制，对巷道前方地质因素的探查中，瞬态瑞利波勘探能够发挥一定作用。

图 3-3-1 为某巷道测点前方揭煤时，瑞利波探测的实测波形与解析结果图。其中，图 3-3-1(a)为实测波形，图 3-3-1(b)为自动解析所得的互相关振幅谱、相位谱及相干函数图，图 3-3-1(c)所示为 v_R-H 曲线。由图 3-3-1 可知，在距离 H 为 6 m 处有一拐点，判断测点前方 6 m 处为揭煤位置，因而要做好瓦斯探放工作。后经停头打钻验证，揭煤距离为 6.2 m，与探测结果基本一致。

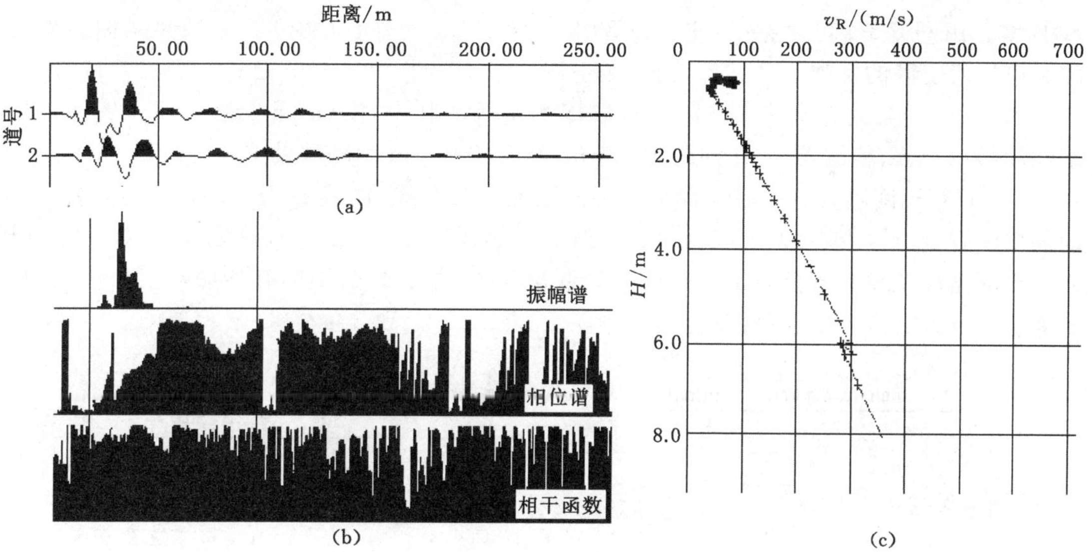

图 3-3-1　某巷道揭煤时瑞利波探测的实测波形与解析结果图

3.3.2.2　巷道侧帮构造探测

图 3-3-2 为某矿 3 Ⅱ 808 工作面回风巷构造瑞利波探测布置示意图。在开拓 3 Ⅰ 808 工作面回风巷时，遇到 GF_3 断层，断距为 10 m。为躲避该断层，在下部 −56 m 标高的煤巷中，又开拓 3 Ⅱ 808 工作面回风巷，利用瑞利波探测方法在 3 Ⅱ 808 工作面回风巷道壁对 GF_3 断层的位置进行探测。图 3-3-3 为探测结果，断层异常位置在测线前方 49.94 m 处，与实际情况相符。

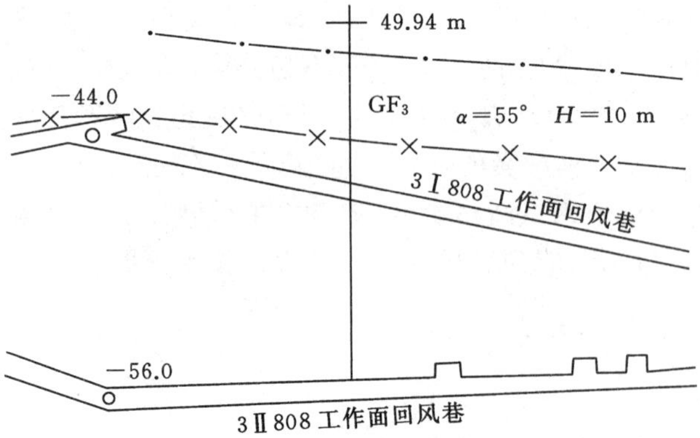

图 3-3-2　3 II 808 工作面回风巷构造瑞利波探测布置示意图

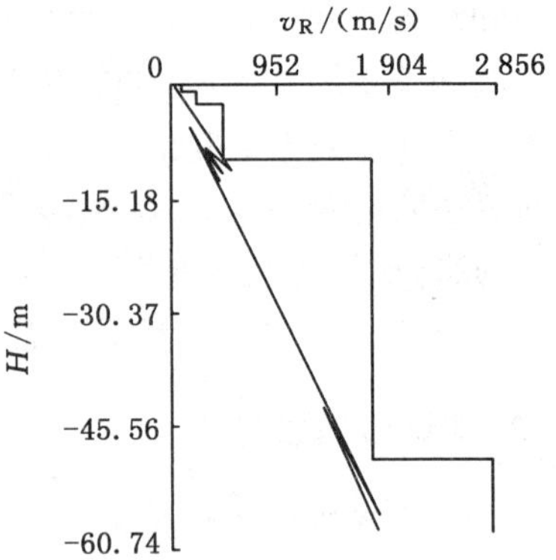

图 3-3-3　3 II 808 工作面回风巷瑞利波探测剖面

3.3.2.3　老空区探测

山西某矿的家属工地位于老空区之上，因而需要勘探老空位置。具体要求是探明地基下2号煤层老空区的分布状况。2号煤层一般埋深 20～30 m。探测时使用 GR-810 型仪器、250L 型激振器进行垂直探测。震源 E 至第一道检波器 A 的间距为 0.4～0.8 m，AB 两道检波器的间距为 0.5～0.6 m。

瑞利波探测后进行了钻探验证，图 3-3-4 为探测后经钻探验证的 2 号煤层老空区的 v_R-H 曲线。由图 3-3-4 可以看出，曲线在 29.25～34.0 m 处存在明显间断，从整条曲线看，此间断应是老空区的反映。经钻探验证，老空区位于 30.15～34.85 m 处。

图 3-3-5 是某废弃矿井老空区瑞利波探测实例。其中，图(a)是探测工作布置图，震源距检波器 A 2 m，检波器 A、B 间距为 0.5 m，然后按 0.5 m 间隔移动 B，形成 AB、AB′、AB″、…、AB′′′′′的 6 种间隔；图(b)是实测的 6 种间隔的频散曲线，曲线 B 为 AB 间隔的曲线，因该间隔内没有老空区，该频散曲线几乎为直线。从 AB′开始，检波器 B 进入老空区上方，曲线开始出现锯齿状跳动现象，AB′′′′′间隔已横跨老空区，老空区的影响开始减小。由此可以确定老空区位置(7.5～9.4 m 深度处)。

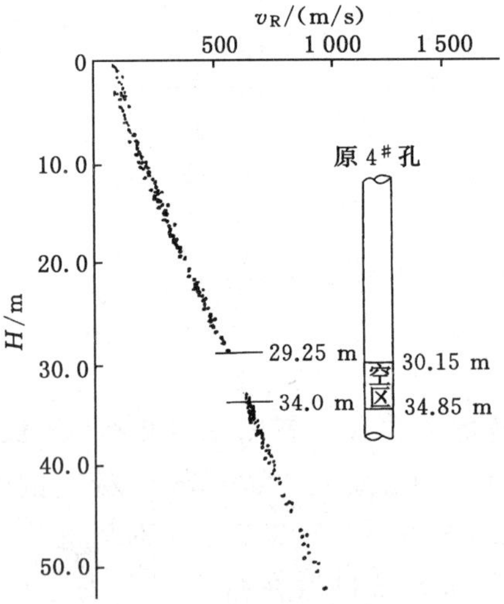

图 3-3-4　老空区瑞利波探测及其验证结果

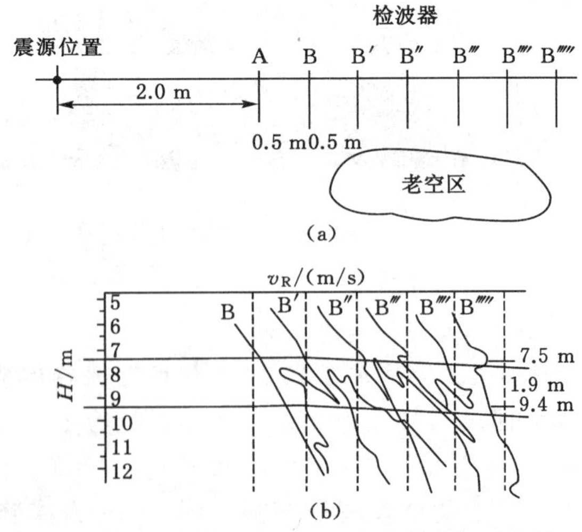

图 3-3-5　某废弃矿井老空区瑞利波探测实例

第 4 章　槽波地震勘探

槽波地震勘探(in-seam seismic exploration，简称 ISS)是目前井下地质构造探查最常用的方法，对小断层、陷落柱、煤层变薄带、采空区及废弃巷道等地质异常体可以进行准确探测，具有精度高、抗干扰能力强、探测距离大、波形特征易于识别及最终成果可直观显示等优点。在煤矿井下煤巷或工作面，沿煤壁顺煤层安置震源、检波器，从水平方向探测煤层中断层等的不连续性，即使落差不大的断层在横向上也存在明显的波阻抗差异，此时有足够多的反射能量回到检波器并以反射波的形式被记录下来；否则，将沿煤层一直传播下去，被布置在另一煤巷的检波器接收并以透射波的形式被记录下来。

4.1　槽波的基础知识

4.1.1　槽波的形成

煤层多以泥岩、粉砂岩、砂岩、灰岩作为顶底板或围岩，类似“三明治”结构。如表 4-1-1 所示，与围岩相比，夹在中间的煤层波速低、密度小，以煤层为中心形成了一个低速槽，煤层上、下界面都是波阻抗极强的分界面。

表 4-1-1　煤及其围岩的波速与密度

岩性	v_P/(km/s)	v_S/(km/s)	ρ/(g/cm^3)
围岩 (砂岩、粉砂岩、泥岩、页岩、灰岩)	3.0～4.8	1.6～2.8	2.4～2.8
煤	1.8～2.4	0.9～1.4	1.3

煤层是一种典型的低速夹层，在物理上构成了一个“波导”。当煤层中激发了体波(包括纵波、横波)，因顶底界面的多次全反射，激发的部分能量由于被禁锢在煤层及其邻近的岩石(简称煤槽)中不向围岩辐射，体波在煤槽中相互叠加、相长干涉，形成强干涉扰动，即槽波。槽波以煤层为波导，沿煤槽向外传播，故槽波又称煤层波或导波。

煤层 P 波速度可能大于或小于围岩 S 波速度。那么，煤岩体波速度可能存在两种情况：$v_{P1}>v_{P2}>v_{S1}>v_{S2}$，$v_{P1}>v_{S1}>v_{P2}>v_{S2}$(图 4-1-1)。当煤层中激发的体波以小于临界角的入射角传播至煤岩分界面，即 $c_R>v_{S1}$ 时，尽管这些界面是反射系数大于 0.2～0.3 的强反射面，在其界面上可产生回到煤层的强反射，但仍有相当多的能量因折射作用以体波的形式向围岩辐射，这使这些体波在煤层内来回反射的过程中迅速衰减而消失，从而形成了所谓的泄漏振型[图 4-1-1(a)至图 4-1-1(c)、图 4-1-1(e)至图 4-1-1(f)]。反之，当体波以大于临界角的入射角传播至煤岩分界面，即 $c_R \leqslant v_{S1}$ 时，则由于全反射，体波的能量被限制在煤层及其邻近岩石的一个薄层中，不向围岩辐射而损耗，从而形成所谓的简正振型[图 4-1-1(d)、图 4-1-1(g)至图 4-1-1(h)]。以下两种情况都可形成槽波：若 $v_{P2} > c_R \geqslant v_{S1}$，只有 SV 波与 SH 波发生全反射，可形成槽波，以简正振型在煤层中传播[图 4-1-1(d)]；如果 $v_{S1} > c_R \geqslant v_{P2}$，在煤层分界面将发生 P-P、P-SV、SV-SV 及 SH-SH 的全反射，可形成槽波，以简正振型在煤层中传播[图 4-1-1(g)至图 4-1-1(h)]。因此，速度条件是更有效的波导条件。

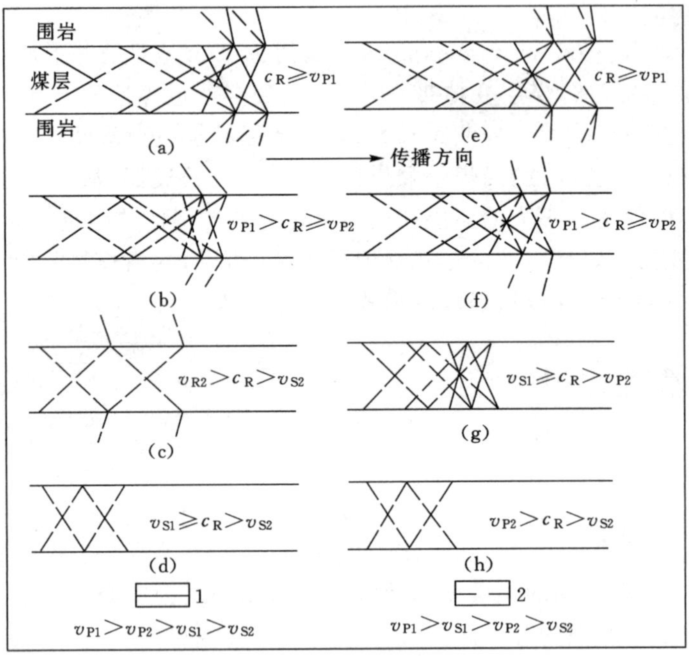

1—P 波波前；2—SV 波波前。

图 4-1-1　P 波与 SV 波激发的槽波简正振型及泄漏振型

对于 SH 波，只有 $v_{S1} > v_{S2}$ 一种情况，可作类似图 4-1-2 的讨论。在煤层中可能同时存在 P 波、SV 波及 SH 波。煤层中的 SH 波由于质点振动平面垂直于 P 波、SV 波的质点振动平面，在煤岩分界面上无波型转换，在煤层内只存在 SH 波与 SH 波的干涉模式。对于 P 波与 SV 波，则由于质点振动均在同一平面，且可在煤岩分界面上相互转换，这两种波的干涉模式更复杂。在煤层内 P 波与 SV 波干涉示意图(图 4-1-3)中，从点①、②发出的上行 P 波经上界面全反射后得到的 P 波，与从点②、③发出的上行 S 波经上界面全反射后得到的转换 P 波在同一方向传播；同理，从点③、④发出的 P 波经上界面全反射后得到的转换 S 波与从点④、⑤发出的上行 S 波经上界面全反射后得到的 S 波在同一方向传播。此后，经下界面全反射，在点⑥的 P 波与 S 波只要上下界面全反射的相移、波长与煤厚关系适当，在煤层内就可形成 P-SV 波的相长干涉。这样可能有两类干涉振动以简正振型在煤层内传播。

显然，煤层上下界面的速度条件直接关系槽波的形成。当煤层 S 波速度小于围岩 S 波速度时，煤层中的 S 波速度可能被煤层所“制导”。但要区别不同极化的横波：当垂直极化 SV 波入射到煤岩分界面上时，部分能量转换成 P 波，如果 P 波不满足全反射条件，它将以透射 P 波的形式向围岩辐射，因此它的能量不断泄漏，最后煤层内激发的 P 波与 SV 波迅速

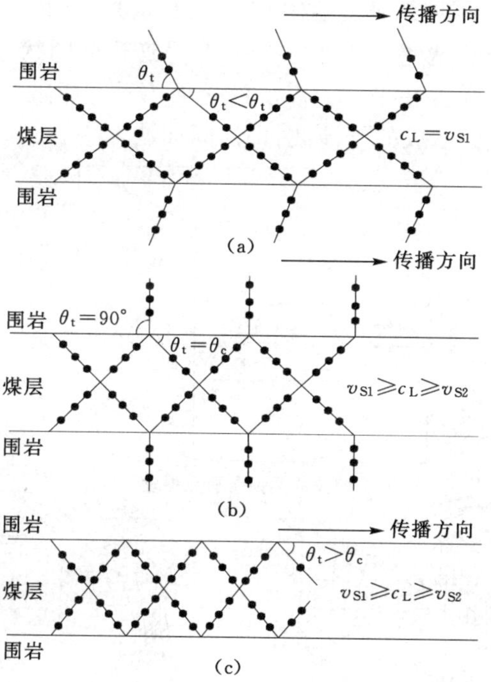

图 4-1-2　SH 波激发的槽波泄漏振型及简正振型

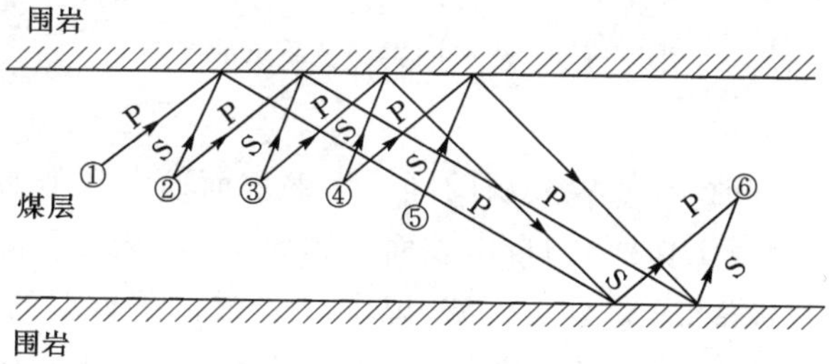

图 4-1-3　P 波与 SV 波干涉示意图

消失；而 SH 波在煤岩分界面上只要满足全反射条件，它在煤层中就不产生能量的漏失而相长干涉形成槽波。当煤层的横波与纵波速度都小于围岩的横波速度时，不仅 SH 波而且 SV 波和 P 波都能产生全反射被煤层有效制导。当 SV 波与 P 波都以大于临界角入射到煤岩分界面时，根据斯涅耳定律，SV 波入射形成的反射 SV 波与 P 波入射转换出 SV 波的传播方向相同，且 SV 波入射时转换的 P 波与 P 波入射时形成反射 P 波的传播方向相同。因而 P 波与 SV 波具有干涉的可能。考虑煤层上下界面全反射时产生的相移，一旦入射波波长（或频率）与入射角的关系合适，P 波与 SV 波就可能产生相长干涉形成槽波。综上所述，在煤层中可能存在不同的槽波。

4.1.2　槽波的类型

4.1.2.1　槽波的基本类型

按物理构成与极化特征，槽波分为瑞利型槽波和洛夫型槽波，分别记为 R 波与 L 波。R

波是 P 波与 SV 波形成的干涉波，质点在与煤层相互垂直、与传播方向平行的平面内振动，既有水平分量又有垂直分量，故质点振动轨迹通常呈逆行椭圆状(图 4-1-4)。L 波只由单一 SH 波在煤层中干涉形成，质点在平行于煤层的平面内垂直于波的传播方向振动。显然，槽波实际上就是体波在煤层中形成的干涉波，即层间面波。

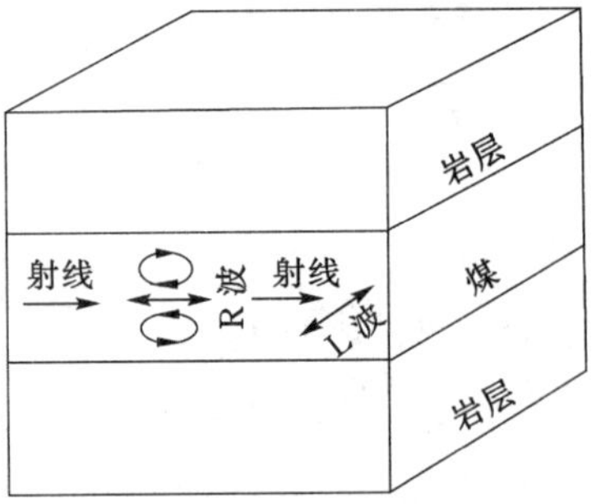

(a) 槽波的类型与质点振动

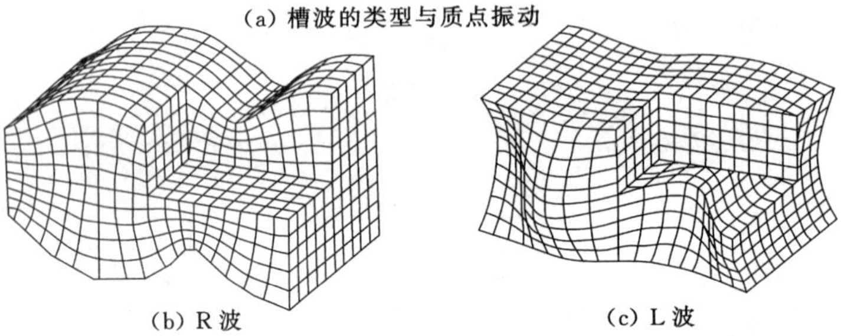
(b) R 波　　(c) L 波

图 4-1-4　槽波的类型及质点的振动

煤层中激发槽波的同时，在安置震源的同一煤壁表面通常还能观测到另一种巷道振型槽波。这种槽波由煤壁(或工作面)的自由表面所制导，类似于地面地震勘探的直达波，从震源沿煤壁自由表面直接传播，又称直达槽波，记作 C_d。最低阶振型的 C_d波与基阶振型 L 波类似，但速度低 10%～20%、频率向低频移动(可能与自由表面煤的破裂有关)、振幅从煤壁向煤层内迅速衰减。在 ISS 实践中，直达槽波可干扰近距离反射槽波的接收，此时可视为干扰波。当直达槽波干扰严重时，可借助它的极化角(平行煤壁振动时为 0°或垂直煤壁振动时为 90°)识别出反射槽波。

值得指出的是，在煤层中激发似乎只形成 P 波，并在界面上可转换为 SV 波，从而利于形成 R 波、C_d波。实际上，因震源的非球对称性、附近介质的非均匀各向异性，P 波、SV 波、SH 波几乎同时激发，因此既可能形成 R 波、C_d波，也可能形成 L 波。从形成简正振型的条件看，L 波仅为 SH 波形成的干涉波，仅要求煤层的 S 波速度小于围岩的 S 波速度；R 波是由 P 波、SV 波形成的干涉波，不仅要求煤层的 S 波速度小于围岩的 S 波速度，还要求煤层的 P 波速度也小于围岩的 S 波速度。

综上所述，槽波是体波在低速煤层内形成的干涉波，类似于地表传播的瑞利波与洛夫波的层间面波。但不同于体波的是，槽波的传播速度低，仅在低速层及邻近岩层的二维板状空间传播，振幅随深度呈非均匀分布且具有明显的频散特征。

4.1.2.2　槽波地震勘探选用的波形

在煤层内激发时，由于震源及周围介质的非球对称性，激发不仅产生 P 波，也产生 S

波；不仅有SV波，也有SH波。因此，这可能同时形成R波和L波，在煤层及邻近岩层中传播。在ISS实践中，一般选用L波，理由如下：

(1) L波仅由SH波干涉形成。形成条件只要求煤层S波速度小于围岩S波速度，这个条件可以满足。所以L波的物理构成简单，易于研究和解释。

(2) L波只有一个振动分量，因此只需要用二分量同时记录。即只需要一个接收点两个地震道，设备量较少。对于R波，最好用三分量记录。

(3) 对于基阶振型L波，在煤层中心面(有夹矸时，在厚分层中心面)振幅分布可达最大值，这利于振动的激发与接收，便于施工。

4.1.3 槽波的周期方程

岩层-煤层-岩层剖面中的煤层是低速夹层。在煤层中激发的槽波相当于低速夹层中的导波。对于煤层中心面对称的地质模型，L波应满足如下周期方程(频散方程)：

$$\frac{\omega d}{c_{\mathrm{L}}}\sqrt{c_{\mathrm{L}}^{2}/v_{\mathrm{S2}}^{2}-1}=\arctan\left[\frac{G_{1}}{G_{2}}\times\frac{\sqrt{1-c_{\mathrm{L}}^{2}/v_{\mathrm{S1}}^{2}}}{\sqrt{c_{\mathrm{L}}^{2}/v_{\mathrm{S2}}^{2}-1}}\right]+n\pi \tag{4-1-1}$$

式中 d ——1/2煤厚；

v_{S1}、v_{S2}——围岩、煤层的S波速度；

G_1、G_2——围岩、煤层的剪切模量；

ω——圆频率；

c_{L}——L波的相速度，且 $v_{\mathrm{S2}}\leqslant c_{\mathrm{L}}\leqslant v_{\mathrm{S1}}$；

$n=0,1,2,\cdots$。

上述周期方程描述了 c_{L} 与 ω 的隐含关系，该关系也是SH平面波在煤层内相长干涉的条件。随着 n 的不同，L波、R波都在理论上对应着一族振型。$n=0$ 时的频率最低，称基阶振型；$n>0$ 时的称高阶振型。因此，只有在波长小于煤厚的条件下，谐波全反射相长干涉才出现高阶振型。尽管高阶振型比基阶振型对煤层的形态与不均匀性更敏感，但因激发振动的低频分量占优势且在传播过程中低频分量衰减慢，因而实际观测的槽波资料以基阶振型为主。

4.1.4 槽波的振幅分布与可检测性

由三层对称模型的槽波振幅分布特征(图4-1-5)可知：振幅分布与振型的阶数有关；三层对称基阶振型的L波振幅、R波的 α 分量振幅均关于煤层中心面对称分布，且煤层中心的振幅最大；实际围岩是非刚性体，说明L波的能量不仅分布于煤层中，也分布于邻近围岩中，随其与煤岩分界面距离的增加而呈指数衰减，同时槽波在围岩中的能量随频率升高而衰减、随煤岩速度差异增大而加大；在三层对称模型的基阶L波理论频散曲线、振幅分布及能量比率曲线(图4-1-6)中，f 越大，集中在煤层中的能量越多。

这里的能量比率定义为：E_{R}=煤层中的动能/煤层内外总动能。由图4-1-6(c)可知，E_{R} 随 f 的增大而增大。理论与模型研究成果表明，只在 $E_{\mathrm{R}}\geqslant 0.5$ 时才能检测到清晰的槽波。因此，实际工作应选择合适的工作频带下限。

4.1.5 槽波的频散特性

槽波最大的特点就是频散，即传播速度是频率的函数。在波导层内，干涉振动波前的传

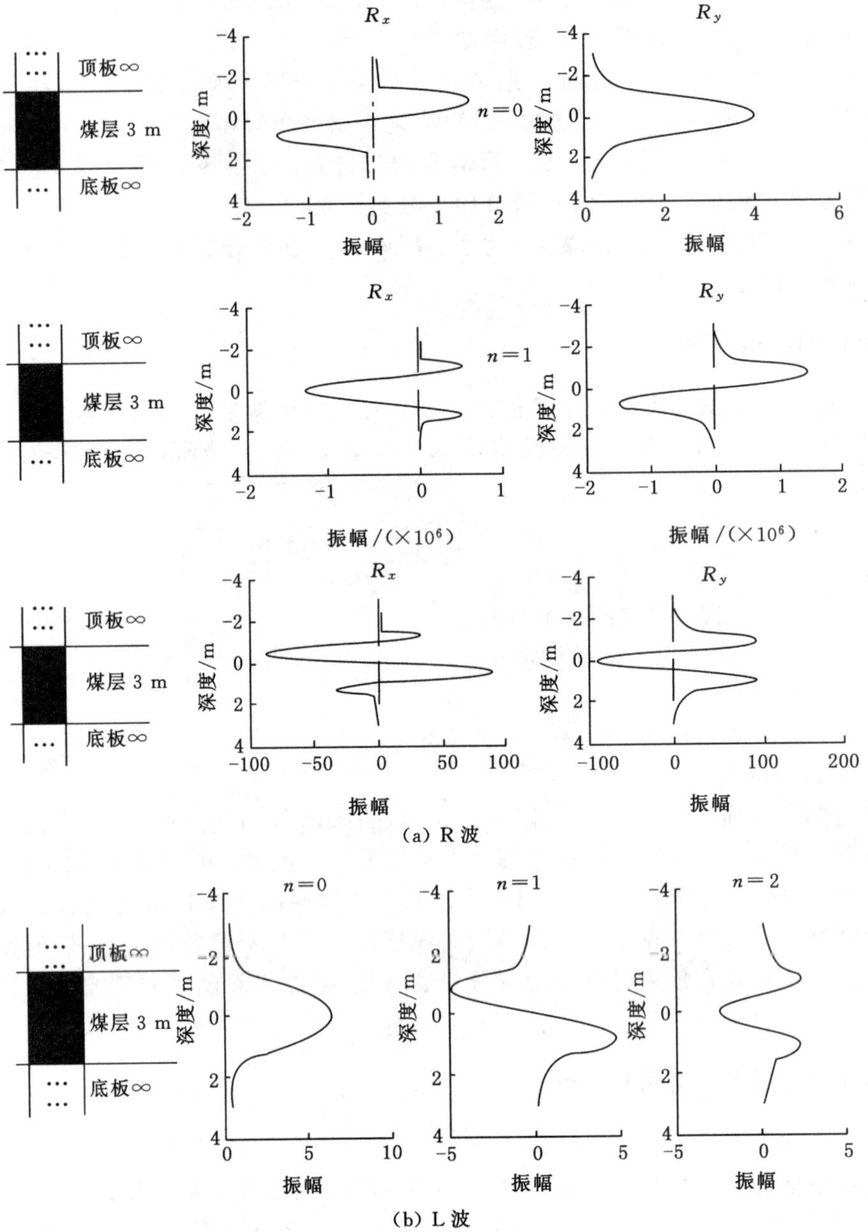

(a) R 波

(b) L 波

图 4-1-5 槽波的振幅分布特征

播速度取决于层厚、激发频率。波长较长的振动要在波导层内产生相长干涉必须以较陡的射线来回反射，所以它沿波导的传播速度大于短波长的。于是，震源信号中不同频率的分量有不同的传播速度，从而产生频散。频散导致槽波的相位与能量包络极大值的传播速度不同，或者说相速度与群速度存在明显差异。因此，频散给 ISS 带来三个问题：不能精确给定波至时间；不同类型、不同振型的槽波波列互相重叠且难以分开；波列散开，减小了振幅，降低了信噪比。

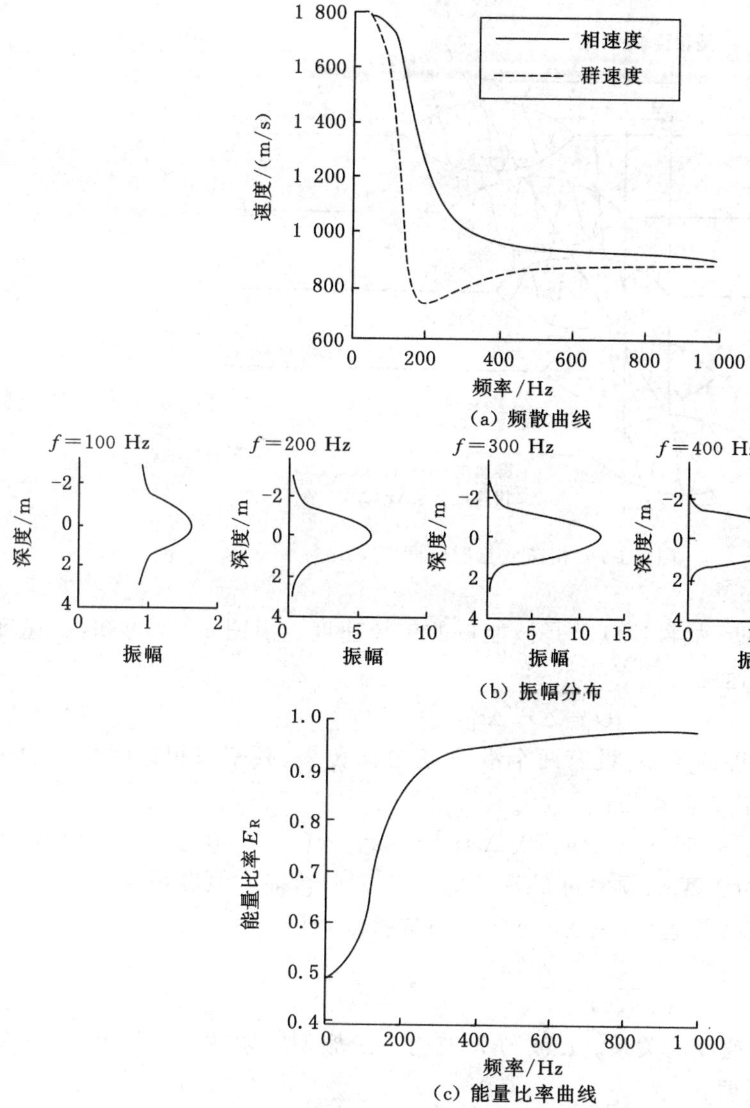

图 4-1-6　三层对称模型的基阶 L 波理论频散曲线、振幅分布及能量比率曲线

4.1.5.1　相速度与群速度

具有频散特征的槽波，其相速度与群速度明显不同(图 4-1-7)。

相速度是指相长干涉相位波前沿波导的传播速度，用 c 表示。在图 4-1-7 中，x 点在 t 时刻的波形扭曲特征相位经过 Δt_p 传播到点($x+\Delta x$)处，由于 x 点在 t 时刻的相位与($x+\Delta x$)点在($t+\Delta t_p$)时刻的相位相等，即 $\omega t-kx=\omega(t+\Delta t_p)-k(x+\Delta x)$。那么波的相速度可表示为：

$$c=\Delta x/\Delta t_p=\omega/k=\lambda/T \tag{4-1-2}$$

频率不同的一“群”平面谐波在传播过程中相互干涉形成一个图像复杂、振幅变化的合成振动。对应频散波列，合成振动的振幅不同于谐波，它拥有独立的速度。合成振动的极大值沿波导的传播速度称为群速度，用 U 表示。波的能量与振幅的平方成正比，波的绝大部

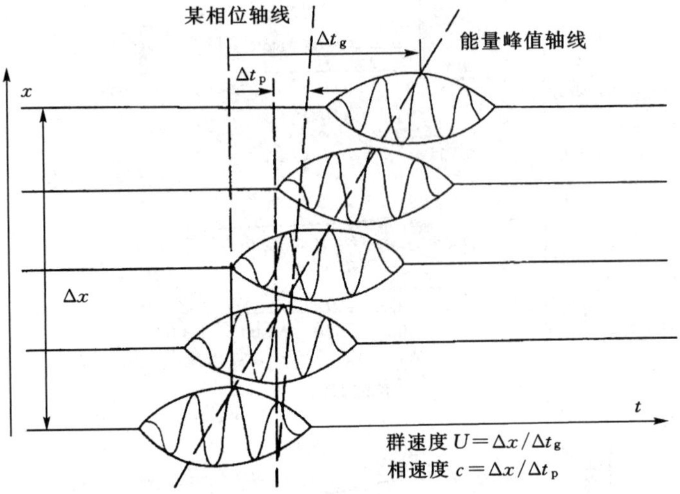

图 4-1-7　相速度与群速度

分能量集中在振幅极大值附近，故群速度就是波能量的传播速度。由图 4-1-7 可知，群速度相当于波列包络极值的传播速度：

$$U=\Delta x/\Delta t_g \tag{4-1-3}$$

为了讨论群速度与相速度的关系，设有两个沿 x 正方向传播、频率与相速度相近的平面谐波，其振幅都为 1，则其合成振动为：

$$f(x,t)=2\cos\Delta\omega[t-\Delta(\omega/c)/\Delta\omega x]\times\exp[\mathrm{i}\omega(t-x/c)] \tag{4-1-4}$$

由此可知，合成振动以相速度 c、频率 ω 的形式沿 x 正方向传播。但振幅也在变化(变化的频率是 $\Delta\omega$)，运动的速度(群速度)为 $\Delta\omega/\Delta(\omega/c)$；取极限，有：

$$U=\frac{\mathrm{d}\omega}{\mathrm{d}(\omega/c)}=\frac{\mathrm{d}(ck)}{\mathrm{d}k}=c+k\frac{\mathrm{d}c}{\mathrm{d}k} \tag{4-1-5}$$

上式描述了群速度与相速度的关系。L 波与 R 波前三阶振型的频散曲线如图 4-1-8 所示。频散方程与式(4-1-5)说明：

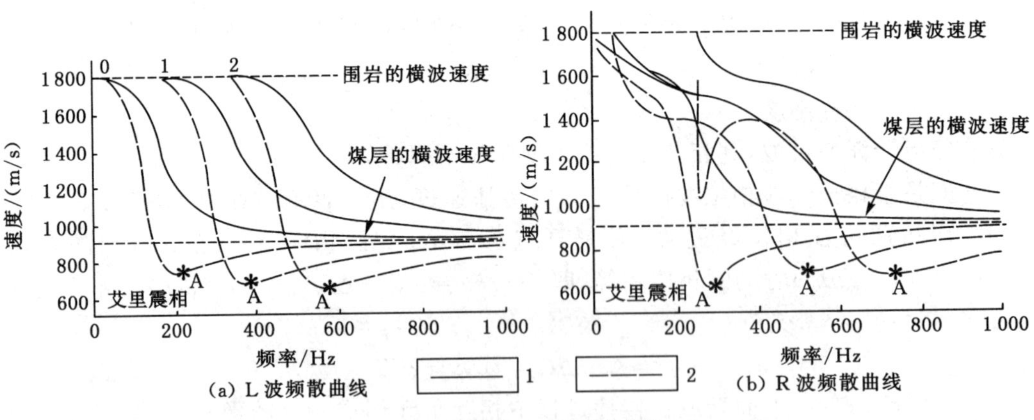

1—相速度曲线；2—群速度曲线。

图 4-1-8　L 波和 R 波前三阶振型的频散曲线

(1) 相速度总是介于围岩与煤层的横波速度之间并随 ω 的变大而逐渐降低的。在 ω 趋向于 0 时，各阶振型槽波的相速度 c 趋向于 v_{S1} 并达到最大值，这与煤层的厚度及其他物性参数无关。

(2) 群速度总是小于相速度，即 $U<c$。

(3) 群速度曲线存在着 1 个以上的极值点，它们分别对应槽波波列上的一个特殊震相，称艾里震相。艾里震相以频率高、振幅大的特点出现在 L 波波列的尾部。R 波的艾里震相一般有 2 个以上，既可对应极小值，也可对应极大值，情况较 L 波复杂但仍具有强振幅。下文以 ω_A、U_A 分别表示艾里震相的频率与群速度。

(4) 不同 n(即不同阶振型)对应不同的频散曲线、截止频率、频带范围。随着 n 的增大，截止频率和频带范围变大，艾里震相频率 ω_A 也变大，但它的群速度 U_A 降低、频散程度增大。

4.1.5.2　影响频散的因素

槽波的频散越剧烈，群速度与相速度的差异越大。影响频散的因素很多。这里，利用数值模拟(参数见表 4-1-2，对应的模拟结果见图 4-1-9)讨论部分因素对基阶振型 L 波频散的影响。在图 4-1-9，中，横坐标为频率 f，纵坐标为速度 c、U。

表 4-1-2　模型参数一览表

模型内容	模型参数：v，km/s；煤厚，m；ρ，g/cm^3						
	围岩 1		煤层		围岩 2		参数变化量
	v_{S1}	ρ_1	v_S	ρ	v_{S2}	ρ_2	*
煤厚	1.8	2.6	0.9	1.3	1.8	2.6	3,5,7,9
煤层速度	1.8	2.6	*	1.3	1.8	2.6	0.9,1.0,1.1,1.2
围岩密度/煤层密度	1.8	*	0.9	1.3	1.8	*	1.5,1.8,2.0,2.2
围岩速度	*	2.6	0.9	1.3	*	2.6	1.7,1.8,1.9,2.0

注：* 为变化的参数。

由数值模拟结果(图 4-1-9)可知：

(1) 煤厚对 L 波频散特征的影响十分明显[图 4-1-9(a)]：随煤厚 $2d$ 的增大，L 波所含主要频段与 f_A 迅速向低频移动。由此来看，可能中厚煤层比厚煤层更利于 ISS 的应用。但是煤厚的变化并不影响 U_A。

(2) 围岩密度与煤层密度比值的变化对 L 波的频散特征影响不大[图 4-1-9(c)]。

(3) 围岩与煤层速度差异越大(围岩速度越高，煤层速度越低)，L 波频散越强烈[图 4-1-9(b)、图 4-1-9(d)]。随着围岩速度增大或煤层速度减小或煤厚变大，艾里震相 f_A、U_A 都移向低频，其中煤厚的影响更大。

(4) 若上下围岩的速度不对称，在煤层顶底界面全反射时会产生不同相移，从而破坏对称相长干涉，使振幅分布不对称且频散特征发生变化。L 波的相速度介于围岩的最小 S 波速度与煤层 S 波速度之间；振幅分布不对称且不对称程度随频率的降低而加剧；频率越低，振幅极值向低速围岩一侧偏移越大，低速围岩中的振动能量越多，衰减也越慢。

4.1.5.3　含夹矸煤层中 L 波的频散曲线

夹矸的影响是将一个煤层分成多层，破坏了对称性。夹矸对 L 波频散的影响主要有：

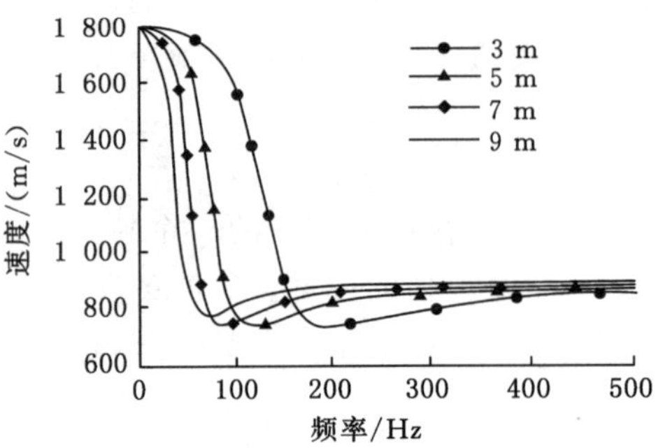

(a) 煤厚变化

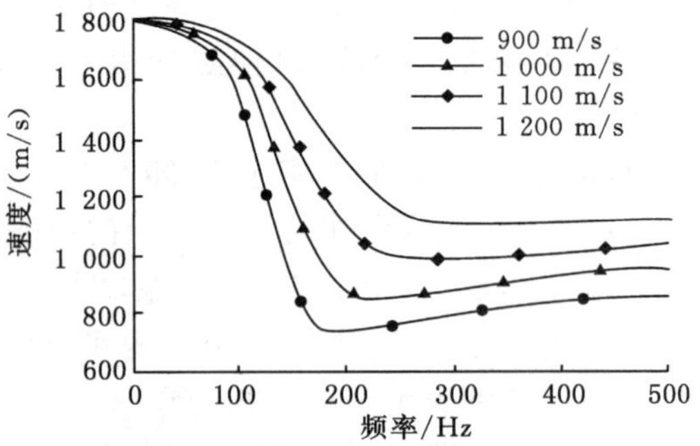

(b) 煤层速度变化

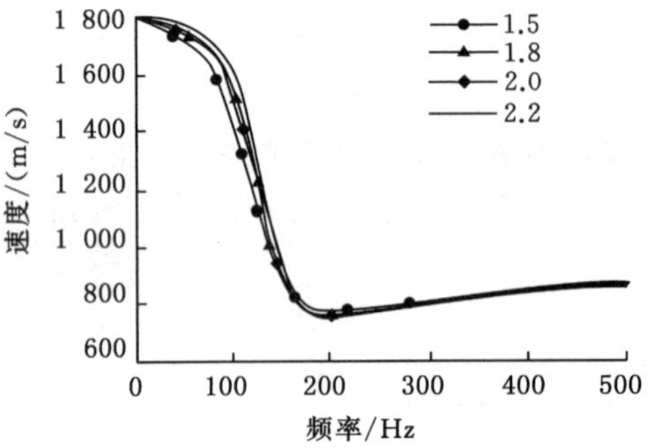

(c) 围岩密度/煤层密度变化

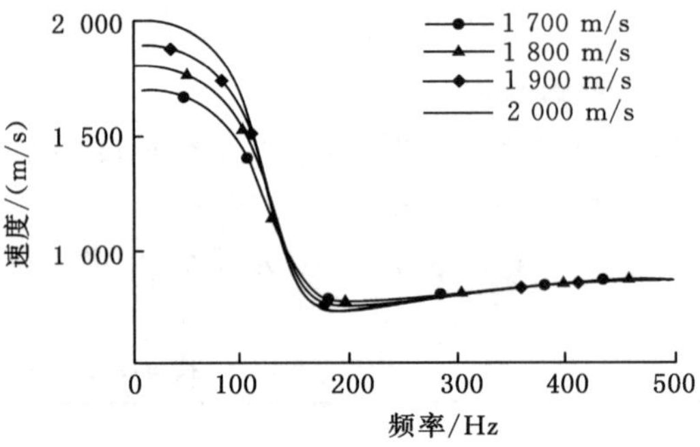

(d) 围岩速度变化

图 4-1-9 数值模拟的基阶振型 L 波频散特征

频散曲线发生畸变，夹矸厚度越大影响越明显，甚至可出现多个极值，对应多组艾里震相；频率较低时，煤与夹矸被视为一体，振幅分布特征如同不存在夹矸；随着频率的升高，能量逐渐向厚层集中，夹矸厚度越大，能量集中的速度越快。

依据表 4-1-3 所示地层参数模拟五层模型的 L 波频散曲线（图 4-1-10），横轴为频率，纵轴为速度，实线为相速度，虚线为群速度。图中 0、1、2 分别表示基阶、一阶及二阶振型。图 4-1-10(b)表明多煤层存在如下规律：

表 4-1-3 地层参数

模型	厚度/m	ρ/(g/cm^3)	v_S/(m/s)
顶板	∞	2.6	1 800
煤层 1	1.25	1.3	900
夹矸	0.5	2.6	1 800
煤层 2	1.25	1.3	900
底板	∞	2.6	1 800

(1) L 波频散存在多阶振型。

(2) L 波频散曲线的相速度介于煤层和顶板的横波速度之间，且随着频率的增大，相速度逐渐减小。

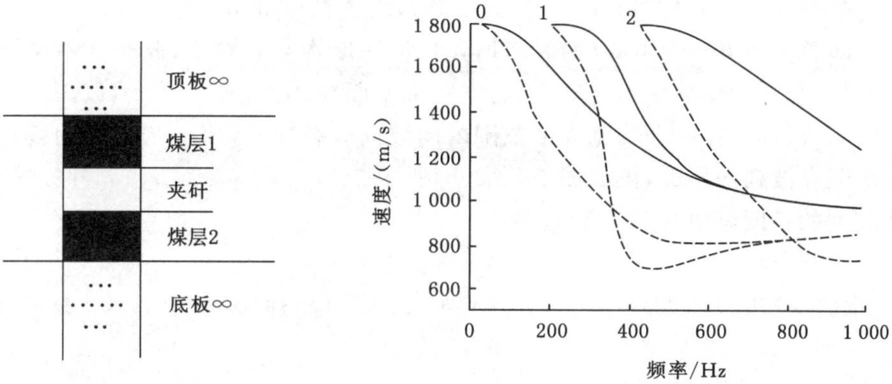

(a) 含夹矸的地层柱状图　　(b) L 波频散曲线

图 4-1-10　L 波频散曲线

(3) L 波的群速度曲线左支陡、右支缓；在低频端，群速度接近顶底板横波速度；在高频端，群速度接近煤层横波速度。

(4) 与单一煤层的 L 波频散曲线相比，基阶和二阶振型 L 波频散曲线发生明显变化，艾里震相点明显移向高频，一阶的变化很小。

由图 4-1-11 可知，激发的大部分能量仍集中于煤层，夹矸中很少有能量。对于含夹矸地层，L 波的振幅深度分布与振型的阶数有关。基阶振型 L 波的振幅深度分布曲线近似偶对称，在每个煤层中心处能量值达到最大。一阶振型的 L 波振幅在所有煤层中能量最强。二阶 L 波振幅深度分布曲线关于夹矸中心对称，但在每个煤层中心处的能量很弱，能量极大值点位于煤层靠近顶板的 1/4 处。

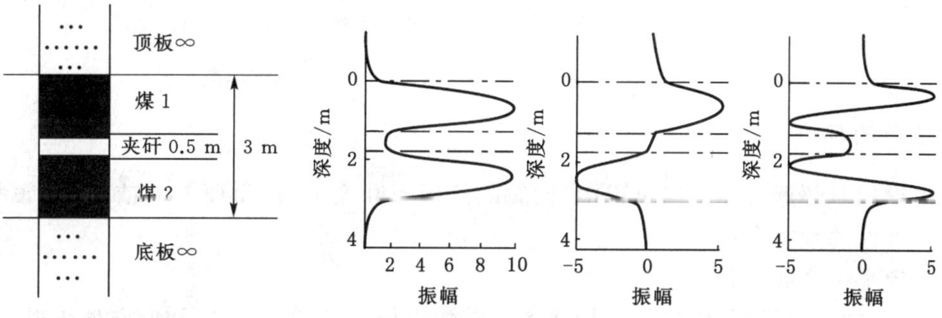

(a) 地层柱状图　　(b) 基阶振型　　(c) 一阶振型　　(d) 二阶振型

图 4-1-11　各阶振型 L 波振幅深度分布曲线

4.1.6　槽波的波形图像

槽波的图像可以用图 4-1-12(a) 所示的群速度曲线定性理解。群速度曲线以极小值点(艾里震相)为界分左右两支。最先到达的槽波震相是通过围岩传播的、频率最低的波，到达时间$t_1=x/v_{S1}$，随后到达的槽波震相频率不断升高。当煤层较厚、v_{S1}/v_{S2}较大时，左支曲线较陡，在较窄的频率范围内群速度快速下降，这意味着很长一段波列的频率仅缓慢增加，此时的波列类似谐波。当 t_2 等于或略大于 x/v_{S2} 时，右支高频震相开始出现，并与左支较低频震相叠加。随着群速度继续下降（即时间增大），群速度皆具有双值，此时左右两支低、高频震相相互叠加，只是左支频率不断升高，右支频率不断减小；直到 $t_1=x/U_A$，艾里震相附近左右两支频率接近时，在一个较宽频带范围内的波同时叠加，形成一个很强的震相，即艾里震相。它出现在波列的尾部，正如图 4-1-12(b)所示。

槽波波列的长度可由式(4-1-6)获得：

$$L_T \approx (1/U_A - 1/v_{S1})x \qquad (4\text{-}1\text{-}6)$$

显然，槽波波列的长度与观测点到震源的距离、艾里震相群速度、围岩最小横波速度有关。

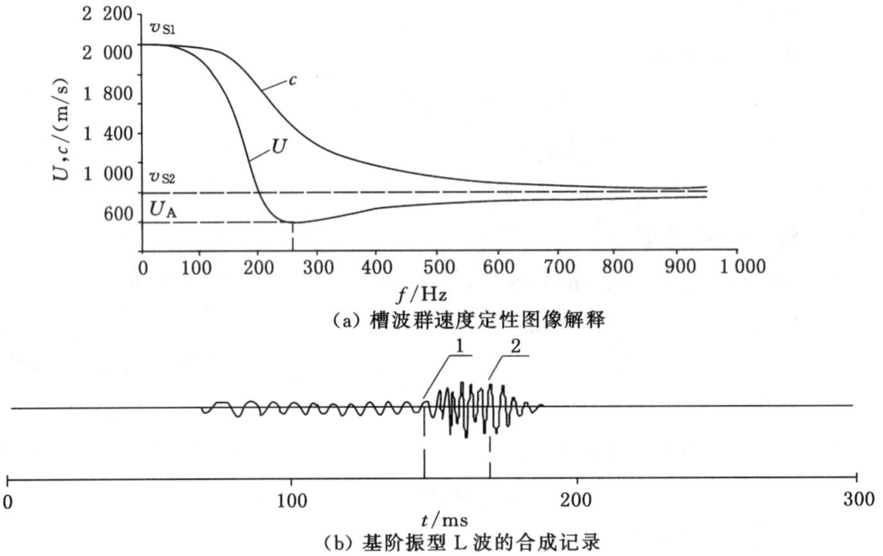

(a) 槽波群速度定性图像解释

(b) 基阶振型 L 波的合成记录

图 4-1-12　槽波的波形图像

4.1.7　槽波的衰减

在沿煤层及邻近岩层传播过程中，槽波的能量不断衰减，这主要与波前扩散、频散和介质非完全弹性的吸收有关。

4.1.7.1　槽波的波前扩散与频散衰减

槽波局限在煤层及其邻近岩层构成的一个相对较薄、近似二维空间内向外传播，它的波前呈圆柱状。随传播距离 x 的增大，柱状波前不断扩大，能量密度不断减小。因存在频散，槽波的波列随传播距离的增大不断散开；振幅将按 $x^{-1/2}$ 衰减，艾里震相按 $x^{-1/3}$ 衰减。综合这两种几何衰减因素，槽波振幅仍将按 x^{-1} 的规律衰减，总的效应与球面体波类似。值得指出，艾里震相比槽波其余部分衰减得慢。于是可以预料，当 x 足够大时，艾里震相将成为槽波波列的优势震相。艾里震相有频率高、振幅大、出现时间晚的特点，易于识别，便于提取。因此，ISS 有时仅分析、研究及利用艾里震相这一特殊部分的槽波。

4.1.7.2　介质的吸收衰减

实际煤层及邻近岩层对槽波的吸收效应是岩石物性引起的，是一个复杂的问题。根据地震波基础知识，介质的吸收衰减可用吸收系数 a 描述。由于介质的吸收作用，槽波的振

幅将按 e^{-ax} 衰减。因存在几何频散，随距离 x 的增大，高频、强振幅的艾里震相可能成为优势震相。然而，介质的吸收作用又使高频的艾里震相随 x 的增大而强烈衰减，在 $2d$ 为 3.0 m、4.0 m、5.0 m 甚至更大时很难被检测到。因此，介质的吸收作用给研究、利用艾里震相带来了困难，阻碍了槽波探测范围的扩大。

根据以上讨论，槽波双程衰减可按式(4-1-7)计算：

$$TL = 20\lg(2x) + 2\delta \frac{x}{\lambda_A} \tag{4-1-7}$$

式中　x——从震源到探测目标的单程距离，m；

λ_A——基阶振型 L 波艾里震相波长，m；

δ——吸收衰减速率，$\delta = a\lambda$，dB/m。

式(4-1-7)右端第一项与柱状波前扩散、几何频散有关，第二项与吸收衰减有关。反射波法计算的 L 波合成记录图(图 4-1-13)可清楚显示艾里震相的吸收衰减情况。该模型参数是：$2d = 2$ m，$\rho_1 = 2.6$ g/cm^3，$\rho_2 = 1.3$ g/cm^3，$v_{S1} = 2\ 500$ m/s，$v_{S2} = 1\ 300$ m/s，围岩的品质因子 $Q_1 = 100$，煤层的品质因子 $Q_2 = 50$。在图(4-1-13)中，当 $x < 250$ m 时，艾里震相始终很强；当 $x > 250$ m 时，艾里震相随 x 的增大而迅速衰减。

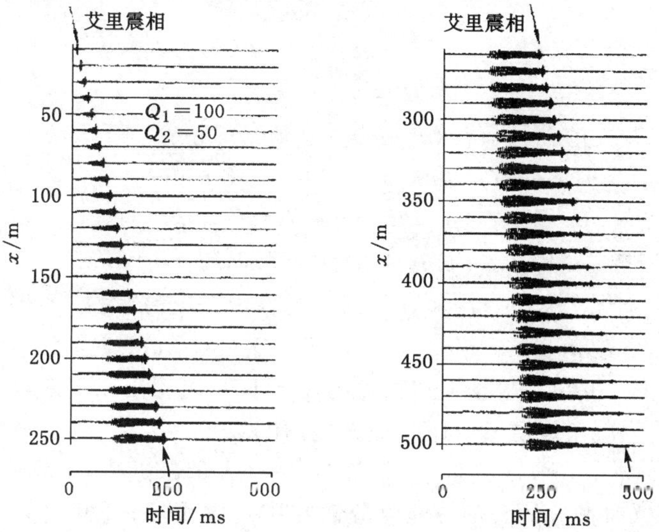

图 4-1-13　艾里震相的吸收衰减

4.1.7.3　煤槽的品质因子 Q_L

煤槽指槽波传播通过的煤层与其邻近的岩层。显然，槽波的吸收衰减应该与这部分介质的吸收系数 a 或品质因子 Q 有关。在地震波基础中，对于非完全弹性介质的吸收效应 e^{-ax}，可以在谐波传播因子 $\exp[i(kx - \omega t)]$ 中将波数 k 从实数域扩展到复数域来获得，令复波数

$$K = k + ia \tag{4-1-8}$$
$$a = \omega / (2Qc)$$

式中　a——吸收系数；

c——相速度。

对于三层对称模型，设 Q_1、Q_2 分别表示围岩与煤层的品质因子，且两者在常见频率范围内与 ω 无关。现引入复数速度：

$$\left.\begin{aligned} v_{1Q} &= v_{1S}(1+\mathrm{i}\varepsilon_1), \quad \varepsilon_1 = 1/(2Q_1) \\ v_{2Q} &= v_{2S}(1+\mathrm{i}\varepsilon_2), \quad \varepsilon_2 = 1/(2Q_2) \\ c_{LQ} &= c_L(1+\mathrm{i}\varepsilon_L), \quad \varepsilon_L = 1/(2Q_L) \end{aligned}\right\} \tag{4-1-9}$$

将其代入 L 波周期方程：

$$G = \tan\xi - \eta = 0 \tag{4-1-10}$$

$$\xi = \frac{\omega d}{c_L}\sqrt{c_L^2/v_{S2}^2 - 1}$$

$$\eta = \frac{\mu_1\sqrt{1 - c_L^2/v_{S1}^2}}{\mu_2\sqrt{c_L^2/v_{S2}^2 - 1}}$$

只取 ε_1、ε_2、ε_3 的一阶微量，得新的周期方程 $G_Q = 0$，则它的实部与虚部必须同时为零。那么从 $\mathrm{Im}\ G_Q = 0$ 中可求得：

$$\frac{1}{Q_L} = \frac{A}{Q_1} + \frac{B}{Q_2} \tag{4-1-11}$$

$$A = p_1/p$$

$$B = p_2/p$$

若令 $n_1 = c_L^2/(v_{S1}^2 - c_L^2)$，$n_2 = c_L^2/(c_L^2 - v_{S2}^2)$，则：

$$p = \eta(n_1 + n_2) - (1 - n_2)\xi\sec^2\xi$$

$$p_1 = \eta(n_1 + n_2)$$

$$p_2 = \eta(n_2 - 2) + n_2\xi\sec^2\xi$$

根据式(4-1-11)可计算煤槽的 Q_L。对于三层对称模型(参数为：$v_{S1} = 2\ 000$ m/s，$v_{S2} = 1\ 000$ m/s，$\rho_1 = 2.7$ g/cm³，$\rho_2 = 1.3$ g/cm³，$Q_1 = 150$，$Q_2 = 50$)，在煤厚 $2d$ 分别为 3 m、4 m、5 m 时的计算结果见图 4-1-14。根据上述讨论与图 4-1-14 可得出以下四点结论。

(1) 煤槽 Q_L 不仅取决于煤层 Q_2，还与围岩 Q_1 有关。

(2) 煤槽 Q_L 与 ω 有关。当 ω 很低时，槽波的 $c\to$(表示趋近于，下同)v_{S1}，于是 $A\to 1$，$B\to 0$，所以 $Q_L\to Q_1$，这时槽波的大部分能量分散在围岩中传播，且槽波的衰减主要取决于围岩的 Q_1(因为 Q_1 大，衰减较慢)；反之，当 ω 很高时，$c\to v_{S2}$，于是 $A\to 0$，$B\to 1$，所以 $Q_L\to Q_2$，这是因为 ω 越高，槽波能量越易集中于煤层中，槽波的衰减主要与煤层 Q_2 有关(因为 Q_2 小，衰减较快)。

(3) 煤槽 Q_L 曲线与群速度曲线特征类似：左支陡、右支缓，在艾里震相附近具有极小值。考虑：

$$\mathrm{d}a/\mathrm{d}k = 1/(2Q_L) \times (1 + k/Q_L \times \mathrm{d}Q_L/\mathrm{d}k) \tag{4-1-12}$$

在低频端及艾里震相附近，由于 $\mathrm{d}a/\mathrm{d}k\to 0$，吸收系数 a 随 ω 的变化率分别为低、中、高三个不等的常数：$1/2Q_1$、$1/2Q_2$、$1/Q_L$。在这些频段，煤槽吸收系数近于线性变化[图 4-1-14(b)]。相比低频端，高频端 a 随 ω 升高而快速增长，在艾里震相附近，a 随 ω 急速陡增。

(4) 煤槽 Q_L 与煤厚有关，如根据理论计算或实测获得了 Q_L，则可对槽波的吸收衰减进

行 Q_L 补偿，即反 Q 滤波，从而益于研究艾里震相及扩大 ISS 探测范围。

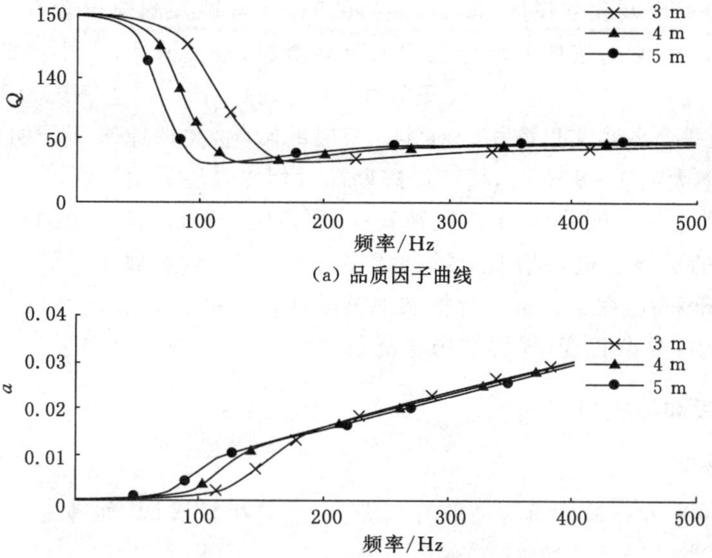

(a) 品质因子曲线

(b) 吸收系数曲线

图 4-1-14　不同煤厚条件下煤槽的品质因子及吸收系数曲线

4.1.8　煤槽与实际波导

煤层是一个低速层，赋存于上下围岩而并非绝对刚体之间。因此，在煤层中激发的槽波，不仅在煤层中传播，也在邻近的围岩中传播。实际的波导层不仅包含煤层，还包含槽波在其中传播的邻近围岩，故通常将槽波传播的二维波导层称为煤槽。

随着频率的不同，煤槽厚度不同，分布在煤层中的能量占总能量的比率 E_R 也不同。E_R 随频率的升高而增大。通常将 $E_R \geqslant 0.5$ 作为槽波可检测性的标准。因此，$E_R = 0.5$ 对应 ISS 工作频带的下限频率。引入"煤槽"的概念，就不难理解介质对槽波的吸收衰减不仅与煤层的 Q 值有关而且与围岩的 Q 值有关。频率越低，槽波与围岩关系越密切；反之，频率越高，煤层对槽波的影响越大。

4.2　槽波地震勘探的施工技术

4.2.1　槽波地震勘探的应用条件

槽波地震勘探的应用条件有以下 6 个方面。

(1) 煤层厚度：中厚煤层的应用效果最好，薄煤层次之。对于有夹矸的煤层，若夹矸在煤层中的层数、位置及厚度适中，也能有较好的应用效果。

(2) 煤岩物性条件：低变质程度、低灰分的煤层，质软、密度小，煤岩速度差异大，若煤层上下围岩物性的对称性也较好，便是槽波勘探的最佳条件。

(3) 煤层的埋藏深度(简称埋深)：煤层埋深小于某个阈值，煤层中不能形成特征清晰的槽波；埋深大于该阈值的煤层，槽波勘探效果更好。该阈值视具体矿井而定。

(4) 煤层夹矸厚度及相邻煤层(或低速层)的间距：若被探测煤层含有夹矸或呈复煤层状态且夹矸厚度不大，则对煤层的波导性质无明显影响；若夹矸增厚，则频散曲线将明显畸变，并在低频端出现一个新的、平坦的艾里震相，速度偏高，在波形上表现为一个强的低频艾里震相，而后紧跟一个高频艾里震相。对邻近煤层的影响，类似原来夹矸的情况，当探测层与相邻煤层间距增大到 4～8 m 时，槽波地震勘探对相邻煤层无明显影响。

(5) 上煤层或上分层被采空：上煤层被开采，顶板应力释放、甚至遭到不同程度的破坏，此时对间距不大的下煤层进行槽波地震勘探将有较大影响，类似于埋深明显减小的情况。厚煤层的上分层开采后，在下分层进行槽波地震勘探几乎没有效果。

(6) 煤层结构的复杂程度：煤层结构越复杂，槽波地震勘探效果越差。

4.2.2 槽波的激发和接收

4.2.2.1 槽波的激发

在井下煤层中激发槽波的震源一般有两类：一类是机械震源，如锤击、可控机电一体化的机械震源；另一类是爆炸震源。

锤击震源一般用于探测距离不大的情况，其激发的槽波频谱成分较好，可重复多次激发但振幅极大值对应的频率不高(多为 100 Hz)，巷道中煤壁低速带的存在会使频谱特性不稳定、波形重复性不好。

当探测距离较大时，适宜用爆炸震源。爆炸震源激发的能量强，单孔爆炸震源的缺点是定向辐射性不好，波形重复性不好。利用多孔爆炸震源(有的孔不放炸药)有利于产生洛夫波，可显著地改善辐射特性及频率成分。由理论和实践可知，使用爆炸震源时，药量的选择较为重要。药量过大会造成干扰程度大、分辨有效波困难、巷道煤壁破坏严重等后果。当限定冲击波的球半径大于煤厚时，就会产生强烈而持久的干扰波，从而使有效波受到严重干扰。因此，若预先知道煤厚，可以大致估算药量。在具体施工中，炮孔多沿巷道、顺煤层中心钻进，在有夹矸时顺厚分层中心钻进。孔深一般在 2 m 左右，可穿过煤壁表面的低速带。在大致估算药量的基础上，具体药量要通过定量试验加以确定。为了减弱声波干扰、增大激发能量，装药后的炮孔需要用炮泥或其他物品填堵，俗称放“闷炮”。此外，在有水的煤层要注意防水。

雷管与炸药是激发出槽波的关键材料，通常选用“微妙雷管”(也称瞬发雷管)，这对于准确获取地质信息的记录时间是非常重要的。关于炸药类型，理论上采用高爆速炸药有利于激发高频槽波。但是，出于煤矿安全考虑，国内通常采用矿用炸药。根据矿用炸药的使用效果，获取的槽波记录尚佳(图 4-2-1)。

4.2.2.2 槽波的接收

槽波的接收主要采用二分量检波器，但也可视情况选用单分量或三分量检波器。使用二分量检波器时，一个分量平行煤层层面、垂直于煤壁，记作 y 分量；另一个分量既平行于煤层面，也平行于煤壁，记作 x 分量。工作时，两个分量同时接收，分别记录于不同的地震道。为了接收到高质量的槽波，接收条件应该一致。

为了避免巷道煤壁表面低速带的不利影响，每个检波器都要安置在钻孔中，钻孔深度要一致，一般深 2 m 左右。这些钻孔同样要沿着煤层或厚分层(有夹矸情况)中心钻进。在安

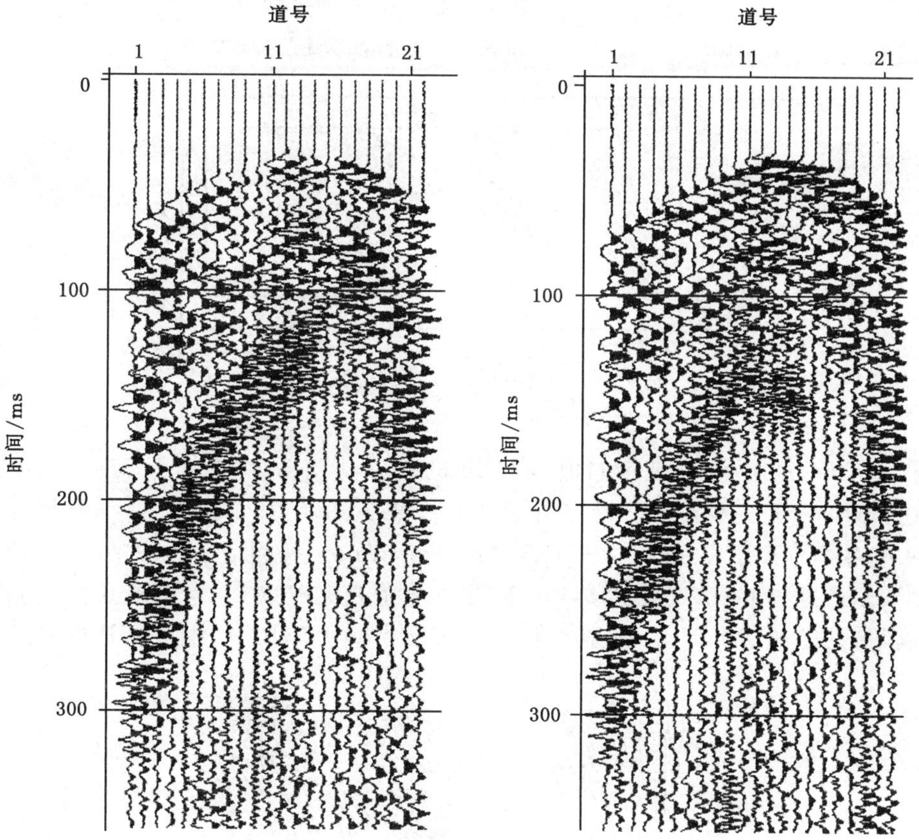

(a) x 分量　　(b) y 分量

图 4-2-1　使用矿用炸药后获取的槽波记录

置检波器时应注意两点：两个分量方向要正确、一致；检波器必须和孔壁保持良好耦合。为了改善耦合条件，可采用胶囊充气与楔形推靠的办法使检波器外壳紧贴孔壁。

井下记录的槽波图像常因干扰波变得复杂。主要的干扰波：与巷道煤壁表面低速带有关的表面波、转换波，与煤岩界面反射、折射有关的转化波，直达与绕射槽波，声波及巷道混响波，采掘机械和运输机械的工作振动，人员行走及其他微震等。由于各类干扰波的频谱与有效波频谱相近，从含干扰波的记录中区分有效波是困难的、甚至是无法实现的。这时，选择合适的激发、接收观测系统参数与仪器是十分重要的。

4.2.3　槽波地震勘探的基本工作方法

震源在煤层中激发的槽波沿煤槽传播，如果工作面或巷道前方煤层不连续，波导就完全或不完全阻断，并在阻断面将产生反射或部分反射波。

4.2.3.1　透射法

如图 4-2-2 所示，在槽波透射法勘探中，震源与检波器（排列）布置在不同的巷道内，在一条巷道内激发，在另一条巷道中接收通过工作面的透射槽波。根据透射槽波的有无或强弱，判断震源与接收排列间、射线覆盖的扇形区内煤层的连续性。当断层落差大于煤厚时，煤层波导完全阻断，通常接收不到透射槽波；当落差相当于煤厚 30%～70%时，煤层波导部分阻断，接收到透射槽波的能量弱于正常情况的，有时速度也发生变化。

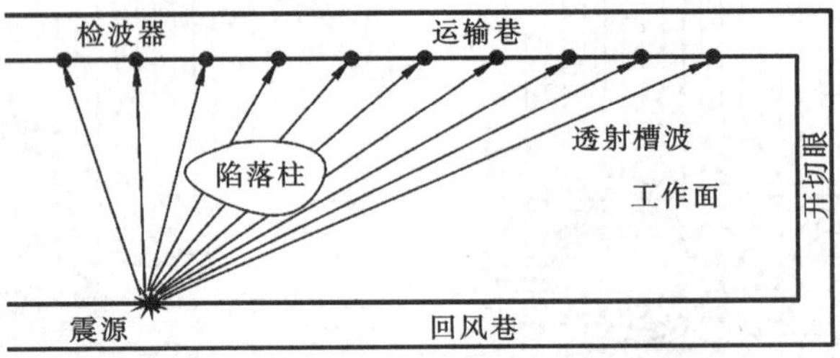

图 4-2-2　槽波透射法勘探布置示意图

如图 4-2-3(a)所示，有一条走向为 NW-SE 的断层，从东南到西北落差逐渐减小甚至尖灭。图 4-2-3(a)中分 $h>2d$(h 为断层落差，$2d$ 为煤厚)、$h=2d$ 及 $h<2d$ 三种情况。先后在南大巷 A、B 两炮点激发，在北大巷 C、D 两个排列接收。观测结果从左到右，三种符号的射线分别表示透射槽波良好、透射槽波中等(弱)、没有透射槽波，这恰与断层落差分布特征相符。在没有构造的情况下，在典型透射槽波记录[图 4-2-3(b)]中最先到达的是通过围岩

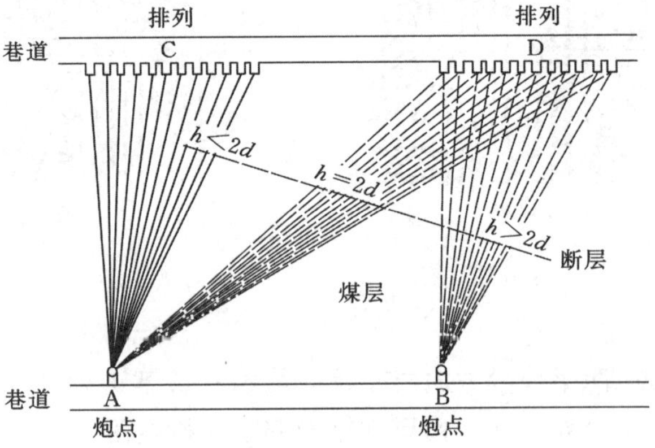

(a) 原理图

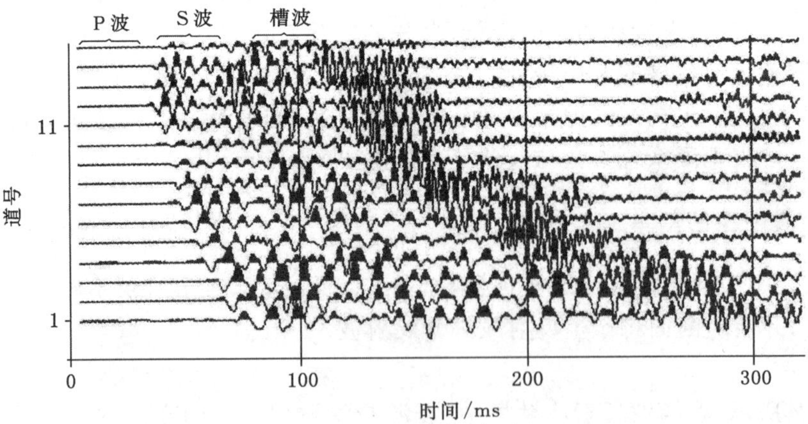

(b) 典型记录

图 4-2-3　槽波透射法勘探的原理图与典型记录

传播的 P 波震相，而后是 S 波震相(同时也是槽波波列的开始)，最后是高频、强振幅的艾里震相。

影响槽波透射法勘探距离的因素很多，如震源能量、煤层及其围岩的物性(包括 Q 值)、煤层厚度、煤层内构造和非构造地质破坏情况、裂隙发育程度等。煤层夹矸也影响透射槽波的传播。实践证明，当夹矸的厚度小于煤层总厚度的 30%时，夹矸对透射槽波的传播没有明显的影响。目前，在厚度为 1.3～3.5 m 的中厚煤层中，最大槽波透射距离可达 1 000 m。

槽波透射法勘探可以判断地质异常体的有无，但不能识别异常体的性质或类型，也不能确定异常体的几何尺寸。如果槽波透射法勘探的观测系统布置合适，覆盖面积大，重复次数多，则该方法可大致圈定出异常体的分布范围，还可以用 CT 层析成像技术更精确地圈定异常体(如冲刷带、陷落柱等)的位置。

槽波透射法勘探以方法简单灵活、处理和解释容易、探测范围大、准确率高的优势而得到广泛应用。此外，它还可以为反射法的数据处理与解释提供速度等参数。因此，即使在反射法为主的探测中，也要挑选合适地段进行适当的槽波透射法勘探。

4.2.3.2　反射法

在槽波反射法勘探中，震源与检波器排列在同一巷道或工作面。根据是否接收到非巷道反射槽波，确认前方是否存在煤层的不连续性。若断层落差接近或超过煤层厚度，则波导完全或几乎全部阻断，检波器将接收到反射槽波；若落差较小，仅部分能量产生反射，检波器可接收到较弱的反射槽波；若落差更小，甚至没有断层，则几乎接收不到反射槽波。

如图 4-2-4(a)所示，有一个反射体形成了反射波，并返回同一巷道或工作面的接收排列，同时还接收到直达的 P_d 波、S_d 波。在一张典型的反射记录[图 4-2-4(b)]上，最先接收到的是通过围岩传播的 P_d 波震相、沿煤壁自由表面传播的 S_d 波，最后记录到反射槽波 C_r。此外，还可能记录到声波等规则或不规则干扰波。

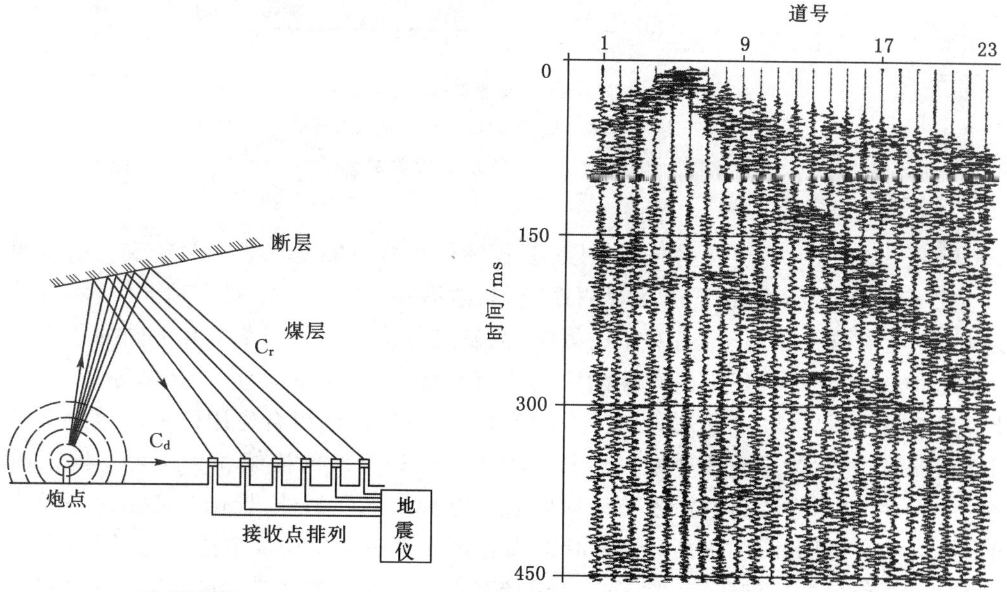

(a) 原理图　　(b) 典型记录

图 4-2-4　槽波反射法勘探的原理图与典型记录

S_d波能量很强，往往会淹没近距离目标的反射波。有时可借助极化分析结果，根据 S_d 波极化角为 0°或 90°的特点进行极化滤波，以压制 S_d 波干扰、突出反射信号。需要指出，要从频率相近的强干扰背景中分离弱反射信号并非易事，甚至不可能。因此，这些因素限制了槽波反射法勘探的最小探测范围。

由于反射损失通常较大，反射槽波信号记录的信噪比低。反射槽波的强弱与诸多因素有关，如断层的落差、反射体对煤层波导的阻断程度、岩石物性横向差异（决定反射系数的大小）、断层破碎带的规模、煤层厚度、槽波频率等。

利于槽波反射法勘探的条件是：夹矸厚度不超过煤层总厚度的 30%；断层落差大、断面与煤层的夹角不小于 40°；反射体的走向与布置排列的巷道夹角为 30°～40°；煤厚中等；无不连续地段，透射槽波发育很好，提供了可靠的速度参数。在上述有利条件下，槽波反射法勘探的探测范围为 30 m 至煤厚的 100～200 倍，能检测出落差大于 1/2 煤厚的断层，且准确率达 60%以上。

然而，当有数个大小不等的断层并列存在时，若离检波器排列最近的一个断层落差大于煤厚，则波导完全阻断，仅能观测到一个反射；当落差均小于煤厚，煤层波导部分阻断，可能记录来自数个断层的反射槽波。只要条件合适，采集的数据经特殊处理后，这些断层有可能被一一分辨。

4.2.4 槽波地震勘探的观测系统

观测系统是震源激发点与接收点的位置关系。一个激发点对应数个接收点的位置关系，叫一个排列。观测系统的要素见图 4-2-5。

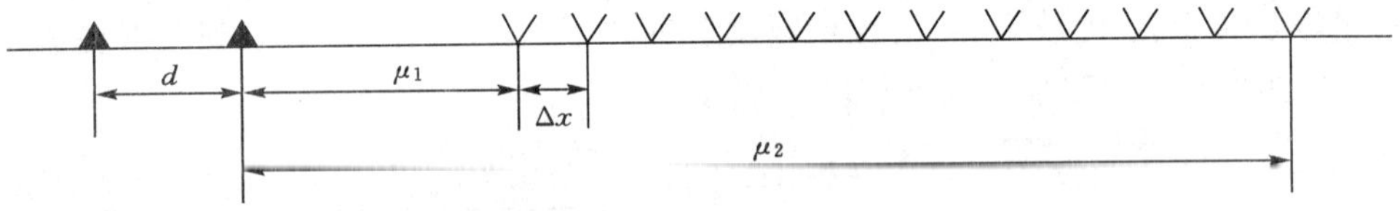

▲—激发点；V—接收点；d—炮点距；

μ_1—最小炮检距；Δx—道间距；μ_2—最大炮间距。

图 4-2-5 观测系统的要素

在槽波地震勘探中，受开采条件的限制，探测的地段可能是一条或两条或三条或四条巷道（图 4-2-6）。因此，无法布置面状观测系统，只能沿巷道的线状排列。对于反射法，激发点与接收点布置在同一条巷道内；对于透射法，激发点与接收点分别布置在不同的巷道。

首先，根据探测任务仔细研究探测区的巷道布置、采掘设备、噪声干扰源等情况，以确定最佳观测系统组合方式，即槽波地震勘探中透射法、反射法的组合应用。采用透射法时要采用相互观测系统，也就是在改变激发点与接收点时保证槽波的连续相关。为了保证透射法探测的可靠性，通常还要进行激发点与接收点的互换观测。另外，根据巷道布置情况确定是否使用反射法。如图 4-2-6(a)所示，该巷道布置情况下只能使用反射法，不能使用透射法。

根据地质任务的详细程度，除了选择最佳观测系统组合方式外，还要为每种观测方式选择最佳排列参数，如道间距、炮检距、偏移距、最大炮检距。参数选择要求：① 能探测出符合要求的构造尺寸；② 工作量合适，道间距、炮检距太密会造成工作量大、效率低，太稀疏时又

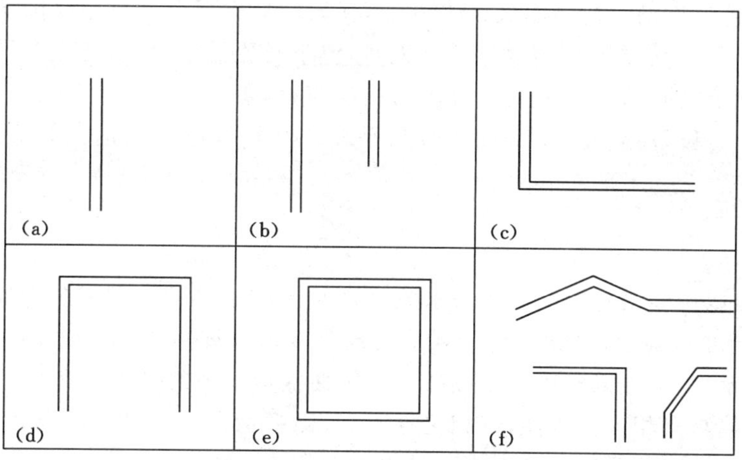

图 4-2-6　槽波探测区段巷道的一般布置情况

可能漏掉构造;③ 观测系统的选择合理,可有效地压制部分干扰波。这些参数一定要通过试验确定。此外,透射法探测研究的分辨率最大部位是探测区的中心部位。当遇到信号波形、振幅变化较大的地段时,应采取加密观测方式,即减小炮点距和道间距。

在选好最佳观测系统及其组合方式后,最初探测首用透射法。在无构造区,透射法可以确定煤层与围岩的波速,从而为反射法数据处理与解释提供基础。当有未知构造时,也可用透射法初步探测煤层中的构造带,从而为详细探测打好基础。

在反射法探测时,除了利用常规单端放炮的简单观测方式外,采用多次叠加观测方式可以提高信噪比,提升反射法探测的精度和可靠性。关于叠加观测系统的设计,在地面地震勘探相关文献中均有详细介绍。在槽波反射法勘探中,叠加次数大多采取 3～6 次,并应该将巷道弯曲段、无法避免的强干扰区段、独头死巷端剔除。这是因为这些因素会使叠加过程复杂化。

4.2.5　槽波的对比

槽波的对比不能像地面地震勘探记录那样依据波的时间、波形、波组关系、振幅、频率及同相轴追踪进行对比。由图 4-2-7 可以看出,槽波波形特点是相位多、延续时间长、频率随时间推移而升高、宏观上存在包络(虚线所示)。在煤层沉积形成后,横向密度和波速不一致,围岩的情况同样如此。另外,激发、接收过程的不一致问题也会造成槽波波形、振幅、频率的差异,甚至不相关。因此,不能采用地面地震记录的相位追踪方法。

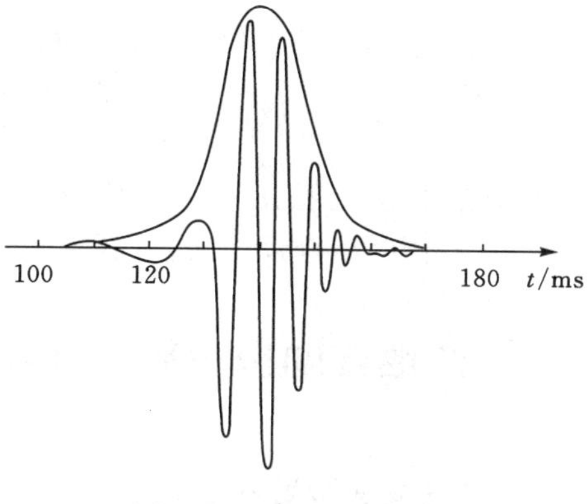

图 4-2-7　槽波理论记录

槽波对比追踪的主要方法是包络对比,也称群相关;还应结合振幅能量和运动学的判别准则。振幅能量是指槽波包络的极大值 A_{max}，在运动学方面是指与槽波包络极大值 A_{max} 对应的极值时间 t_{max}。煤层与围岩物性差异大时，包络对比是可靠的；煤层与围岩物性差异较小时，仍可以确定槽波的振幅 A_{max}。对比的正确与否，可通过 t_{max} 和有效群速度 U_F 加以检测，这是因为 t_{max} 和 U_F 变化不大、曲线较为平缓。有效群速度表达式如下（x 为透射射线长度）：

$$U_F = \frac{x}{t_{max}} \tag{4-2-1}$$

另外，还可以用包络对比的群相关系数鉴别对比的正确性。如果某区段煤层的相关系数大于 0.4 甚至更高，则证明该区段的煤层是没有被构造破坏的完整地段。此外，基于槽波频散曲线的稳定性，也可以利用槽波频散曲线定性鉴别相关判别的正确性。通常，在一个测区内的频散规律具有相互可比性，若相关性不高，则频散曲线往往不具备可比性。另外，还可以利用平均统计时距曲线来判别槽波对比的正确性。针对已区分出的槽波信息计算平均统计时距曲线，依据此时距曲线确定相关信号的可能位置。通常，要选择最接近平均统计时距曲线且有最大振幅的包络波链。

图 4-2-8 是槽波包络对比的实例。首先，进行包络对比，如果可能的话，找出群速度 ($U=450$ m/s)。其次，确定每道 A_{max} 对应的 t_{max}，将 t_{max} 值连线用来检查 t_{max} 值沿剖面分布的稳定性。最后，标出时间区段，轴线即 t_{max} 线。时间区段的上下界面取决于煤层速度的变化范围，如 400～550 m/s。在此时间段内，划分出初次追踪未能划分出的各测点对应的槽波，对仍不能划分出槽波的测点或区段可视为异常点或异常区段。

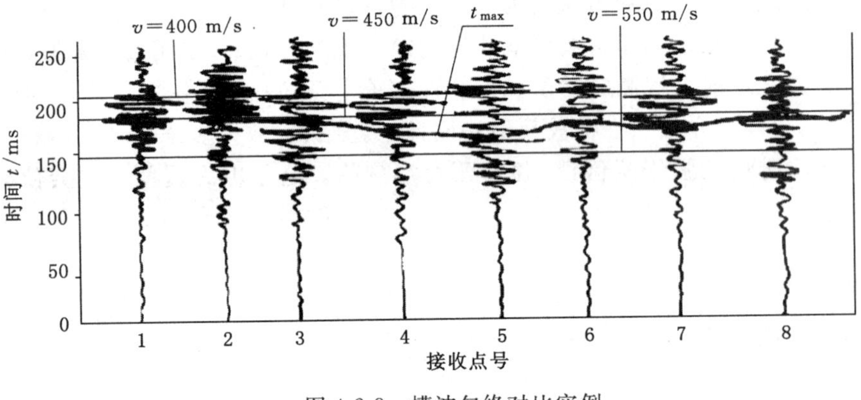

图 4-2-8　槽波包络对比实例

通常，在槽波透射、反射探测使用的包络对比法中，当需要准确定位构造时，透射法用扇形观测系统，同时结合反射法，再利用 t_{max} 作动校正。

4.3　槽波地震勘探的数据处理

4.3.1　槽波地震勘探数据处理流程

在煤层中激发槽波后，不同振型的 L 波与 R 波先后被记录下来，导致煤层内同一反射体可能产生不止一个反射信号。另外，槽波是频散信号，随传播距离的增大呈现为一个越来越长的变频波列。因此，不同振型、不同类型的长波列可相互叠加，难于分离。因此，多分量接收、旋转、极化分析、极化滤波与偏移等是突出单一振型L波的基本方法。

4.3.1.1 槽波地震勘探数据处理的必要性和重要性

槽波地震勘探数据处理就是对槽波地震勘探数据进行有关的数学分析和计算，提高原始槽波地震勘探数据的信噪比，提取出更为丰富、直观的图像和数据信息，从而改善地质异常推断的结果、提高异常性质识别和空间定位的准确性。槽波地震勘探数据处理的必要性和重要性如下：

(1) 利于对槽波特性的深入认识，特别是对多种地质条件下槽波激发效果、传播规律的总结和分类。槽波特性受地质条件制约，对槽波特性的认识是开展槽波地震勘探的前提。对槽波地震勘探数据的理论分析和数值模拟只能得到大致认知，难以适应复杂多变的煤田地质条件。只有对各种实际地质条件下的槽波信号进行分析和处理，掌握其真实的传播特征，才能高效服务煤矿生产。

(2) 槽波由一系列不同震相的波组成，这些波对煤层结构的反映不尽相同。艾里震相波的主要能量沿着煤层传播，对煤层内的地质干扰体反映较灵敏，是目前槽波地震勘探中最有利用价值的部分。然而，其他震相波(如直达P波、直达S波)沿着顶板和底板界面滑行传播，对煤层内的地质干扰体反映不明显。因此，通过对各波列的分析、处理可以识别、提取各种震相波(特别是艾里震相波)。

(3) 槽波地震勘探效果主要取决于槽波的有效信息量。现代槽波勘探技术充分利用了槽波的各种信息，如艾里震相波的能量、群速度、相速度、衰减、频率成分等。通过对各种参数的综合分析能够提高有效信号占比、压制噪音等干扰、增强对地质异常体的识别能力。

(4) 矿井勘探不但要探测工作面内或采区内地质异常体的有无，而且要确定其空间位置、展布方向、分布范围等。由于物探方法(槽波地震勘探)的观测系统要严格受到限制，如槽波反射法勘探，它在一个巷道激发、由多点同时接收进行数据采集，所以仅凭地震记录难以直接定位反射体，但通过多次叠加和利用偏移成像技术可以获取反射体的位置。

4.3.1.2 槽波地震勘探数据处理的特殊性

相对于地面地震勘探，槽波地震勘探的特殊性主要源于槽波是一种“特殊”的波，在煤层中传播时与一般体波有许多不同。槽波地震勘探服务的对象与地面地震勘探的差别较大，故在数据处理方法、技术及设备配置上均有自身特点，总结起来主要有以下几点：

(1) 槽波具有频散性，波至时间无法精确预计，地面地震勘探数据分析中的同相轴对比、初至时间拾取法均不适用，由此导致部分处理方法的变化，如水平叠加技术、速度分析、偏移等。

(2) 由于槽波地震勘探的施工空间有限，且多在工作面和巷道之间进行，煤层中激发的波震相较为复杂，直达P波、R型槽波、巷道波等各种波被同时记录下来，它们互相叠加、干涉，从而给数据分析和处理带来了较大困难。

(3) 槽波地震勘探涉及的反射界面不多，但它们与巷道(排列)之间的夹角是随意的，即界面倾角从0°到±90°都可能出现，同时反射界面的倾角也是变化的；而反射界面一般为渐变的“带”，并非一个明显规则的面，故反射系数难以确定。

(4) 宏观上，可将煤层视为二维均匀各向同性介质。

(5) 可同时记录两个水平分量的数据用于分析和处理。

（6）在数据处理上的特点是：反褶积的目的不是压缩子波，而是消除频散效应，亦称为“再压缩”；槽波频率高，而且有频散效应，适用于地面地震勘探的CDP叠加方法在这里难以适应，故必须对数据加以改造，应先进行包络运算，然后才能进行叠加；偏移的目的虽然与地面地震勘探的相同，但由于受频散、反射振型变化及介质局部的非均匀性、断层走向的随意性等诸多因素影响，ISS偏移难度更大。

4.3.1.3 槽波地震勘探数据处理的流程

槽波地震勘探数据处理的一般流程见图4-3-1。目前，槽波地震勘探地震资料数据处理系统多以地面地震勘探的软件为基础，同时根据槽波地震勘探特点设计一些专门模块供槽波地震勘探数据处理使用。这些软件可分为四类：预测程序、预处理程序、分析程序和处理程序。

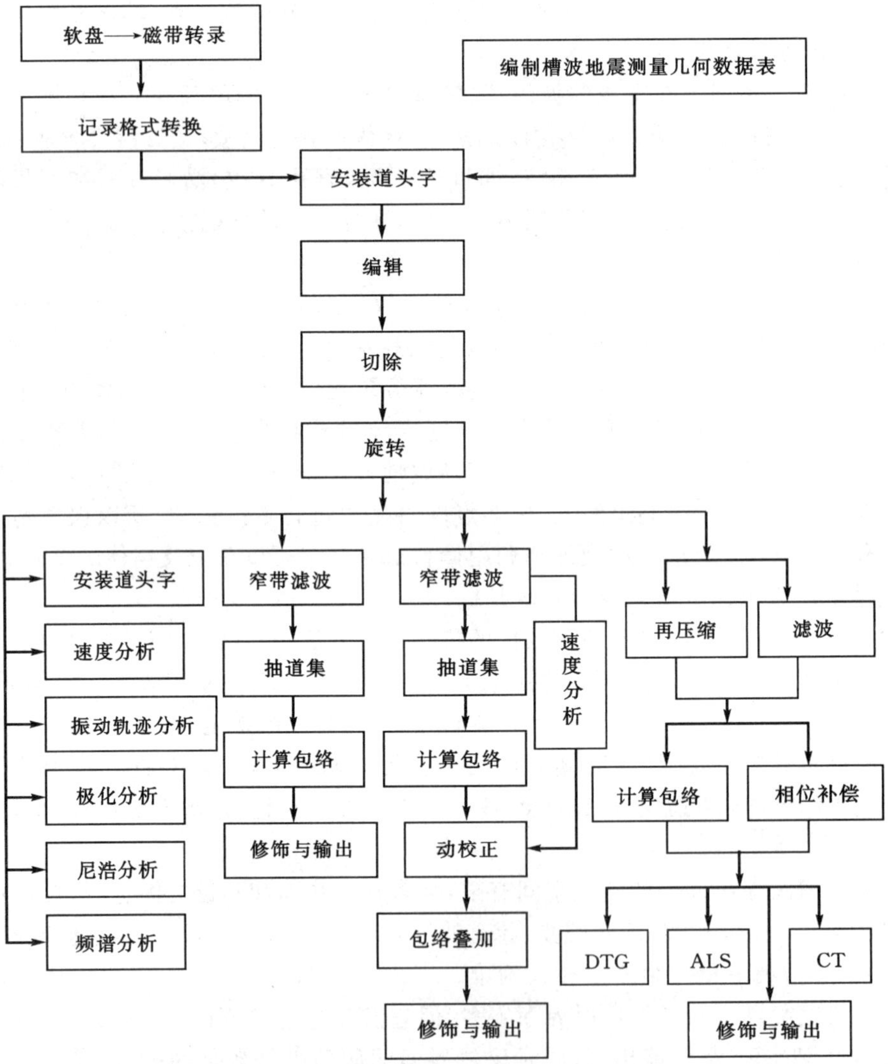

图4-3-1 槽波地震勘探数据处理的一般流程

(1) 预测程序

预测程序用于施工设计之前,目的是预选出激发和接收的最佳条件。先根据测区煤层及围岩的密度、P 波和 S 波速度、煤层厚度及结构等资料从理论上计算它的频散曲线及振幅分布曲线,乃至合成槽波信号记录,而后预测槽波(尤其是艾里震相)的速度、频散特征与振幅分布,并选择最佳的激发接收条件,用以指导设计和施工。

(2) 预处理程序

① 数据转录和记录格式转换:若要将现场采集的原始槽波地震勘探数据送入计算机处理,必须经专用的转录系统,将 SEGY 格式转换为计算机处理所需的内部格式。

② 编制槽波地震测量的几何数据表及安装道头字:由炮点和接收点坐标、排列表计算出中心点(CMP)坐标、偏移距等中间参数,并写入道头字。

③ 编辑:剔除不正常炮点、接收道,不让其参与处理。

④ 切除:切除巷道型直达波。

⑤ 道均衡:记录的原始槽波地震勘探数据动态范围达 126 dB,在显示或输出前必须压缩到肉眼可分辨的范围(约 20 dB)内,但主要压缩体波和其他干扰波,从而突出槽波信号。

⑥ 二分量记录旋转:井下施工采用二分量检波器接收槽波信号。安装检波器时,使 y 分量检波器的轴线平行于煤层、垂直于煤壁且置于煤层中心;使 x 分量检波器的轴线平行于煤层、平行于煤壁且置于煤层中心。在槽波透射法勘探时,炮点并不总在 y 分量检波器的轴线上,且各炮点到检波器的连线与检波器的夹角各异。所以,必须用矢量合成的方法算出炮点与检波点连线方向的分量值和相应垂直方向上的分量值,这种处理称为“二分量记录旋转”。这种旋转有三种方式:槽波透射勘探数据的 y 分量向炮点旋转;y 分量按指定的常数角度旋转;y 分量按极化分析的角度旋转。

(3) 分析程序

分析程序是指从实测透射槽波记录(尤其二分量记录)中提取有关频散、波速、极化等信息,从而理解槽波地震记录的结构,认识其传播的物理过程,建立符合实际的数学模型。

① 频散分析:从旋转后的透射记录中提取群速度或相速度,为后续处理和解释做准备。

② 速度分析:旋转后的单炮多道透射槽波记录经窄带滤波分析而求出艾里震相群速度,以供动校正、定量解释及成像使用。

③ 质点振动轨迹分析:对旋转后的二分量槽波记录,应分时窗分析质点运动轨迹,以识别不同波型:纵波、横波、洛夫型槽波或瑞利型槽波。

④ 尼浩分析:将多次滤波频散分析与质点振动轨迹分析相结合绘制“玫瑰图”,以多次滤波频散分析结果为背景,以不同中心频率窄带滤波后的质点振动轨迹分析结果为前景,这样可显示不同震相的波至时间(不同群速度)、不同频率成分波的质点运动规律与特征。

(4) 处理程序

处理程序的目的在于提高信噪比、增强槽波信息,使地质异常体成像清晰。

① 滤波:槽波的技术突破主要在艾里震相的提取方面,基本方法是窄带频率滤波。在包络叠加前,根据频散分析结果作较窄频带的高频带通滤波,从而提取艾里震相;在包络叠加后做低频带通滤波,目的是使波平滑。然而,有时也利用极化分析结果实现振幅加权的极化滤波,从而突出高度线性极化的震相,抑制噪音信号。

② 抽道集:根据用户需要组成相应道集,道集类型包括共炮点(CSP)、共偏移距

(COP)、共接收点(CGP)、共中心点(CDP 或 CMP)及共分量(CCP)。

③ 再压缩(或反滤波):利用频散分析结果消除槽波频散效应,以此提高槽波的分辨率及穿透力。

④ 包络的计算和包络叠加:槽波数据是高频数据,即使很小的时移就可能造成“脱相”和叠加中的相消干涉。因而,若用常规的叠加方法,则信噪比可能提高也可能降低。但槽波信号包络线在相邻槽波记录道间的相关性很好,CDP 道集槽波信号包络的相关性也很好。因而,槽波数据的多次叠加通常采用包络叠加而不采用直接叠加方法。

包络叠加可将同一 CDP 道集内的地震包络道经动校正进行叠加,以提高信噪比。如有断层等异常反射体存在,可利用已求得的波速、包络叠加剖面确定异常反射体位置。

⑤ 动态道集(DTG)叠加:它是针对 ISS 中反射体走向与测线夹角的随意性、槽波的频散性及槽波数据的冗余有限性而设计的一种改进的 CDP 叠加。

⑥ ALS:它是一种惠更斯-克希霍夫积分偏移方法,将时-空域的槽波数据偏移到空-空域平面图中,以实现断层等异常反射体的成像。

⑦ 二分量地震偏移:根据二分量分析结果,通过震源或虚震源成像发展起来的一种简单偏移技术。

⑧ CT 技术:通过非均匀介质的传播透射时间或振幅衰减,恢复煤层中的非均匀速度场或吸收系数场从而实现异常反射体成像。

4.3.2 包络计算、速度分析及频散分析

4.3.2.1 包络计算

槽波信号的频率往往较高,艾里震相附近的频率更高,加之槽波具有频散效应,从而使槽波的波列拉得很开。因此,相邻道间的槽波无法对比,进行叠加等处理会造成相位的反向抵消。为此,对波列进行有关处理后再进行叠加、速度分析等,效果更佳。信号包络是一种最常见的方法,实质上是将波形序列(有正有负)改变成能量序列(只有正值),变换后的信号与原信号具有相同的形态。但是,由于没有负相位,变换后的信号频率大大降低,只有 20～30 Hz,远低于槽波的主要能量频率。地震波的包络又称瞬时振幅,它把地震道的概念扩展至复数域。复地震道分析是碳氢检测和岩性地震勘探的重要方法。

复地震道在实平面上的投影(图 4-3-2),称为实地震道;复地震道在虚平面上的投影称为虚地震道。实地震道与虚地震道互为正交地震道,其关系可用式(4-3-1)表示:

$$c(t)=x(t)+\mathrm{i}x_{\mathrm{i}}(t) \tag{4-3-1}$$

式中 $c(t)$ ——复地震道;

$x(t)$ ——实地震道;

$x_{\mathrm{i}}(t)$ ——虚地震道。

地震道的包络 $E(t)$ 可按式(4-3-2)计算:

$$E(t)=\sqrt{x^2(t)+x_{\mathrm{i}}^2(t)} \tag{4-3-2}$$

根据希尔伯特变换,虚地震道可直接从实地震道求取。对实地震道进行希尔伯特变换,实际上相当于对信号道进行一次 90°纯相位滤波,滤波因子、频率响应的表达式分别是:

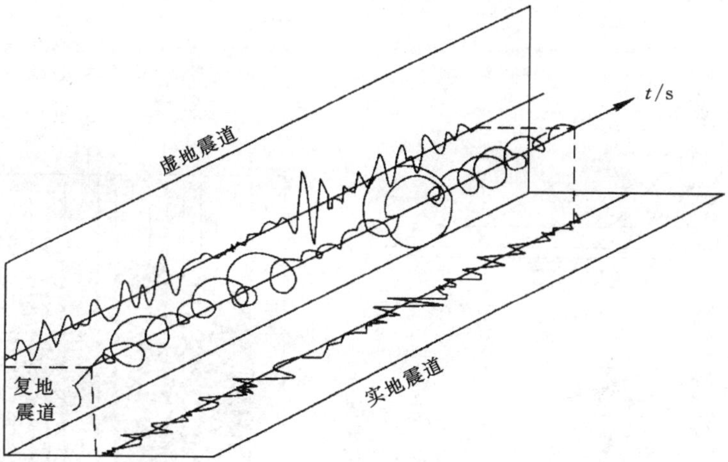

图 4-3-2　复地震道分析

$$h(t)=\frac{1}{\pi t} \tag{4-3-3}$$

$$H(f)=\begin{cases}-\mathrm{i} & f>0\\ \mathrm{i} & f<0\end{cases} \tag{4-3-4}$$

4.3.2.2　速度分析

槽波的速度分析主要用于估计艾里震相的速度，为后续叠加与偏移处理提供参数，同时也可用作槽波的识别标志，这是因为艾里震相的速度相对较低。

地面地震勘探中的速度分析是在共中心点道集上进行的。然而，因反射槽波能量弱、槽波的频散作用较强，各道之间难以对比；而透射槽波的能量较强、槽波特征明显，特别是艾里震相易识别、提取，炮点与接收点间距可准确获得，故利用透射槽波可以更准确地计算速度值。速度分析是依据没有构造的透射槽波数据，经过旋转、窄带滤波提取艾里震相、计算包络后进行的。速度分析的原理见图 4-3-3(a)。

若有一槽波透射勘探检波器排列，炮点到第 i 个检波器的距离为 $R_i(i=1,2,\cdots,N)$，给定速度 $v_j(j=1,2,3,\cdots)$，则炮点到检波器的旅行时为：

$$t_{i,j}=\frac{R_i}{v_j} \tag{4-3-5}$$

于是，在 $t_{i,j}$ 往前开一个长度为 Δt 的时窗，即 $t_{i,j}\rightarrow t_{i,j}+\Delta t$。从各道取出包络振幅，按式(4-3-6)计算函数值 $M(v_j)$：

$$M(v_j)=\sum_{i=1}^{N}\sum_{t=t_{i,j}}^{t_{i,j}+\Delta t}E_i(t) \tag{4-3-6}$$

显然，只有当给定的 v_j 等于艾里震相速度时，$M(v_j)$ 为极大。图 4-3-3(b)是我国河南某煤矿的实测资料，图 4-3-3(c)为其速度分析结果，槽波震相对应速度为 1 180 m/s。

4.3.2.3　频散分析

频散是槽波的根本特征，是在一定的围岩、煤层物性组合下产生的，携带围岩、煤的速度和结构信息。通过频散分析，不但可以证实槽波的存在，而且可以探测煤层结构与异常现

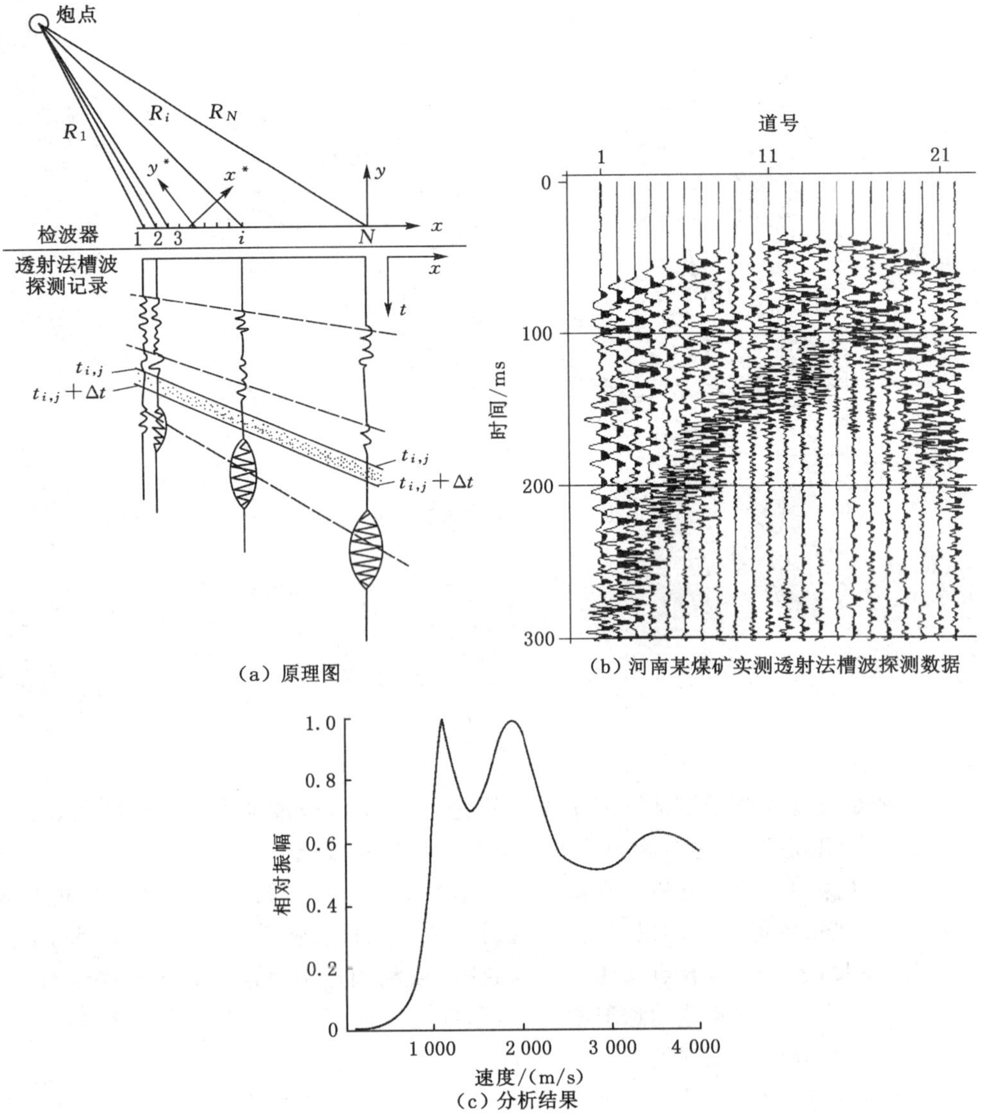

图 4-3-3　速度分析

象。实质上,频散分析就是从实测的透射槽波记录中提取群速度和相速度曲线。频散分析的方法很多,但以数值计算方法为好。数值计算既可基于单个记录道,也可基于多个记录道。由于群速度和相速度之间可以互相转换,故只要计算出其中之一,另一个便可由公式导出。

(1) 群速度的计算

群速度计算的关键在于,从透射槽波记录中测量任一时刻 t 槽波波列的优势频率 f_p,那么有:

$$U(f_p)=x/t \tag{4-3-7}$$

式中　x——震源到接收点的距离。多次滤波和移动时窗法是基于单个记录道的典型方法,它们可分别从频率域和时间域进行分析。基于多个记录道的分析方法在此不作讨论。

① 多次滤波技术

设 x 处观测到的槽波记录为 $x(t)$，其傅里叶变换谱为 $X(f)$，利用不同中心频率 $f_i(i=1,2,\cdots)$ 的窄带滤波器 $H(f,f_i)$ 对 $X(f)$ 进行多次滤波，可得一系列输出谱：

$$Y_i(f)=F(f_i)H(f,f_i) \tag{4-3-8}$$

利用傅里叶反变换可得相应的一系列时间信号 $y_i(t)$，而后分别计算各信号的瞬时振幅或包络：

$$A_i(t)=\sqrt{y_i^2(t)+z_i^2(t)} \tag{4-3-9}$$

式中　$z_i(t)$ —— $y_i(t)$ 的正交地震道或虚地震道。

包络极大值对应的时间 t_i，是窄带滤波器中心频率 f_i 附近的分量震源到接收点的旅行时。于是可算出群速度：

$$U(f_i)=x/t_i \tag{4-3-10}$$

通常选用高斯滤波器：

$$H(f,f_i)=\begin{cases}0 & f<(1-D)f_i\\ \mathrm{e}^{-\alpha(f-f_i)^2/f_i^2} & (1-D)f_i\leqslant f\leqslant(1+D)f_i\\ 0 & f>(1+D)f_i\end{cases} \tag{4-3-11}$$

式中　f_i ——中心频率；

D ——滤波器的相对宽度；

α ——高斯函数值的锐度参数。

包络道 A_i 对应不同中心频率 f_i $(i=1,2,\cdots)$。实际应用中，常借助式(4-3-10)将包络道的时间坐标轴换成 U 的包络 $A_i(U)$；按 f_i 顺序将 $A_i(U)$ 排列起来构成一个平面，相当于以 f 为横坐标、U 为纵坐标、任一包络道和任一时刻的振幅值都是 (U,f) 的函数，表示为 $A(U,f)$，然后在 (U,f) 平面上绘制 $A(U,f)$ 等值线图或灰度图。显然，图上 $A_{\max}$ 值的轨迹即等值线的"脊"，表示所求群速度曲线的位置。在一个采区或盘区的透射槽波记录中往往不止记录一道数据。为了改善频散分析效果，可选择信噪比高的、多炮的多道记录数据分别计算，而后叠加作为最终成果。

② 移动时窗法

设 x 处观测到的槽波记录为 $x(t)$，选取时间 $x(t)$ 为中心，利用窗函数 $\omega(\tau)$ 截取一段波列：

$$y_i(\tau)=x(t_i+\tau)\omega(\tau) \tag{4-3-12}$$

相当于时窗 $\omega(\tau)$ 沿槽波波列 $x(t)$ 移动，故称为移动时窗法。对截取的波列 $y_i(\tau)$ 作傅里叶变换：

$$Y_i(f)=|Y_i(f)|\times\mathrm{e}^{\mathrm{i}\varphi_i(f)} \tag{4-3-13}$$

从振幅谱 $|Y_i(f)|$ 不难求得主频 f_i，于是群速度为：

$$U_i(f)=x/t_i \tag{4-3-14}$$

常用的窗函数很多，如半余弦平方窗：

$$\omega(\tau)=\begin{cases}\cos^2(2\pi\tau/\tau_\omega) & |\tau|\leqslant\tau_\omega/2\\ 0 & |\tau|>\tau_\omega\end{cases} \tag{4-3-15}$$

式中　τ_{ω}——窗宽。

为了对所有频率保持同样的分辨率，τ_{ω} 应随分析周期 T_i 的减小而减小，即随 f_p 的增大而减小。一般来说，$\tau_{\omega} \approx 5T_i$ 。若 τ_{ω} 太窄，则 U_i 分辨率较差；若 τ_{ω} 太宽，则时间分辨率不好。

对于每一个 t_i，按照式(4-3-14)均可求得一个 U_i，同时对应一个振幅谱 $|Y_i(f)|$ 。然后将不同的 $|Y_i(f)|$ 按 U_i 顺序排列在 (U,f) 平面上，且以 f 为横坐标、U 为纵坐标。在 (U,f) 平面上勾绘 $|Y_i(f)|$ 的等值线图，极值的轨迹即群速度曲线。

同多次滤波一样，也可选用多炮多道的高信噪比记录分别分析，而后叠加，以改善分析效果。

(2) 相速度的计算——相位差法

假设在近于同一方位的 x_1、x_2 各有一个接收点，接收到两道透射槽波记录 $x_1(t)$、$x_2(t)$ 。经傅里叶变换得到对应的频谱 $|X_1(f)|$、$|X_2(f)|$，对应的相位谱 $\varphi_1(f)$、$\varphi_2(f)$ 。

经傅里叶变换后的相位角介于 $0 \sim 2\pi$ 之间，与实际的相位角可能差 $2n\pi(n=0,1,2,\cdots)$，于是：

$$\begin{cases}\varphi_1(f)=\omega \times x_1/c(f)+\varphi_0+\varphi_{i1}+2n\pi \\ \varphi_2(f)=\omega \times x_2/c(f)+\varphi_0+\varphi_{i2}+2n\pi\end{cases} \tag{4-3-16}$$

式中　φ_0——震源函数的相位谱；

φ_{i1}、φ_{i2}——x_1、x_2 记录的相位谱。

对于现阶段的仪器，一般可认为 $\varphi_{i1}=\varphi_{i2}$ 。若将式(4-3-16)的两式相减，整理可得：

$$c(f)=2\pi f\,\frac{x_2-x_1}{(\varphi_2-\varphi_1)-2m\pi} \tag{4-3-17}$$

式中　m——一个整数，可以根据 c 的范围粗略估计。

实际应用结果表明，由 $x_1(t)$、$x_2(t)$ 计算 φ_1、φ_2，而后代入式(4-3-17)得到的结果误差较大。若采用互相关法计算相位差 $\Delta\varphi(\Delta\varphi=\varphi_2-\varphi_1)$，代入式(4-3-17)可以获得比较满意的结果。

4.3.3　极化分析与滤波

极化分析是以二分量数据为基础，可在旋转之前或旋转之后进行，目的是更详细地研究地震波场及它们的空间相干情况，以获取相关地震波类型及方向信息，从而为极化滤波、速度分析及图像重建提供参数。

4.3.3.1　质点振动轨迹分析

图 4-3-4(a)为一个接收点未经旋转的二分量记录的振动轨迹分析，图 4-3-4(b)为相邻四个接收点对应的不同时窗的质点振动轨迹图。每个直角坐标系中都有一条通过第Ⅱ、Ⅳ象限的斜线，它们表示该接收点指向炮点的方向。

沿时间轴分割出若干宽度相等的时窗，可以彼此相接、也可彼此重叠。对每一个时窗可建立一个直角坐标系，按采样点顺序将 x、y 振动分量的振幅作为点坐标，以点的形式标入相应坐标系内，然后将同一坐标系的一系列点按先后顺序连接，首尾点用不同的符号标注。将前一时窗的尾点与下一时窗的首点在不同坐标系中重复标上。每一坐标系中的连线或点

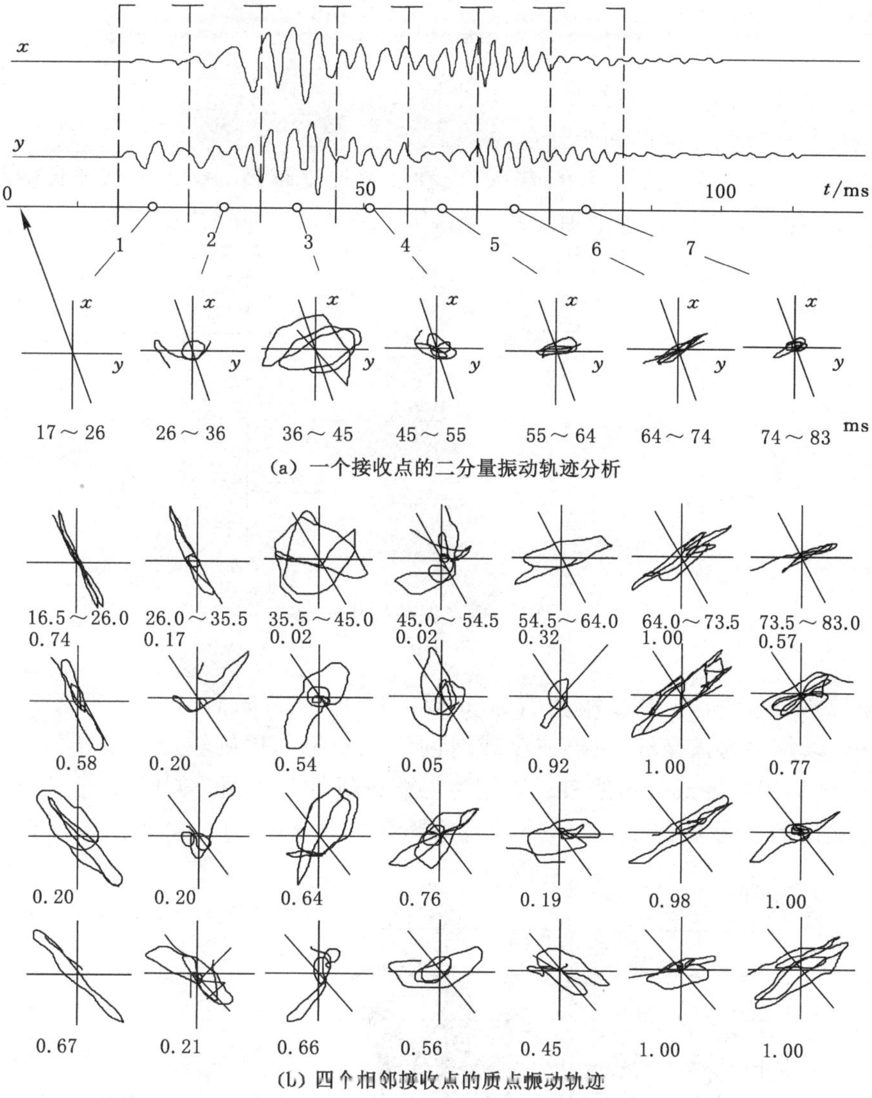

(a) 一个接收点的二分量振动轨迹分析

(b) 四个相邻接收点的质点振动轨迹

图 4-3-4　质点振动轨迹分析

的行径表示了质点在相应时窗内振动的轨迹，故称为质点振动轨迹图。

质点振动若是线性极化，质点振动轨迹图可呈现为直线或拉长的椭圆形；若未极化，则呈近似圆形。因此，椭圆拉长的程度可表示线性极化的程度，长轴的方向表征了质点振动方向。图 4-3-4 第一时窗内的质点振动的线性极化程度很高，长轴指向炮点方向，代表典型的直达 P 波；第六时窗的质点振动的线性极化程度也很高，长轴几乎垂直指向炮点的方向，代表典型的 L 波。

为了量化质点振动的线性极化程度及振动方向，设想在每个坐标系中用一个椭圆来拟合所有的点[图 4-3-5(a)]，然后按图 4-3-5(b)所示方法，分别定义线性(线性极化程度 R_1)以及极化角：

$$R_1 = 1 - b/a \tag{4-3-18}$$

$$\varphi = \arctan\left(\frac{D_x}{D_y}\right) \tag{4-3-19}$$

式中 a、b——分别表示椭圆的长半轴与短半轴长度；

D_x、D_y——极化方向的两个分量。

显然，R_1 在 0～1 之间变化，且 R_1 越大，线性极化程度越高。φ 表征椭圆长轴与某坐标轴间的夹角：若表示椭圆长轴与 y 轴间的夹角，则 φ 在$-90°$～$90°$之间变化。

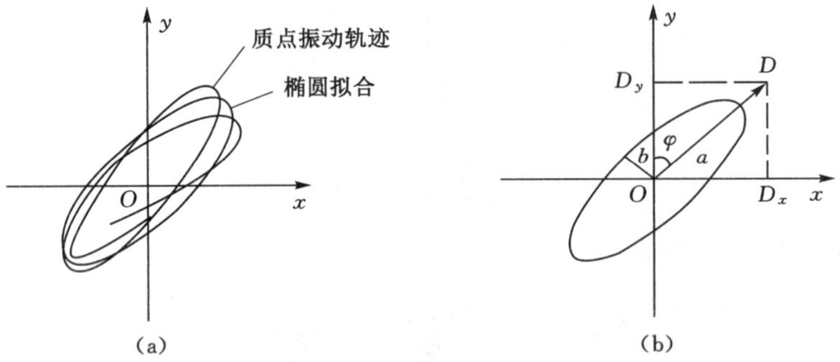

图 4-3-5 质点振动极化椭圆

多次滤波频散分析与质点振动轨迹分析的结合构成尼浩分析。在尼浩分析实例（图 4-3-6）中，以频率为横坐标，以群速度或时间为纵坐标。用旋转后的二分量记录多次滤波频散分析，结果用灰度或等值线表示以作为尼浩分析的背景图。同时，对于不同中心频率 f_i 窄带滤波输出的二分量记录，应以等时间间隔开宽度相同的时窗而作质点振动轨迹分

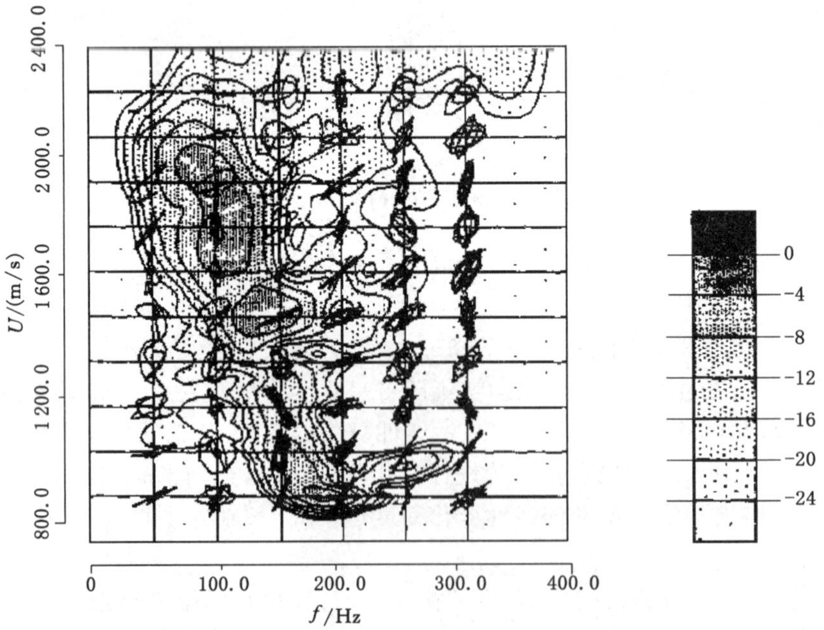

图 4-3-6 尼浩分析实例

析，将质点振动轨迹图按时窗中心时间 t_i（或转换为群速度）作为上述频散分析平面图的前景，从而形成尼浩分析图。尼浩分析图可用于分析不同的波至时间（或群速度）上各种频率成分的振动规律，区分不同的波型。

4.3.3.2　极化分析

极化分析的实质是，按时间采样点顺序逐点开时窗进行质点振动轨迹分析。因轨迹图太多而难以图示，故只逐点求取 R_1 及 φ 值。由于这些数值随时间变化，所以它们是时间的函数：直线函数 $R_1(t)$，极化角函数 $\varphi(t)$。函数的计算方法有以下 3 种。

(1) 最小二乘法

该方法是指在偏差平方和最小的原则下，用椭圆逐点拟合质点振动轨迹图。

(2) 转动惯量法

该方法是指将坐标系内每个质点视为具有单位质量的质点且相对于一个主轴旋转，而后计算坐标系内质点的转动惯量。主轴按一定角度为步长，从 $-90°\sim90°$ 或 $-90°\sim180°$ 变化。显然，转动惯量与椭圆的偏心率有关。当主旋转轴与极化椭圆的长轴一致时，转动惯量达到极小；反之，当主旋转轴与极化椭圆的短轴一致时，转动惯量达到极大。极化程度越高，转动惯量的两个极值相差越大。

(3) 本征分析法

该方法的数学基础是，在一个时窗内，对以二分量振幅为 x，y 坐标的点子的协方差矩阵进行本征分析。可以证明，本征值 λ_1、$\lambda_2(\lambda_1\geqslant\lambda_2)$ 与转动惯量一致，分别对应椭圆的长半轴长度 a 与短半轴长度 b，本征向量则与椭圆主轴一致。

设旋转前后的二分量记录为 $x(t)$、$y(t)$，取长度为 $N\Delta t$、中心点时间为 τ 的滑动时窗：

$$\omega(t,\tau)=\begin{cases}1 & |t-\tau|\leqslant\dfrac{N-1}{2}\Delta t\\[2ex] 0 & |t-\tau|>\dfrac{N-1}{2}\Delta t\end{cases}\tag{4-3-20}$$

对 $x(t)$、$y(t)$ 进行截取，得：

$$\begin{cases}x_\tau(t)=x(t)\omega(t,\tau)\\ y_\tau(t)=y(t)\omega(t,\tau)\end{cases}\tag{4-3-21}$$

式中　$x_\tau(t)$、$y_\tau(t)$ ——滑动时窗的中心时间。

考虑 $x_\tau(t)$、$y_\tau(t)$ 皆为离散的子样，分别用 x_i、$y_i(i=1,\ 2,\ \cdots,N)$ 表示，协方差和方差分别可表示为：

$$\operatorname{cov}(x,y)=\frac{1}{N}\sum_{i=1}^{N}(x_i-\bar{x})(y_i-\bar{y})\tag{4-3-22}$$

$$\operatorname{var}(x,y)=\frac{1}{N}\sum_{i=1}^{N}(x_i-\bar{x})^2\tag{4-3-23}$$

式中　$\bar{x}$、$\bar{y}$ ——离散子样 x_i、y_i 的均值。

坐标系内，数据点的协方差矩阵为：

$$\begin{bmatrix}\operatorname{var}(x_\tau) & \operatorname{cov}(x_\tau,y_\tau)\\ \operatorname{cov}(x_\tau,y_\tau) & \operatorname{var}(y_\tau)\end{bmatrix}\tag{4-3-24}$$

进行主轴变换，即可解得本征值 λ_1、$\lambda_2(\lambda_1\geqslant\lambda_2)$ 与特征向量 D。那么，直线函数与角函

数分别为：

$$R_1(\tau)=1-\frac{\lambda_2(\tau)}{\lambda_1(\tau)} \tag{4-3-25}$$

$$\varphi(\tau)=\arctan\left(\frac{D_x}{D_y}\right) \tag{4-3-26}$$

二分量数据的极化分析(图 4-3-7)与图 4-3-4 所示的相同。a 时窗对应 P 波，$R_1\approx1$，φ 为 70°～90°；时窗 b 对应 L 波，R_1 幅值大、曲线宽缓，$\varphi\approx-20°$。在 25～30 m 处的震相($R_1\approx0$，φ 约为$-20°$)可能是 S 波，具有近圆形极化的特点。

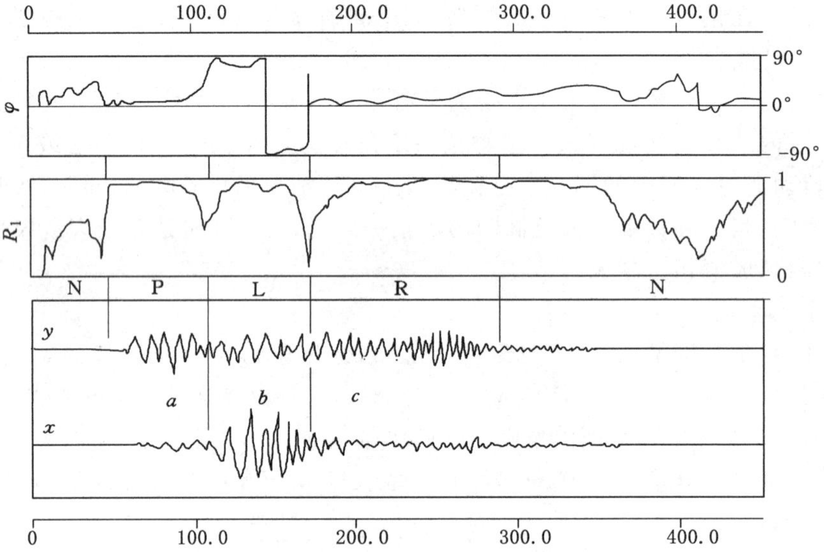

图 4-3-7　二分量数据的极化分析

根据地震波极化特征，可区分地震波的类型、传播方向，有助于识别槽波及反射体的存在；利用地震波极化特征，还可对地震波进行极化滤波，提高信噪比；基于极化分析结果，可进行二分量数据的偏移处理，实现对反射体的成像。

4.3.3.3　极化滤波

极化滤波的实质是一种振幅加权滤波。利用极化分析结果，对原二分量记录乘以适当的加权系数，以增强线性极化程度或某一个方向极化信号，消弱线性极化程度低或其他不需要的成分，达到提高信噪比的目的。

(1) 直线滤波

按直线函数 $R_1(t)$ 对记录的振幅进行加权，即乘以一个加权系数：

$$W_{rt}(t)=\left[1-\sqrt{\frac{\lambda_2(t)}{\lambda_1(t)}}\right]^2 \tag{4-3-27}$$

(2) 极化角滤波

按角度函数或极化方向向量 D_x、D_y 对振幅进行加权。

(3) 极化滤波实例

极化滤波是上述两种滤波的联合，可以获得更好的效果。应该说，二分量记录的旋转在某种程度上也具有极化滤波的作用：旋转后，P 波、SV 波和 R 波在 y 分量记录上更突出，SH 波或 L 波在 x 分量上更突出。有时将极化滤波与旋转结合起来可获得更佳效果。

图 4-3-8 是二分量记录旋转与极化滤波实例。图 4-3-8(a)是二分量的原始记录。图 4-3-8(b)表示将图 4-3-8(a)作旋转处理，其中，x^* 分量上，L 波突出、P 波减弱；y^* 分量上，P 波增强、L 波略微减弱。图 4-3-8(c)是极化滤波结果，突出了极化程度高的 P 波、S 波及艾里震相，其他波受到压制，记录效果大有改善。图 4-3-8(d)是极化滤波之后再旋转的结果，记录效果进一步改善，不同分量的记录突出了不同的波。

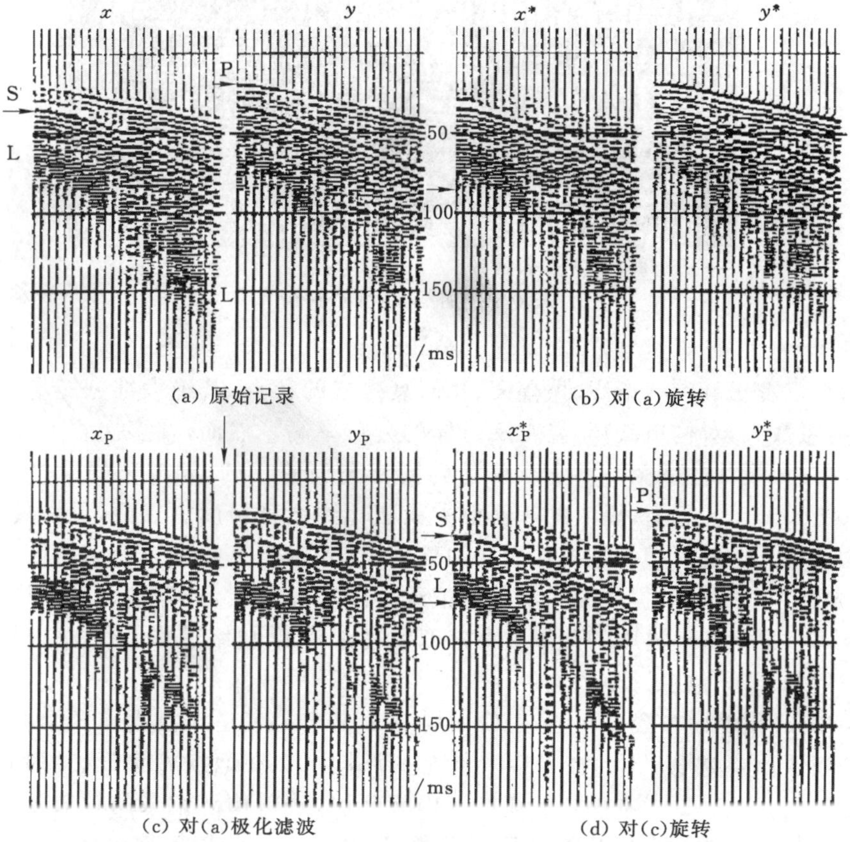

P—直达 P 波；S—直达 S 波；L—洛夫型槽波。

图 4-3-8　二分量记录的旋转与极化滤波实例

4.3.4　包络叠加、动态道集叠加及槽波的再压缩

4.3.4.1　包络叠加

共深度点(CDP)或共反射点叠加技术是地面地震勘探的核心方法，以不同的炮检距对同一反射点做多次重复观测，对同一反射点的 CDP 道集进行正常时差校正或动校正，而后叠加。这种方法对于提高信噪比、压制多次波及突出反射波有明显效果。

反射槽波信号一般较弱，记录的信噪比低，严重影响 ISS 反射波测量的成功应用。因此可采用多次叠加技术。然而槽波是频散波，其相速度与群速度存在明显差异且取决于频率；

槽波具有很高的频率、很宽的频带。如果像地面地震勘探一样，对反射槽波的 CDP 道集直接作动校正和叠加，则无法得到较好效果，常产生“脱相”（图 4-3-9）。

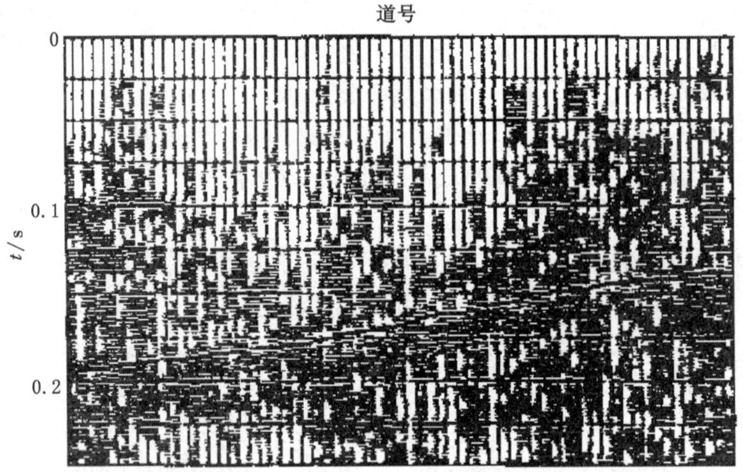

图 4-3-9　叠加剖面上的“脱相”

槽波的艾里震相具有频率高、振幅大、几何衰减慢的特点，其绝大部分能量集中在煤层中传播，反射系数大，对构造破坏、异常反射体的分辨率高。然而，在多次叠加处理中，艾里震相是高频信号，设其频率为 500 Hz，要达到同相叠加的目的，动校正的误差就必须小于 $T/4$（即约 0.5 ms）。实际上，提取的速度根本无法达到此种精度。然而，包络具有频率低、相干性强的优势。在反射槽波数据多次叠加处理中，采用包络叠加可使问题简化。所谓包络叠加，即先利用窄带滤波提取原始反射波记录中的艾里震相，计算各地震道的包络线，抽取 CDP 包络集，再用已经提取的艾里震相速度数据在 CDP 包络道集上作正常时差校正，最后将动校正后的 CDP 包络道集叠加。

图 4-3-10(a)是现场布置平面图，工作面煤厚为 1.6 m，巷道 2 已揭露两个断层，造成巷道 2 中断的断层落差为 3.5 m。在大巷内布置一个排列 C，在炮点 A 激发、排列 C 接收。透射槽波记录表明，炮点 A 与排列 C 的扇形区内无断层，透射槽波记录的频散分析提供了群速度数据。在排列 C 上进行 6 次叠加反射探测，反射槽波 x 分量单炮记录见图 4-3-10(b)。图 4-3-10(c)是经过窄带滤波及包络计算处理的单炮记录；图 4-3-10(d)为包络叠加剖面；图 4-3-10(e)是包络极大值的时间剖面。由图 4-3-10 可以看出，剖面上有断层存在，发现的断层可能是两支。右支断层可能与巷道揭露的断层相连，因从左支断层后面通过而不连续。

4.3.4.2　动态道集叠加

反射槽波的包络叠加与标准的地面反射法多次波叠加一样，目的是提高信噪比，增强有效反射信号。但对反射槽波勘探来说存在着两个突出问题：反射体走向与测线夹角的随意性，相当于地面反射波法勘探中反射界面的倾角是 $0^\circ \sim \pm 90^\circ$，故与地面地震勘探中地层产状多为水平或接近水平的情况不同；槽波是频散的，反射槽波数据冗余量有限。

严格地说，CDP 叠加只有在反射界面相对测线平行（或水平）条件下才有真正的反射点，否则只能是共中心点（CMP）。对于一个 CMP，任一次不同的非零炮检距重复观测时的反射点不在同一点，均不同程度偏离零炮检距的反射点（图 4-3-11），偏移量为：

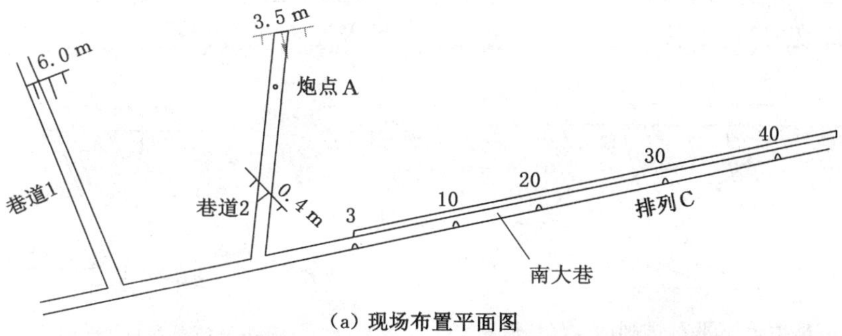

(a) 现场布置平面图

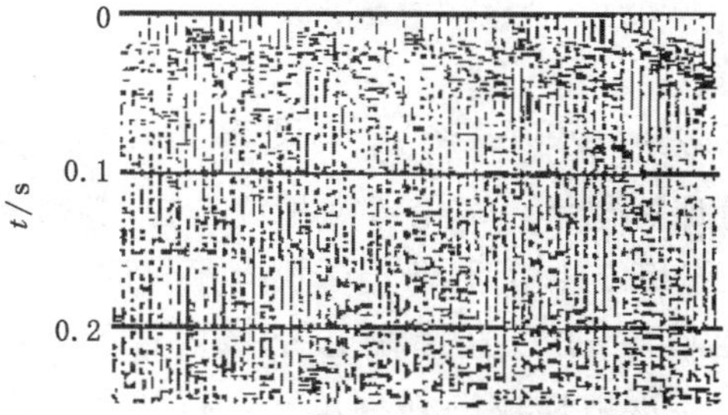

(b) 反射槽波 x 分量单炮记录

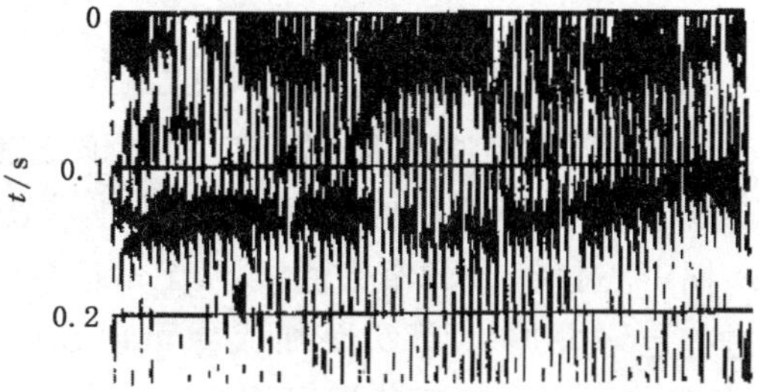

(d) 包络叠加剖面

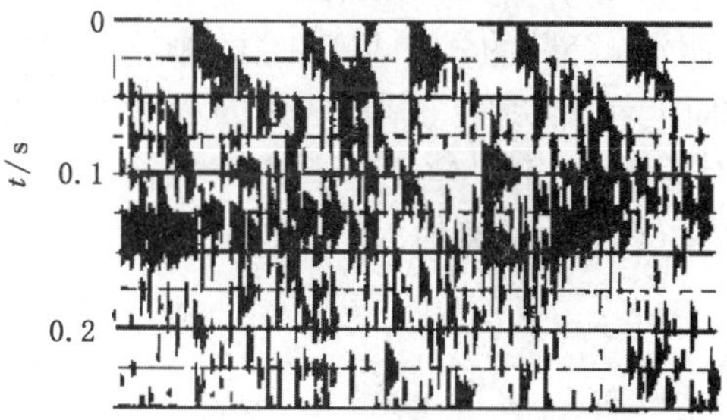

(c) 经窄带滤波及包络计算处理的单炮记录

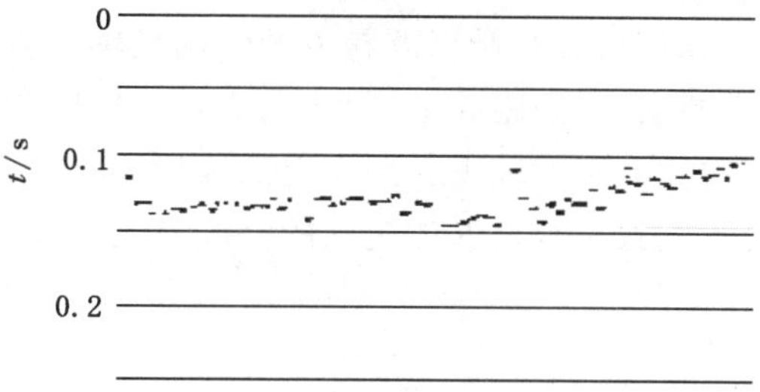

(e) 包络极大值的时间剖面

图 4-3-10　六次包络叠加

$$d = x^2 \sin 2\theta/(2h) \tag{4-3-28}$$

式中　θ——界面倾角(或与排列的夹角)；

$2x$——炮检距；

h——CMP 下界面的法线深度。

对于地面地震勘探，θ 与 x/h 较小，所以 d 也小，这意味着 CMP 道集内所有反射点都靠近零炮检距的反射点 A。设 $x=300$ m、$h=600$ m、$\theta=15°$，则 $d/x=0.125$，尚可近似看作“共反射点”。在 ISS 中，x/h 往往较大，θ 可取任意值，则 d 未必小。例如，$x=100$ m、$h=100$ m、$\theta=45°$，则有 $d/x\approx0.5$，反射点具有极大的分散性。

通常，CDP 叠加用于处理反射波，体波没有频散而反射槽波有频散，必须考虑相速度与群速度的差异，经过再压缩处理无法消除此种差异。为此，发展出了一种改进的 CDP 叠加技术，称为动态道集(DTG)叠加。现将某个可能按 θ 角延伸的反射体等分成若干段(图 4-3-12)，针对此反射界面，寻找不同炮、不同记录道对应的反射点位置，将属于同一反射点的记录道组成一个道集。这个道集因随处理者感兴趣的反射体位置和走向而变化，所以称为动态道集。就是说，对不同的动态道集分别作动校正而后叠加。当对反射体的位置及走向掌握不确切时，需要按一定步长对可能的位置及走向进行扫描。

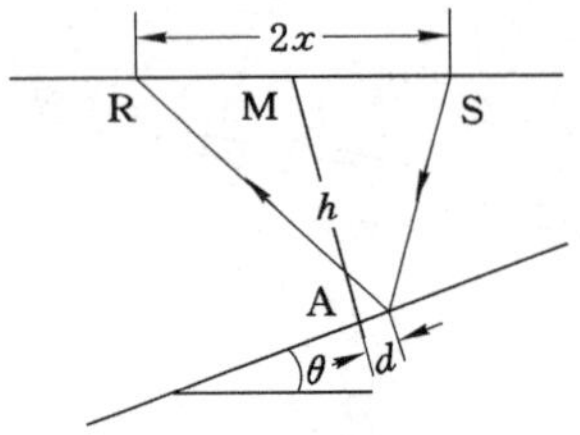

图 4-3-11　反射体不平行排列时 CMP 道集的反射点分散示意图

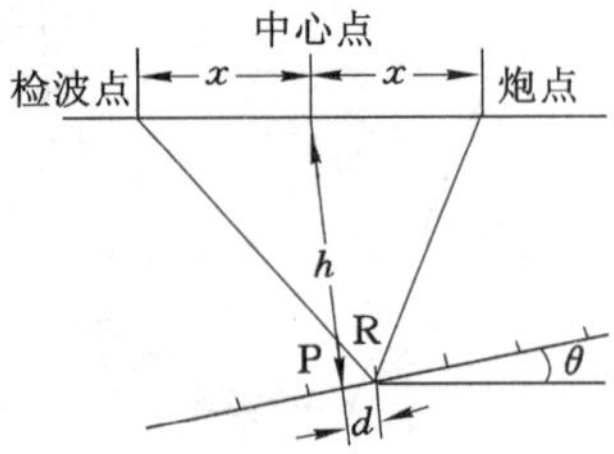

图 4-3-12　DTG 叠加原理图

若考虑反射槽波的频散，在动校正之前，必须逐道进行相位补偿，补偿因子为 $e^{i\omega_c(1-U/c)t_n}$。若不要相位信息，可在动校正前逐道计算包络。不论考虑相位与否，必须逐道进行不同中心频率 ω_c 的窄带滤波。当 ω_c 很高时，作相位补偿后，若记录没有足够同相性时，最好进行包络叠加。DTG 叠加成像可以在时-空域内，也可直接在空-空域内进行。由于 DTG 叠加将反射点相近的记录道叠加，误差取决于反射体段的划分尺寸。在图 4-3-13 的实例中，巷道内已揭露一条 EW 走向、落差小于 2.0 m 的断层，反射槽波观测系统布置在北面巷道、向前探测，最靠近巷道的强同相轴是直达槽波，较远的一个反射同相轴是预测的一条较大断层，一般距巷道 120～175 m。从这个剖面上看，信噪比很高，这是因为靠近排列成像，多次波的干扰较少。剖面上的线段 CD 是剖面的基线，不一定平行巷道或工作面的。通常，选择大致平行反射体走向的基线较为适宜，这样可以增加叠加次数、突出平行基线剖面的断层记录。

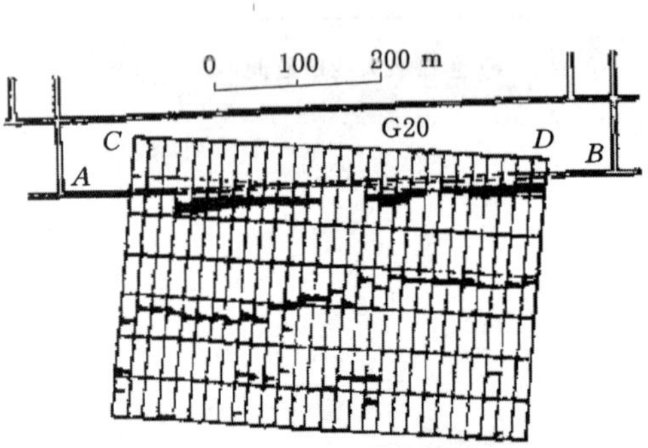

(a) DTG叠加剖面

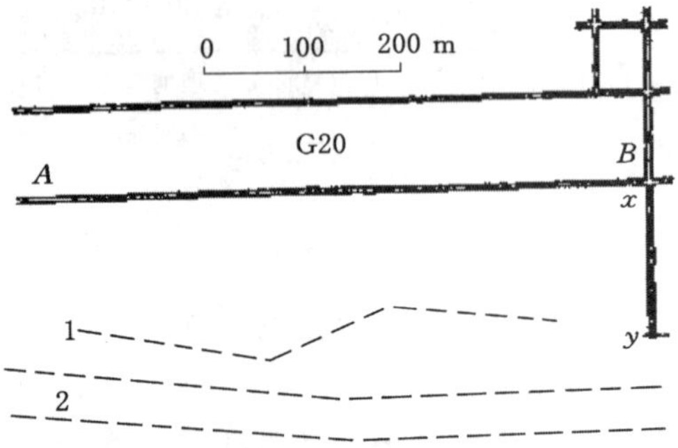

(b) 解释结果

1—ISS 预测的断层；2—地面地震预测结果。

图 4-3-13　DTG 叠加地震剖面实例

4.3.4.3　槽波的再压缩

槽波的再压缩又称反褶积，但不同于传统的反褶积或反滤波。槽波的再压缩是指利用已知频率信息削弱或者消除槽波的频率效应，使频散变频长波列再压缩为一个较短促的脉冲，从而提高分辨率、增加穿透范围。再压缩的方法已有不少，这里仅介绍前人发展的频谱翘曲法。由前文可知，频散槽波可表达为：

$$f(x,t)=\int_{-\infty}^{\infty}S(\omega)e^{i(kx-\omega t)}d\omega=\int_{-\infty}^{\infty}[S(\omega)e^{ikx}]\times e^{-i\omega t}d\omega \tag{4-3-29}$$

式中　$S(\omega)$——震源信号的频谱；

k——波数，$k=\omega/c$。

由式(4-3-29)可知，频散信号 $f(x,t)$ 实质上是震源信号 $S(t)$ 通过纯相移滤波器 $h(x,t)$ 的输出结果，即

$$F(x,\omega)=S(\omega)H(x,\omega) \tag{4-3-30}$$

式中　$F(x,\omega)$——频散信号 $f(x,t)$ 的频散；

$H(x,\omega)$——纯相移滤波器 $h(x,t)$ 的频率响应。

对比式(4-3-29)和式(4-3-30)，有：

$$H(x,\omega)=e^{ikx} \tag{4-3-31}$$

若将 $k(\omega)$ 在 ω_P 微小邻域内作泰勒级数展开，舍去高于二阶的微量，得：

$$k(\omega)\approx k_0+k_1\left(\frac{\omega-\omega_P}{c}\right)+k_2\left(\frac{\omega-\omega_P}{c}\right)^2 \tag{4-3-32}$$

式中　c——相速度；

U——群速度，$U=d\omega/dk$；

$k_0=\omega_P/c$；

$k_1=c/U$；

$k_2=\frac{1}{2}c^2\left.\frac{\partial^2 k}{\partial\omega^2}\right|_{\omega=\omega_P}$。

由式(4-3-32)可知，k_2 是引起震源信号包络扩展和载频 ω_P 变为调谐信号的原因。

在频谱翘曲法再压缩过程中，实质上滤波的核心是在频率域作一个抛物线变换：

$$\Omega=\left(\frac{\omega-\omega_P}{c}\right)-\frac{1}{2\eta}\left(\frac{\omega-\omega_P}{c}\right)^2 \tag{4-3-33}$$

若令 $\eta=\frac{-k_1}{2k^2}$，再压缩滤波器的频率响应可由式(4-3-31)改写为：

$$H(x,\Omega)=e^{-i(k_0+k_1\Omega x)} \tag{4-3-34}$$

在频率 Ω 上，$H(x,\Omega)$ 仅表示简单的延迟与相位的滚动。频谱翘曲法再压缩的原理如图 4-3-14所示。图顶部是输入的一道实际反射槽波记录；图中部表示从 ω 到 Ω 频谱翘曲的抛物线变换，纵轴表示 ω，横轴表示 Ω，该曲线根据式(4-3-33)绘制，坐标原点选在 ω 轴上的 ω_P(输入槽波信号所占的中心频带)；图底部是经频谱翘曲法再压缩后的输出反射槽波记录。

先将输入信号进行傅里叶变换，而后将其实部与虚部先后表示在 ω 轴上，并通过变换投影到 Ω 轴，这时 Ω 轴上的实部和虚部是非均匀分布的，所以必须将其内插成均匀分布并组合，再经傅里叶反变换回到时间域，即可得到再压缩后的输出反射槽波记录。

理论上讲，如果煤层是各向同性的均匀介质，一个采区只需要一个反滤波因子。实际并非如此，不同记录道有不同的最佳因子，因而难以实现自动化，对记录处理人员的技能要求较高。经验表明，不用对断层反射来的强宽频带信号再压缩也能检测出断层；窄频带信号频散不明显，不用再压缩该信号也可较为清楚地检测出断层。所以，在大多数情况下，频散反射信号处理的折中方案是，先提取群速度，经窄带滤波后再进行反射槽波的分析与解释。

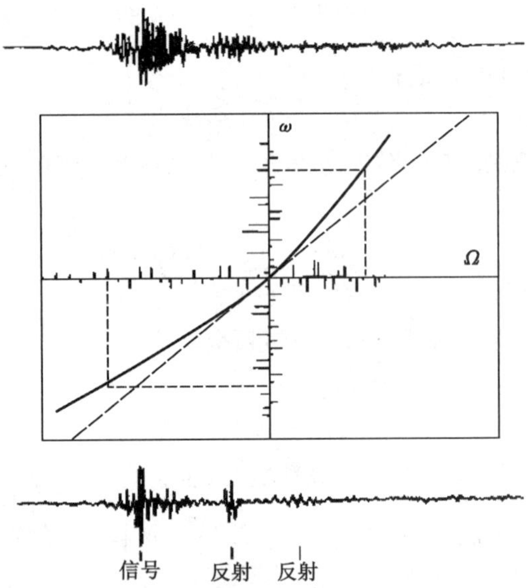

图 4-3-14　频谱翘曲法再压缩的原理

4.3.5　槽波的偏移与层析成像

ISS 反射法探测的根本目的是确定工作面前方煤层内反射体(如断层、采空区等)的空间位置。反射槽波记录经偏移处理后,可实现反射体的空间成像。

4.3.5.1　延迟求和

延迟求和(lag-sum,简称 LS),是一类偏移聚焦成像方法的统称。地震勘探中,把延迟叠加算子称为惠更斯-克希霍夫绕射叠加偏移算子。此类算子把数据从时间剖面偏移转移到空间平面(通常是探区平面上)。一个线性检波器排列可视为一个绕射光栅,地震记录相当于入射到光栅的波动记录。LS 处理的目的就是产生绕射花纹。

当利用绕射理论推导成像方程时,必须考虑三个因素:时变性、二维传播、频散。对于有限检波器排列,其延迟求和方程为:

$$I(x,y)=\left|\sum_{n=1}^{N}A_n(t_n)\mathrm{e}^{\mathrm{i}\omega_c(1-U/c)t_n}\right|^2 \tag{4-3-35}$$

式中　ω_c——槽波的中心频率;

U、c——ω 为 ω_c 时槽波的群速度与相速度;

t_n——第 n 个检波器的旅行时;

$A_n(t_n)$——第 n 个检波器 t_n 时刻的信号振幅;

$I(x,y)$——预测工作面前方(x,y)处发生地震事件(爆炸、反射物绕射等)的非规格化概率。

图 4-3-15 显示了 LS 的偏移原理。首先,将探测的区盘(或图域)按一定的网距划分为若干小方格(图元),并用(x,y)表示任一图元的中心点坐标。根据提取的槽波速度,按一定规律计算点(x,y)到第 n 个接收点 R_n 的时间 $t_n(n=1,2,\cdots,N)$。而后,从各检波器记录道相应时间 t_n 拾取振幅 $A_n(t_n)$,利用式(4-3-35)计算图元(x,y)的概率 $I(x,y)$。最后,将整

个图域的 $I(x,y)$ 绘制成等值线图，进而判断和圈定震源、反射体的位置。

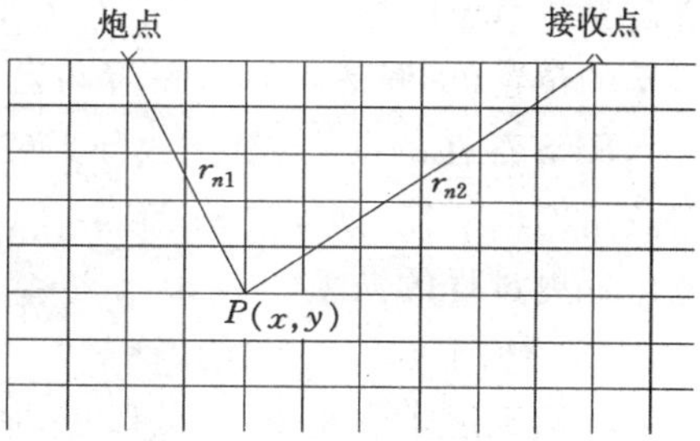

图 4-3-15　LS 的偏移原理

对于频散槽波成像，如果要保证相位信息，式(4-3-35)中的指数因子是十分重要的。正是因为这个因子涉及频散波列群速度与相速度的区别，所以实现了相位补偿。如果不考虑相位信息，则可用槽波记录的包络线来计算。这时令 $U=c$，用包络振幅 $E_n(t_n)$ 来代替 $A_n(t_n)$，式(4-3-35)可简化为：

$$I(x,y)=\left|\sum_{n=1}^{N}E_n(t_n)\right|^2 \qquad (4\text{-}3\text{-}36)$$

依据旅行时的计算方式，LS 分为径向延迟求和(RLS)、椭圆延迟求和(ELS)、波型转换延迟求和(MCLS)及自适应延迟求和(ALS)等 4 种叠加偏移技术。

(1) 径向延迟求和(RLS)

把每一个图元(x,y)假想为震源或虚震源，设图元(x,y)到接收点的距离为 r_n，则：

$$t_n=r_n/U \qquad (4\text{-}3\text{-}37)$$

由 $I(x,y)$ 等值线图可确定震源或虚震源的最可能位置。若是反射法槽波数据，从震源即可确定直线形断层的位置。图 4-3-16 是 RLS 处理实例。在巷道 AD、BC 已揭露了两个异常点 F 和 E，F 点落差为 1.3 m，E 点落差为 0.6 m[图 4-3-16(a)]。图 4-3-16(b)中出现了相当于巷道 BC 及断层的两个虚震源。其中，左上角的虚震源相对于巷道 BC，右上角的

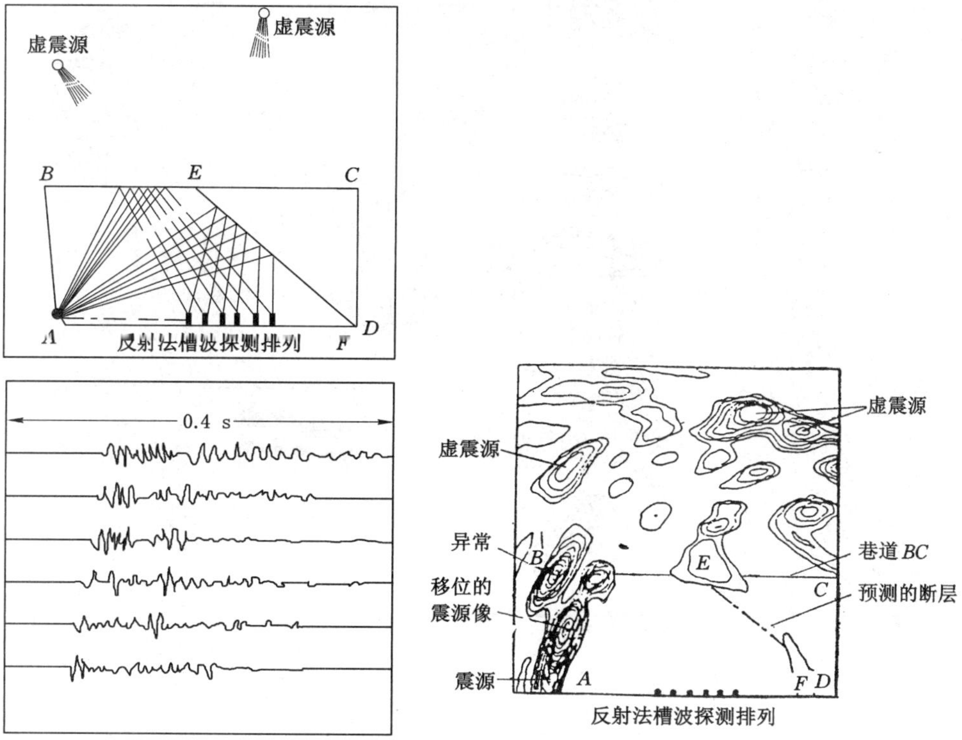

(a) 反射法槽波探测的平面布置及数据记录　　(b) RLS处理结果

图 4-3-16　RLS 处理实例

虚震源相对于断层走向。依据右上角的虚震源与真正震源连线的垂直平分线，可标出预测断层的位置（虚线表示），此位置与已知断点 E、F 构成的线段位置大体相符[图 4-3-16(b)]。

RLS 存在的问题：不能区分真震源与虚震源；仅对走向为直线的断层有效，而对走向弯曲变形的反射体（如废井筒、陷落柱、弯曲的河道沙堤、断层等）皆作等权处理会影响效果；未考虑反射过程的波型转换。

(2) 椭圆延迟求和(ELS)

椭圆延迟求和是 RLS 的改进，依据是“反射点的轨迹为一个椭圆，椭圆的两个焦点是震源和接收点”。把每一个图元(x,y)都想象为反射（或衍射）点，震源到图元(x,y)、图元(x,y)到接收点 $R_n(n=1,2,\cdots,N)$的距离分别为 r_{n1}、r_{n2}，而由图元(x,y)反射到接收点 R_n 的时间为 t_n，则：

$$t_n=(r_{n1}+r_{n2})/U \tag{4-3-38}$$

先依据时间 t_n 到各记录道上收集振幅 $A_n(t_n)$，而后利用式(4-3-35)计算 $I(x,y)$，再利用 $I(x,y)$等值线图区分真震源与虚震源，同时可直接给出反射体位置。

图 4-3-17(a)是反射法槽波数据的 ELS 处理结果。该图中的断层沿等值线的“脊”展布，而巷道 BC 的反射信号也有显示。在采区中央出现的一个高概率的异常有待解释。本区南北两侧工作面都已回采完毕，将已揭露断层的走向、倾向及落差与 ELS 处理结果同时展示在一个平面图[图 4-3-17(b)]中更利于综合解释。

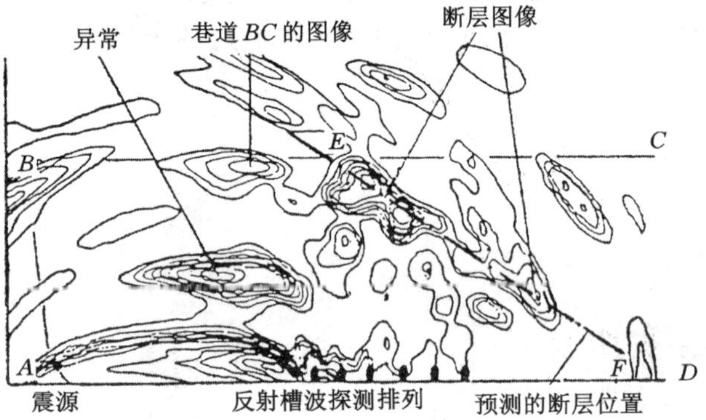

(a) ELS处理结果

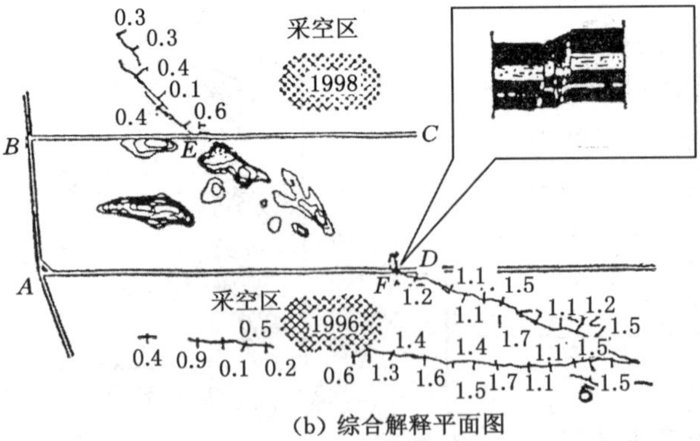

(b) 综合解释平面图

图 4-3-17　ELS 处理实例

(3) 波型转换延迟求和(MCLS)

MCLS 的原理与 ELS 的基本相同,但考虑了反射过程的波型转换:反射前是一种波型,速度为 U_1;反射后是另一种波型,速度为 U_2。于是 t_n 为:

$$t_n = r_{n1}/U_1 + r_{n2}/U_2 \tag{4-3-39}$$

以上方法都不难从单炮记录推广到多炮记录,只需要将各炮处理出的 $I_i(x,y)(i=1,2,\cdots,M)$进行叠加。

(4) 自适应延迟求和(ALS)

自适应延迟求和是对 LS 偏移的改进。在 ALS 偏移中,对与接收点排列呈不同角度的潜在异常体赋予不同的权系数,可优先拾取一定角度范围内的目标;ALS 可考虑槽波的波型转换;ALS 既可以处理反射槽波数据,也可处理透射槽波数据。

假设异常体相对排列以角度 $\alpha \pm \Delta\alpha$ 延伸,问题变成了如何求得每一个图元格点 $P(x, y)$假想衍射体的延伸角度。如图 4-3-18 所示,设入射到衍射体的角度为 i,入射波速度为 v_i,衍射角为 r、衍射波速度为 v_r,基于斯涅耳定律得:

$$i = \arctan \frac{\sin \varphi}{\cos \varphi \pm v_r / v_i} \tag{4-3-40}$$

式中　φ——入射线与衍射线的夹角。

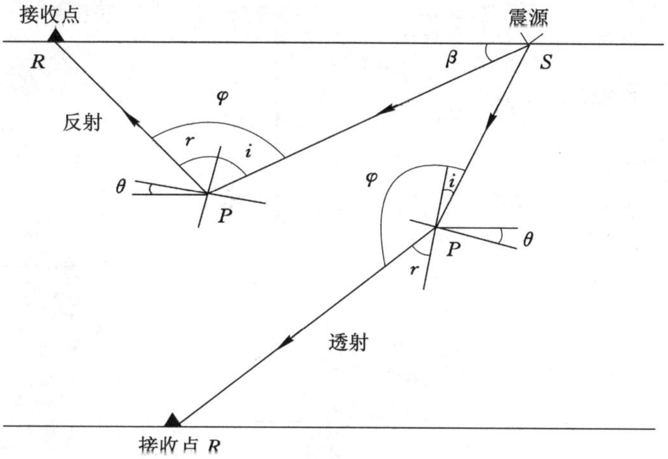

图 4-3-18　衍射体波延伸角度计算原理图

反射槽波数据取正号,透射槽波数据取负号。如果在衍射点 P 没有发生波型转换,则 $v_i = v_r$。由于 ΔRPS 中三点坐标均为已知,所以可以计算入射线与衍射线的夹角 φ、入射线与排列的夹角 β。于是,在反射槽波探测时,衍射体的延伸角度为:

$$\theta = \pi/2 - (\beta + i) \tag{4-3-41}$$

若 $\alpha - \Delta\alpha \leqslant \theta \leqslant \alpha + \Delta\alpha$,则旅行时为:

$$t_n = \frac{r_{n1}}{v_i} + \frac{r_{n2}}{v_r} \tag{4-3-42}$$

然后从接收道 $t_n \sim t_n + \Delta t$ 时窗内拾取平均振幅置于该衍射点 P,权系数为 1;若 $\theta \leqslant \alpha - \Delta\alpha$ 或 $\theta \geqslant \alpha + \Delta\alpha$,权系数为 0。依据已有研究,$\Delta\alpha = 20°$较合适,$\Delta t$ 取相邻图元格点的时差。若

尚未掌握测区内异常体的任何资料，可进行更大角度范围的扫描。对不同炮、道记录，应重复以上运算。最后将每炮、道所得的非规格化概率 $I_i(x,y)$ 进行叠加，勾绘出测区概率等值线图。

4.3.5.2　二分量槽波数据的偏移

二分量偏移方法的基本原理是“逆向传播”(图 4-3-19)。如图 4-3-19(a)所示，时窗的角函数 φ 从接收点发出，经逆向传播距离 d($d=Ut$，t 是角函数为 φ 对应的时间，U 是通过速度分析得到的群速度)到达射线终点，指出了震源或虚震源的位置。对于反射槽波探测，求得虚震源后很容易找到反射点位置，然后将 t 时刻经过适当平均的振幅值，赋给包括该反射点的图元。对于上述特定时窗内的所有采样点，重复上述偏移过程，所有振幅贡献的结果可以解释为煤层中反射界面或散射体存在的概率密度。对不同炮点-检波器对的规格化结果，平面图相互叠加可得最终的概率等值线图。

考虑参与成像的速度、角函数误差，反射点不是一个点而是一个包含反射点的误差梯形 $ABCD$，它由极化方向角、速度摆动构成(图 4-3-19)。于是，所取振幅不仅赋给反射点，同时也赋给梯形内的所有点。只要 $\Delta U/U \leqslant 5\%$ 且 $\Delta\varphi \leqslant 5°$，就能重建物理上合理、振幅足够平滑的等值线平面图。

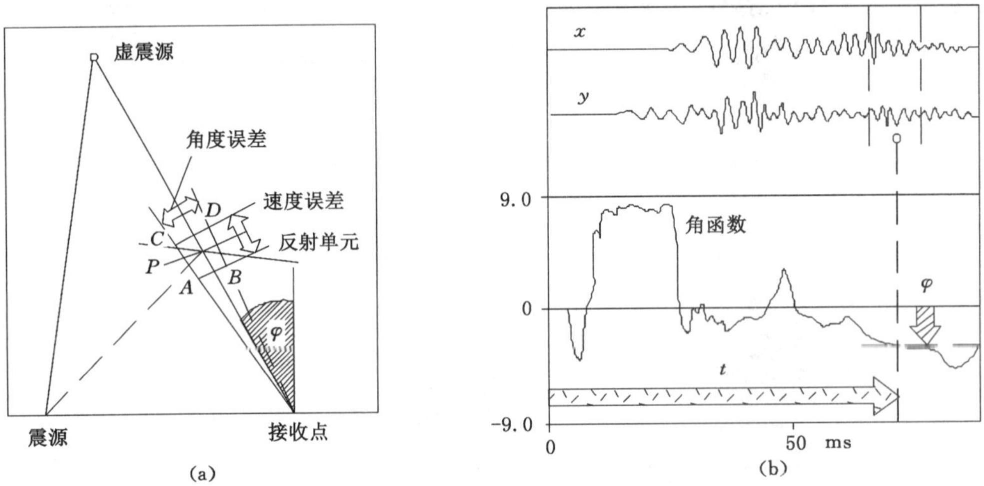

图 4-3-19　极化分析后二分量数据的偏移原理

图 4-3-20 是二分量偏移的实例。在反射槽波探测平面布置图[图 4-3-20(a)]上，巷道 1 揭露了一条落差 3.5 m 的断层。反射槽波探测的目的是查明该断层是否向右延伸。炮点及接收点皆布置在南大巷内，共 50 道记录。对 50 道记录作极化分析后，分别偏移、规格化，然后将平面图叠加，再按 100 规格化绘制等值线得最终偏移成果。图上有两个明显的异常带：一个在巷道 1 的左侧，源自槽波在巷道壁的反射；另一个异常带在北部，走向与南大巷的近似平行。这样的偏移结果与 ELS 偏移结果[图 4-3-20(b)]类似。

4.3.5.3　槽波层析成像技术

层析成像技术(CT 技术)主要用于透射槽波数据。利用槽波(有时也用直达 P 波)通过非均匀介质传播的时间研究探测区速度的非均匀性；或利用振幅衰减研究介质的吸收系数。这里，讨论基于速度分布函数的 CT 技术。

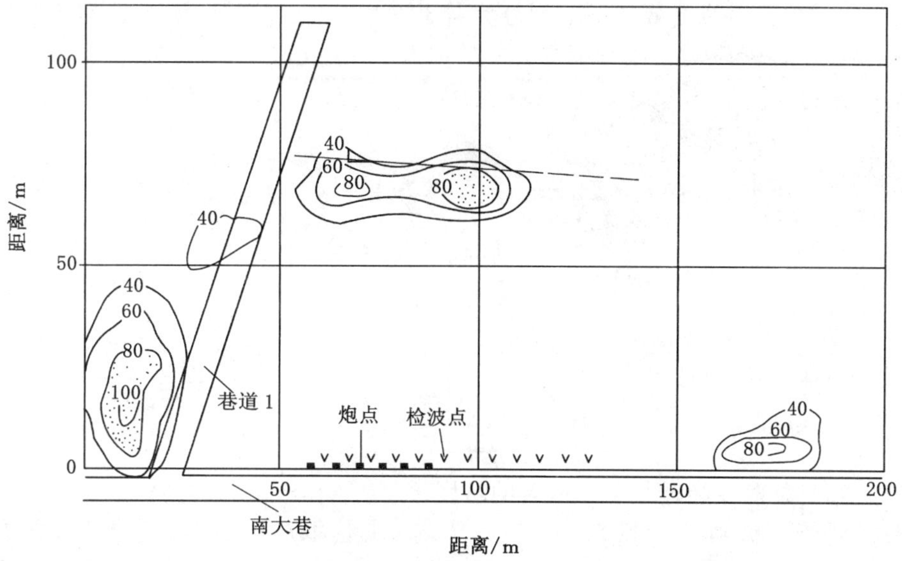

(a) 反射槽波探测平面布置图及二分量偏移结果

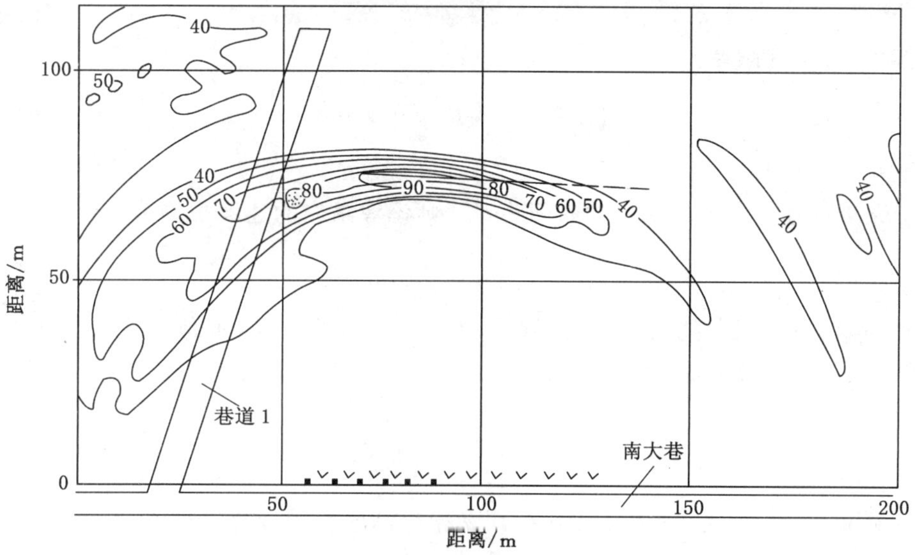

(b) 反射槽波探测平面布置图及ELS偏移结果

图 4-3-20　二分量偏移与 ELS 偏移实例

透射时间是 t，表达式为：

$$t=\int_L \frac{1}{v(x,y)}\mathrm{d}s \tag{4-3-43}$$

式中　L——旅行路径；

$v(x,y)$——速度函数或速度场。

此积分称为投影(projection)变换或 Radon 变换。现已知通过每条射线的观测时间，计算、恢复或重建速度场 $v(x,y)$ 的方法很多。这里，只介绍代数重建法(ART)。ART 的基本原理是先构造一个试验解(初值)，然后反复迭代，直到它的投影(时间 t)与测量值满足精度要求。

根据 ART，首先将射线有效覆盖区划分为若干网格，以网格节点为中心、适当半径 r 画圆，每个圆称为一个像素。实际探测中有大量的炮点、接收点，令不同震源-接收点射线的总数为 I，从某震源到某接收点射线穿过的像素数为 J。若第 i 条射线经过第 j 个像素时速度的平均值为 v_j，则第 i 条射线的旅行时为：

$$T_i = \sum_{j=1}^{J} \int_{L_i} \frac{1}{v_j(x,y)} \mathrm{d}s = \sum_{j=1}^{J} \frac{1}{v_j} \int_{L_i} b_j(x,y) \mathrm{d}s \tag{4-3-44}$$

$$b_j(x,y) = \begin{cases} 1 & (x,y)\text{ 在像素}(i,j)\text{ 内} \\ 0 & \text{其他} \end{cases}$$

式中　L_i——第 i 条射线路径。

于是，式(4-3-44)可写为：

$$T_i = \sum_{j=1}^{J} \frac{I}{v_j} l_{i,j} \tag{4-3-45}$$

式中　$l_{i,j}$——第 i 条射线经过第 j 个像素的长度。

式(4-3-45)构成的矩阵称为投影矩阵。其中，$l_{i,j}$ 的值取决于震源、接收点及像素的坐标。根据给定速度场 $v(x,\ y)$ 的初值计算出 T_i 值，与实测值 t_i 相比存在误差 E_i，所以有：

$$t_i = T_i + E_i \tag{4-3-46}$$

现已知 t_i，要估计图像 $v_i(x,\ y)$，可采用最小二乘法：

$$\sum_{i=1}^{I} \left(t_i - \sum_{j=1}^{J} \frac{I}{v_i} l_{i,j} \right)^2 \to \min \tag{4-3-47}$$

由此可计算出一组向量 $\boldsymbol{v}_i$。

令第 i 条射线通过第 j 个像素的时间为 $t_{i,j}$，则该像素内的速度平均值为：

$$\bar{v}_j = \sum_{i=1}^{I} l_{i,j} / \sum_{i=1}^{I} t_{i,j} \tag{4-3-48}$$

为验证所求的速度是否真代表每条射线所受的影响，需要把所有像素的速度函数“参透”回各条射线。若将第 i 条射线 K 等分，利用插值求出每一段中点的速度 $\bar{v}_{i,k}$，则初至时间为：

$$T_i = \sum_{k=1}^{K} \frac{1}{k} \times \frac{L_i}{v_{i,k}} \tag{4-3-49}$$

将迭代结果的误差向量 E_i 分配到该射线的每一段弦长，分配的误差为：

$$\varepsilon_{i,j} = E_i \frac{l_{i,j}}{L_i} \tag{4-3-50}$$

经过第 j 个像素的各射线平均误差为：

$$\varepsilon_{i,j} = \sum_{i=1}^{I} \varepsilon_{i,j} / \sum_{i=1}^{I} l_{i,j} \tag{4-3-51}$$

以 $\bar{v}_j^{n+1} = \bar{v}_j^n + \bar{\varepsilon}_j$ 为新值再进行迭代，直到 E^2 的平均值达到稳定为止。

4.4　槽波地震勘探的应用

4.4.1　陷落柱探测

山西晋城无烟煤矿业集团有限责任公司(简称晋煤集团)某煤矿 4313 工作面巷道长度

为 1 710 m,开切眼宽度为 205 m,开采 3# 煤层,平均厚度为 6.3 m,稳定可采。根据地面三维地震勘探资料,采面内无大型发育构造,但根据无线电波透视结果,采面局部范围内存在异常反应,主要异常地段位于停采线外 20～100 m以及停采线内 300～390 m 范围,推断为陷落柱影响,但无法圈定具体位置和范围。为查明工作面回采范围内陷落柱的赋存状态,针对 4313 工作面停采线内 600 m 范围开展槽波透射法勘探。

为准确推断短轴长度大于 20 m 的陷落柱和断距大于 3 m 的断层,在 43131 巷布置炮点 30 个,炮间距为 20 m,在 43133 巷布置检波点 32 个,道间距为 20 m,且每个检波器采用二分量接收地震波数据,测线总长度 600 m。图 4-4-1 为 4313 工作面槽波透射法勘探的原始单炮记录,以第 21 炮的 y 分量数据为主。可以看出:根据煤岩层中不同地震波的传播速度,首先接收到的是纵波,波速约 3 800 m/s,而后是横波,波速约 2 200 m/s,接下来就是槽波,最后是能量最强、速度最慢的艾里震相。结合频谱分析,通过傅里叶变换,计算出区域地震波的频率范围为 50～250 Hz,槽波主频集中在 120 Hz 左右。另外,由于第 2～5 个检波器接收到的槽波穿越陷落柱,槽波能量衰减严重,艾里震相相位清晰程度下降,且不连续,这些特征可作为地质异常的初判依据。

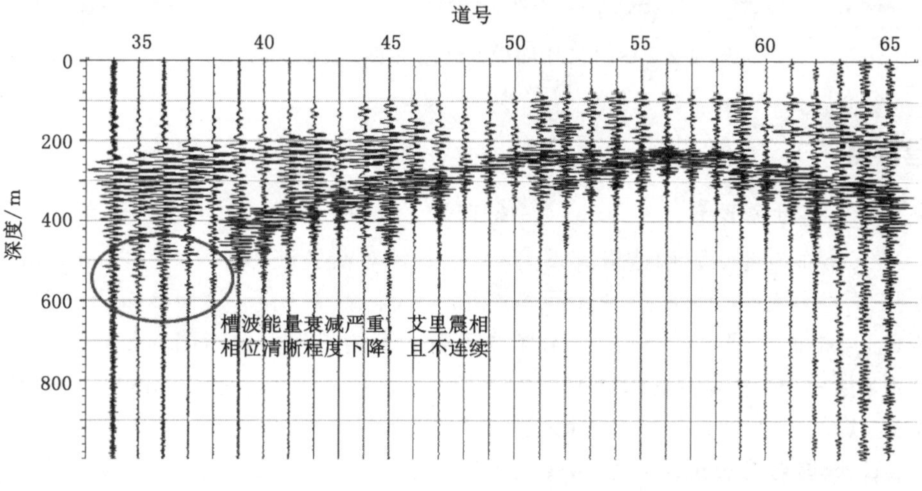

图 4-4-1　4313 工作面槽波透射法勘探原始单炮(第 21 炮)记录

图 4-4-2 为 4313 工作面槽波衰减系数层析成像图。暖色区域表示槽波能量衰减严重,推断为地质构造区域,冷色区域表示槽波能量均衡,推断为正常煤体区域。最终圈定 4 处地质异常:① YC_1 位于停采线以里 359～422 m 处,横向跨度 63 m,纵向跨度 47 m,结合槽波探测结果和地质资料分析,推断为断层影响区域,实际揭露为 F_{141} 断层(落差 H 约 0.8 m)的影响区域。② YC_2 位于停采线以里 340～410 m 处,横向跨度 70 m,纵向跨度 75 m,结合槽波探测结果和地质资料分析,推断为断层影响或煤体破碎区域,实际揭露为 F_{114} 断层(落差 H 约 1.5 m)和 F_{115} 断层(落差 H 约2 m)的影响区域,顶板不佳,煤体较破碎。③ YC_3 位于停采线以里 394～478 m 处,横向跨度84 m,纵向跨度 82 m,槽波探测资料显示,穿越该区域槽波的振幅衰减严重,艾里震相缺失;另外,在无线电波透视法中,异常 2 的"V"字形场强衰减(符合陷落柱特征),从而综合推断为陷落柱影响区域,实际揭露为一陷落柱(长轴为 80 m,短轴为 76 m)。④ YC_4 位于停采线以里 462～513 m 处,横向跨度 51 m,纵向跨度

54 m，结合槽波探测结果和地质资料分析，推断为断层影响区域，实际揭露为 F_{133} 断层（落差 H 约 1.2 m）和 F_{134} 断层（落差 H 约 2.2 m）的影响区域，煤体较破碎。

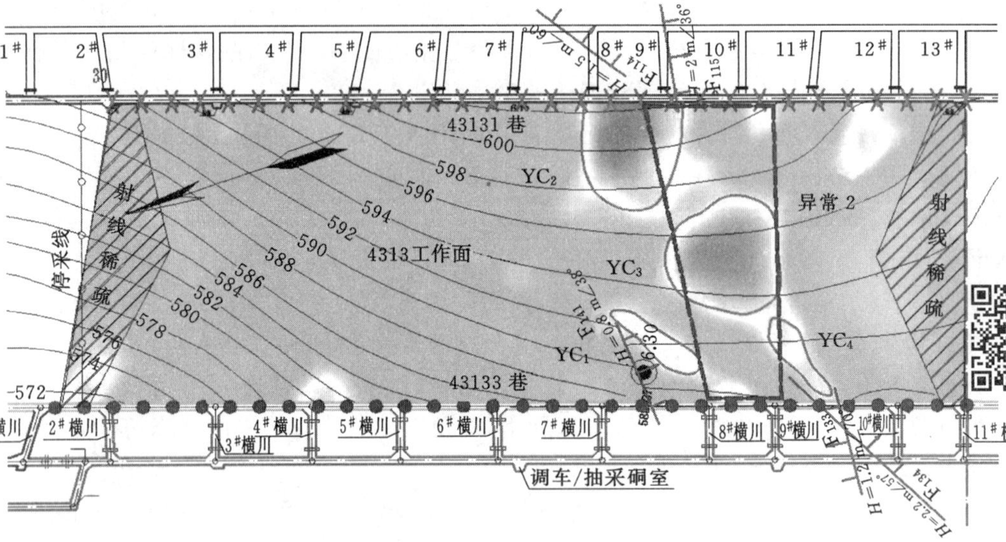

图 4-4-2　4313 工作面槽波衰减系数层析成像图

4.4.2　断层探测

4.4.2.1　槽波透射法断层探测

山西某矿工作面内部断裂构造极其发育，且缺乏针对断裂破碎加注黏结材料等措施，导致回采至断层发育区域后工作面出现大面积的顶板破碎、片帮现象，从而严重影响智能化高效回采。因此，可根据矿井地质条件，选用槽波透射法探测工作面内断层的位置。

如图 4-4-3 所示，槽波透射法探测测线沿 8203 工作面的 2203 巷、开切眼、5203 巷所圈成的区域布置，炮间距 10 m，药量 0.3 kg，共激发炮点 115 个，道间距 20 m，检波器共 145 个。采集了 115 炮透射槽波记录，图 4-4-4 为 S50 炮透射槽波记录。由图 4-4-4可知，断层引起了槽波能量的减弱或者缺失。可对 S50 炮进行频散分析（图 4-4-5），实际资料中槽波主频为 80 Hz，槽波速度为 1 000 m/s 左右，先对数据进行 60～100 Hz 的带通滤波，然后进行成像分析。

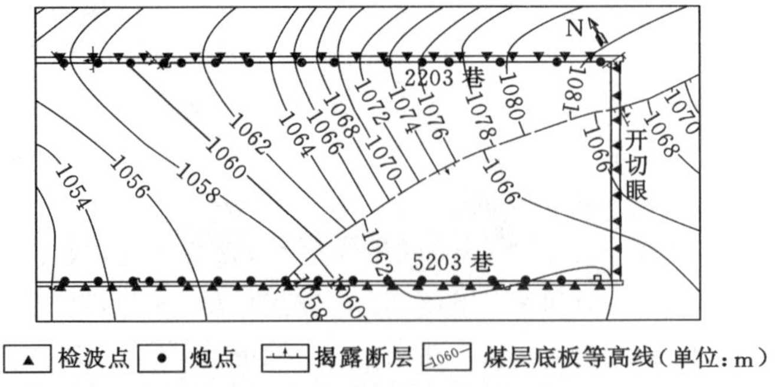

图 4-4-3　8203 工作面槽波透射法探测施工布置示意图

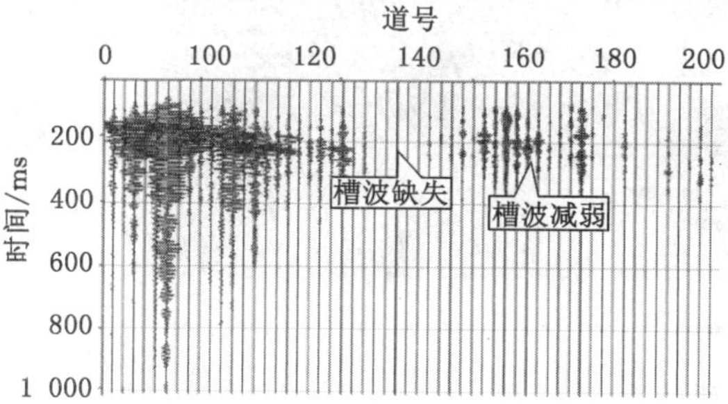

图 4-4-4　S50 炮透射槽波记录

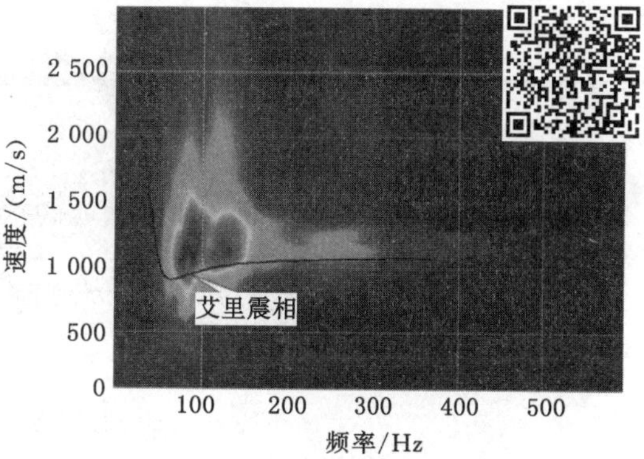

图 4-4-5　S50 炮频散分析

根据工作面施工范围，对 X 方向与 Y 方向进行网格划分，网格大小约为 5 m×5 m，即 X 方向含 200 个格点，Y 方向含 50 个格点。按照成像的原理，把能量分配到各个网格，并进行迭代求解，最终得到此模型上每个网格点的能量分布数据。图 4-4-6 为断层在槽波能量成像图上的反映，可以清楚地解释每条断层的位置及延展长度，共解释了 4 条断层，修正了根据局部揭露的原有断层解释方案，通过回采验证，槽波解释的断层跟区域揭露的吻合。

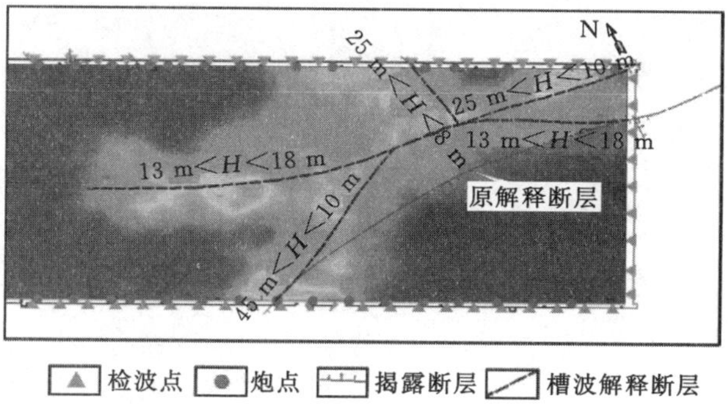

图 4-4-6　断层在槽波能量成像图上的反映

4.4.2.2　*槽波反射法断层探测*

山西某矿 201 工作面煤层平均厚度为 5 m，在运输巷道掘进过程中揭露了 2 条断层。为了查明工作面内部断层的分布情况，采用槽波反射法探测技术对 201 工作面内隐伏构造进行探测。

用于反射槽波数据采集的炮点和检波器位于回风巷道西侧煤壁，炮点间距 20 m，检波点间距 10 m，施工中完成炮点 50 个、检波点 100 个。原始反射槽波数据经过带通滤波、静校正等预处理后，利用反射槽波包络叠加方法对所采集的 50 个单炮数据进行成像，结果如图 4-4-7 所示。综合研究区地质资料与上述成像结果，解释出了 CF_1、CF_2 两条断层。矿方对槽波反射法探测成果进行了验证，在运输巷道分别利用 A、B、C 三个钻孔对 CF_1 断层进行验证，揭露位置与解释位置一致；同时在运输巷道揭露验证了 CF_2 断层(图 4-4-7)。

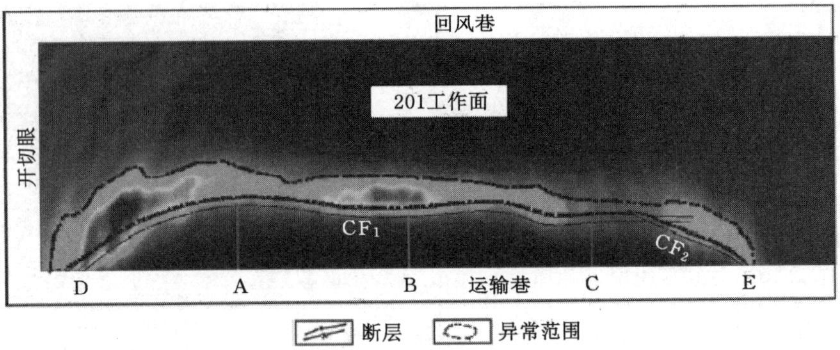

图 4-4-7　包络叠加反射成像构造解释图
（A、B、C 表示钻孔位置，D、E 为巷道断层揭露位置）

第 5 章 矿井声波探测

基于声源在井下岩体中的传播原理，借助声波仪器测试井下岩体在弹性波作用下的变化规律，并研究井下岩体的物理性质、构造特征及应力状态的方法，称为矿井声波探测。矿井声波探测可分为主动式和被动式两种探测方法。主动式的声波由声波仪的发射系统或锤击、爆炸方式产生；被动式的声波是岩体遭受自然界的或其他作用力时，在变形或破坏过程中由它本身发出的。目前，矿井声波探测可解决的主要问题有：岩体的工程地质分类；确定围岩松动圈范围，为合理设计锚杆长度、喷浆方式或衬砌厚度提供依据；测定岩体力学参数，包括动弹性模量、泊松比、单轴抗压强度及密度等；煤岩柱稳定性评价；断层、裂隙及溶洞等的地质研究；地应力测试；冲击地压、煤与瓦斯突出及矿震灾害预报等。

5.1 矿井声波探测的原理

5.1.1 声波在岩体中的传播特征

5.1.1.1 *声波的类型*

声波属于机械波，只在弹性介质中产生和传播。与地震波类似，它一般分为纵波与横波。除纵、横波外，还有瑞利波(占震源总能量的 67%，主要沿介质表面传播)，瑞利波质点振动轨迹是椭圆，在声波探测中难以利用。但是由于瑞利波能量强、具有频散特征，故可用于岩体探测(此方面内容见前面相应章节)。

5.1.1.2 *声波的传播方式*

(1) 直达波：在同一均匀介质中从震源沿直线到达接收点，路径最短[图 5-1-1(a)]。

(2) 绕射波：声波在传播路径上遇到结构面时，绕过此不连续面间接到达接收点[图 5-1-1(b)]。依据惠更斯原理，声波所到之处的每个质点都可看作新的震源，可发出子波。结构面的两端就是这样的点，由它们发出的子波到达接收点，就相当于震源发出的波绕过结构面到达接收点。

(3) 反射波：声波遇到不同介质的界面发生反射[图 5-1-1(c)]。其特点是：① 反射线在入射线与法线决定的平面内，入射线与反射线在法线两侧；② 反射角等于入射角；③ 反射系数 R 为垂直入射时的反射波振幅 A_f 与入射波振幅 A_r 之比，即

$$R=\frac{A_f}{A_r}=\frac{\rho_2 v_2-\rho_1 v_1}{\rho_2 v_2+\rho_1 v_1} \tag{5-1-1}$$

式中 ρ_i、v_i——第 i 种介质的密度及波速。

ρv——波阻抗。波阻抗差异越大，反射系数越大，反射能量越强。当 $\rho_1 v_1=\rho_2 v_2$ 时，不发生反射。

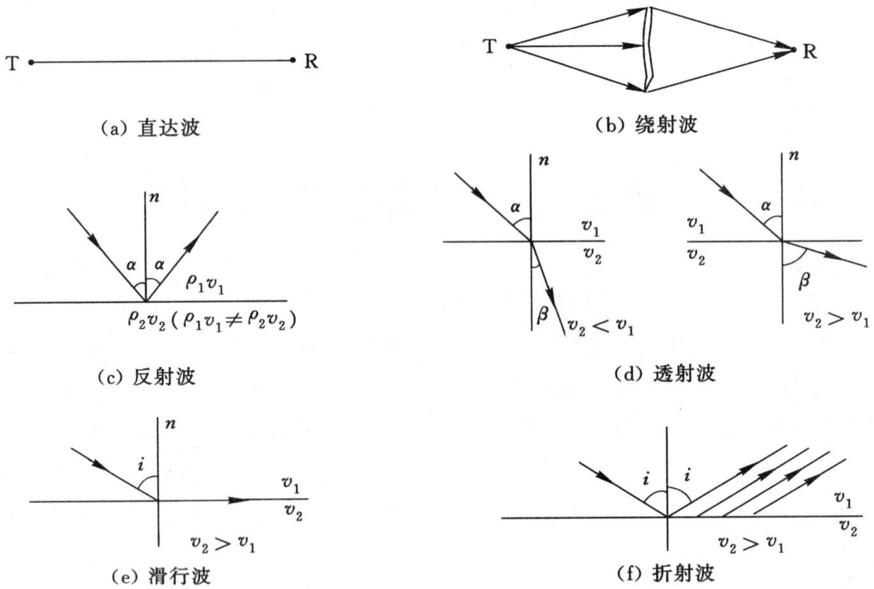

图 5-1-1 声波传播方式

(4) 透射波：声波遇到不同介质界面时，除一部分反射外，另一部分透过界面进入第二种介质，并因声波在两种介质中的传播速度不同而改变射线方向[图 5-1-1(d)]。透射波传播方式的特点是：透射线在入射线与法线决定的平面内，透射线与入射线在法线的两边；满足斯涅耳定律：

$$\frac{\sin\alpha}{\sin\beta}=\frac{v_1}{v_2} \tag{5-1-2}$$

式中 α——入射线角；

β——透射角；

v_1——入射介质的波速；

v_2——透射介质的波速。

(5) 滑行波：当 $v_2>v_1$ 时，透射线偏离法线。当入射角 α 增加到某一值时，透射角 β 达到 90°，此时的透射波沿界面滑行，叫滑行波[图 5-1-1(e)]。此时的 α 称为临界角，以 i 表示，且有：

$$\sin i=\frac{v_1}{v_2} \tag{5-1-3}$$

(6) 折射波：滑行波所到之处的质点又成为新的震源，向第一介质发出的声波，称为折射波，如图 5-1-1(f)所示。折射波的射线彼此平行，折射角等于临界角 i，折射线在入射线与法线决定的平面内，并在法线的另一侧，速度为 v_1。

5.1.2 声波探测的基本原理

声波检测的基本原理与地震勘探原理类似，以研究弹性波在岩土介质中的传播特征为基础。声波在不同类型的介质中具有不同的传播特征。当岩土介质的成分、结构和密度等因素发生变化时，声波的传播速度、能量衰减及频谱成分等都将发生相应的变化，在弹性性质不同的介质分界面处还会发生波的反射和折射。因此,用声波仪器探测声波在岩土介质中的传播速度、振幅及频谱特征等,便可推断被测岩土介质的结构和致密完整程度。

5.1.3　声波探测的参量

声波穿过岩体时,有三个方面的参数将因岩体力学性质、结构状态的不同而发生变化,因而这些指标可作为岩体声波探测的参量。这三个参量是:

(1) 声速:声波在岩体中传播的速度,包括纵波速度 v_P 和横波速度 v_S。

(2) 声幅:声波的能量或强度,在观测仪表上表现为声波波形的振幅大小。

(3) 频谱:任何一个非正弦的振动波,都可以分解成不同频率、不同振幅、不同相位的许多正弦波,它是由这些正弦波合成的,这些不同频率、不同振幅的正弦波构成频谱,如图 5-1-2所示。其中,振幅(能量)最大的频率为主频。

一般说来,声波在坚硬、致密、完整的岩体中传播时,速度较快,声幅衰减较小,频谱成分变化较小,因而总的波形变化不大,如图 5-1-3(a)所示;反之,软弱、破碎岩体,声速较小,声幅衰减较大,频谱中高频成分被大幅吸收,波形变化较大,表现为周期变大,如图 5-1-3(b)所示。

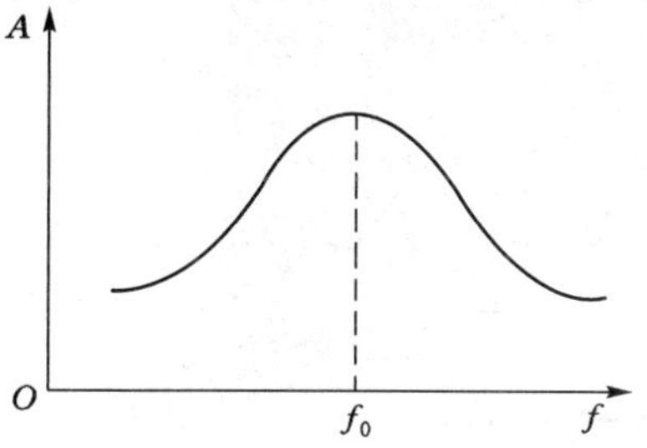

图 5-1-2　频谱曲线图

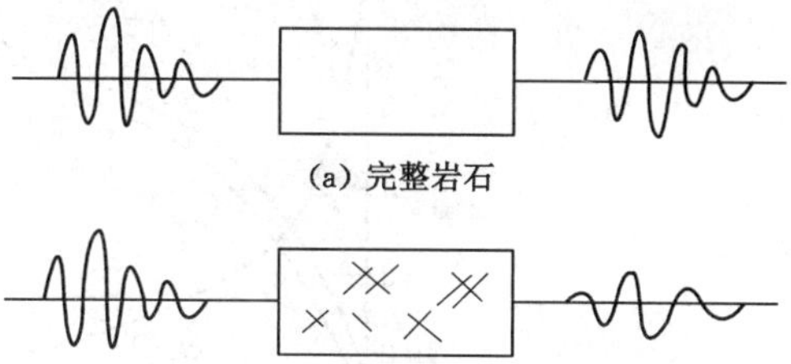

图 5-1-3　不同岩体的声学特性

5.1.4　声速与岩体力学性质及结构状态等的关系

5.1.4.1　*声速与岩体力学性质的关系*

(1) 岩体类型

岩性变化,声波在其中速度随之变化。根据统计结果,不同类型岩石的声速回归曲线如图 5-1-4所示。

(2) 岩体弹性模量和密度

若测得 v_P、v_S 及 ρ,便可算出 E_d(动弹性模量)、μ_d(动泊松比):

$$E_d = \sqrt{\frac{\rho v_S^2 (3v_P^2 - 4v_S^2)}{v_P^2 - v_S^2}} \tag{5-1-4}$$

$$\mu_d = \sqrt{\frac{v_P^2 - 2v_S^2}{2(v_P^2 - v_S^2)}} \tag{5-1-5}$$

理论公式中,声速看似与密度成反比,但实际上密度的微小增加引起岩体孔隙率减小,这使动弹性模量 E_d上升更快,声速随之加大。据实测资料统计出的声速与岩体弹性模量和密度等的关系如图 5-1-5 所示。

(3) 岩体抗压强度

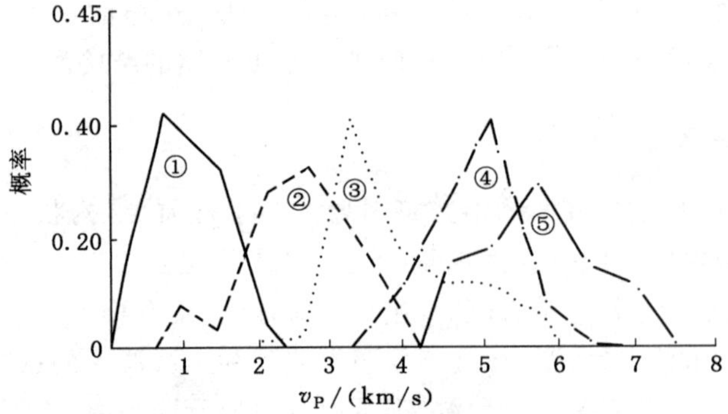

①—冲积层黏土等；②—砂页岩；③—灰岩、白云岩；

④—花岗岩、变质岩；⑤—盐岩、硬石膏。

图 5-1-4　声速与岩石类型的关系

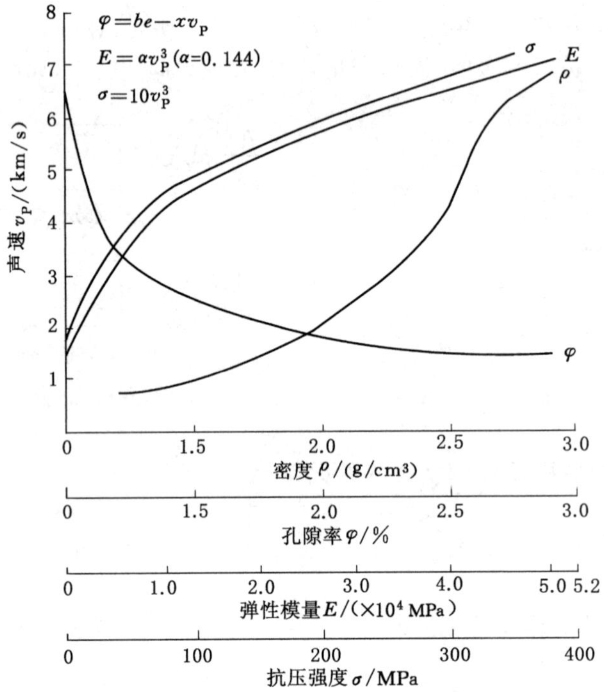

图 5-1-5　声速与岩体部分物理力学参数的关系曲线

根据实测资料，声速与抗压强度近似呈指数函数关系，如图 5-1-5 所示，抗压强度高的岩体声速大，反之声速小。

5.1.4.2　声速与岩体结构状态的关系

(1) 岩体胶结程度

一般来说，年代较老的岩体胶结程度较好，声速较大；而年代较新的岩体胶结程度较差，声速较小。

(2) 岩体孔隙率

随着岩体孔隙率的增加，声速明显减小(图 5-1-5)，波的能量也急剧衰减，这种情况在沉积岩中尤为突出。根据前人的研究成果，声速 v 与孔隙率 φ 之间存在如下关系：

$$\frac{1}{v}=\frac{\varphi}{v_f}+\frac{1-\varphi}{v_r} \tag{5-1-6}$$

式中　v_f——岩体裂隙中饱和液体的声波速度；

v_r——岩体骨架的声波速度。

(3) 岩体结构面

若岩体结构面多，节理、裂隙、层理、夹层、断层等发育，风化严重，孔隙率大，岩体完整性不好，则声速小；反之，声速大。

5.1.4.3　声速与岩体应力的关系

实测资料表明：① 当岩体应力较小时，声速随岩体应力的增大而变大，可增加 40%；② 声速在平行加压方向比垂直加压方向增加更多；③ 岩性不同，岩体应力与声速的关系不同。

5.1.4.4　声速与岩体温度的关系

各种岩体随温度的升高，其声速都有不同程度的降低，当温度高时尤其明显。当温度在 0 ℃以下继续降低时，声速急剧增大，特别是在湿度大的岩体中更加明显。这是因为温度降到－5～－8 ℃后，充填于岩体孔隙中的水由液态变成固态(冰)，声速由 1 500 m/s 骤增到 3 600～4 300 m/s，故可利用声速来判别冻结壁的形成状态与厚度。

5.1.5　声波振幅特征与岩体特征的关系

声波在岩体中的传播特征，除速度因岩体的特征不同而异以外，还表现在振幅的变化上。振幅的衰减，主要取决于声波在传播过程中的几何扩散(随距离增长而衰减)与岩体对声波的吸收作用。其中，前者按 x^{-1}(x 为传播距离)衰减，后者与岩性、岩体结构、声波的类型及频率有关。吸收作用可以用吸收衰减系数 a 表示：

$$a=\frac{\omega}{2cQ} \tag{5-1-7}$$

式中　c——相速度；

ω——圆频率，$\omega=2\pi f$(f 是频率)；

Q——品质因子。

声波振幅项要增加一个与吸收作用有关的因子 e^{-ax}。a 与频率相关，频率升高，吸收作用加大；随传播距离 x 的增大，声波脉冲振幅谱趋于低频，高频部分衰减，主频降低；声波频谱越宽，岩体对声波的吸收作用越强，频谱的变化越大。岩体的吸收系数及频谱的变化，基本上反映了岩体结构及物理力学性质。分析这些参数，可以获得比单纯用声速反映岩体结构状态更为有效的资料。

5.2　矿井声波探测的方法

5.2.1　声波的激发方式

(1) 爆破

用炸药或雷管作震源(小药量)。其特点是：① 频率较低，一般为 10～100 Hz；② 能量较大，作用距离较远，可达数十米；③ 分辨能力较弱；④ 单次激发。

(2) 锤击

使用 8～10 kg 的铁锤，人工锤击岩体。其特点是：① 频率为 100～1 000 Hz；② 作用距离几米到数十米；③ 分辨能力较爆破震源的强；④ 单次激发。

(3) 高压放电

在空气或水中进行高压放电，使局部升温膨胀，产生振动，可用于岩面或钻孔。其特点是：① 频率较高，一般为 1～300 kHz；② 瞬间放电功率可达 1 000 kW 以上，形成冲击波，传播距离可达数十米；③ 分辨能力较强； ④ 单次激发。

(4) 电声换能器

某些晶体在一定方向上受到电压作用时可产生变形，而在受力变形时又产生电压，这种晶体叫压电晶体。利用压电晶体可以实现电和声之间的能量转换，将声波仪发射机产生的脉冲电压加到压电晶体上，晶体便产生变形而振动，成为震源。目前，在声波探测仪器中常用的压电晶体为锆钛酸铅，它又称为压电陶瓷。

压电晶体不仅可以作为震源发出声波，还可以作为探测器接收声波。它接收声波以后，先转换成相应的电压，再经过声波仪接收机加以放大并显示出波形，从而可以测量声波在介质中的旅行时间，计算波速。由压电晶体组成的声波测量元件叫电声换能器，包括作为震源的发射换能器和作为探测器的接收换能器。

5.2.2 声波仪

声波仪主要由发射系统和接收系统两部分组成。发射系统包括发射机和发射换能器，接收系统由接收机、接收换能器和用于数据采集处理的微机等组成。声波仪发射系统的工作原理是：由一声源讯号发生器（发射机）向由压电材料制成的发射换能器发射一电脉冲，激励晶片振动，产生声波并向岩石发射，作为声波探测的声源。如图 5-2-1 所示，声波在岩石等介质中传播，经由接收换能器接收并把声能转换成微弱的电信号送至接收机，经放大后由示波管在屏幕上显示出波形图，从而可通过直接读数测出声波的初至时间 t，再根据已知的探测距离 L 便可计算出声波的速度 v，即

$$v=\frac{L}{t} \tag{5-2-1}$$

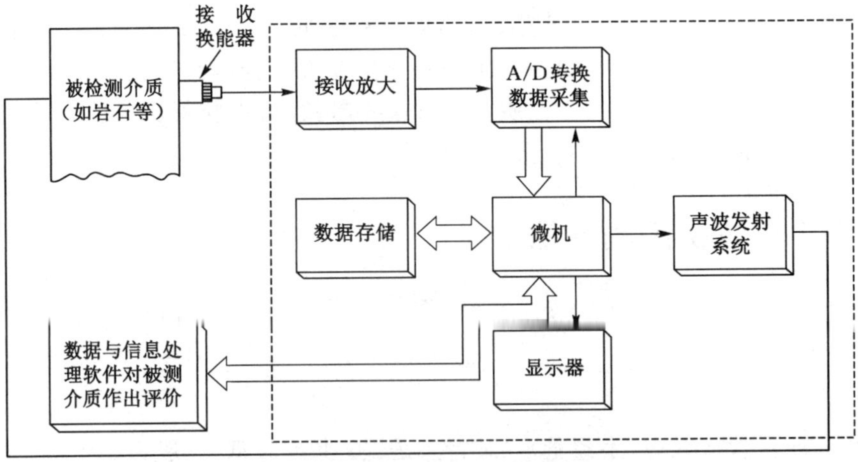

图 5-2-1 声波仪接收系统工作原理示意图

5.2.3　声波参数的测量

5.2.3.1　走时测量及波速的计算

声波从发射点传播到接收点的旅行时间(走时)、发射点至接收点间的距离(旅程),是计算波速的重要数据。测量声波走时的关键是确定波的初至点的准确位置。

(1) 纵、横波的识别及其初至点的测定

纵波速度快而振幅小,横波速度慢但振幅大。一般情况下接收的波形如图5-2-2所示,纵波先到,位置在前,为初至波;横波后到,位置在后,为续至波。纵波初至易于识别,初至波波幅的最先起跳点即纵波的初至点。续至波波幅突然增大的点即为横波的初至点。

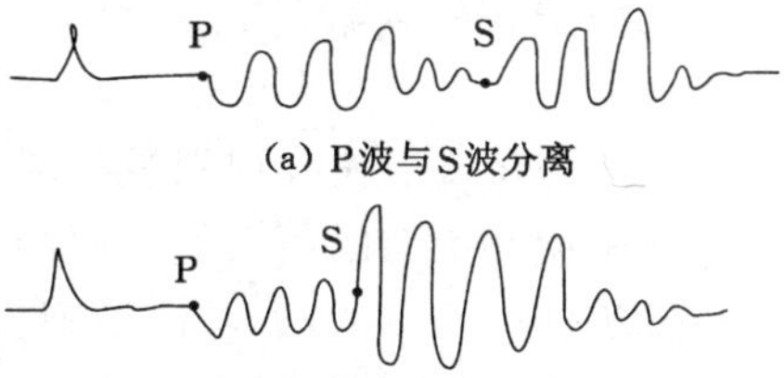

图5-2-2　纵波(P波)与横波(S波)的波形

横波初至时间较晚,其初至点基本处在纵波的续至区及其他界面波的干扰区内,因此横波初至的测定比较困难,根据经验可采取如下措施:

① 尽量减小放大器增益,使P波振幅几乎小到与水平基线重合的程度,这时在波列图上只能见到S波振幅,这样可大体上确定S波的起点。

② 可根据 v_P 与 v_S 的波速比查找初至点。

③ 在接收能量许可的条件下,应尽量加大收发间距。假设测得纵、横波的旅行时间 t_P 和 t_S,Δt 是P波与S波初至时间的差值,只有 Δt 大于纵波宽度,P波和S波才能分开。且有下列关系:

$$v_P = \frac{L}{t_P} \tag{5-2-2}$$

$$v_S = \frac{L}{t_S} \tag{5-2-3}$$

$$\Delta t = t_S - t_P = \frac{L(v_P/v_S - 1)}{v_P} \tag{5-2-4}$$

$$\eta = v_P/v_S = \sqrt{\frac{2(1-\mu)}{1-2\mu}} \tag{5-2-5}$$

$$L = \frac{\Delta t v_P}{\eta - 1} \tag{5-2-6}$$

式中　μ——泊松比。

假设 $v_P = 5\ 000$ m/s,$\Delta t = 5T = 5/f$,则能使P波与S波分开的最小距离 L 见表5-2-1。

表5-2-1　能使P波与S波分开的最小距离 L

频率/kHz	5	10	20	30	50
P波延续时间 Δt/μs	1 000	500	250	167	100
能使P波与S波分开的最小距离 L/m	7.16	3.58	1.8	1.2	0.72

④ 采用阻尼系数较大的换能器或专用横波换能器。

(2) 初至时间的测量

初至点确定后，将示波器上的计时游标移到波的初至点上，则声波仪接收机数码显示出的时间即波的初至时间，也就是波的旅行时间。

(3) 波速的计算

在测得纵、横波的旅行时间 t_P 和 t_S 后，根据收、发测点间的距离 L，利用式(5-2-2)与式(5-2-3)可计算出纵、横波速 v_P 与 v_S。

5.2.3.2 声幅的测量及衰减系数的计算

声幅的测量应以正确识别纵波与横波为基础。无论是纵波还是横波声幅，一般皆以测量每组波中相邻声幅的最大值为原则，如图 5-2-3 所示。另外，必须注意换能器与岩体间耦合的松紧程度对声幅的影响，应做到最紧密耦合。在使用发射能量和接收灵敏度有方向性变化的增压式换能器时，每次测量中均应保持增压管缝隙方向与两测孔连线方向垂直。

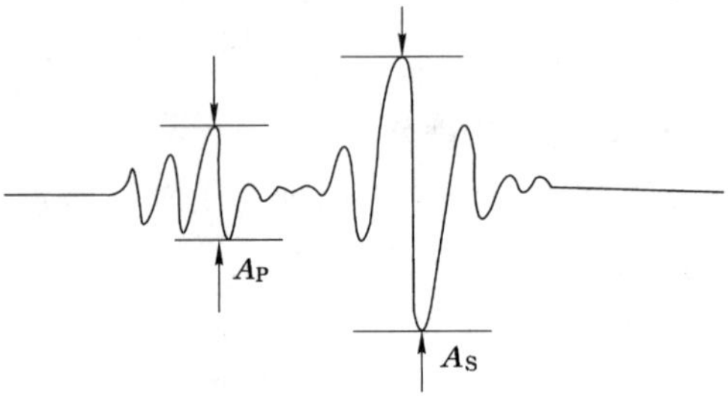

图 5-2-3 声幅的测量

根据声波传播理论，表征声波能量在岩体中衰减情况的衰减系数 a(单位为 dB/m)可以按式(5-2-7)计算得到：

$$a=\frac{20\left(\lg\frac{A_1}{A_2}-\lg\frac{r_2}{r_1}\right)}{r_2-r_1} \tag{5-2-7}$$

式中 A_1、A_2——至震源的距离为 r_1 和 r_2 处测得的声幅。

为此，可按一发双收方式布置换能器，在两个不同的距离上分别测量声幅，然后可按照式(5-2-7)计算出衰减系数 a。

5.2.3.3 声波波形的测量及频谱分析

当发射换能器激发出具有一定频带（$3/\tau<\omega<\omega_0/5$，τ 为换能器压电材料的时间常数，ω_0 为换能器的主频率）的超声振动信号穿过岩体后，接收换能器可接收到一条连续的振幅 A 与时间 t 的二维曲线[$A=A(t)$]，称为声波记录。曲线 $A=A(t)$ 反映了岩体的结构特征及应力状态。为了能从声波记录中提取岩体的某些特征，提高声波探测的解释水平，需借助专门的数据采集设备记录振动波形。目前，新型声波探测仪都具备了信号自动采样功能，采样间隔 Δ 应满足采样定理 $\Delta\leqslant\frac{1}{2f_0}$，其中 f_0 为超声波主频率。该探测仪能够得到离散的超声波信号时间序列。

由岩体声波仪所测得的随时间变化的声波信息，通过傅里叶变换可得到在频域内表示的信息,即把它变成随频率而变化的函数,这个函数即声波记录的频谱。通过频谱可以分析岩体对各谐波频率的吸收情况、有效波的主频及通频带范围等。上述处理过程称为声波波形的频谱分析。

在一个声波记录中取一段时间 T,其中有 $N-1$ 个采样点,采样间隔为 Δ,有 $T=N\Delta$,则基频:

$$F(mf)=\Delta\sum_{n=0}^{N-1}f(n\Delta)\mathrm{e}^{-\mathrm{j}m\omega n\Delta} \tag{5-2-8}$$

式中　$f(n\Delta)$——时间域中用离散形式表示的声波记录波形振幅随时间变化的函数。

$F(mf)$——$f(n\Delta)$的傅里叶变换,是频率域中用离散形式表示的振幅、相位随频率变化的函数,即声波记录 $f(n\Delta)$的频谱;$m,n=0,1,\cdots,N-1$。

5.2.4　声波探测工作方法

5.2.4.1　换能器与被测岩体的耦合

空气间隙存在两个界面,一个是换能器与空气之间,另一个是空气与岩体之间。声波在两个界面上将产生反射而损耗能量,而且反射能量大小与界面两边波阻抗 ρv 有关,波阻抗差别越大,反射能量越多。空气密度很小,声波在空气中传播的速度也较小,故空气的波阻抗很小,与换能器及岩体两者相比,波阻抗差异均很大,因而声波从换能器进入空气间隙,又从空气间隙进入岩体经过两道反射较强的界面,能量损耗很大。为使能量不被大量反射而损耗,需利用与岩体和换能器的波阻抗差异较小的介质填满空气间隙,从而将声波从换能器耦合到岩体中,这种介质叫耦合剂。比较便捷的耦合剂是黄油和水。

5.2.4.2　井下岩体声波探测方法

(1) 双孔声波探测

① 同步观测法

同步观测法如图 5-2-4(a)所示,在一对互相平行的铅直钻孔(孔间距一般为 3～5 m)中,用增压式换能器或圆管式换能器,一孔发射,另一孔接收,并置于相同的深度以测取直达波的旅行时,再根据孔间距计算波速。更换测点时,两孔中的换能器应同步移动,这样可以测得岩体由浅入深不同深度的波速,从而可确定围岩松动圈范围、进行岩体分级或求取岩体力学参数。测量时孔中注满水以作耦合剂。双孔声波深测对平行于孔轴方向结构弱面的探测效果比较好。

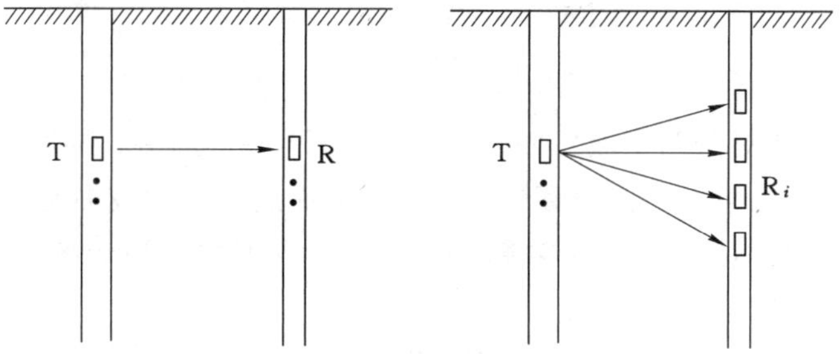

(a) 同步观测法　　(b) CT 观测法

图 5-2-4　双孔声波探测

② CT 观测法

CT 观测法如图 5-2-4(b)所示，一对互相平行的钻孔，一孔发射，另一孔接收，与同步观测法不同的是，CT 观测法是一孔中某深度发射，另一孔中不同深度多点呈扇形接收（接收段），发射点移动，接收段按一定规律移动。一个孔所有点发射完后，发射与接收互换，重复进行。接收点的多少和观测次数依探测精度而定。然后依据声波走时对孔间声速进行层析成像反演，最终得到孔间声速分布图。

(2) 单孔声波探测

单孔声波探测如图 5-2-5 所示，孔内充满水以作耦合剂，用一发双收圆管式换能器测取沿孔壁滑行的声波到达接收换能器 R_1、R_2 的旅行时 t_1 和 t_2，根据 R_1、R_2 的距离 L，计算滑行波在 R_1 至 R_2 孔壁岩体中的波速，用以确定围岩松动圈范围，进行岩体分级或求取岩体力学参数。

单孔声波探测对垂直于孔轴方向的结构弱面比较敏感，采用一发双收圆管式换能器的目的是除去声波在耦合剂（水）中的走时，此时计算声速 v 的公式为：

$$v = \frac{L}{t_2 - t_1} \tag{5-2-9}$$

(3) 岩面平面探测

该法是指在岩面用夹心式（喇叭式）换能器或锤击方式激发声波，在接收点用夹心式或单片弯曲式换能器接收，测取声波从发射换能器到接收换能器的旅行时或锤击声波由第一接收换能器 R_1 到第二接收换能器 R_2 的时差，然后根据 T 至 R 或 R_1 至 R_2 的距离计算直达波的速度（图 5-2-6）。此法主要用于快速确定岩体浅部结构状况，对垂直岩面的结构弱面比较敏感。

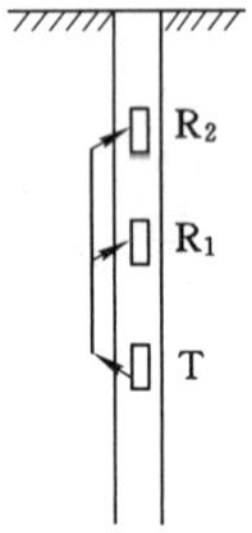

图 5-2-5　单孔声波探测

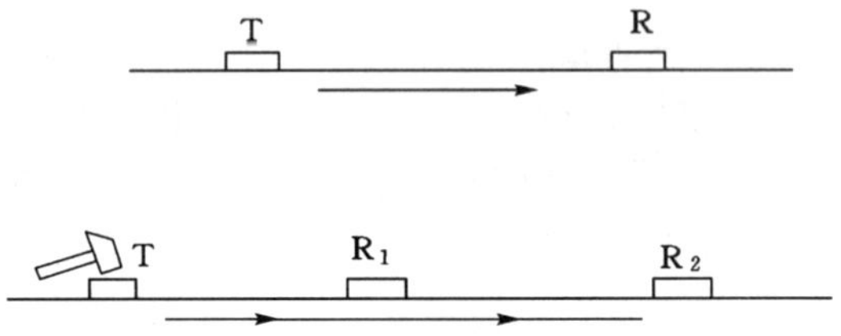

图 5-2-6　平面声波探测

(4) 岩柱对穿探测

该法是指在岩柱相对的两壁面用夹心式换能器或锤击方式激发声波，用夹心式或弯曲式换能器接收，也可在任意两点间对穿（图 5-2-7），从而测取直达波的走时，计算波速。此法可以快速、经济地测取岩体内部的结构情况，还可用于岩柱稳定性分区。

(5) 环形声波探测

该法如图 5-2-8 所示，沿圆周取 8 个以上测点，在岩体表面用夹心式换能器或在钻孔内用圆管式换能器测取直径各个方向的声波速度。此法可用于确定岩体最大主应力方向，因为在一定范围内岩体波速随应力的增大而增大。

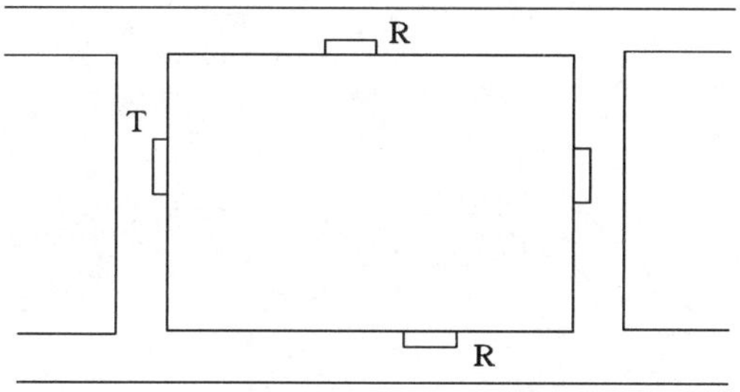

图 5-2-7　岩柱对穿声波探测

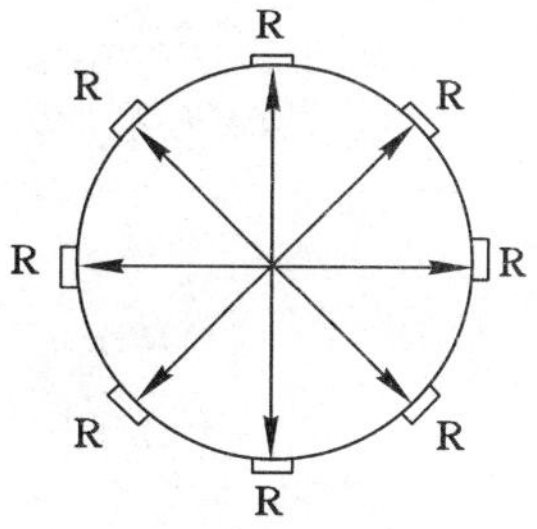

图 5-2-8　环形声波探测

5.2.4.3　声波探测的特点

① 工作频率高，故分辨能力强，当需要精细探测时，空间分辨率可达 2 m 以内；② 抗低频干扰能力强，可用于外界干扰较大的工区；③ 具有记录直达波的观测系统，能在更大程度上利用波动力学特征进行解释，从而更灵敏地探测出非均匀地质体；④ 采用透射波传播方式，波形单纯，初至清晰，易于波形识别；⑤ 声波频率较高，衰减较快，传播距离较小，一般只适用于在小范围内对岩体等地质对象进行详细研究。

5.3　矿井声波探测的应用

5.3.1　岩体力学参数测定

5.3.1.1　岩体(石)动弹性参数测定

利用声波岩面平面探测或孔内探测，可测定岩体纵、横波速，解算岩体的动弹模 E_{md}及动泊松比 σ_{md}。在室内，可测定岩石试件的纵、横波速，按公式计算岩石的动弹模 E_{rd}及动泊松比 σ_{rd}。

5.3.1.2　岩体静弹性模量的测定

现场测试岩体的静弹性模量较为困难，可以采用一种较容易实现的间接测试方法，即通过室内岩石动、静弹性模量和现场岩体动弹性模量换算出现场的岩体静弹性模量。大量实测资料证明，岩体与岩石样品的动弹性模量之比 E_{md}/E_{rd}与静弹性模量之比 E_{ms}/E_{rs}存在一定的统计关系，如图 5-3-1 所示。只要测得室内岩石样品的动、静弹性模量与现场取样处的岩体动弹性模量，结合 E_{ms}/E_{rs}与 E_{md}/E_{rd}的统计关系就可以求出岩体的静弹性模量 E_{ms}。

5.3.1.3　岩体准抗压强度的测定

现场测试岩体抗压强度不易，可根据室内测得的岩石样品抗压强度，通过声波速度的转换算出岩体的准抗压强度，该准抗压强度与现场岩体的抗压强度较接近。转换关系如下：

$$q_m = k\left(\frac{v_{mP}}{v_{rP}}\right)^2 q_r \tag{5-3-1}$$

式中　q_m——岩体准抗压强度；

k——比例系数，$k=\dfrac{E_{mS}}{E_{rS}}/\dfrac{E_{md}}{E_{rd}}$（图 5-3-1 中统计关系曲线的斜率）；

v_{mP}——岩体纵波速度；

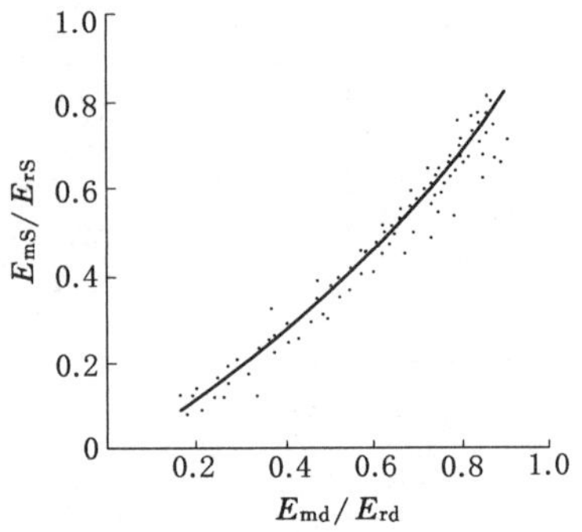

图 5-3-1 E_{mS}/E_{rS}与E_{md}/E_{rd}的统计关系曲线

v_{rP}——岩石样品纵波速度；

q_r——岩石样品抗压强度。

若岩体的坚固性较差，用岩体、岩石样品的横波速度v_{mS}、v_{rS}代替上式中的v_{mP}、v_{rP}，计算结果更准确。

5.3.2 岩体工程地质条件评价

（1）岩体的纵波速度

通常，纵波速度v_P越高，预示岩体越坚固，弹性越好，结构越完整，所含弱面越少。然而，这并不是绝对的，还要兼顾其他指标。有时，破碎硬岩的v_P高于完整软岩的。

（2）岩体纵横波速比

岩体纵横波速比实质上反映了动泊松比μ_d。岩体的v_P/v_S小，反映岩体的μ_d小，预示岩体坚硬、完整，接近弹性体；岩体的v_P/v_S大，反映岩体的μ_d大，预示岩体软，近于塑性体。某些情况下，岩体的v_P可能相近，无法反映岩体的完整与坚硬程度，但岩体的v_P/v_S却能加以区分。

（3）岩体完整性系数与裂隙系数

岩体完整性系数k_m可用于衡量岩体的完整性。k_m越大，岩体越完整。k_m可表示为：

$$k_m=(v_{mP}/v_{rP})^2 \tag{5-3-2}$$

岩体裂隙系数L_m是表征岩体裂隙发育程度的系数，可表示为：

$$L_m=\frac{v_{rP}^2-v_{mP}^2}{v_{rP}^2} \tag{5-3-3}$$

式中 v_{rP}——无裂隙完整岩石样品的纵波速度；

v_{mP}——有裂隙岩体的纵波速度。

需要注意的是，无裂隙岩石样品和岩体测点应在同一地段选取。k_m越大或L_m越小，表明被测试岩体结构面越少，完整性越好；反之，结构面越多且完整性越差。

（4）风化系数

风化系数β是表示岩体风化程度的系数，β越大，风化程度越深。β可表示为：

$$\beta=\frac{v_{rP}-v_{mP}}{v_{rP}} \tag{5-3-4}$$

式中　v_{rP}——新鲜岩石样品的纵波速度；

v_{mP}——风化岩体的纵波速度。

(5) 衰减系数

岩体性质的变化，除影响声波速度外，还表现在振幅的变化或衰减上。另外，衰减系数 a 又可反映岩体的节理裂隙发育程度。根据式(5-2-7)可计算声波的衰减系数 a。a 越小，表明岩体的完整性越好。

(6) 频谱特性

当声波在理想弹性介质中传播时，频谱特性不变，因而波形也不变；在较差的岩体中传播时，声波中的高频成分被大量吸收，频谱成分改变，波形被拉长。将接收波形与发射波形作对比分析，并借助频谱差异性，可对岩体好坏作出判断。

5.3.3　围岩松动圈探测

针对地下硐室围岩松动圈，测定各部位岩体松动的范围，对岩体稳定性评价、合理的喷锚设计具有重要意义。声波探测已成为测定围岩松动圈状况的重要手段。施工时，在巷道断面选择几个主要部位，并垂直于岩壁向围岩内打孔，探测出孔内不同深度 L 的声波速度 v_P 并作出 v_P-L 曲线，根据统计资料得出的正常岩体波速划分出三个圈带(图 5-3-2)。

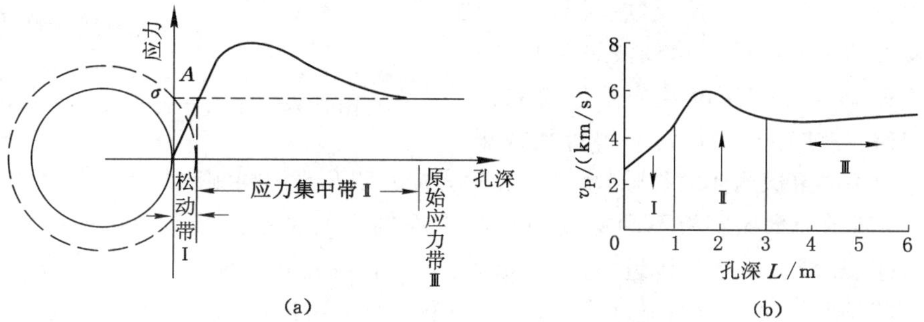

图 5-3-2　围岩松动圈的三个圈带

(1) 松动带(应力下降带)：岩体裂隙增多、破碎程度增加而应力降低，这表现为所测波速低于正常岩体波速。

(2) 应力集中带：由于应力升高、裂隙压实，故表现为所测波速相对增大。

(3) 原始应力带：接近原始应力状态，基本上不受井巷开挖的影响，所测波速趋于正常岩体波速。

图 5-3-3 所示为围岩松动圈声波探测案例，各孔松动带的连线即松动圈第 1 个圈带的范围边界。实际观测中可进行单孔探测、双孔探测，也可单、双孔探测并用。

5.3.4　采场底板采动破坏带深度探测

探测采场底板采动破坏带深度对防治底板奥灰岩溶突水具有重要意义。采用声波探测法探测采场底板时，是在采区外侧的专用观测硐室中向采场底板打孔进行单孔或双孔声波探测的，如图 5-3-4 所示。为了突出采动因素对底板的破坏、排除岩性等原生因素对声波参数的影响，声波探测是在采动之前就开始的，并以采前观测结果作为原始对比资料；在采动开始以后

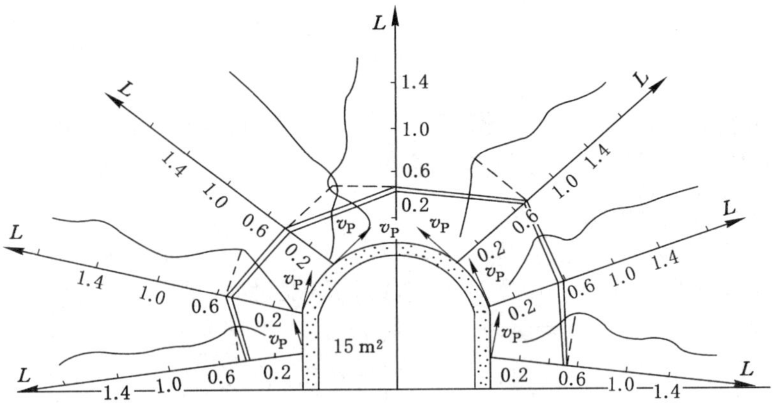

图 5-3-3　围岩松动圈声波探测案例

进行动态观测，直到采完为止；最后将采动前后以及开采过程中的资料进行对比分析。

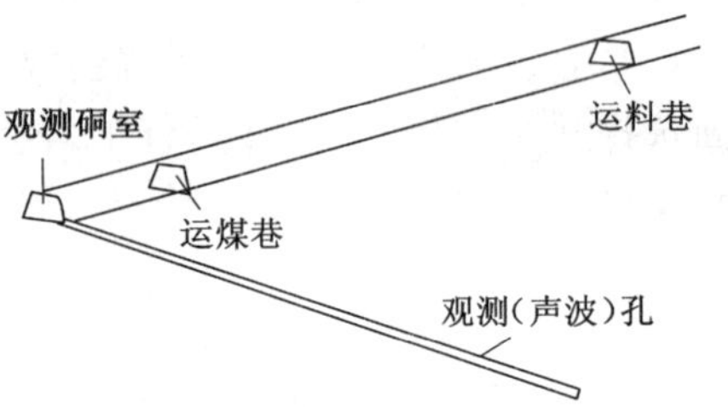

图 5-3-4　底板声波观测孔布置图

声波在岩体中传播的速度受岩体性质及结构状态的影响，特别是当岩体受力变形破坏时，声速上变化灵敏，波形上有所反映。因此，对比采动前后及采动过程中的声速及波形变化特征可确定底板采动破坏带深度及裂隙发育状况。采用单孔、双孔声波探测法均可获得可靠效果，单孔声波探测法侧重探测横向裂隙(垂直于孔轴方向)，双孔声波探测法侧重探测竖向裂隙。

图 5-3-5 所示为采场底板不同深度声速与采面推进的关系曲线。由该曲线可以看出，底板浅部岩层，随着采面逐步接近测点，声波速度逐渐升高；在采面前方最大支撑压力区内，声速达最大值；到采空区，声速显著降低；到后方冒落区，声速又有回升趋势。该变化曲线反映了采动矿压对底板岩层的影响。采面前方声速升高是底板受煤壁前方支撑压力作用的结果；采空区底板卸压、底鼓，产生破坏裂隙，因而声速降低；后方顶板冒落的岩块逐渐将底板压实，所以声速又有所回升。这种影响幅度是随着底板深度的增加而减弱的，到达某一深度(图中为 3.2 m)后声速基本不受采动影响，因而可以认为破坏深度在此深度以上。

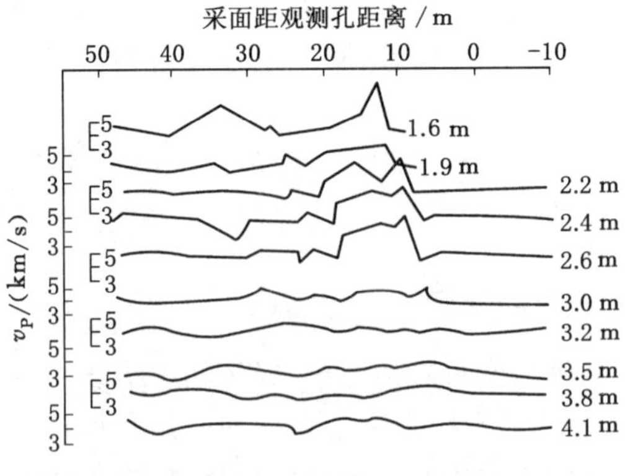

图 5-3-5　采场底板不同深度声速与采面推进的关系曲线

图 5-3-6 是不同采动时期声速随深度变化的实测曲线，同样反映出前述深度以上，声速值分散性较大是底板采动破坏带存在的反映；此深度以下的曲线呈同步变化，反映岩层处于弹性变形状态，相邻层间仍保持整体性联系，没有发生破坏。

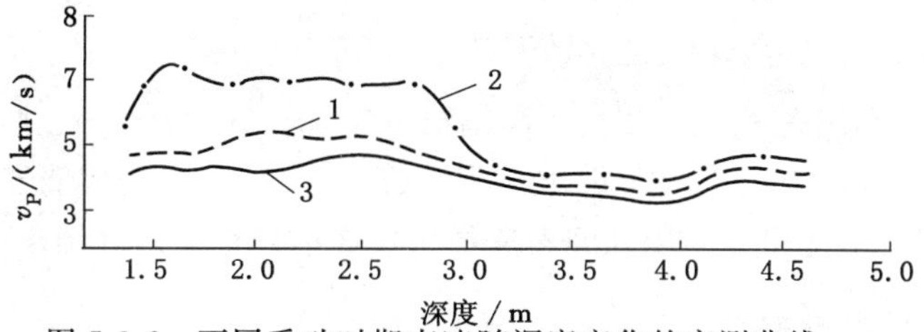

图 5-3-6　不同采动时期声速随深度变化的实测曲线

（1、2、3 分别表示第 1 次、第 2 次、第 3 次探测结果）

5.3.5　在冻结法凿井中的应用

含水冲积层冻结后，土的颗粒被冰黏结在一起，使固相的整体性大大提高。因而，含流沙层在冻结前后，其纵波速度从 1 600 m/s 增大到 2 800 m/s 以上，提高了 50%以上。如果在适当的位置对冻结前后各土层的声波传播速度进行测定、比较，可有效了解冻结壁的冻结状态和扩展情况。

在冻结区及未冻结区各选一观测孔（可用冻结孔、测温孔或水文孔作为观测孔），将声波发射换能器与接收换能器分别置入孔 3、孔 4 的同一深度（图 5-3-7）。声波从孔 3 内的发射换能器发射，在冻结区以速度 v_1、在未冻结区以速度 v_0 传播，被孔 4 中的接收换能器接收，

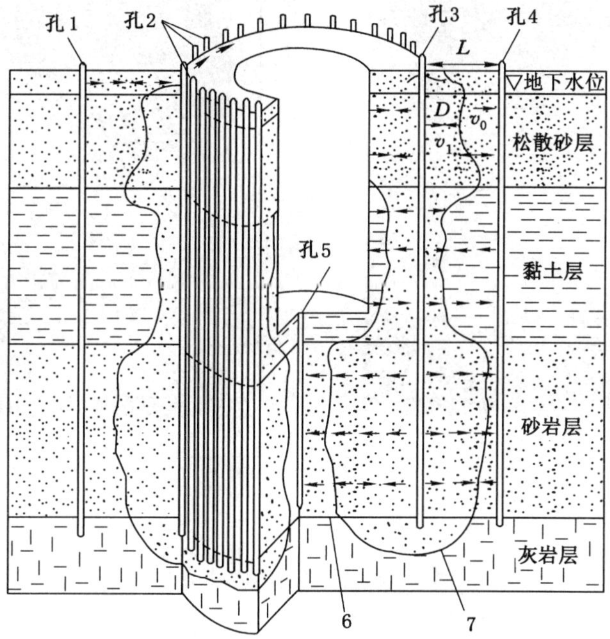

孔 1、孔 4—冻结壁外侧下放接收换能器的钻孔；

孔 2—用冻结管检测冻结壁内部缺口的冻结管；孔 3—下放发射换能器的冻结管；

孔 5—井内下放接收换能器的钻孔；6、7—分别为冻结壁的内、外界面。

图 5-3-7　冻结壁厚度的声波测定

由仪器记录声波从孔 3 至孔 4 的传播时间 t。设两观测孔间距为 L',冻结层厚度为 D,则:

$$t=\frac{D}{v_1}+\frac{L'-D}{v_0} \tag{5-3-5}$$

$$D=\frac{(L'-tv_0)v_1}{v_1-v_0} \tag{5-3-6}$$

v_0可在冻结前利用孔 3、孔 4 测得。冻结层声速 v_1 可用两冻结孔进行测定,也可取土样在实验室进行冻土块的声速测定。据此,可在孔 3、孔 4 中同步改变换能器的深度得到不同深度的冻结层厚度。另外,还可以利用孔间声速层析成像准确地圈定冻结范围和扩展情况。

5.3.6 注浆充填效果检测

在许多工程中,需要对软弱基础进行加固,如煤矿井筒注浆加固、井下软弱岩层注浆加固等;对注浆充填加固效果要进行检测,常规方法主要靠钻探,但费工、费时,且检测的是一个点,不能完全代表整体效果。声波检测方法可以弥补钻探的不足。具体方法是,在需要检测的层位中施工互相平行的钻孔进行声波 CT 方法观测,最终使孔间岩体声速成像。胶结程度好的岩体声速比破碎岩体或胶结程度较差的岩体声速高得多,也就是说,声速的高低可反映出岩体注浆后的胶结程度是否达到了设计要求。图 5-3-8 是注浆前后声速分布图,从中可以看出,注浆前软弱带(声速偏低带 20～50 m 段)声速在注浆后明显变大,注浆效果较为明显。

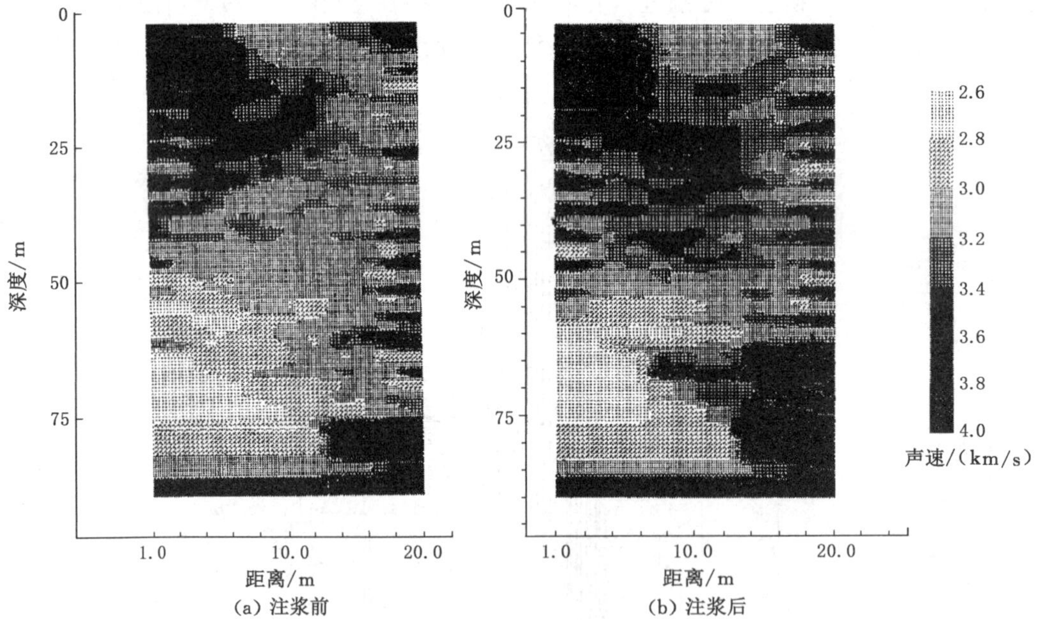

图 5-3-8 注浆前后声速分布图

5.3.7 矿柱塌陷等地压灾害及滑坡的监测

岩体受力变形断裂时会以弹性波的形式释放应变能,从而产生声波发射现象,接收此种声波可以监测地压、滑坡引起的地质灾害。利用声波发射技术监测矿井地压灾害的现场工作，一般利用地音仪记录声波发射的频度等参数并以此作为岩体失稳的判断指标。频度表示单位时间内所记录的能量超过一定阈值的声波发射次数，以 N 表示。例如，某矿山为研究井下岩体的稳定性，预报冒顶、塌陷等地压灾害，经长期试验总结出岩体失稳的判断指标和监听制度。以连续监听 5 min 所取得的数据作为岩音频度。当 $N \leqslant 10$ 时，说明岩体受力不大，没有大的破坏，可认为岩体是稳定的；当 $10 < N \leqslant 20$ 时，岩体受力较大，开始产生破裂，若此情况持续较久，则会出现剧烈的破坏现象；当 $N > 20$ 时，岩体破坏加速，已出现局部破裂，如持续时间较长，说明岩体已进入严重破坏的危险阶段，井下人员和设备应迅速撤离。

5.4　矿井声发射与微地震技术

岩体声波探测是以不同方式由人工激发声波并向岩体传播的主动探测方式。本节的声发射与微地震技术，则是利用受力变形和破坏后岩体本身发出的声波和微地震，监测岩体稳定性的方法。声发射(AE)与微地震(MS)，记作 AE-MS，是世界范围内逐渐推广的监测预警手段，用于保障地下工程、矿井生产安全。

5.4.1　基础知识

岩体是一种非均匀介质，内部存在裂隙等结构弱面，在外力作用下，结构弱面(或不连续面)由相对“静止”状态转入相对“变动”状态。这时，岩体中储存的应变能突然释放，一部分能量以弹性波的形式释放出来，从而产生岩石的声发射与微地震现象，频率一般为 $10 \sim 10^4$ Hz。另外，岩体在超过其强度极限的应力作用下可产生微破裂甚至剧烈破坏作用，同样会出现声发射与微地震现象。高频 AE-MS，可能与岩石矿物晶体的位错及晶粒间的断裂有关；低频 AE-MS，则可能与大规模的岩体内部破坏和不连续面的剪断滑动等作用有关。失稳岩体在崩落之前相当长的一段时期内，因岩体内微裂隙的产生和发展，会陆续发出声音。因此，每一个 AE-MS 信号都包含丰富的岩体内部变化信息，对接收到的信号进行处理、分析可为岩体稳定性评价提供依据。因此，可以利用 AE-MS 技术对岩体的破坏过程、顶板冒落、冲击地压、矿柱及露天边坡岩体稳定性进行安全监测。

AE-MS 信号的明显特征包括：① 信号具有随机性、非周期性；② 信号频率范围宽，上限可高达数万赫兹甚至更高；③ 信号波形不同，能量悬殊较大；④ 振幅随距离增大而迅速衰减。AE-MS 技术主要用于记录与分析下列具有统计性质的量：① 频度，指单位时间内记录到AE-MS事件的次数(单位为次/min)；② 振幅强度，指 AE-MS 事件的振幅强度情况，划分为大事件和小事件；③ 能率，指单位时间内测得的 AE-MS 能量之和；④ 频率特性，指 AE-MS 信号的频谱与主频。

5.4.2　监测方法

监测方法分为一般监测、定位监测。

(1) 一般监测的目的是了解监测区内是否发生 AE-MS 事件、该事件是否与被监测参数(如煤岩柱的载荷、聚积的地压水平等)有关。在一般监测中，只采用一个或几个传感器，因而难以确定 AE-MS 震源的位置。

(2) 定位监测是为确定监测区内所有 AE-MS 震源位置，需要安置五个以上传感器，根据信号传播的速度、时间和距离的关系可列出如下方程组：

$$(x_i - x_0)^2 + (y_i - y_0)^2 + (z_i - z_0)^2 = v_i^2(t_i - t_0)^2 \tag{5-4-1}$$

式中 (x_0, y_0, z_0)——待求震源坐标；

t_0——初始时间，也是未知数；

(x_i, y_i, z_i)——各接收点的坐标；

t_i——同一 AE-MS 信号源到达各接收点的波至时间；

v_i——同一 AE-MS 信号源到各接收点的速度，通常视为匀速，可以通过一定的方法求得。

5.4.3 应用实例

5.4.3.1 声发射监测应用实例

图 5-4-1 为某矿预报冲击地压的监测记录。由该图可以看出，岩体声信号出现了明显的冲击地压前兆。其中，N_{e_1} 为 1 号拾震器能率数；N_{e_2} 为 2 号拾震器能率数；N_{l_1} 为 1 号拾震器大事件数；N_{l_2} 为 2 号拾震器大事件数。在图 5-4-1(a)中，当日 9～12 时、17～18 时，前兆之后约 24 小时，冲击地压发生；在图 5-4-1(b)中，即次日 5 时 55 分发生严重冲击地压，事后顶板活动继续并产生强的岩体声发射信号。这是因为在大的冲击地压发生之后应力并未完全消除，还不断有余震及顶板塌落现象发生，仪器仍能监测到余震前兆。

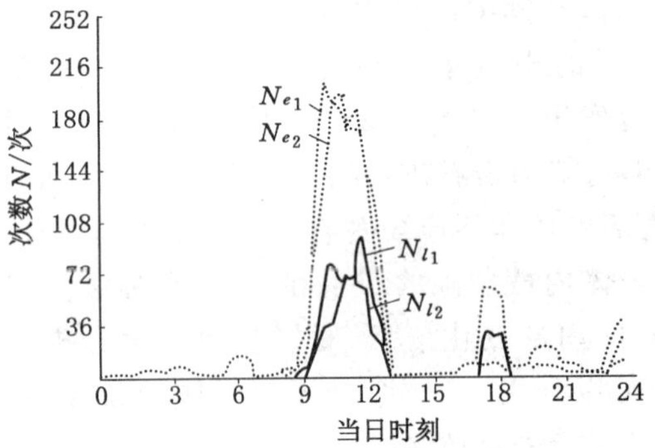

(a) 2016年1月10日0～24时岩体声发射曲线

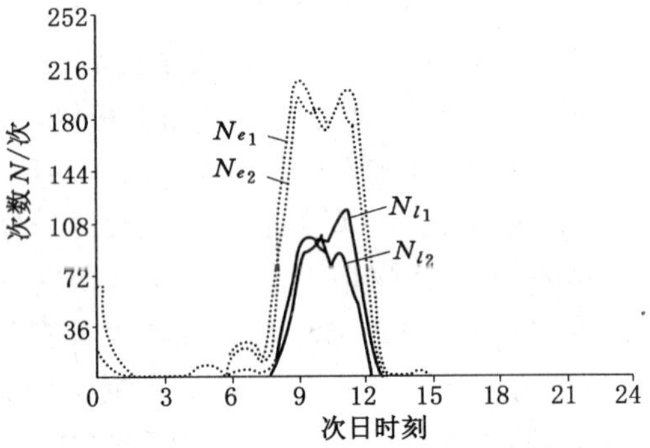

(b) 2016年1月11日0～24时岩体声发射曲线

图 5-4-1 某矿预报冲击地压的监测记录

5.4.3.2 微地震监测应用实例

微地震与声发射的不同点在于：微地震波是在岩石破裂时发出的一种振动波，同时伴随巨大响声；声发射波是指岩石在受到应力作用下临近破裂之前发出的一种振动声(波)，类似于弓弦绷紧时的状态；微地震波频率较低，一般为几十周，而声发射波的频率较高，可达千周甚至万周；微地震波传播距离相对较远，一般可达几百米至上千米，而声发射波的观测距离一般是几米至几十米；微地震波能量较强，在观测范围内有明显震感，而声发射波能量较弱，有时人不能察觉，不利于观测。

图 5-4-2 是山东某煤矿的微地震监测的观测系统布置图。图中 A 至 D 代表四个钻孔的位置，由巷道顶板垂直向上施工钻孔，孔深 50～60 m，每孔安装 3～4 个三分量微地震传

感器；E 至 M 代表煤层传感器，直接沿巷道壁安装在煤层中，采用单分量或三分量。布置该观测系统的目的是确定工作面上方微地震事件的震源位置，进一步研究煤层开采时垮落带与裂缝带的高度，以及微地震事件特征与冲击地压形成规律的关系。

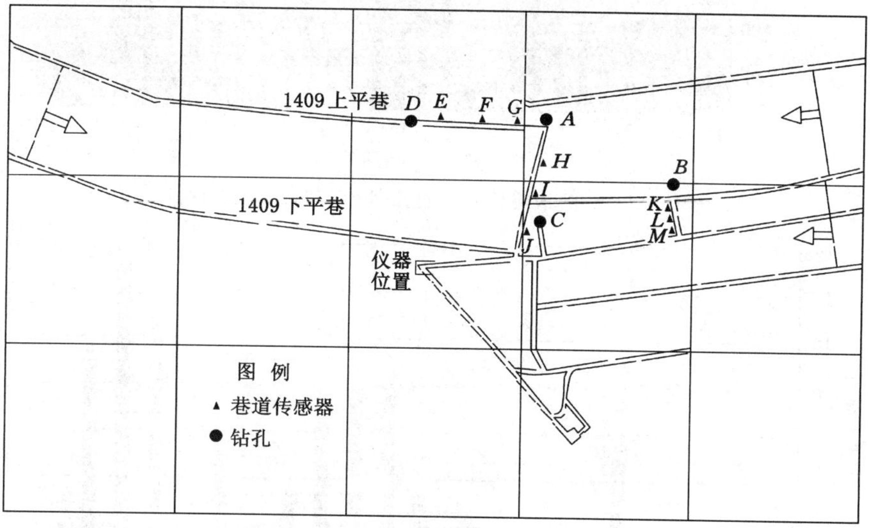

图 5-4-2　山东某煤矿的微地震监测观测系统布置图

利用图 5-4-2 中微地震监测观测系统接收到的微地震监测实际波形见图 5-4-3。该图反映微地震波形频率较低，主频一般在 50～60 Hz 范围内变化。该图中横坐标代表微地震波到达各传感器的相对旅行时，纵轴代表各记录道号。实际监测时采用多道微地震监测仪，每天可以监测到上百个微地震事件。微地震监测每日事件数见图 5-4-4，微地震监测每小时频度见图 5-4-5。

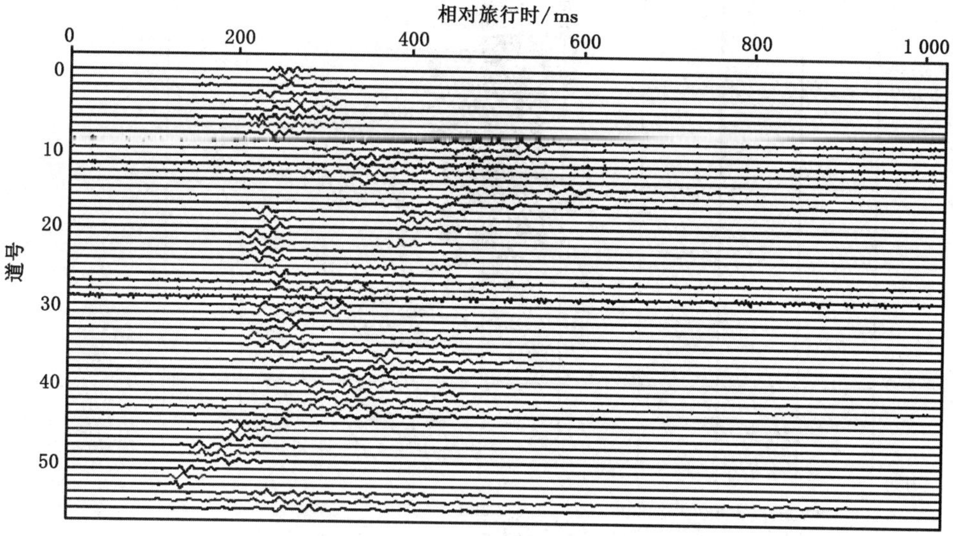

图 5-4-3　微地震监测实际波形

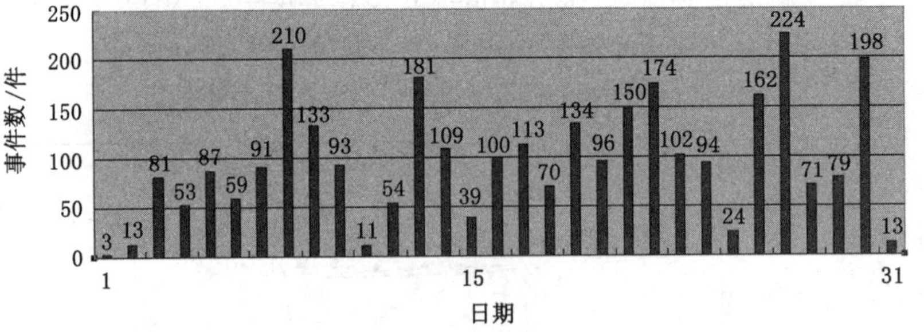

图 5-4-4　微地震监测每日事件数(2017 年 12 月)

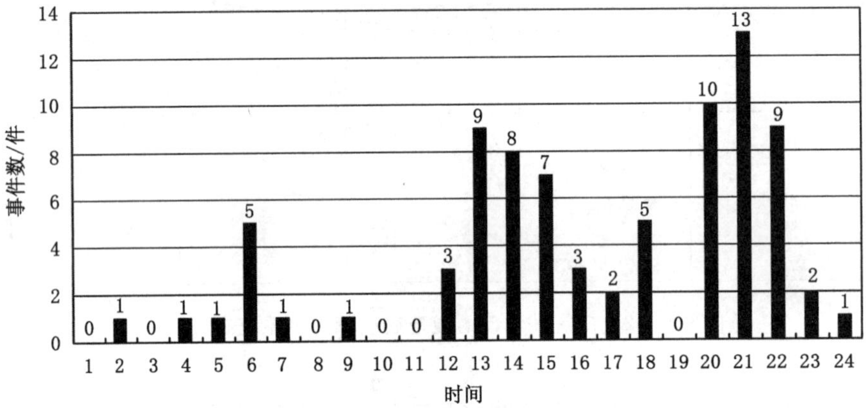

图 5-4-5　微地震监测每小时频度图

根据各传感器监测的微地震波相对旅行时,利用式(5-4-1)可以确定微地震事件的震源位置。微地震事件震源位置平面投影见图 5-4-6,微地震事件震源位置剖面投影见图 5-4-7。

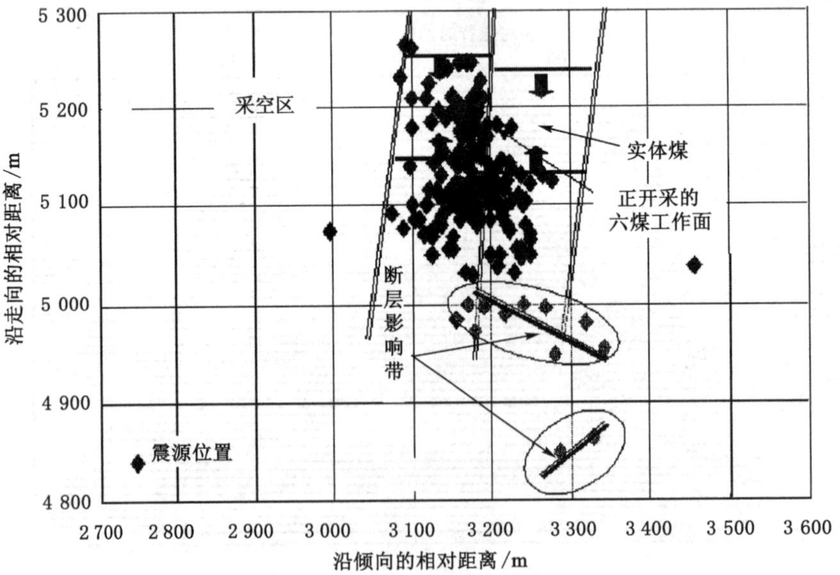

图 5-4-6　微地震事件震源位置平面投影

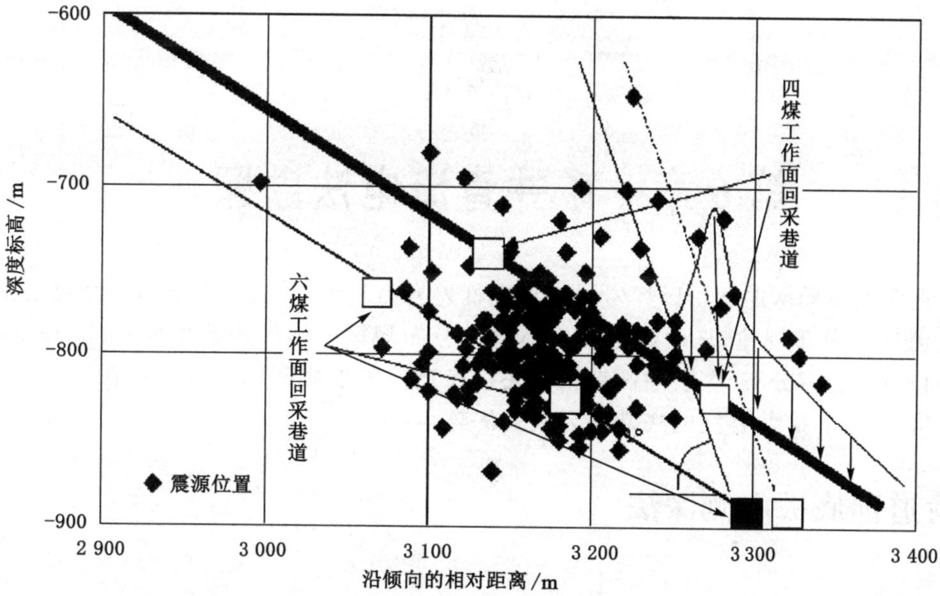

图 5-4-7　微地震事件震源位置剖面投影

第 6 章　矿井直流电法勘探

矿井直流电法勘探的运用以煤岩层的导电性差异为基础，通过向地下通入稳定电流，观测大地电流场的分布规律，从而确定煤岩体物性分布规律或地质构造特征，解决井下小断层、地下涌水点、岩溶分布、煤层冲刷带和顶底板稳定性等地质问题。特别是在解决与水有关的矿井构造方面，矿井直流电法勘探有较大优势。

6.1　巷道顶底板电测深法

6.1.1　巷道顶底板电测深法概述

电测深法的主要技术特点是测量过程中保持测点不变，由小到大或由大到小逐渐改变供电电极间距，对应的垂直层面勘探深度不断增大或减小，从而观测测点附近垂直层面方向上介质的电性变化。同时，将不同测点的电测深观测结果进行对比，可以了解沿测线方向上的电性变化特征。井下常采用对称四极装置[图 6-1-1(a)]和三极装置[图 6-1-1(b)]。巷道底板(或顶板)电测深法装置的选择依据主要是可施工巷道的长度。当巷道长度足够时，多选用对称四极装置；当巷道可施工长度较短时，为减少测量“盲区”，可选用三极装置。井下施工中，由于巷道内岩石裸露，加上浮煤、铁轨、金属支架等表层电性不均匀体和随机地电干扰的影响，施工条件较差、表层地电干扰严重，宜采用固定 MN 法，并采用测点距较小、极距变化较小的高分辨电极距系列，以提高电测深法的分辨能力。

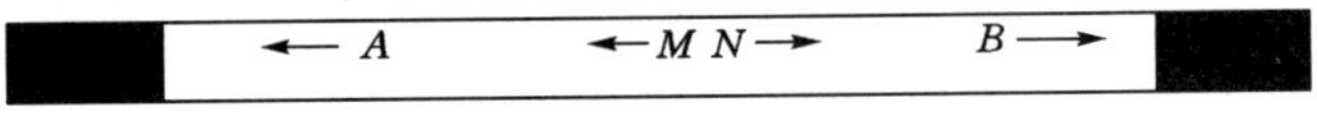

(a) 对称四极装置

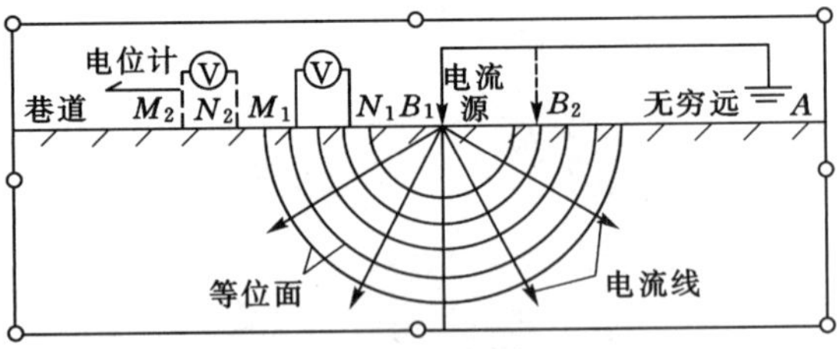

(b) 三极装置

图 6-1-1　电测深法原理示意图

在矿井全空间条件下，因介质不均匀而造成的电流场分布非均一性十分突出，巷道不同方向的电测深结果与布极一侧介质的电性特征密切相关。含煤地层中的三维地电异常体在不同方位巷道电测深法的观测结果上具有不同反映，利用这一特性在巷道的不同部位布置电测深装置，可以突出布极一侧岩石的电性变化特征，据此可以研究陷落柱等二维或三维地电异常体的几何形态、空间位置和富水性等，从而达到为煤矿安全生产提供详尽地质资料的目的。

6.1.2　巷道顶底板电测深法的视电阻率公式

若采用施伦贝尔装置($MN\to 0$)，其电测深法视电阻率 ρ_s 的一般表达式为：

$$\rho_s = 4\pi r^2 \times E/I = 4\pi r^2\left(-\frac{\partial U}{\partial r}\right)/I \tag{6-1-1}$$

对于图 6-1-2 中的井巷三层地电断面模型，将对称四极装置的两种电极分别布置在顶板(ρ_1 介质)和底板(ρ_2 介质)中。计算出第 1 章中式(1-3-22)和式(1-3-23)的偏 r 微分，而后代入式(6-1-1)，可求得三层水平层状介质巷道顶底板对称四极电测深法的视电阻率公式：

$$\rho_{s,顶} = \rho_1\{1 + K_{12}\sum_{n=0}^{\infty}(K_{12}K_{23})^n r^3/(4n^2h_1^2 + r^2)^{3/2} + K_{32}\sum_{n=0}^{\infty}(K_{12}K_{23})^n r^3/[4(n+1)^2h_1^2 + r^2]^{3/2}\} \tag{6-1-2}$$

$$\rho_{s,底} = \rho_3\{1 + K_{23}\sum_{n=0}^{\infty}(K_{21}K_{23})^n r^3/(4n^2h_1^2 + r^2)^{3/2} + K_{32}\sum_{n=0}^{\infty}(K_{12}K_{23})^n r^3/[4(n+1)^2h_1^2 + r^2]^{3/2}\} \tag{6-1-3}$$

在井巷四层地电断面模型(图 6-1-3)中，巷道在煤层中通过，同样方法可求得其顶底板对称四极电测深法的视电阻率公式为：

$$\rho_{s,顶} = \rho_1\sum_{n=0}^{\infty}G_n r^3/[r^2 + 4n^2H^2]^{3/2} \tag{6-1-4}$$

$$\rho_{s,底} = \rho_1\sum_{n=0}^{\infty}D_n r^3/[r^2 + 4n^2H^2]^{3/2} \tag{6-1-5}$$

式中　G_n、D_n——与电反射系数 K_{ij} 有关的系数，可由递推公式求得，$G_n = e^{-2\lambda H}$ 。

　　H——$H = h_1/P_1 = h_2/P_2$(P_1、P_2 为正整数)。

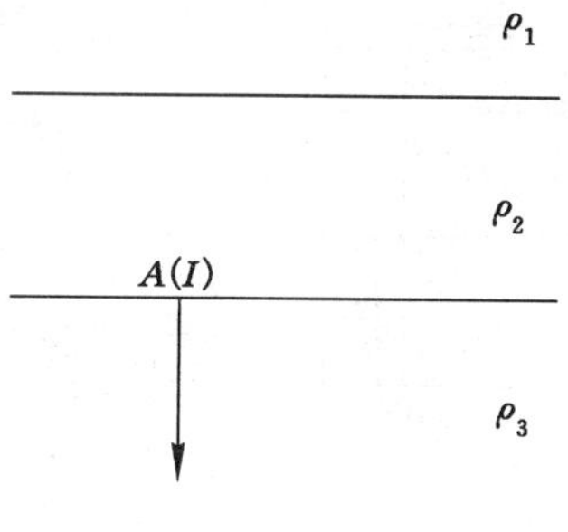

图 6-1-2　井巷三层地电断面模型(ρ_2 为煤层)

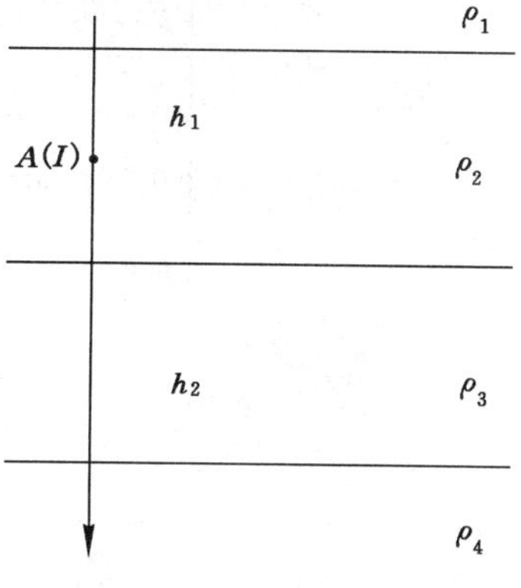

图 6-1-3　井巷四层地电断面模型(ρ_2 为煤层)

6.1.3 巷道顶底板电测深法的理论曲线

与地面半空间电测深法正演模拟一样，可采用线性滤波法模拟巷道全空间电测深法的理论曲线。线性滤波法的离散计算公式为：

$$\rho_s(n_0\Delta) = 2\sum_{n=0}^{M} T_i[(n_0 - n)\Delta] \times C_n(n\Delta) \tag{6-1-6}$$

式中 T_i——全空间核函数；

C_n——半空间正演滤波系数。

利用式(6-1-6)可计算出任意层的巷道顶底板电测深法的理论曲线。三层底板和四层巷道顶底板电测深法的正演模拟曲线见图 6-1-4。首支趋于与 ρ_2 和 ρ_3 有关的综合影响值。实际上，因为是在挖空的巷道中观测，当电极排列位于底板时，对于小极距，$\rho_s \to \rho_3$；极距较大(即 $d_{AB}/2 \to \infty$)时，其尾支渐近线可由式(6-1-7)和式(6-1-8)给出：

三层

$$\lim_{r\to\infty} \rho_s = \frac{2\rho_1\rho_3}{\rho_1 + \rho_3} \tag{6-1-7}$$

四层

$$\lim_{r\to\infty} \rho_s = \frac{2\rho_1\rho_4}{\rho_1 + \rho_4} \tag{6-1-8}$$

在大极距情况下，巷道电测深法的理论曲线趋于某一定值，由于全空间场的影响，即使底板由电阻率无限大的高阻地层组成，曲线也不会出现 45°上升渐近线；只有在测点上、下方同时存在电阻率为无穷大的电性层时，才会出现 45°上升渐近线，这与半空间电测深法的理论曲线有实质性不同。

图 6-1-5 给出了半空间和全空间电测深法的理论曲线比较。考虑巷道挖空的影响，地下电流场变得十分复杂，电测深法的理论曲线与全空间电测深法计算出的理论曲线有差异。

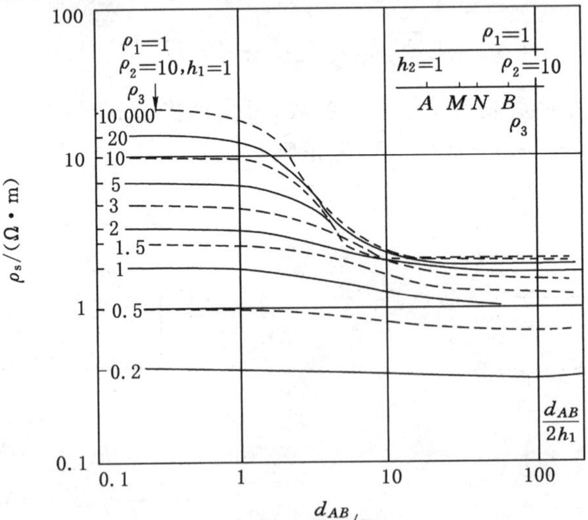

(a) 三层底板电测深法的正演模拟曲线

图 6-1-4 三层底板和四层巷道顶底板电测深法的正演模拟曲线

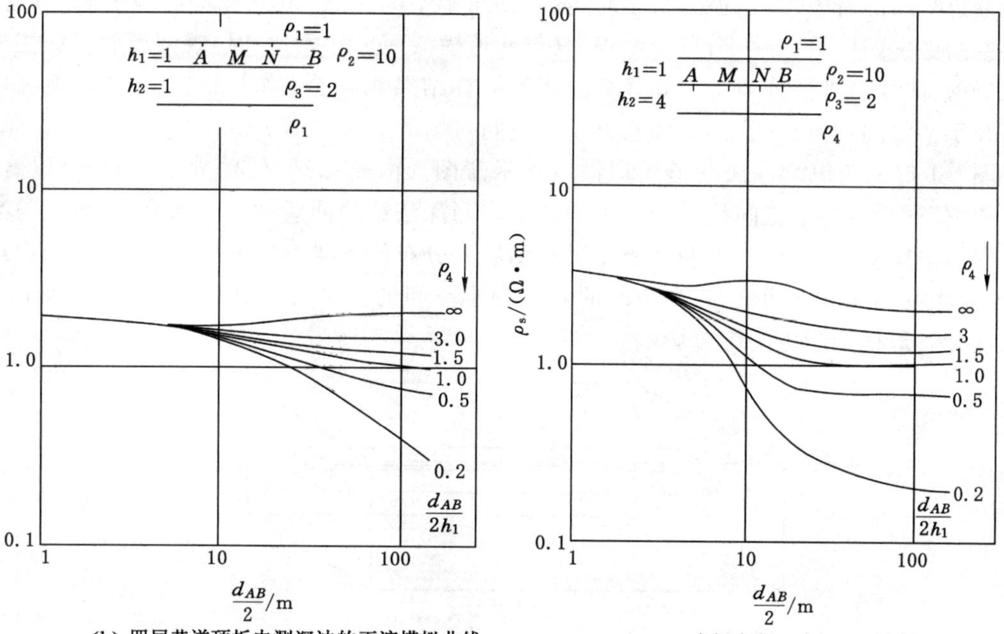

(b) 四层巷道顶板电测深法的正演模拟曲线

(c) 底板电测深法的正演模拟曲线

图 6-1-4(续)

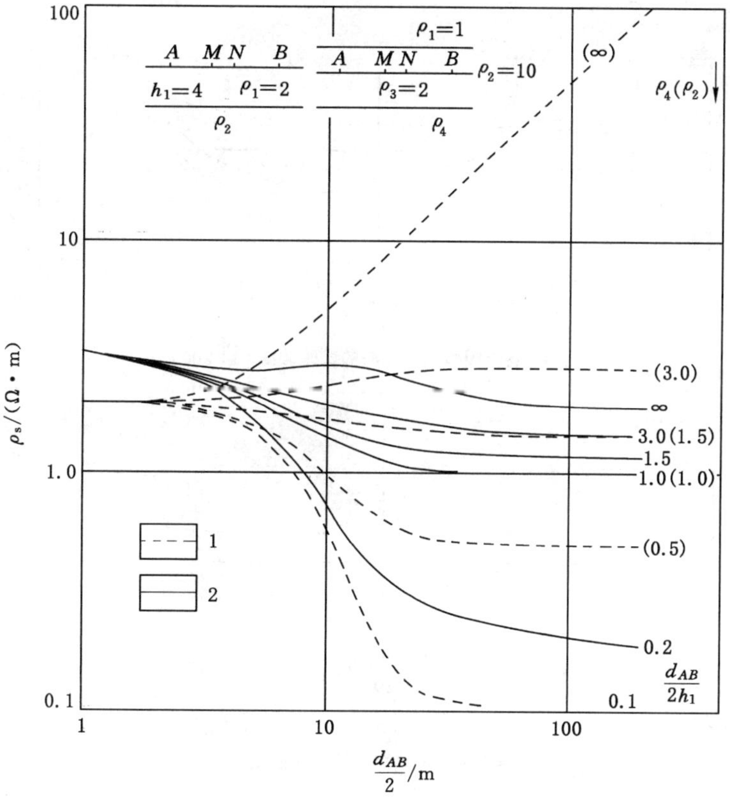

1—半空间电测深法的理论曲线；2—全空间电测深法的理论曲线。

图 6-1-5　半空间和全空间电测深法的理论曲线比较

由于巷道空间的有限性，当极距很小时，观测场与半空间一致，电测深法的理论曲线（首支）与半空间得到的曲线一致；当点极距很大（与巷道横截面尺寸相比）时，观测场的特征接近全空间场的，曲线后半部分与全空间计算公式的计算结果相吻合；当为中等极距时，观测场的特点介于半空间和全空间之间，即巷道挖空空间对场的影响显著。

图 6-1-6(a)为电测深法巷道模拟槽装置示意图。由模拟结果[图 6-1-6(b)]可以看出，受巷道挖空的影响，全空间均匀介质中的巷道电测深法试验曲线并非一条直线，首支与半空间电测深法试验曲线重合，说明小极距时观测场的分布接近半空间的分布特点；曲线中部平直段，观测场仍属全空间分布，全空间的 ρ_s 值为半空间的一半；曲线中间下降段反映了全空间效应和巷道挖空产生的综合影响。

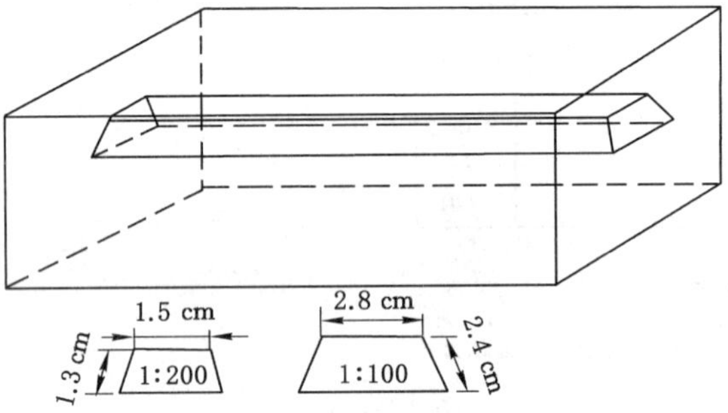

(a) 巷道模拟槽装置示意图

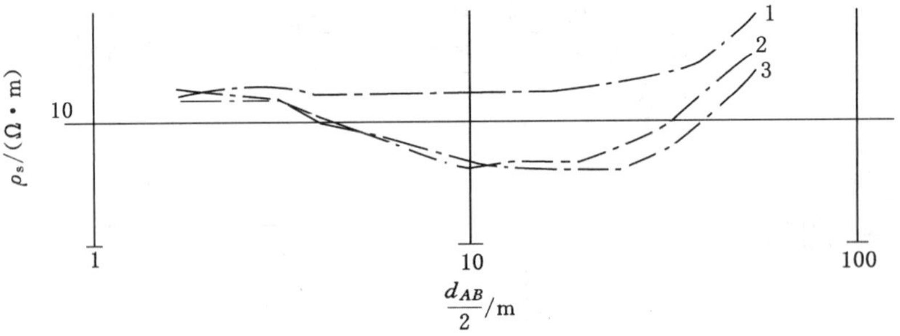

(b) 巷道模型电测深法的试验曲线（1∶200）

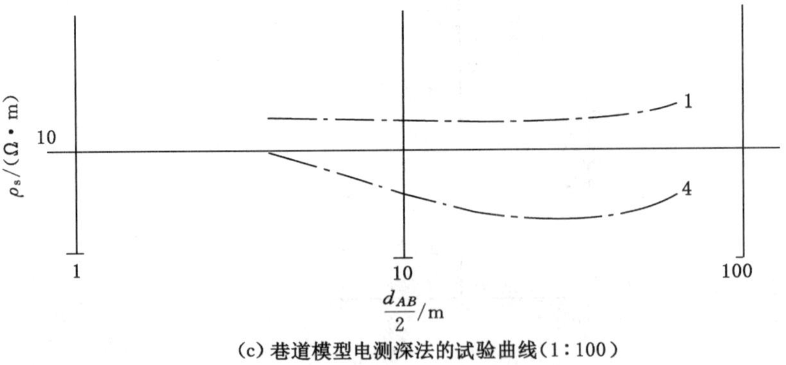

(c) 巷道模型电测深法的试验曲线(1∶100)

1—半空间模型试验曲线；2、3、4—埋深分别为 10 cm、30 cm、40 cm 时的全空间模型试验曲线。

图 6-1-6 电测深法的巷道模拟试验

6.1.4　巷道顶底板电测深曲线的影响因素

从煤矿防治水对物探的要求来看，一般要求勘探深度小于 100 m，且巷道长度有限，测深极距不可能很大，实际的 $d_{AB}/2$ 一般不超过 200 m，故应着重讨论电测深曲线的中间部分。当煤层埋藏较浅及电极距较大时，应考虑地面的影响及曲线尾支的变化。

煤层一般为高阻电性层，含煤地层中的砂、泥岩为相对低阻电性层，而灰岩在不含水时为高阻电性层，含水时为低阻电性层。设置如图 6-1-7 所示的水平地电模型，ρ_1 和 ρ_2 为煤层顶板以上的电性层的电阻率，当 $\rho_1 \to \infty$ 时 ρ_1 就代表地面以上的空气的电阻率，ρ_3 为煤层的电阻率，ρ_4、ρ_5 代表煤层底板以下的砂页岩电性层的电阻率，ρ_6 代表深部灰岩电性层的电阻率。为简单起见，各电性层参数均以煤层的厚度 h_3 和电阻率 ρ_3 为基准。

$\rho_1 = 1\ 000\ \Omega \cdot m$	
$\rho_2 = 0.1\ \Omega \cdot m$	$h_2 = 300$ m
$\rho_3 = 1\ \Omega \cdot m$	$h_3 = 1$ m
$\rho_4 = 0.4\ \Omega \cdot m$	$h_4 = 10$ m
$\rho_5 = 0.11\ \Omega \cdot m$	$h_5 = 20$ m
$\rho_6 = 3\ \Omega \cdot m$	

图 6-1-7　地电模型及其参数

6.1.4.1　ρ_1 对电测深曲线的影响

如图 6-1-8 所示，ρ_1 的变化只影响测深曲线的尾支。当 $\rho_1 \geqslant \rho_3$ 时，电测深曲线与 $\rho_1 \to \infty$ 时的基本重合。因此，在后续讨论中，取 $\rho_1 = 1\ 000\ \rho_3$，即 ρ_1 表示地面以上为空气介质。

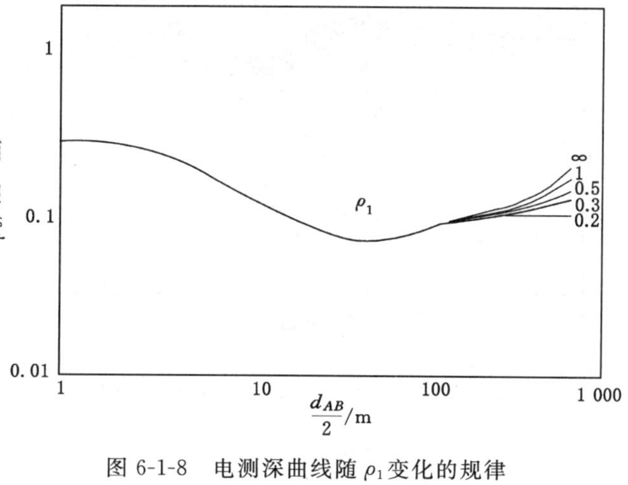

图 6-1-8　电测深曲线随 ρ_1 变化的规律

6.1.4.2　h_2、ρ_2 对电测深曲线的影响

h_2 为煤层的埋藏深度，ρ_2 表示煤层顶板至地面之间地层的电阻率。如图 6-1-9 所示，当 h_2 由小变大时，电测深曲线的变形规律为 HKH 型→H 型→HA 型。曲线尾支沿 45°上升是因为受 ρ_1 与 ρ_6 高阻屏蔽层的影响。当开采深度 h_2 大于 100 h_3，且 $d_{AB}/2 \leqslant 0.5\ h_2$ 时，可不考虑地面对电测深曲线的影响。

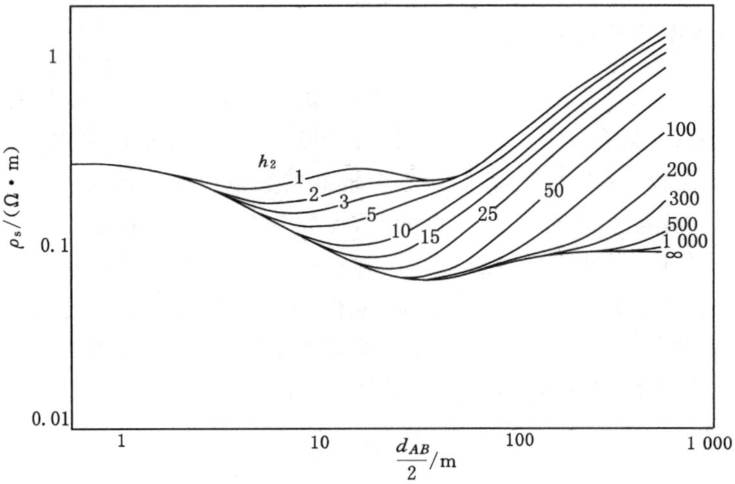

图 6-1-9　电测深曲线随 h_2 变化的规律

如图 6-1-10 所示，当 $\rho_2>\rho_3$ 时，煤层顶板以上地层的 ρ_2 对电测深曲线影响较小，在该曲线前部形成一个低缓的 K 型，煤层底板以下的低阻电性层使该曲线中部形成 H 型。当 $\rho_2<\rho_3$ 时，由于煤层的屏蔽作用，除该曲线数值下降外，该曲线后部形成 A 型乃至 H 型。

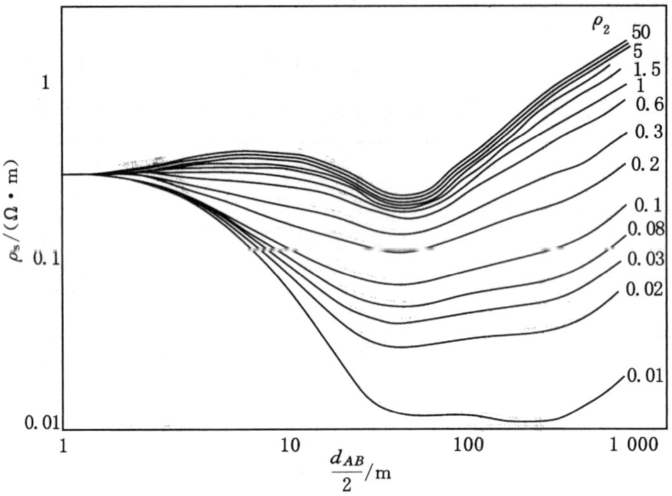

图 6-1-10　电测深曲线随 ρ_2 变化的规律

6.1.4.3　h_3、ρ_3 对电测深曲线的影响

煤层厚度对电流有屏蔽作用，如图 6-1-11 所示，当 h_3 由小变大时，煤层屏蔽作用加强，即煤层顶板以上地层对电测深曲线的影响逐步减弱和延后。

同样，ρ_3 对电测深曲线的影响有类似的规律(图 6-1-12)，当 $\rho_3\to\infty$ 时，该曲线变为半空间的电测深曲线。若电极距 $d_{AB}/2\leqslant 100\ h_3$，在 $\rho_3\geqslant 4$(约 $\rho_3\geqslant 10\rho_4$)的情况下，可不考虑煤层顶板以上地层对电测深曲线形态的影响，但煤层顶板以上地层会影响视电阻率值的大小。当 ρ_3 相对较低时，煤层上下地层同时影响视电阻率值，曲线变得复杂，从而给解释带来困

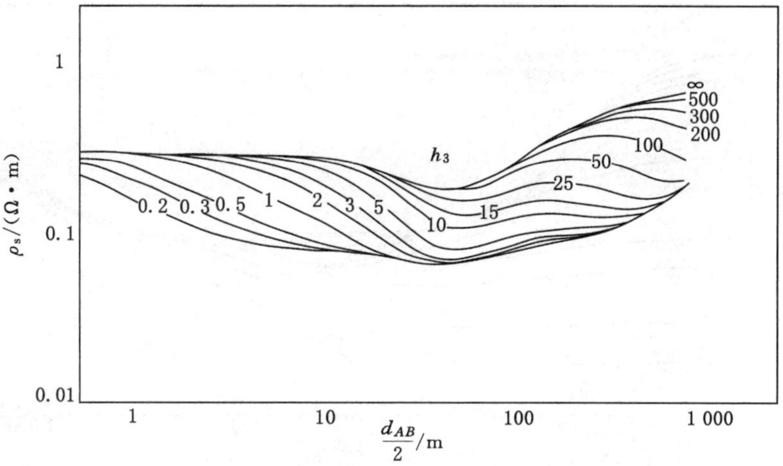

图 6-1-11　电测深曲线随 h_3 变化的规律

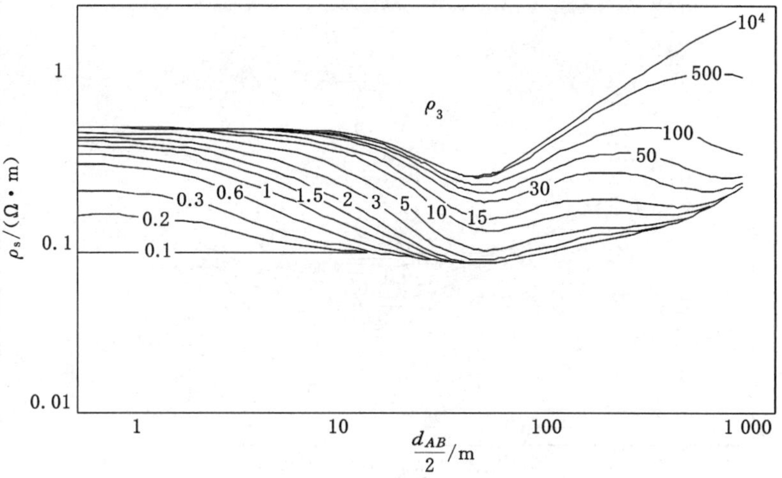

图 6-1-12　电测深曲线随 ρ_3 变化的规律

难。这说明低阻煤层矿井不利于开展井下电测深法勘探工作。

6.1.4.4　ρ_4、ρ_5、h_4、h_5 对电测深曲线的影响

图 6-1-13 表明，ρ_4 主要影响曲线首支数值的大小，同时，随着 ρ_4 与 ρ_5 大小关系的变化，曲线形态也随之变化。在图 6-1-14 中，ρ_5 主要影响电测深曲线后部，即 H 型极小值的大小。h_4 和 h_5 主要影响电测深曲线 H 型的宽窄与极小值，对电测深曲线类型影响较弱。

6.1.4.5　ρ_6 对电测深曲线的影响

如图 6-1-15 所示，ρ_6 的变化直接影响曲线尾支的幅值，当 $d_{AB}/2\leqslant 100\ h_3$ 时，ρ_s 的大小反映了灰岩电阻率的大小，这与灰岩的含水性有直接关系。因此，当煤层下方基底灰岩充水时，因其电阻率值较小，视电阻率曲线表现为尾支明显下降。

6.1.4.6　电测深曲线影响因素总结

当煤层电阻率属相对高阻时，由于煤层的屏蔽作用，煤层上部围岩在曲线上的特征反映滞后，影响较小，此时电测深曲线主要反映煤层底板以下电性层特征，曲线类型和特征变化

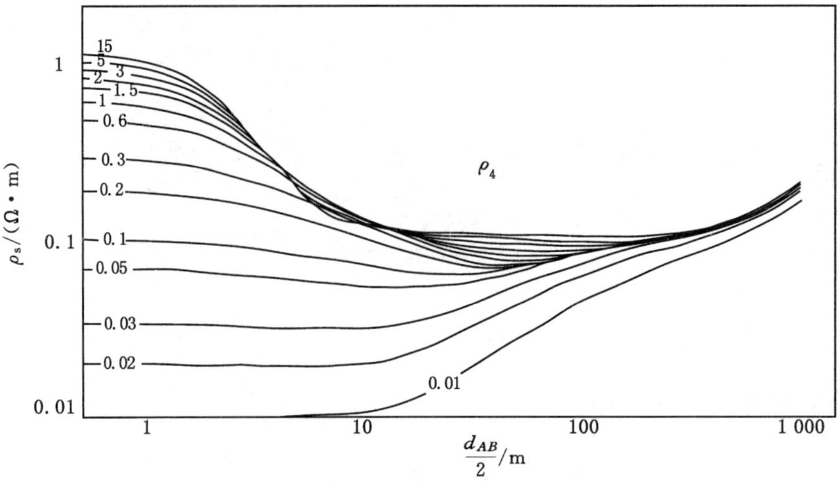

图 6-1-13　电测深曲线随 ρ_4 变化的规律

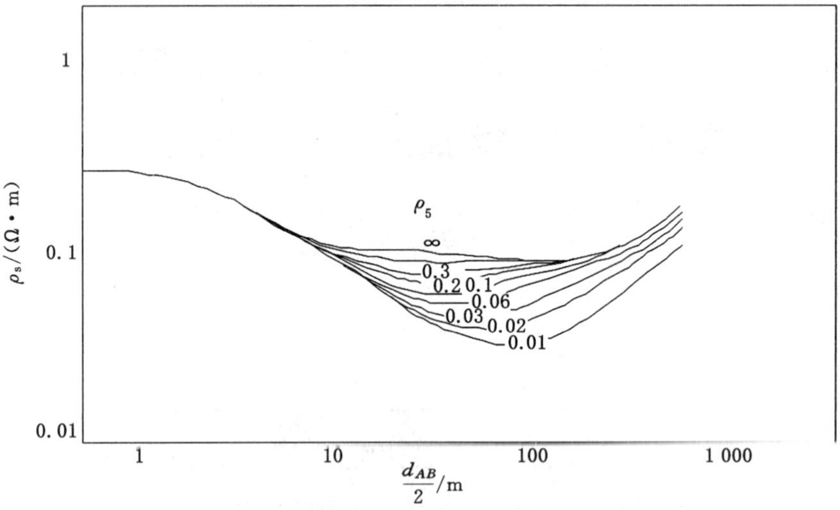

图 6-1-14　电测深曲线随 ρ_5 变化的规律

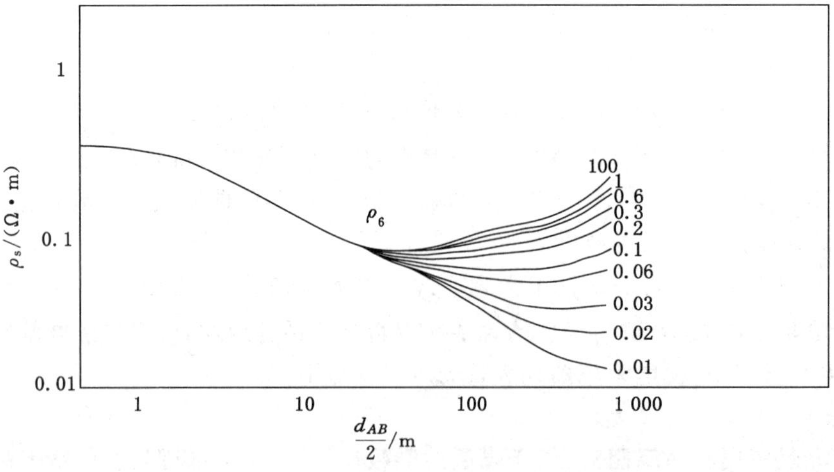

图 6-1-15　电测深曲线随 ρ_6 变化的规律

可反映煤层底板以下电性层参数的变化。实际工作时应该注意：① 当煤层电阻率与围岩电阻率差异较小时，煤层底板电测深曲线变化规律与全空间岩层的电性有关。在进行煤层底板电测深时，还应考虑煤层以上地层中低阻异常体的影响。② 全空间的电测深曲线与地表半空间的相比，曲线形态更复杂，曲线类型不像地面电测深那样可与各层电阻率相对大小关系一一对应。进行矿井电测深之前，应预先根据矿区地层电性条件绘制其对应的电测深曲线，并由此指导工程设计和井下施工。③ 在煤层电阻率相对较高(煤层电阻率大于 3 倍围岩电阻率)，电极距又不很大(小于 80 倍煤层厚度)的情况下，顶底板电测深曲线可近似按照半空间地表电测深曲线的研究方法进行解释。④ 当煤层埋深较浅而电极距较大时，应考虑地面对电测深曲线尾支的影响。

6.1.5　巷道顶底板电测深施工方法

巷道电测深的施工不同于地面的；受井下空间的限制，该方法只能在已有巷道中施工。

6.1.5.1　测点布置

除根据地质任务和对勘探程度的要求外，还要考虑巷道的长度及通行情况。如果以调查顶底板断层或裂隙发育带位置为目的，特别是充水构造，测点应布置在距断层或裂隙发育带两侧 20～30 m 处，以免极化不稳造成观测困难；如果以分层定厚或探测底板含水层赋存状态为目的，一般沿巷道等间距布置测点，固定点间距为 20～50 m 或更小。

6.1.5.2　电极距选择

根据地质任务要求确定最大电极距，同时要考虑井下施工的便利性和可行性，最大电极距($d_{AB}/2$)一般不小于预期勘探深度的 2 倍。最小电极距视浮煤厚度和巷道顶底板岩石破碎程度而定。测量电极距 d_{MN} 的选择要考虑有效信号和干扰信号的强弱，长度比 d_{MN}/d_{AB} 一般在 1/3～1/20 之间为宜。电极距间隔应尽可能小，Δ 一般取 1/8～1/10 或更小。当采用算术坐标绘制电测深曲线时，采样间隔还可以加密或等间距观测。考虑金属支架的影响，电极点位应布设在两金属支架中间，不要靠近金属支架。电极应尽量沿上帮或下帮布设，以使铁轨对观测场的影响最小。

6.1.5.3　偏置电测深装置

当底板浮煤分布不均匀，在浅层形成一个电阻率变化较大的层位时，为压制不均匀电性对观测结果的影响，可采用如图 6-1-16 所示的温纳偏置电测深装置及施工方式。该装置与对称四极装置相比要进行两次观测，两次观测的结果 R_{D1} 和 R_{D2} 的平均值 R_D 为温纳偏置电测深视电阻。

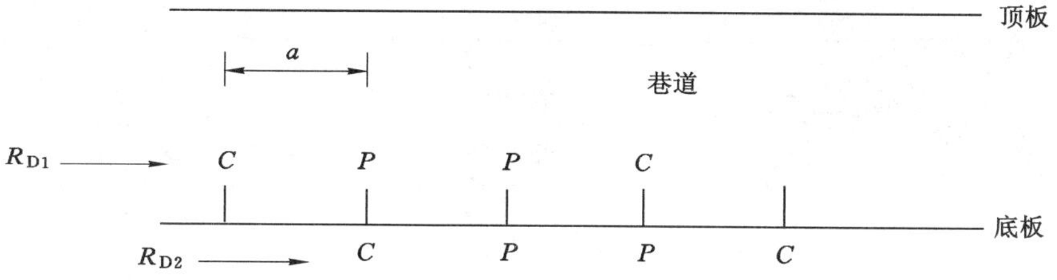

图 6-1-16　温纳偏置电测深装置及施工方式

6.2 巷道层测深法

巷道层测深法可用于追踪巷道已揭露断层、裂隙发育带等在煤层中的延伸方向，也可用于探测煤层内未被巷道揭露的断层或裂隙发育带，同时可对其含水性进行评价。

6.2.1 巷道层测深法的装置与原理

巷道层测深方法的装置示意图如图 6-2-1 所示。供电电极 A、B 和测量电极 M、N 布置在同一巷道中煤层与其顶、底板的分界面处，靠近工作面煤壁一侧。测量过程中，供电电极 A、B 固定不动，测量电极 M、N 在供电电极对的一侧（单侧层测深法）或两侧同步移动（双侧层测深法）观测。

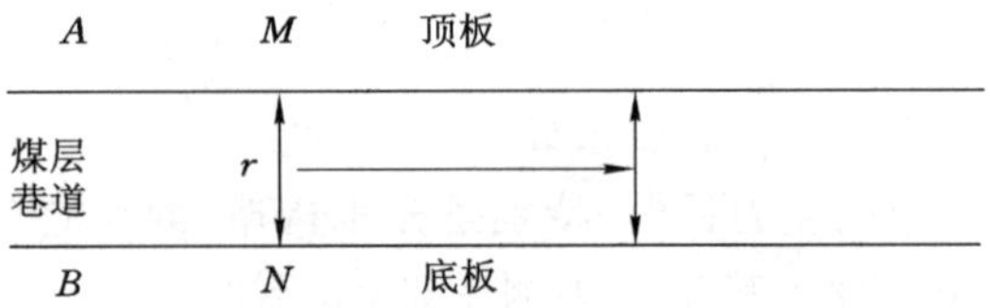

图 6-2-1　巷道层测深法装置示意图

层测深法的工作原理是：随着偶极距（供电电极对和测量电极对之间的距离）r 的增大，电流的顺层穿透深度也逐渐增大，当煤层内存在断层或裂隙发育带时，它们对煤层内电流场分布状态的扰动作用必然会从测量电位差中体现出来。因此，通过研究顺煤层方向由浅入深煤层的电性变化情况，可以确定煤层内是否存在断层和裂隙发育带等扰动构造。

当煤层内存在断层破碎带或其他构造扰动时，利用层测深装置测得的视电阻和视电阻率曲线，与未受破坏煤层的层测深理论视电阻和视电阻率曲线（正常场的理论曲线）之间会存在差异。根据这种差异，便可确定煤层内断层和裂隙发育带等扰动构造的空间位置。

图 6-2-2 为三层介质模型的层测深法电流线分布示意图。当 $\rho_1>\rho_2<\rho_3$（煤层为相对低阻电性层）时，电流线集中在供电电极 A、B 轴线附近，且在离 A、B 不远处，电流密度的法向分量已衰减到很小[图 6-2-2(a)]。当 $\rho_1<\rho_2>\rho_3$（煤层为相对高阻电性层）时，高阻煤层对电流的排斥作用和低阻围岩对电流的吸引作用，将导致较多一部分电流通过围岩向远处传

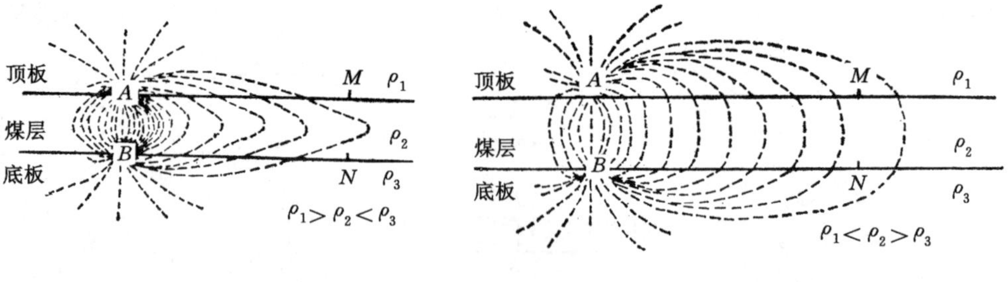

(a) 相对低阻煤层　　(b) 相对高阻煤层

图 6-2-2　三层介质模型的层测深法电流线分布示意图

递，同时使得电流近似垂直通过煤层[图 6-2-2(b)]。因此，在围岩条件、供电电流强度均相同的情况下，当偶极距与煤层厚度相比足够大时，在相对高阻煤层上测得的电位差要比在相对低阻煤层的大，同时，受限于仪器的观测精度，在相对低阻煤层中很难进行较大极距的层测深。因此，层测深法更适用于相对高阻煤层。

层测深法属于体积勘探，勘探体积是一个张角小于 30°的扇形柱体(图 6-2-3)。随偶极距 r 的增大，勘探范围(或深度)也随之加大。

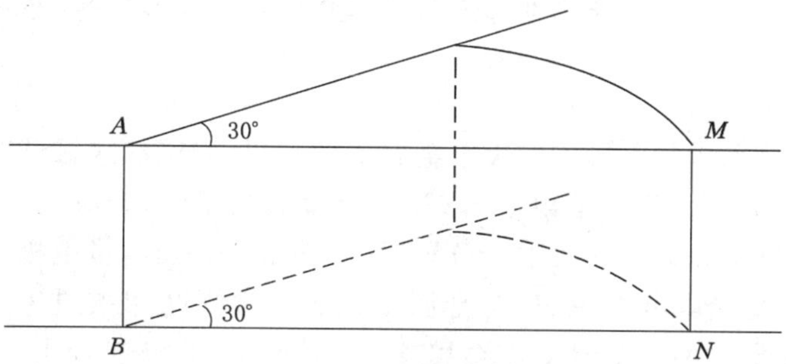

图 6-2-3　层测深法勘探体积示意图

6.2.2　层测深施工方法

井下进行层测深时，为保证观测质量、提高应用效果，施工中应注意以下几个技术问题：

(1) 电极的布置和接地条件的改善。为减小电极周围电性不均匀体对测量结果的影响，供电和测量电极应尽可能布置在巷道支架中间，且打在较为坚实的整块岩石上。为改善电极接地条件，可预先在标定的电极位置用电钻打眼，然后将用盐水和成的黄泥和浸有盐水的海绵充填在钻眼内，过一段时间待极化稳定后再进行测量。

(2) 偶极距的选择。层测深法的顺层勘探深度由偶极距 r 决定，因而最大偶极距的选择要综合考虑开采煤层的宽度和仪器的观测精度，一般取 150～250 m。初始偶极距主要综合考虑巷道空间对测量结果的影响，对于横截面积不小于 6 m^2 的巷道，初始偶极距不宜小于 10 m。偶极距序列一般按对数等间距的原则选择。

(3) 测点的布置。以普查和发现异常为目的的层测深工作，测点一般沿巷道等间距布置，测点距由要求的勘探程度和装置最大偶极距确定，一般不超过最大偶极距的 1/2。对已知断层和裂隙发育带延伸方向、电性层含水性的探测工作，测点应布置在断层或裂隙发育带两侧 30 m 以外的地方，以保证能观测到可信异常。

6.2.3　层测深法井下干扰因素

在井下开展层测深法，地电干扰、人工金属设施以及巷道浮煤等严重影响井下观测质量。因此，除采用抗干扰能力强的数字电法仪外，在井下施工时要采取必要措施，避开或抑制各种干扰。

6.6.3.1　地电干扰

井下的地电干扰强度大(几十至上百毫伏)，类型复杂。出于安全防爆的考虑，在井下不适宜采用大电流供电来提高信噪比。因此，对于强脉冲型和“似稳定”的杂散电流干扰，采用方波读数法可有效提高数据质量。

6.6.3.2　运输巷道铁轨的影响

井下试验结果表明，供电电极 A、B 与铁轨的相对位置不同，所受影响略有差异。例如，供电电极 A、B 与铁轨的相对位置固定(在中心或一帮沿巷道布置)，测量电极 M、N 与铁轨相对位置的改变不会引起视电阻率的较大变化，铁轨撬起前后的观测结果说明，铁轨对视电阻率的影响近似区域背景值。但应指出，各节铁轨间、铁轨与底板间的绝缘程度不同，对视电阻率的影响也不同。即连接处绝缘程度差和接地完好的铁轨，对视电阻率的影响不可忽视。

6.6.3.3　金属支架的影响

巷道中金属支架对电场的影响取决于金属支架与煤、岩壁的接触情况以及电极的相对位置。井下试验结果表明，当供电电极 A、B 靠近金属支架时，金属支架对电场的影响大。当供电电极 A、B 位于两金属支架中心位置时，影响最小。当测量电极 M、N 分别位于煤帮、顶底板上时，改变供电电极 A、B 与金属支架的相对位置：供电电极 A、B 靠近金属支架，电场发生畸变；供电电极 A、B 处在金属支架中心位置时，影响较小。因此，为降低金属支架的影响，应尽量将供电电极安置在金属支架的中间位置。

6.6.3.4　巷道浮煤的影响

巷道浮煤，特别是干燥浮煤可使接地电阻发生很大变化，从而使观测变得困难、重复测量误差增大。为此，应尽最大可能降低接地电阻，减少电极的重复安置次数，保证安置条件相对稳定。

6.2.4　层测深资料的解释方法

层测深资料解释的基本方法是曲线对比法：① 利用同一巷道实测层测深曲线确定煤层及其围岩的层参数，然后正演计算出受破坏煤层的理论层测深曲线。② 将实测层测深曲线与理论层测深曲线进行对比分析，根据二者的吻合程度和实测层测深曲线上是否存在畸变点确定煤层内是否存在断层或裂隙发育带等扰动构造。③ 根据畸变点性质对断层或裂隙发育带的含水性进行评价。实测层测深曲线上出现高阻异常，说明断层或裂隙发育带不含水；若断层或裂隙发育带含水，则实测层测深曲线表现为低阻异常。④ 根据畸变点位置确定断层或裂隙发育带的位置。经验表明，断层或裂隙发育带位于半径为 r_a、张角不大于 60°的扇形区内(r_a为层测深理论视电阻和实测视电阻值相差 10%的极距点对应的偶极距)。

一个测点的层测深曲线仅能了解煤层中该测点附近的一个扇形区域内的扰动构造情况，要了解整个采煤工作面内的断层分布情况，则需在一个巷道中布置若干个测点，绘制层测深视电阻或视电阻率平面图(图 6-2-4)。把不同极距的 R_s或 ρ_s值标在偶极距中垂线上距观测巷道为 r 的点处，然后绘制等值线，即可获得一张反映构造变动的 R_s或 ρ_s等值线平面图。如果以实测的 R_s或 ρ_s值与理论计算的 R_s或 ρ_s值间的偏差为参数，依照上述方法可绘制出层测深视电阻或视电阻率偏差平面图，根据偏差大小便可定性和半定量地推断出采煤工作面内的扰动构造情况。

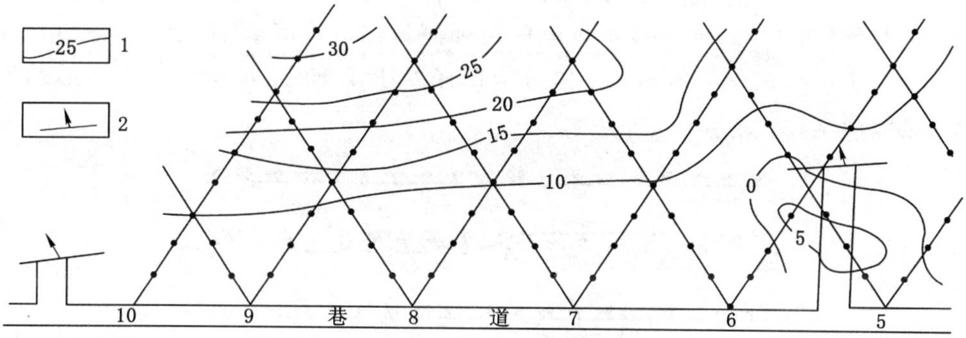

1—视电阻等值线；2—揭露的断层。

图 6-2-4　层测深视电阻平面图

6.3　矿井电剖面法

矿井电剖面法是研究沿巷道方向电性变化从而解决井下各种构造问题的方法。井下常用的电剖面法为对称四极剖面法、偶极剖面法和微分剖面法，这些方法既可探测断层或裂隙发育带，又可用于评价断裂带的含水程度等水文地质问题。

6.3.1　对称四极剖面法

巷道底板对称四极剖面法的装置如图 6-3-1 所示。供电电极 A、B 和测量电极 M、N 布置在同一巷道顶板或底板或煤壁上，可解决的地质任务有：查明巷道顶板、底板或工作面煤层内断层和裂隙带的发育情况及含水程度，预测顶板或底板突水点位置，探测岩溶区或采空区的分布范围。为了探测不同深度煤岩层的电性变化规律，常采用多极距复合装置。对称四极剖面法装置的视电阻率 ρ_s 为：

$$\rho_s = K\Delta U_{MN}/I \tag{6-3-1}$$

$$K = 2\pi(d_{AM} \times d_{AN})/d_{MN} \tag{6-3-2}$$

以 ρ_s 值为纵坐标、测点序号为横坐标绘制不同极距的 ρ_s 剖面曲线或 ρ_s 拟断面图。电极距的大小可根据勘探对象埋深和巷道附近地电断面特征来选择。

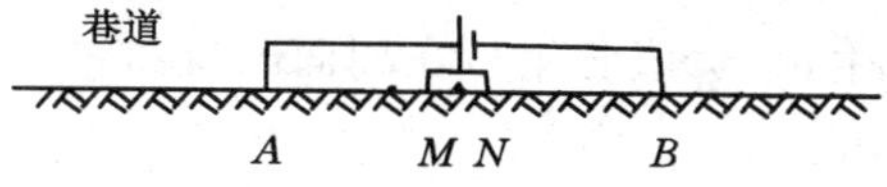

图 6-3-1　巷道底板对称四极剖面法的装置

6.3.2　偶极剖面法

在巷道采用偶极剖面法工作时，常选用多极距单侧偶极装置。对比不同偶极距的 ρ_s 剖面曲线有利于异常的分辨和解释。同样，可根据不同偶极距的数据绘制能够反映断面横向和纵向电性变化规律的 ρ^{AB} 拟断面图，进而为资料解释提供更直观的信息。多极距单侧偶极剖面法的装置（图 6-3-2）的长度由供电偶极和测量偶极长度 a'、偶极距 $(n+1)a'$ 决定。这里 $n=d_{AN}/d_{MN}$，n 的最大值和最小值可依据探测任务而定。a' 的选择要考虑勘探程度和地电干扰等因素。

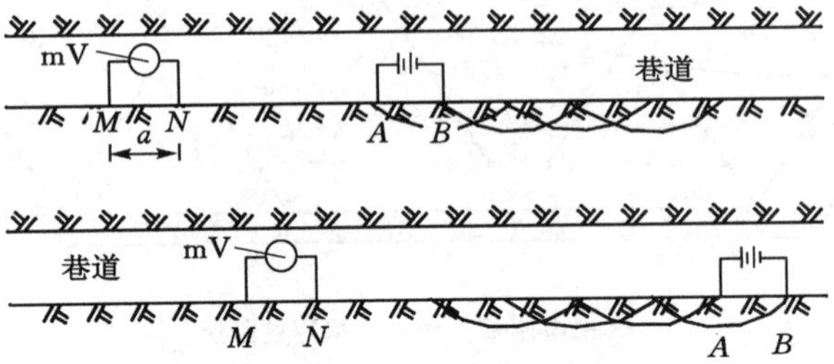

图 6-3-2　多极矩单侧偶极剖面法的装置

井下施工时，对每一 MN 偶极（测点）位置，只需要按图 6-3-3 中箭头所示顺序移动供电偶极，即可一次完成该测点所有极距的观测；观测完一个测点后，M 极向前移动 $2a'$ 距离，N 极不动，重复第一测点的观测方法，完成第二测点观测。依次类推，最终完成剖面测量。

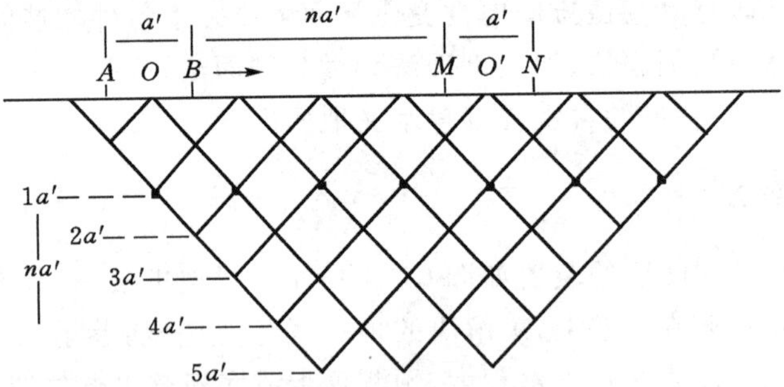

图 6-3-3　多极距偶极剖面法的记录点断面示意图

6.3.3　微分剖面法

微分剖面法和其他方法配合，可进一步查明断层、裂隙发育带及岩溶分布等地质问题。巷道微分剖面法装置的一般形式见图 6-3-4。在底板稳定、电性均匀条件下，对称于供电电极 A 两侧的测量电极 M、N 间的 ΔU_{MN} 为 0；当 M 或 N 极靠近电性不均匀体时，电场对称性被破坏，在电极 M、N 间产生电位差；当装置移动通过电性不均匀体如电性分界面时，场的符号发生变化（电位差发生正、负值变化），在剖面电位曲线上显示出零点值。微分剖面法的测量结果用视电阻 R_s 表示：

$$R_s = \Delta U_{MN}/I \tag{6-3-3}$$

实质上，微分剖面法是在零值背景场上观测电性不均匀体引起的“纯异常”，因而全空间效应不影响微分剖面曲线的基本形态。

可利用数值模拟法计算电性分界面和直立岩体上的微分剖面曲线。单电性分界面曲线[图 6-3-5(a)]的特征是：N 极在分界面上时会出现一主极大值（$\rho_1>\rho_2$ 时）或次极小值（$\rho_1<\rho_2$）；M 极达分界面时，获得次极大值（$\rho_1>\rho_2$）或主极小值（$\rho_1<\rho_2$）；当 A 在分界面上时，会

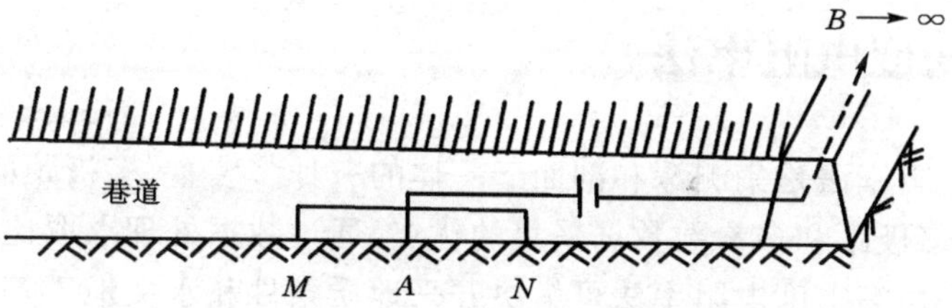

图 6-3-4 巷道微分剖面法装置

出现零值点（当 $\rho_1>\rho_2$ 时，$R_s\geqslant0$；当 $\rho_1<\rho_2$ 时，$R_s\leqslant0$）。直立层上的微分剖面曲线，如图 6-3-5(b)所示，对于相对高阻或低阻厚层，明显的极大、极小值对应分界面。如图 6-3-5(c)所示，对于相对高阻薄层，R_s 极大值对应分界面；在相对低阻薄层上，R_s 幅度较大，在分界面处出现两个正负值相反的次级极值，薄层中心出现零值点。

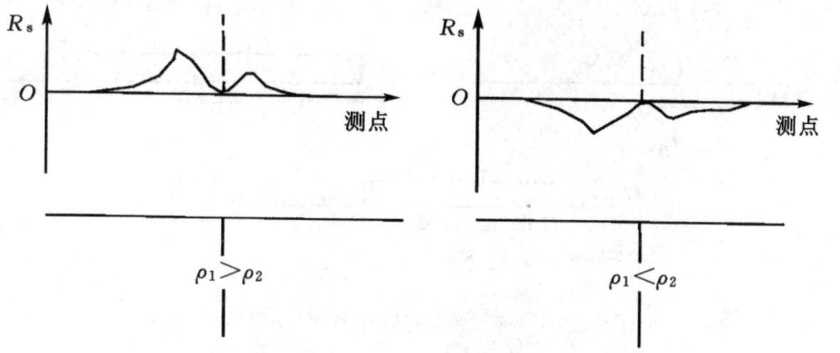

(a) 电性分界面上的微分剖面曲线

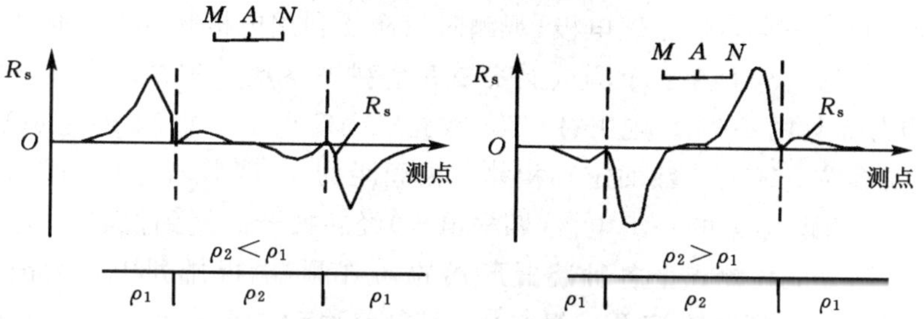

(b) 直立层上的微分剖面曲线(厚层)

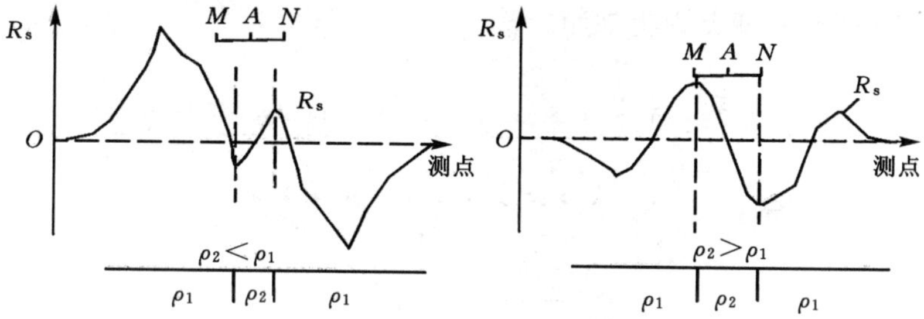

(c) 直立层上的微分剖面曲线(薄层)

图 6-3-5 电性分界面和直立层上的微分剖面曲线

6.4 矿井高密度电阻率法

矿井高密度电阻率法是集测深和剖面于一体的一种多装置、多极距的组合方法，具有一次布极即可多点、多极距和多参数数据采集的优点，通过数据处理求取比值参数从而突出异常信息。在井下采用高密度电阻率法可解决开采地质条件和水文地质等问题。

6.4.1 矿井高密度电阻率法装置

矿井高密度电阻率法常采用如图 6-4-1 所示的温纳三电位电极系。三电位电极系是由温纳对称四极装置、偶极装置、微分装置和温纳三极装置组合而成的一种多装置系统。

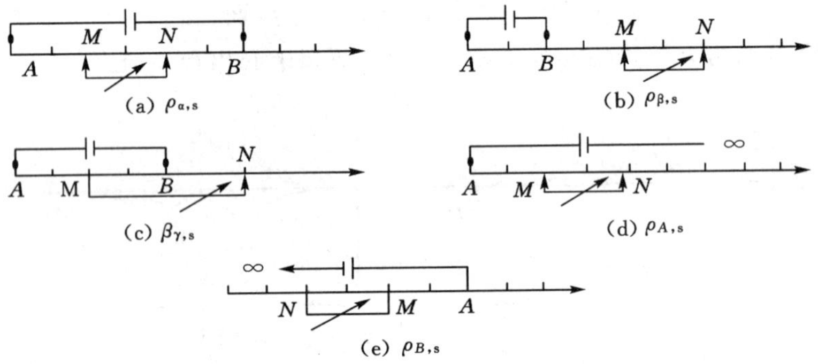

图 6-4-1 矿井高密度电阻率法装置

在井下，沿测线一定间隔布置电极，观测时只需要利用电极转换开关便可依次将四个相邻电极进行不同组合，从而在一个测点上获得五个观测参数。矿井高密度电阻率法的测点和深度记录点分布见图 6-4-2。施工过程为：首先以固定点距 x 沿测线（巷道）布置一系列电极（电极数量视多芯电缆的芯数而定），相邻电极间距为 x，取装置电极间距 $a'=nx(n=1,2,3,..,n+1)$，将相距为 a'的一组电极（四根电极）经转换开关接到仪器上，通过转换开关改变装置类型，一次完成该测点上各种装置形式的 ρ_s 观测（电极排列中点为记录点）；一个测点观测完后，通过开关自动转接下一组电极（即向前移动一个点距 x），以同样方法进行观测，直到电极间距为 a'的整条剖面观测完毕为止；之后，选取电极间距 a'为 $2x,3x,\cdots,(n+1)x$ 等不同极距的装置，重复以上观测。

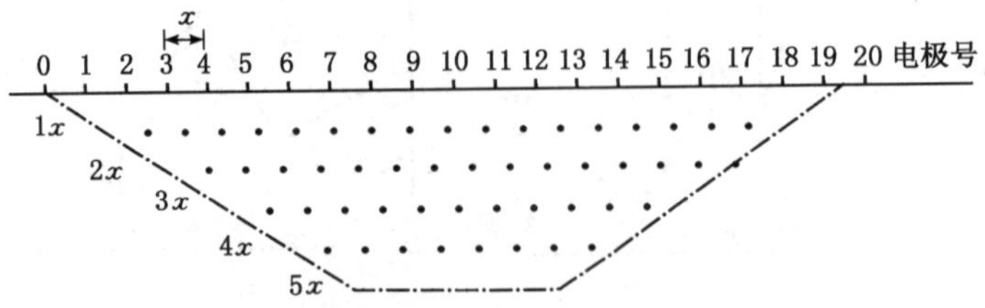

图 6-4-2 矿井高密度电阻率法的测点和深度记录点分布

点距 x 的选择主要依据勘探程度；最大电极间距 a' 的大小取决于预期勘探深度；隔离系数 n 的最大值一般不超过 10。对三极装置的无穷远电极 C，在井下条件允许的情况下，最好沿垂直于观测巷道方向的绞车道的上、下山布置，尽量保证 $d_{CO} \geqslant (3\sim5)d_{AO}$。

6.4.2　视电阻率参数计算及图示

高密度电阻率法由于采用三种装置的三电位电极系，所以视电阻率计算公式为：

$$\begin{cases}\rho_{\alpha,s} = 2\pi a' \Delta U_\alpha / I \\ \rho_{\beta,s} = 6\pi a' \Delta U_\beta / I \\ \rho_{\gamma,s} = 3\pi a' \Delta U_\gamma / I\end{cases} \tag{6-4-1}$$

式中　$\rho_{\alpha,s}$——四极装置的视电阻率；

$\rho_{\beta,s}$——偶极装置的视电阻率；

$\rho_{\gamma,s}$——微分装置的视电阻率；

a'——三电位电极系电极间距（$a'=nx$）。

如果设置无穷远电极 C，同时增加联合三极装置，则相应的视电阻率计算公式为：

$$\begin{cases}\rho_{A,s} = 4\pi a' \Delta U_A / I \\ \rho_{B,s} = 4\pi a' \Delta U_B / I\end{cases} \tag{6-4-2}$$

上述五种视电阻率参数计算式为半空间计算式，考虑空间效应和巷道影响，以上各式应乘以校正系数 K_D（取值范围为 1～2）。

6.4.3　比值参数计算

采用比值参数能够在一定程度上抑制干扰、区分叠加异常。比值参数分为两类：一类由三电位电极系的 $\rho_{\alpha,s}$、$\rho_{\beta,s}$、$\rho_{\gamma,s}$ 构成，另一类由利用联合三极装置的 $\rho_{A,s}$、$\rho_{B,s}$ 构成。比值参数可以通过式(6-4-3)至式(6-4-5)给出：

$$T_s(i) = \rho_{\beta,s}(i)/\rho_{\gamma,s}(i) \tag{6-4-3}$$

$$G_s(i) = \rho_{A,s}(i)/\rho_{A,s}(i+1) + \rho_{B,s}(i)/\rho_{B,s}(i-1) - 2 \tag{6-4-4}$$

$$\lambda_s(i,i+1) = [\rho_{A,s}(i)/\rho_{B,s}(i)]/[\rho_{A,s}(i+1)/\rho_{B,s}(i+1)] \tag{6-4-5}$$

比值参数 T_s 能够衡量 $\rho_{\beta,s}$ 和 $\rho_{\gamma,s}$ 的差异，偶极和微分装置对剖面横向和垂向电性变化的影响程度不同，因而 T_s 值可表征这些变化。剖面垂向电性变化 T_s 的特征是：在均匀介质中，$T_s=1$；对于水平层状介质，由于两装置的勘探深度不同，所以在相同极距情况下，$T_s \neq 1$；对于井下四层层状地电断面，如果煤层及其顶板的电阻率不变，$\rho_3 > \rho_4$ 时 $T_s > 1$，$\rho_3 < \rho_4$ 时 $T_s < 1$。显然 T_s 的大小变化是介质电阻率大小关系的一种直接显示。对于剖面横向电性变化，T_s 剖面曲线在界面两侧表现为 $T_s > 1$ 和 $T_s < 1$ 的突变，在分界面处 $T_s = 1$（图 6-4-3）。

比值参数 G_s 和 λ_s 可突出电性不均匀体的有效异常。当煤层为相对高阻时，G_s 和 λ_s 剖面曲线主要反映煤层底板的电性特征。对于均匀介质或水平层状介质，$G_s=0$，$\lambda_s=1$。存在垂直电性层时，在相对高阻层上方，$G_s<0$，$\lambda_s<1$，分界面处为极大值；在相对低阻层上方，$G_s>0$，$\lambda_s>1$，分界面处为极小值。

6.4.4　高密度电阻率法图示

矿井高密度电阻率法的常见图件是视电阻率和比值参数的剖面图、拟断面图、等级分类

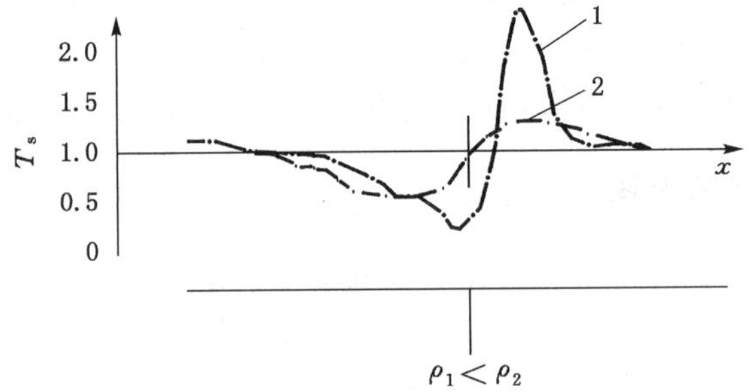

1—原始计算值；2—滤波后的 T_s。

图 6-4-3 垂直分界面上 T_s 剖面曲线

图。视电阻率和比值参数剖面图与电剖面法的绘制方法相同，这里不作赘述。

为了直观了解不同深度的地质情况并对异常体作详细的推断和解释，通常可根据多种极距(na')获得的 ρ_s 或比值参数值绘制各参数的等值线断面图。具体的绘制方法是，以测点为横坐标、电极间距($a'=nx$)为纵坐标，将通过不同极距观测到的参数或比值参数标在相应的极距深度记录点上，然后绘制等值线，便可绘制出电性变化断面图。各种参数等值线可反映沿巷道方向和深度方向的电性变化特征。相对高阻直立层上 T_s 和 G_s 的理论模拟断面图(图 6-4-4 和图 6-4-5)与 ρ_s 断面图相比，高值异常能更清楚地反映相对高阻直立层的存在和分界线。

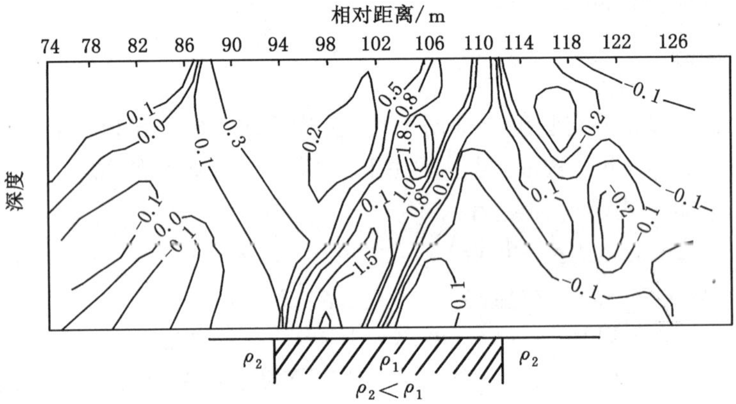

图 6-4-4 相对高阻直立层上 G_s 的理论模拟断面图

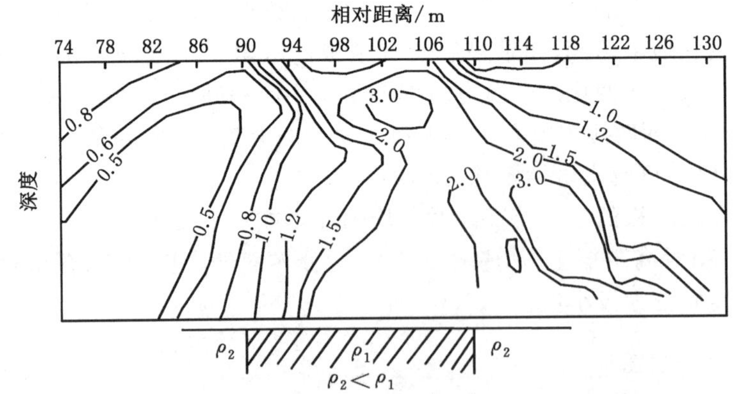

图 6-4-5 相对高阻直立层上 T_s 的理论模拟断面图

根据视电阻率值或比值参数的大小进行等级分类，可更直观地反映地电断面内的电性结构。首先计算地电断面内待分类参数的平均值 s 和标准差 δ，其计算公式分别为：

$$s=(\sum_{i=1}^{n}\sum_{j=1}^{m}s_{i,j})/\sum_{j=1}^{m}l_{i,j} \tag{6-4-6}$$

$$\delta=[\sum_{i=1}^{n}\sum_{j=1}^{m}(s_{i,j}-s)^2]/\sum_{j=1}^{m}l_{i,j} \tag{6-4-7}$$

式中　n——地电断面内极距深度线数；

$l_{i,j}$——j 深度线上测定的参数 $s_{i,j}$ 的个数。

根据计算出的 s 和 δ 将待分类参数分为五类：$<(s-\delta)$；$(s-\delta)\sim(s-\delta)/3$；$(s-\delta)/3\sim(s+\delta)/3$；$(s+\delta)/3\sim(s+\delta)$，$>(s+\delta)$，然后用不同灰阶或色度区分不同等级，即在每个数据点处，按其值所在范围用相应的灰阶或色度表示，便可得到相应参数分类图。亦可用散点密度对参数进行分类。

6.5　矿井直流电透视法

6.5.1　基本原理与装置

矿井直流电透视法的原理与矿井无线电波透视法（坑透法，第 8 章中将详述）的类似，是指把供电电极 A（有时用偶极 A、B）和测量电极 M、N 分别置于采煤工作面的两条相邻巷道中，采用直流供电并通过测量电极 M、N 间的电位差 ΔU_{MN}，研究两巷道间工作面内及围岩中的电场分布规律，从而探测出工作面及围岩中的含水、导水构造。矿井直流电透视法的装置有多种，如图 6-5-1 所示，A、B 为供电电极，M、N 为测量电极。

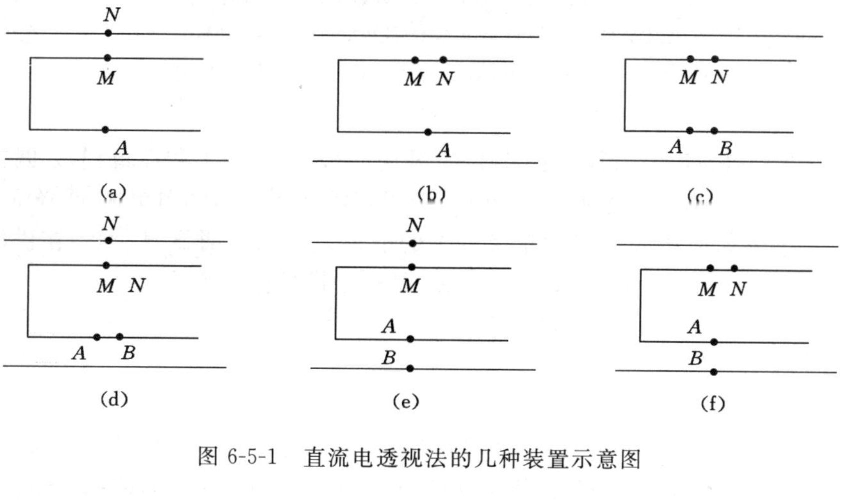

图 6-5-1　直流电透视法的几种装置示意图

这里，以三层矿井地电模型（ρ_1 表示煤层顶板电阻率、ρ_2 表示煤层电阻率，ρ_3 表示煤层底板电阻率，A 为供电点位置）为例，计算理论曲线并分析不同装置的电场分布规律。图 6-5-2(a)、图 6-5-2(b) 分别为轴向单极-偶极和赤道单极-偶极法对应的理论电位差曲线。图 6-5-3 为各种方法对应的理论电位差曲线对比图。对比图 6-5-3 和图 6-5-2 可知，赤道偶极-偶极法 1 和轴向偶极-偶极法 2 对应的理论电位差曲线与图 6-5-2(a)曲线的形态相似；轴向偶极-偶极法 1 和赤道偶极-偶极法 2 对应的理论电位差曲线与图 6-5-2(b)曲线相似，但曲线变化幅度有较大差异。

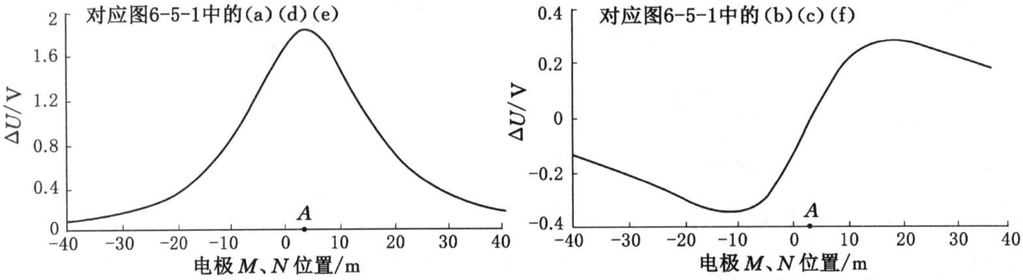

(a) 轴向单极-偶极法　　(b) 赤道单极-偶极法

图 6-5-2　单极-偶极法对应的理论电位差曲线

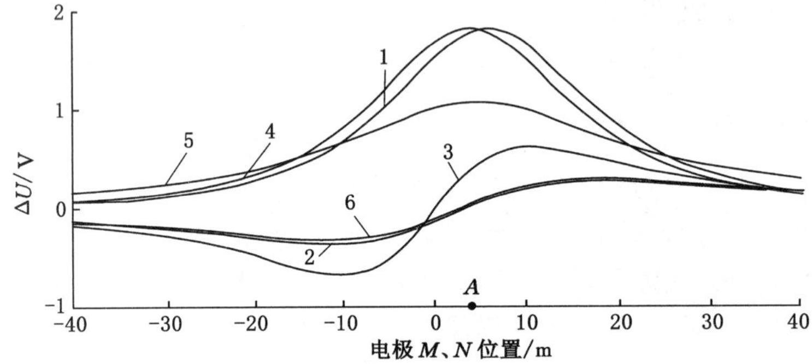

1—轴向单极-偶极法；2—赤道单极-偶极法；3—轴向偶极-偶极法 1；
4—赤道偶极-偶极法 1；5—轴向偶极-偶极法 2；6—赤道偶极-偶极法 2。

图 6-5-3　各种方法对应的理论电位差曲线对比图

由图 6-5-3 可以看出，赤道单极-偶极法、轴向偶极-偶极法 1 和赤道偶极-偶极法 2 三种布极方式的 ΔU_{MN} 幅值较小，且存在零点，不利于实际观测。而轴向单极-偶极法、赤道偶极-偶极法、轴向偶极-偶极法 2 这三种布极方式的电位差特征较明显，特别是在供电点对应方向的幅值较大，有利于仪器测量，测量精度高，是较常用的排列方式。

6.5.2　理论曲线

6.5.2.1　赤道偶极-偶极法

赤道偶极-偶极法有两种布极方式(图 6-5-1)，正演理论电位差曲线如图 6-5-2(a)所示，电位差曲线为上拱形，中间为极大值、两边对称，随着极距 $r\to\infty$，$\Delta U_{MN}\to 0$。图 6-5-4 和图 6-5-5分别为采用赤道偶极-偶极布极方式，煤层底板和煤层电位差曲线随电阻率变化的情况。对比图 6-5-4、图 6-5-5 可知，该方法的电位差曲线对煤层底板岩性变化的反映灵敏，但对煤层岩性变化的反映不灵敏。因此，赤道偶极-偶极法适于探测煤层顶底板的岩性变化。

6.5.2.2　煤层偶极-偶极法

对于工作面煤层内的异常构造，可采用煤层偶极-偶极法(顶底板偶极-偶极法)进行探

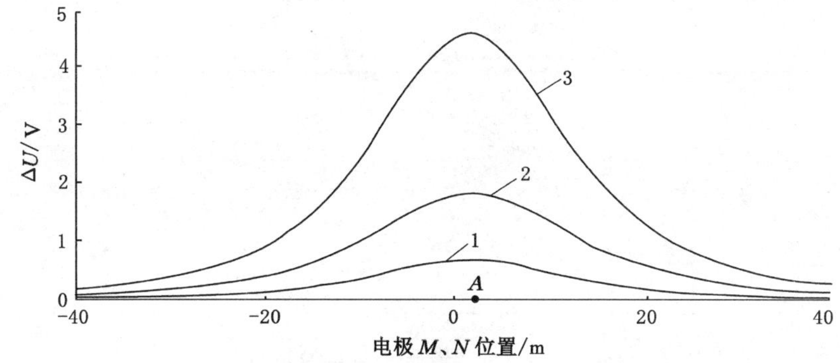

1—$\rho_2=0.1\rho_1$；2—$\rho_2=\rho_1$；3—$\rho_2=10\rho_1$。

图 6-5-4　煤层底板电位差曲线随电阻率变化的情况(赤道偶极-偶极法 1)

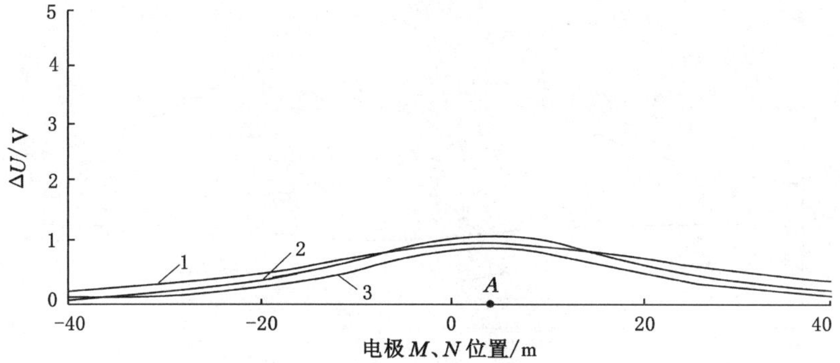

1—$\rho_2=0.1\rho_1$；2—$\rho_2=\rho_1$；3—$\rho_2=10\rho_1$。

图 6-5-5　煤层电位差曲线随电阻率变化的情况(赤道偶极-偶极法 1)

测。将供电电极 A、B 以及测量电极 M、N 分别置于工作面两侧煤壁的上、下界面；在测量过程中，供电电极 A、B 相对固定，在另一巷道移动测量电极 M、N，从而使偶极排列可能呈扇形覆盖测量区域(图 6-5-6)。

图 6-5-6　探测工作面煤层内异常构造的布极方法

图 6-5-7 为煤层底板岩性变化时，用煤层偶极-偶极法测得的电位差曲线。由该图可以看出，当底板岩性变化时，该方法所测的电位差曲线几乎无变化，说明该方法无法反映煤层底板岩性变化。然而，图 6-5-8 为煤层电性相对变化时该方法的电位差曲线，煤层电阻率 ρ_2 与顶底板电阻率相差越大，电位差响应越大。随着距供电点 A 的距离 $r\rightarrow\infty$，电位差趋近于零。根据电场分布规律，测量电极 M、N 测得的电位差主要反映两等位面间勘探体积内的电性变化。煤层偶极-偶极法在测量电极 M、N 间勘探的体积内，煤层占主导地位，因而主要反映煤层内的电性变化。

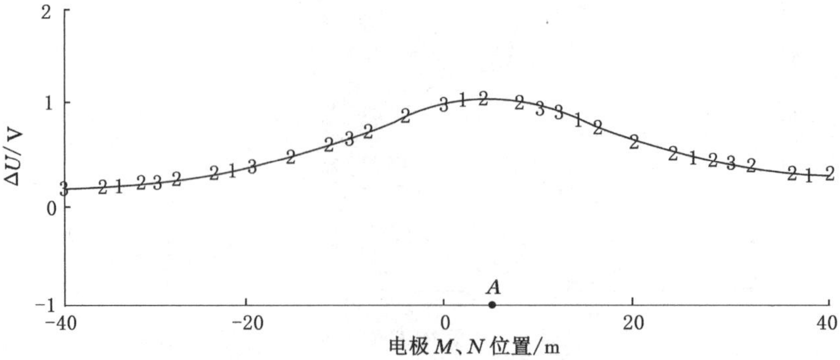

1—$\rho_2=0.1\rho_1$；2—$\rho_2=\rho_1$；3—$\rho_2=10\rho_1$。

图 6-5-7　煤层底板电位差曲线随岩性变化的情况(煤层偶极-偶极法)

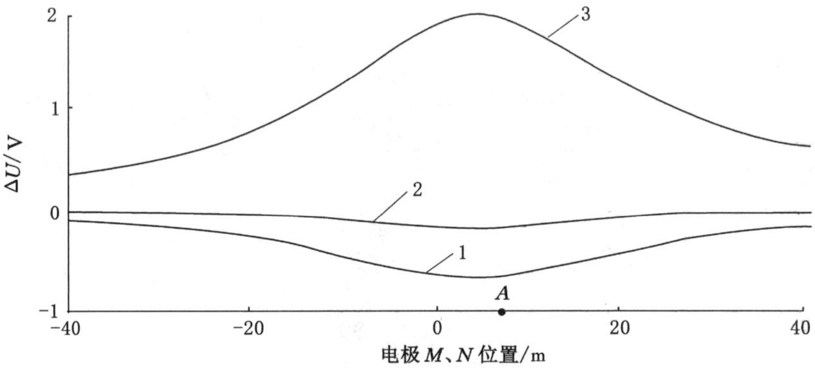

1—$\rho_2=0.1\rho_1$；2—$\rho_2=\rho_1$；3—$\rho_2=10\rho_1$。

图 6-5-8　煤层电位差曲线随岩性变化的情况(煤层偶极-偶极法)

6.5.3　正演模拟与解释

6.5.3.1　正演模拟

图 6-5-6 所示的煤层地电断面模型中,设工作面煤层局部有一异常体(图 6-5-9),异常体电阻率值为 ρ_4,煤层顶底板电性参数 $\rho_1=\rho_3=100\ \Omega\cdot m$,煤层电阻率 $\rho_2=500\ \Omega\cdot m$。当该异常体的电阻率取不同值时,可利用三维有限元正演模拟法计算电位差(图 6-5-10)。

从图 6-5-10 中的曲线形态看,随着异常体电性参数 ρ_4 的减小,曲线所示电位差几乎整体降低,而不是只在对应异常体位置发生变化,这说明矿井直流电透视法仍是体积勘探,电流沿阻力最小路径传播。ρ_4 越小,电位差计算结果与理论曲线的差异越大。实际测量中,对任一供电点,应测量另一巷道中所有测点处的视电阻率值,这样可得到与供电点数相同数量的视电阻率曲线。每条视电阻率曲线形状都有所不同,这主要取决于与异常体的相对位置。在资料处理与解释时,通过绘制相应的视电阻率曲线交汇图(图 6-5-11)即可判断异常体的形态大小及其分布范围。

6.5.3.2　解释

(1) 曲线对比法

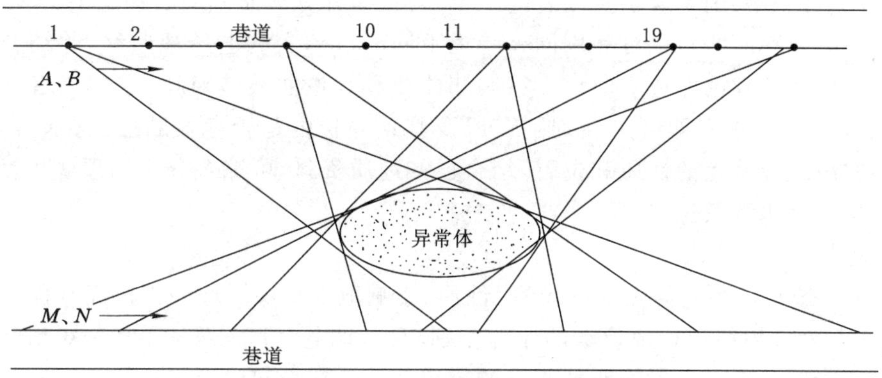

图 6-5-9　煤层偶极-偶极法平面布置示意图

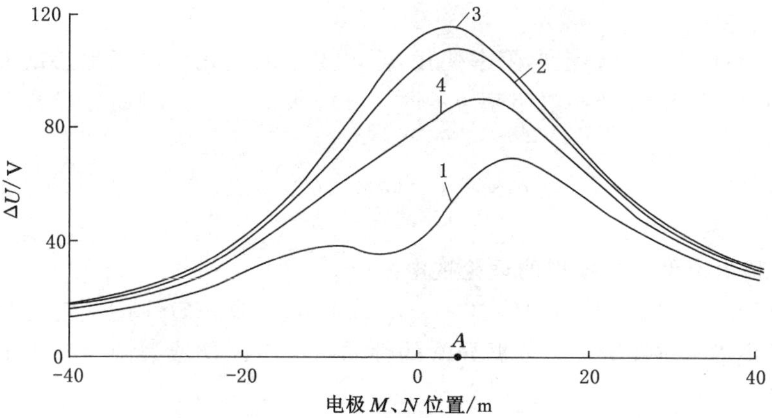

1—ρ_4=10 Ω·m；2—ρ_4=100 Ω·m；3—ρ_4=500 Ω·m；4—ρ_4=5 000 Ω·m。

图 6-5-10　煤层偶极-偶极法电位差曲线(异常体取不同电阻率值)

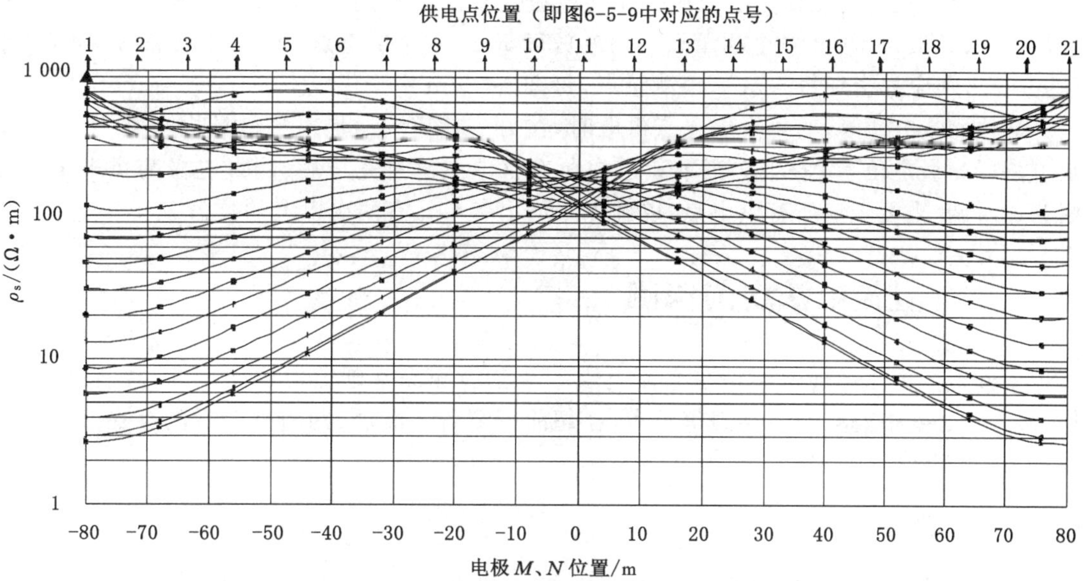

图 6-5-11　视电阻率曲线交汇图

先利用电测资料确定煤层及围岩电阻率，再正演计算地质模型的理论电透视曲线（电位差曲线或视电阻率曲线）；也可利用同一巷道不同测点的实测电透视曲线，并结合相关分析法确定地电模型的理论电透视曲线。将实测曲线和理论曲线作对比，根据二者的吻合程度及实测曲线上的异常点即可定性判别煤层及其顶底板内是否存在断层、含水或导水构造。依据实测曲线上异常点的性质和位置，结合已知地质资料，可综合分析出顶底板断层或岩溶裂隙发育带的含水性及位置。

（2）地电 CT 成像法

地电 CT 成像法可将异常体的位置、性质、影响范围直观展现在工作面平面图上。地电 CT 成像法与地震射线层析成像法的原理差别较大：地电 CT 成像法不像地震射线层析成像法那样存在走时和速度沿射线路径积分的简单关系。在稳定电流场中，电位满足泊松方程，电流线总是趋向于从电阻率低的地方通过，这致使电流强度沿电流线的积分（即电位）与传播路径无关。

一般借助测量的电位差确定电阻率变化，而电阻率的变化取决于地层的非均匀性。为了描述这种非均匀性，引入局部电阻率 $\rho_s(x,y,z)$，即将所测范围划分成若干个地电单元体，设偏差 $e(x,y,z)$ 为：

$$e(x,y,z)=(\rho_s-\rho_{s,1})/\rho_{s,1} \tag{6-5-1}$$

式中 ρ_s——实测视电阻率；

$\rho_{s,1}$——地电模型正演模拟的理论视电阻率。

利用视电阻率在不同单元体的偏差 $e(x,y,z)$，将此非均匀性按一定规则用平面图表现出来，就是地电 CT 成像结果。依据异常的性质可确定断层或裂隙发育带的含水性及其位置。

6.5.4 井下施工方法

直流电透视法的工作方法与矿井无线电波透视法的相同，在采煤工作面的两侧巷道间进行测量，一般每 10 m 一个测量点（M、N），每 50 m 一个供电点（A）。如果采场较短（如小于 80 m），则应加密到每 5 m 一个测量点，每 20～30 m 一个供电点。

具体测量方法是，对每个供电点供电时，在另一巷道的扇形对称区域内布置 15～20 个观测点以测量电位差 ΔU_{MN}。当本巷道内所有供电点测量完毕后，测量电极与供电电极在两巷道对调，重复观测所有供电点，以确保采面内各单元有两次以上的覆盖。

6.6 矿井直流电法超前探测

矿井直流电法超前探测是在直流电阻率法三极测深基础上发展而来的，具有高效、简便、测距大、对水敏感、适应性强等特点，在超前探测含水断层、判断破碎带的存在及其富水性等方面应用效果较好。

6.6.1 基本原理

矿井直流电法超前探测采用三极装置，其单极-偶极法探测原理见图 6-6-1。在全空间介质中，利用单点电源 A 供电（供电极 B 置于无穷远），用 M、N 电极测量。超前探测与电测深的工作方式不同，它是将 A 极固定在巷道迎头，向后逐点移动 M、N 电极以测量电位差 ΔU_{MN} 与电流 I，然后以 M、N 电极的中点为记录点，由式(6-6-1)计算视电阻率，最后绘制出沿巷道的视电阻率剖面曲线。

$$\rho_s = \frac{2\pi \cdot d_{AM} \cdot d_{AN}}{d_{MN}} \cdot \frac{\Delta U_{MN}}{I} \tag{6-6-1}$$

在均匀介质中，点电源 A 形成的等位面为球面，测量电极 M、N 所测电位差 ΔU_{MN} 为电极 M、N 所在球面所夹球壳内岩体的综合电性响应。如图 6-6-2 所示，当巷道迎头前方存在低阻良导体时，良导体的屏蔽作用引起整个电流场的畸变，这使得测量电极 M、N 附近的电流密度降低，故视电阻率减小。

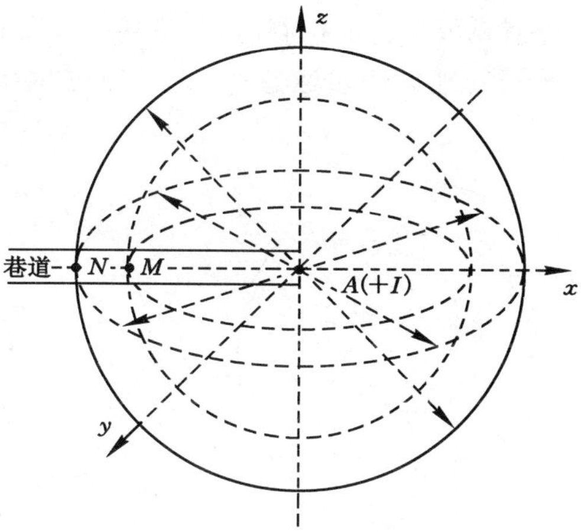

图 6-6-1　单极-偶极法探测原理图

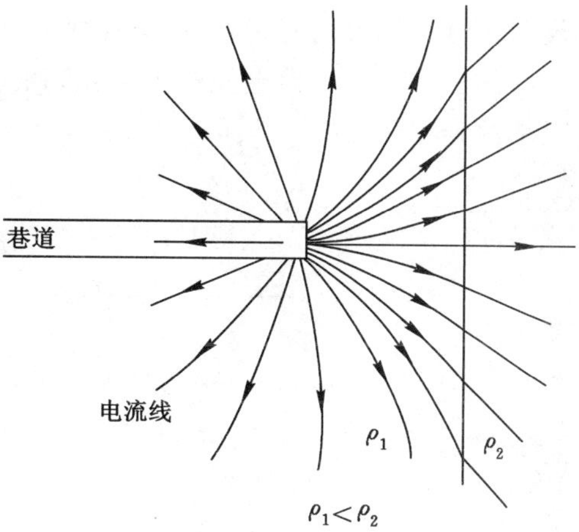

图 6-6-2　低阻良导体引起电流场的畸变

6.6.2　施工方法

受巷道空间限制，矿井直流电法超前探测不能按照常规的阵列布置测深装置，只能布置在狭小的巷道空间内。目前，人多在巷道后方布置单极-偶极测量装置以获得视电阻率分布，常用方法有四点电源法和多极供电观测法。

6.6.2.1　四点电源法

四点电源法由四个点电源依次供电。当每个点电源供电时，利用测量电极对滚动测量。如图 6-6-3 所示，迎头后方有 A_1、A_2、A_3、A_4 四个供电电源，当固定 A_1（一般在迎头后方）供电时，测量电极 M、N 整体以一定极距沿巷道后方逐步滚动，测得以 A_1 点供电时 M、N 之间的电位差，以 MN 中点 O 为记录点按式(6-6-1)计算视电阻率，每个供电点可获得多个 M、N 之间的电位差和视电阻率值。以此类推，固定 A_2、A_3、A_4 供电时，同样可获得多个相应的视电阻率值。然后，按照一定的方法表达迎头前方介质的电性分布情况。

6.6.2.2　多极供电观测法

在三点源基础上，利用并行电法仪器一次布置 64 个电极，任一电极供电时，其余 63 个电极采集电位，这样可在短时间内完成多个供电点三极组合测试，并取得大量的电极点电位

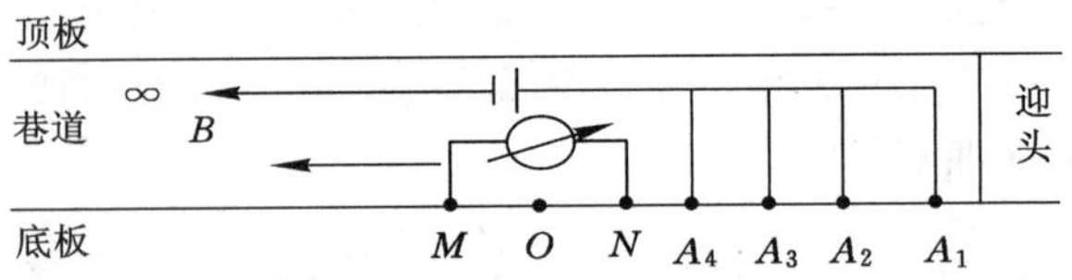

图 6-6-3　四点电源直流电法超前探测布置示意图

数据，从而实现多极供电直流电法超前探测。如图 6-6-4 所示，在掘进巷道迎头附近一次布置 64 个电极，其中迎头立面上布置 A_1 至 A_4 四个电极（视迎头断面大小而定），A_5 至 A_{64} 沿巷道迎头后方底板按照一定极距布置，控制并行电法仪器使得 A_1 至 A_{64} 逐个供电。并行电法仪器在电极供电的同时，采集其余非供电点的电位值。依据超前探测需要，可从中提取前几个（一般为 4～16 个）电极供电数据，通过一定的数据处理方法表达巷道迎头前方岩体视电阻率的分布情况。

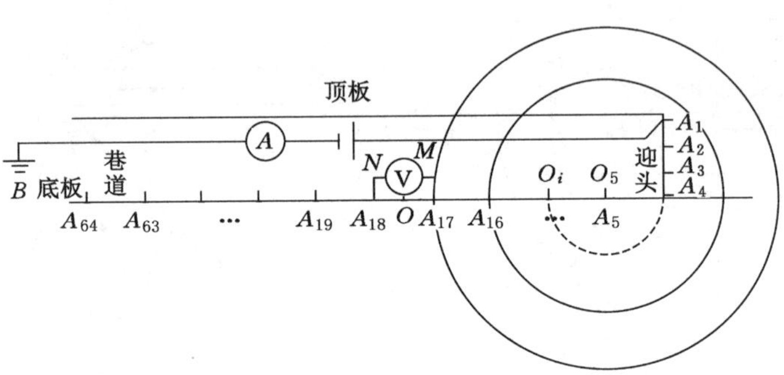

图 6-6-4　多极供电直流电法超前探测布置示意图

多极供电观测法与四点电源法相比更具优势：① 数据采集速度快，同步性好；② 布极多，数据量大，数据可选性强；③ 迎头断面布有电极，距离异常相对较近，一定程度上可提高信噪比。

6.6.3　数据处理

6.6.3.1　预处理

巷道影响下的全空间场具有复杂性。在掘进巷道后方观测到的视电阻率值，是测量电极所夹球壳范围内岩体的综合响应，除包含目标异常外，还受巷道空腔本身、巷道后方、左右侧帮和顶底板电性异常地质体以及巷道内金属物、积水的干扰，从而造成场源的不确定性。因此，对各种干扰进行校正才能有效、真实地突出目标异常。

(1) 巷道空腔影响校正

巷道空腔的存在使得其周围点电源场的分布不同于全空间电场分布，致使视电阻率曲线发生明显变化。前人研究结果表明，巷道空间影响下的视电阻率（ρ_{sc}）与全空间视电阻率（ρ_{sq}）之间存在如下线性关系（即空腔校正公式）：

$$\rho_{sq} = K_D \cdot \rho_{sc} \tag{6-6-2}$$

$$K_D = \frac{2}{1 + e^{-d_{AB}/(4\sqrt{S})}} \tag{6-6-3}$$

式中　d_{AB}——供电极距；

S——巷道横截面积。

因采用单极-偶极装置，d_{AB} 即 d_{AO}，O 为 MN 中点。当供电极距相对巷道截面较小时，电流线易受巷道排斥，电场分布趋于半空间分布，此时 $K_D \to 1$；当供电极距相对巷道截面足够大时，电场分布几乎不受巷道空腔影响，此时 $K_D \to 2$；其他情况下，$K_D \in (1,2)$。

综上所述，巷道迎头附近的视电阻率受巷道空腔的影响较大；随着逐渐远离迎头，视电阻率受巷道空腔的影响程度逐渐减小。所以，必须对实测视电阻率进行校正以排除巷道空腔的影响。

(2) 非迎头正前方干扰校正

现场探测时，异常响应的来源较多，除来自巷道迎头正前方的异常响应外，还有来自巷道内金属物、顶底板、左右帮等非目标体(可称干扰体)以及层状空间的异常响应，各种异常响应相互叠加造成异常信号难以分辨。在多极供电观测系统下，多个供电电极因空间位置不同而对同一异常体具有不同的空间响应特征。可利用几何聚焦法(图 6-6-5)实现有效信号与干扰信号的分离，从而达到排除非迎头正前方干扰的目的。

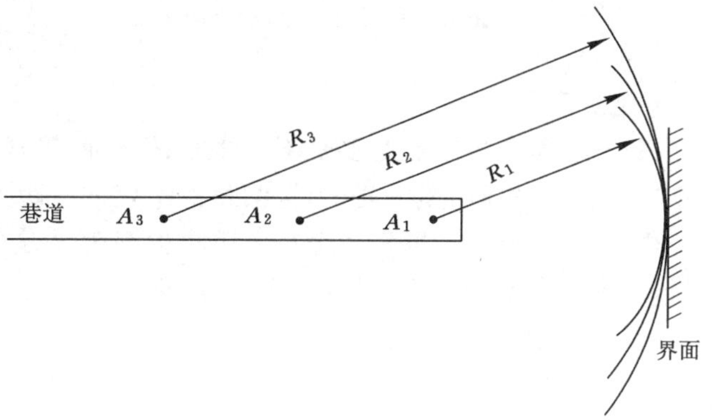

图 6-6-5　几何聚焦法原理示意图

几何聚焦法原理：分别以实际供电电源 A_1、A_2、A_3 位置为圆心，以各供电点所测异常极小点坐标为半径画圆。若三圆弧相切点在巷道迎头正前方，则切点即异常体界面位置；若三圆不相切，并且曲线异常形态类似，则异常体界面与巷道平行或斜交，公切线即异常体界面位置。

6.6.3.2　核心处理

经过干扰滤除后，如何将迎头前方的真实异常直观表达出来，客观反映前方地质体的真实电性情况，是数据处理的难点。随着技术发展，研究人员发现存在局部异常时电场的分布不再呈球对称性，此时利用电阻率极值位置通过几何聚焦法难以准确解释掘进巷道前方的异常。为此，发展出了多极偏移叠加处理方法，主要步骤如下。

(1) 建立偏移模型

假设全空间均匀介质条件下，点电源形成的等位球面差是球壳内地质体的综合响应，为便于计算机模拟实现,现简化为以供电电源 A 位置为球心,测量电极 M、N 中点 O 与 A 处的距离 d_{AO}(记为 R)为半径的球面上各点具有相同电阻率值 ρ_s,即

$$\rho_s = \rho\{\varphi[A(x_A, y_A, z_A), R]\} \tag{6-6-4}$$

式中 $\varphi[A(x_A, y_A, z_A), R]$——球函数。

如图 6-6-6 所示,将探测区域划分成若干像素单元,给球面所经过的像素单元赋予电阻率值 ρ_s。

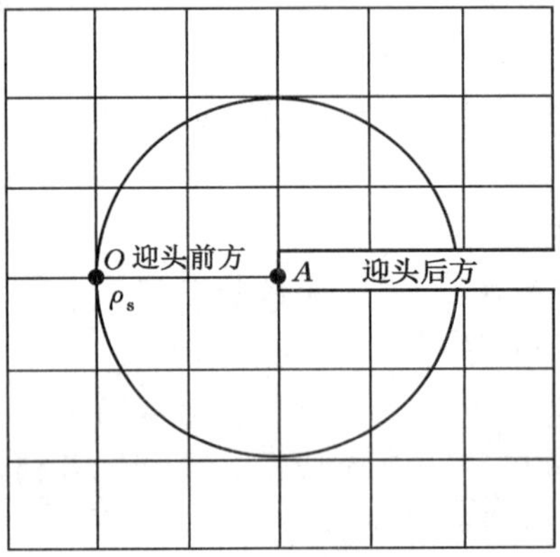

图 6-6-6 偏移模型示意图

(2) 偏移叠加与异常提取

在多极供电观测系统下,每个供电点有多个不同半径的球面,形成一个球面簇,多个不同供电点可形成多个球面簇。各球面簇之间,依探测目的给定的极距关系具有多个相交区域,即像素单元内具有多个电阻率值。可将多个视电阻率值视为该像素单元的多次观测样本,样本的期望就是该像素单元的视电阻率值(图 6-6-7),即

$$\overline{\rho}_s = \sum_{i=1}^{n} \lambda_i \rho_{s,i};\ \sum_{i=1}^{n} \lambda_i = 1 \quad (n = 0, 1, 2, \cdots) \tag{6-6-5}$$

式中 $\overline{\rho}_s$——像素单元的视电阻率期望值;

$\rho_{s,i}$——像素单元的视电阻率样本值;

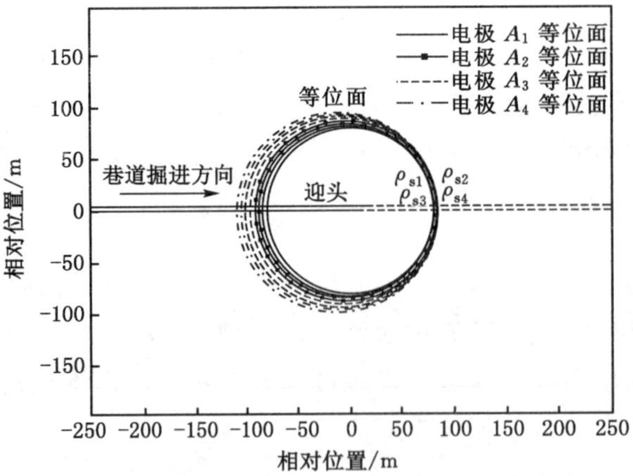

图 6-6-7 像素单元视电阻率的偏移叠加原理图

λ_i——各样本的权系数，实际取值依供电与测量电极对的空间位置确定，$\lambda_i \in (0,1)$。

当 $n=0$（无球面经过像素单元）时，像素单元内视电阻率值为 0；当 $n \geqslant 1$（至少有一个球面经过像素单元）时，像素单元内视电阻率值可依式（6-6-5）计算。然后绘制出迎头前方一定范围内的视电阻率等值线图，进而辨别迎头前方异常体的分布情况。

6.7　矿井直流电法勘探的应用

6.7.1　矿井直流电测深法勘探的应用

（1）确定易突水段与放水孔施钻位置

焦作某矿属于富水矿，煤层开采时主要受底板厚层奥陶系灰岩地下水威胁。为了防止突水事故发生，在工作面上风道底板开展直流电测深法探测工作，获得的视电阻率水文剖面见图 6-7-1。图中阴影处为相对低阻区，推断工作面回采时开切眼往外 40～210 m 段的底板极易突水，结合地质资料（此处附近存在一个大断层）分析认为，此段水源补给条件好，可能与下伏石炭系灰岩含水层及奥陶系灰岩含水层连通，该段煤层回采易造成淹井等灾害事故。井下重复 3 次采集数据，结果均如此。因此，矿方决定于开切眼往外 220 m 处重设开切眼往外回采；在开切眼往外 180 m 处低阻异常中心处布置了放水孔，涌水量为 72 m^3/h。这说明，直流电测深法可用于探查巷道附近构造破碎带位置、划分岩层贫富水区域、确定放水孔施钻位置或工作面回采时的易突水地段，以及评价工作面回采时的水害安全性等。

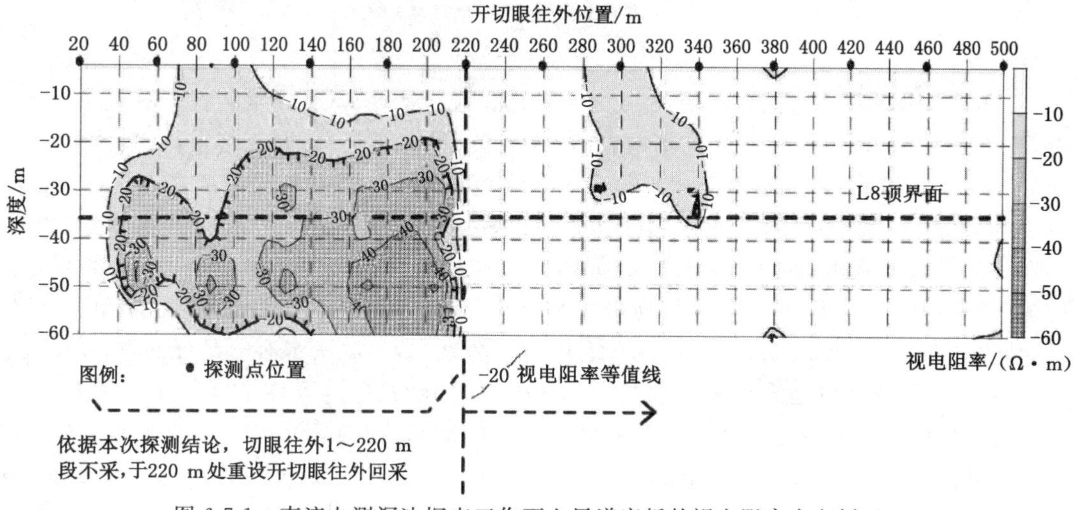

图 6-7-1　直流电测深法探查工作面上风道底板的视电阻率水文剖面

（2）预测富水区

某矿 1292 工作面位于向斜构造左翼，该工作面左侧为东一采区 11914 工作面采空区，沿煤层走向布置，两巷均沿煤层底板掘进，走向长 600 m，倾向宽 90 m，拟采用综采放顶煤开采方法，顶板管理为全部垮落法。根据采煤工作面水文情况及该区地层、构造、岩溶、水文地质特征分析，直接充水水源为 9# 煤层底板下伏的本溪组灰岩含水层、顶板大青灰岩含水层。其中，本溪组灰岩含水层厚度较大（8～10 m，平均 9 m），局部富水性极强，故需要针对本溪组灰岩含水层采取防治水措施。此外，本溪组灰岩与奥陶系灰岩含水层之间的隔水层最薄处仅为 8.08 m，易发生水力联系，因而奥陶系灰岩含水层可能成为间接充水含水层。主要的充水通道为导水断层、导水裂缝带以及采煤引起的底板导水破坏带、顶板导水裂缝带。因此，隐伏导含水陷落柱和导含水断层是回采的两大危险因素，同样是探测重点。

为查明 1292 工作面底板一定范围内的相对富水区，矿方采用直流电测深法进行探测。探测区域为 1292 工作面的两条巷道，回风巷中布置测点 27 个，运输巷布置测点 30 个，测点间距为 20 m，最大测深为 80 m，测量极距步长为 5 m，获得的视电阻率等值线见图 6-7-2。

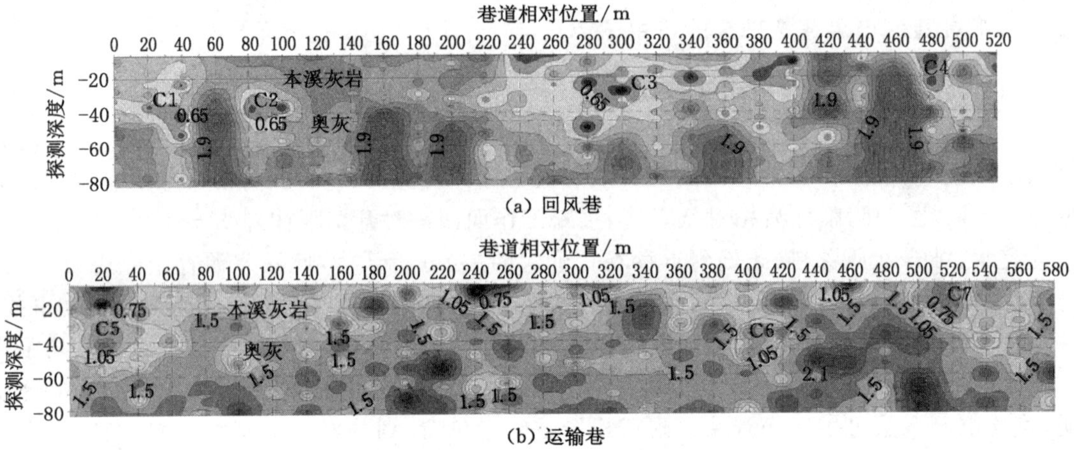

图 6-7-2　1292 工作面电测深视电阻率等值线

（图中等值线数值表示视电阻率对数）

1292 工作面回风巷探测区域内共发现 4 处低阻异常区。C1 异常区位于巷道 20～40 m 段，巷道底板下 20～60 m 深度范围内，分析为奥灰（奥陶系灰岩）局部富水。C2 异常区位于巷道 80～100 m 段，巷道底板下 30～45 m 深度范围内，分析为奥灰局部富水。C3 异常区位于巷道 235～325 m 段，巷道底板下 60 m 以浅，分析为本溪组灰岩局部富水，在 280～300 m 范围与奥灰水有一定连通性（根据回风巷现场条件，380 m 处有 5～10 m 的积水段，推测 320～400 m 处低阻异常区受现场条件影响产生）。C4 异常区位于巷道 470～490 m 段，巷道底板下 45 m 以浅，分析为本溪组灰岩局部富水，与奥灰水有一定连通性。

1292 工作面运输巷探测区域内共发现 3 处低阻异常区。C5 异常区位于巷道 0～40 m 段，巷道底板下 50 m 以浅，分析为本溪组灰岩局部富水，与奥灰水有一定连通性。C6 异常区位于巷道 390～430 m 段，巷道底板下 30～55 m 深度范围内，分析为奥灰局部富水。C7 异常区位于巷道 495～530 m 段，巷道底板下 35 m 以浅，该处异常分析为本溪组灰岩局部富水。

6.7.2　矿井电剖面法勘探的应用

山西某矿 7601 工作面回采 3# 煤层。该煤层倾向长度 190 m，平均倾角为 8°，平均厚度为 6.23 m，赋存稳定，含 2 层夹矸，地质构造简单，没有较大的断层或构造破碎带。采煤方法采用走向长壁放顶煤一次采全高开采，全部垮落法管理顶板。结合矿区以往的地质资料，7601 工作面顶板垮落步距为 17 m，采场底板奥灰承压水预计最大水压为 3 MPa，3# 煤层与奥灰承压含水层间距为 95～130 m，底板赋存稳定的砂岩和泥岩，隔水层累计厚度为 56～83 m，砂岩层总厚约为 31 m。

为探测底板破坏深度，采用对称四极电剖面法进行测量。供电极距和测量极距分别选用了单倍极距($d_{AB}/2=3$ m，$d_{MN}/2=1$ m)、二倍极距($d_{AB}/2=6$ m，$d_{MN}/2=2$ m)、三倍极距($d_{AB}/2=9$ m，$d_{MN}/2=3$ m)，分别观测工作面煤层回采后底板岩层在支承压力作用下的破坏情况，从而得到工作面底板破坏深度数据。此次观测地点是 76 采区南部回风巷，利用直流电法仪进行间断性重复观测，各次测量位置见图 6-7-3。

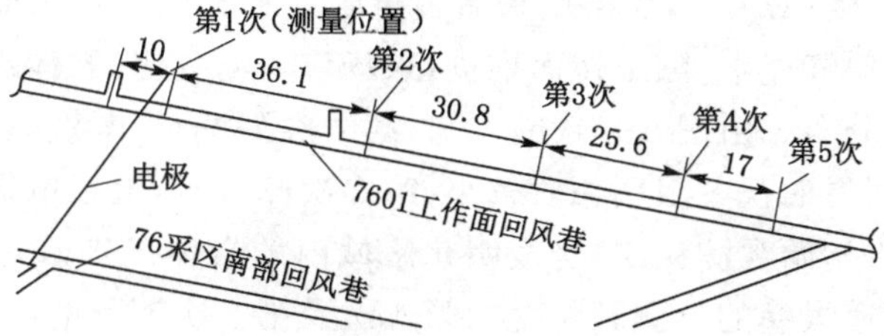

图 6-7-3　各次测量位置与工作面回采位置对照(单位：m)

图 6-7-4 是工作面推进过程中俯角为 10°和 20°时采用单倍极距观测得到的工作面底板岩层视电祖率曲线。

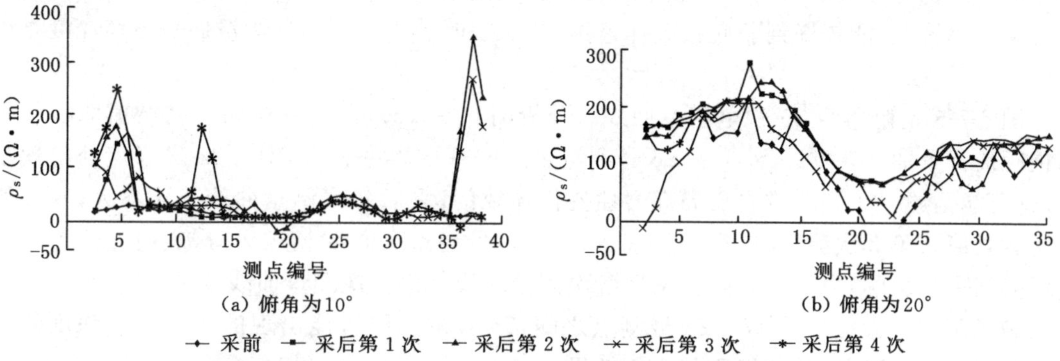

图 6-7-4　采用单倍极距观测到的工作面底板岩层的视电阻率曲线

(1) 工作面位置

在图 6-7-4 中，第 1 次测量时，采煤工作面煤壁位置处于测量电极电缆浅部末端正上方，浅部电极电缆处于工作面底板岩层的压缩区，部分电极开始受到支承压力影响。随工作面向前推进，底板岩体不断被破坏。第 2 次测量时，电极电缆处于工作面支承压力最大区，由于底板岩层经历了工作面支承压力较长时间的破坏作用，底板岩层的破坏深度将达极大值。第 3 次测量时，电极电缆的埋设位置在工作面支承压力影响带以外，电极电缆周围岩层破坏程度达到稳定，顶板矸石垮落并逐渐压实，且观测数据在同一层位上基本稳定。第 4 次和第 5 次测量时，底板浅部岩层被顶板垮落带矸石压实，视电阻率值较破碎状态下的有小幅度变化。

(2) 俯角为 10°钻孔电极电缆观测结果分析

电极电缆位于导水破坏带内，岩层变形程度和位移大，为防止电极电缆被破坏，以钢管作为伴管和注浆管与电极电缆安装到钻孔内，电极与钢管采用胶带绝缘。由图 6-7-4(a)可见，初始视电阻率低，一般为 5 Ω·m，主要原因是钢管干扰；开采后受采动作用影响，电极两端的视电阻率大幅上升，达 37.2 Ω·m；位于工作面中部的 35～37 号测点的视电阻率增大，主要原因是煤层开采导致底板岩体变形破坏。

(3) 俯角为 20°钻孔电极电缆观测结果分析

经分析可知，视电阻率的背景值为一条曲线，各次观测基本一致，这表明观测方法可行。初始视电阻率为 60～220 Ω·m，煤层回采后视电阻率基本低于背景值并且位置发生变化，分析认为主要原因是裂缝充水；随工作面推进，采场应力场变化，岩体裂缝出现开合变化，从而影响了视电阻率的分布。由图 6-7-4(b)可知，第 1 次测量时，电极电缆周围的岩石仍处于原始完整致密状态，测得的视电阻率相对较小；第 2 次测量时，电极电缆在 16～26 号测点之间，视电阻率明显大于初始观测结果，这表明此区域内的岩体已被破坏，且底板破坏深度的极大值位于工作面巷道煤壁的外侧；第 3 次、第 4 次及第 5 次测量的曲线基本与第 2 次的一致，可以验证底板破坏深度的极大值在 16～26 号测点周围岩体处，即 26 号测点为可能出现的底板破坏深度的极大值位置。依据电极电缆的实际埋设情况，底板破坏深度的极大值为 26.7 m，距离巷道煤壁 7.2 m。

在俯角 20°电极电缆测量曲线中，导水破坏带以外区域的曲线波动不大，这可能是因为测量环境的稳定导致了偶尔出现极小幅度的数值波动，但曲线整体上反映了岩层视电阻率的实际变化情况，能较好判断底板破坏范围，从而表明利用电剖面法观测底板破坏深度是可行的。

图 6-7-5 是俯角为 20°视电阻率曲线。分析图 6-7-5(a)可知，视电阻率初始值曲线与单倍极距的背景曲线基本一致，17～26 号测点之间的视电阻率较小，21～22 号测点处出现拐点，这可能是原生小裂隙或岩层局部岩性变化导致的；采后各次测量曲线变化不大，基本均大于背景值。第 2 次测量时，视电阻率在 17～26 号测点之间明显增大，这表明此范围内的岩层受到采动影响，岩体已破碎。采后各次测量曲线与第 2 次测量曲线基本一致，可以得到底板破坏深度最大范围在 17～26 号测点之间，26 号测点即可能出现的底板破坏深度的极大值位置，从而验证了单倍极距的分析结果。

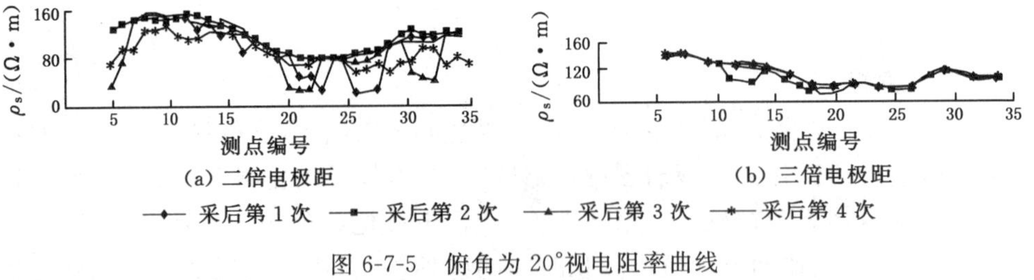

图 6-7-5 俯角为 20°视电阻率曲线

在图 6-7-5(b)中，工作面底板深部岩层在视电阻率煤层回采后的整个过程中基本没有变化。采前岩层视电阻率初始背景值没有测量，因而三倍极距在采后测量得到的视电阻率可能为原岩状态的视电阻率，或岩层完全被破坏后视电阻率趋于稳定，基本不受采动影响。由单倍极距和二倍极距的背景值可以看出，导水破坏带深部岩层未被破坏前的视电阻率初始值基本为 100～140 Ω·m，与三倍极距在采后各次测量的数据基本吻合；破坏带内岩层被破坏后的视电阻率值基本保持在 80～100 Ω·m，和三倍极距测量的数据有较大的差别。可以得出结论，俯角为 20°电极电缆三倍极距测得的视电阻率值为破坏带以下岩层完全不受采动影响的初始值。

6.7.3　矿井高密度电阻率法勘探的应用

山西某矿区奥陶系灰岩广泛分布，岩溶裂隙发育，9#、11#煤层（下方为奥灰含水层）均为带压开采。19108 工作面开采 9#煤层，工作面走向长度为 3 100 m，倾向长度为 300 m，采用综放开采。

19108 工作面的局部地质条件复杂，在工作面运输巷、回风巷掘进过程中揭露大小断层 24 条；在回风巷 2 260 m 处钻遇 1 个不富水陷落柱，并在巷道掘进时揭露，该陷落柱顶部发育至 9#煤层顶板上方 2.5 m，标高低于奥灰水位 19 m，钻探结果显示，该陷落柱基本不导水、不富水，对矿井安全影响较小。工作面形成后，先用音频电透视法对工作面顶底板富水性进行探测，在音频电透视法圈定的异常区使用侧帮高密度电阻率法对陷落柱进行定位。用高密度电阻率法在该工作面回风巷设计三极测深装置，测量电极距为 10 m，在回风巷 F17 点后 50 m 处布置第 1 个测点，向开切眼方向以等间距为 10 m 布置 14 个测点，获得的视电阻率等值线剖面图见图 6-7-6。由该图可知，纵向 38～77 m、距离回风巷 40～72 m 范围内存在 1 个较明显、近似椭圆的低阻圈闭，结合音频电透视法的成果和钻探资料，确认该低阻圈闭为顺煤层方向的陷落柱。

矿方采取加孔疏放和注浆加固底板等措施，工作面顺利越过该陷落柱，多回收煤炭 65.7 万 t，节约工作面回撤、安装等费用 1 420 万元。因此，对超宽工作面内部的导水或含水构造，特别是陷落柱等地质构造，先使用音频电透视法进行普查，结合钻探资料再使用高密度电阻率法进行详查的组合方法对解决该类问题是有效的。

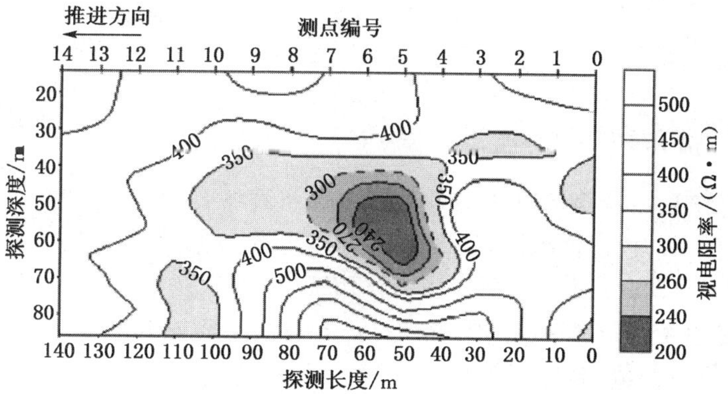

图 6-7-6　19108 工作面回风巷侧帮视电阻率等值线剖面图

6.7.4　矿井直流电透视法勘探的应用

陕北某矿进行了工作面巷道直流电透视法探测工作。该工作面长为 3 300 m，宽为 300 m，平均煤厚为 2 m。基本构造形态为一向西倾斜的单斜构造，岩层平均倾角为 2°，褶皱、断层少量发育，但局部有微弱的波状起伏，构造属简单型。根据工作面附近地质钻孔资料，工作面顶板以上 120 m 范围内发育的含水层有 3-1 煤顶板砂岩裂隙含水层、2-1 煤顶板砂岩裂隙含水层及直罗组下段砂岩裂隙含水层。主要探测目标是 3-1 煤工作面顶板砂岩裂隙含水层的富水性。

施工中，选择了单极-偶极装置，发射点距为 50 m，接收点距为 10 m，测点共计 1 523 个。对采集的数据进行预处理，采用二维反演软件进行处理后，获得的电阻率反演结果见图 6-7-7。由图可知，工作面分别于 1 550～1 700 m、2 000～3 100 m 段存在异常。其中，1 号异常范围较小，呈条带状，幅值相对较低，从而推断该异常主要为煤层顶板砂岩裂隙含水层相对富水所致；2 号异常范围相对较大，呈不规则条带状，异常幅值较高，从而推断为煤层顶板砂岩裂隙含水层相对富水所致。在工作面巷道直流电透视法成果的基础上，矿方在工作面顶板布设了探放水钻孔，并测量了不同进尺时孔口的水压，绘制了如图 6-7-8 所示的水压分布图。由图可以看出，2 100～3 100 m，孔口水压较大，与 2 号异常对应，证明了巷道直流透视成果的可靠性。

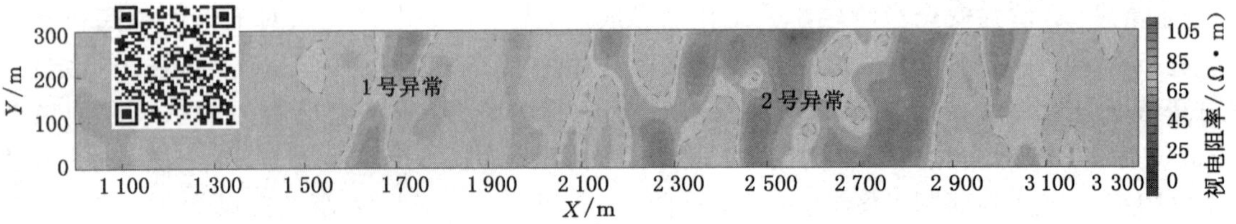

图 6-7-7　工作面顶板砂岩裂隙含水层电性异常分布图

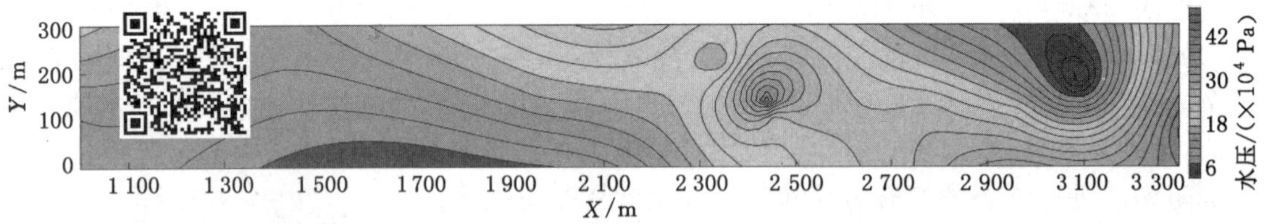

图 6-7-8　工作面探放水钻孔孔口水压分布图

6.7.5　矿井直流电法超前探测的应用

山西某矿 $3^{\#}$ 煤层一次全高开采时预计产生导水裂缝带的最大高度为 32.99～94.54 m，将普遍沟通上覆的 K8 砂岩含水层，局部地段可沟通 K10 砂岩含水层。矿井内奥灰水的水位标高约为 650 m，$3^{\#}$ 煤层处于奥灰水压力作用下，属带压开采，承压水头高出底板 71.11～332.90 m，但由至少 119 m 厚的隔水层相隔，若无构造沟通或其他人为破坏，对煤层开采影响不大。但若在地质构造、破碎裂隙带、封闭不良钻孔等自然或人为因素导水通道存在的情况下，仍然存在奥灰水突水危险。

为了解不同角度的掘进前方老空、积水区及其他类型富水区的情况，确保巷道掘进安全，超前探测时在 312 工作面运输巷和 205 工作面回风巷各布置 3 个探测点、3 个方向的探测剖面(30°、0°、－30°)，探测范围均为 100 m，探测方向包括：巷道迎头前方(探测角为 0°)、迎头前方顶板(探测角为 30°)、迎头前方底板(探测角为－30°)、迎头前方左侧帮与右侧帮。

(1) 312 工作面运输巷超前探测

① 顶板超前探测：迎头前方顶板(探测角为 30°)超前探测成果见图 6-7-9。探测区域无明显异常，探测点右前方约 60 m 内的视电阻率值下降到 2～4 Ω·m。推断迎头前方顶板及其左侧帮、右侧帮各 100 m 范围内无老空与积水区，预计迎头前方顶板右侧可能存在少量积水，但对巷道安全掘进无影响。

② 巷道水平方向超前探测：迎头前方顺层(探测角为 0°)超前探测成果见图 6-7-10。相对低阻的异常区域增多，探测点左前方 40 m 外、近正前方 60 m 外、右前方约 60 m 外的视电阻率值下降到 1～3 Ω·m。结合图 6-7-9 可推断此处富水性略有增强，局部可能存在少量积水现象，但对巷道安全掘进无影响。

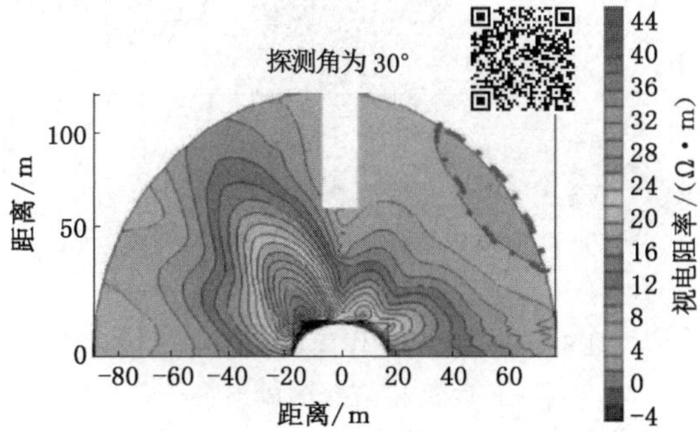

图 6-7-9　312 工作面运输巷迎头前方顶板超前探测成果

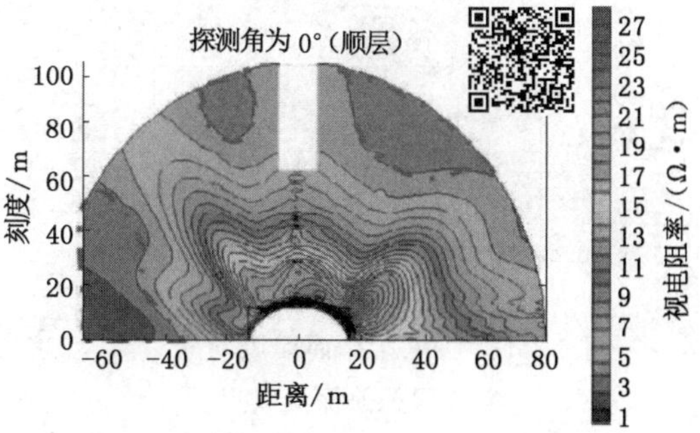

图 6-7-10　312 工作面运输巷迎头前方顺层超前探测成果

③ 底板超前探测：迎头前方底板(探测角为－30°)超前探测成果见图 6-7-11。相比图 6-7-9与图 6-7-10，相对低阻的区域有向左偏的趋势，右前方富水性更弱。因此，推断该方向浅部探测范围内富水性较差；迎头前方底板及其左侧帮、右侧帮各 40 m 的范围内基本无老空与积水区。

(2) 205 回风巷超前探测

① 顶板超前探测：迎头前方顶板(探测角为 30°)超前探测成果见图 6-7-12。探测区域内无明显异常，在巷道迎头正前方呈现相对高阻，分析富水的可能性不大，对巷道安全掘进无影响。

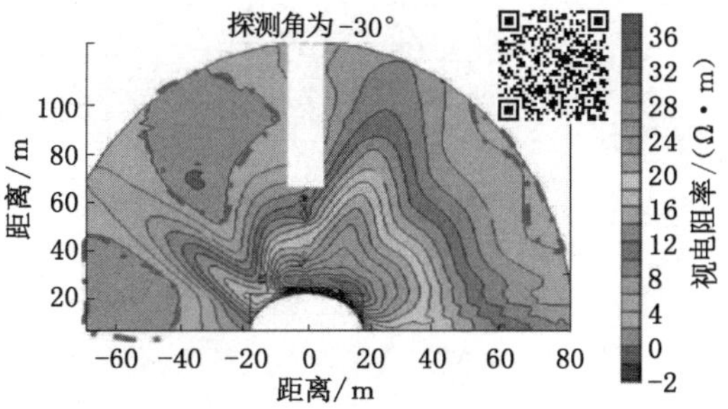

图 6-7-11　312 工作面运输巷迎头前方底板超前探测成果

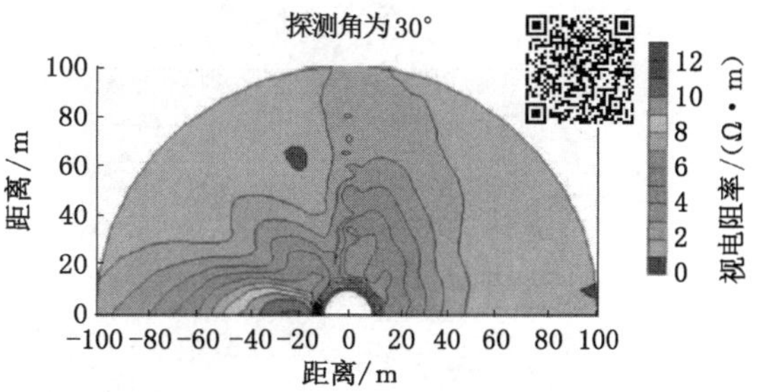

图 6-7-12　205 工作面回风巷迎头前方顶板超前探测成果

② 巷道水平方向超前探测：迎头前方顺层(探测角为 0°)超前探测成果见图 6-7-13。在

顺层巷道前方右侧 50～100 m 范围内出现比较明显的低阻异常，分析认为该范围内可能存在局部富水现象，但该处低阻异常与图 6-7-12 相应处的异常信息不连续，从而推测无老空与积水区，但需要进一步验证。

③ 底板超前探测：迎头底板（探测角为－30°）超前探测成果见图 6-7-14。在巷道迎头前方100 m范围内的视电阻率较高，赋水的可能性较小。

④ 实际打钻验证：在 205 工作面回风巷内，沿迎头顺层方向向右侧帮打钻（钻孔深度为 90 m），钻孔有水流出，出水量约 2.3 m^3/h，未发现老空与积水区。

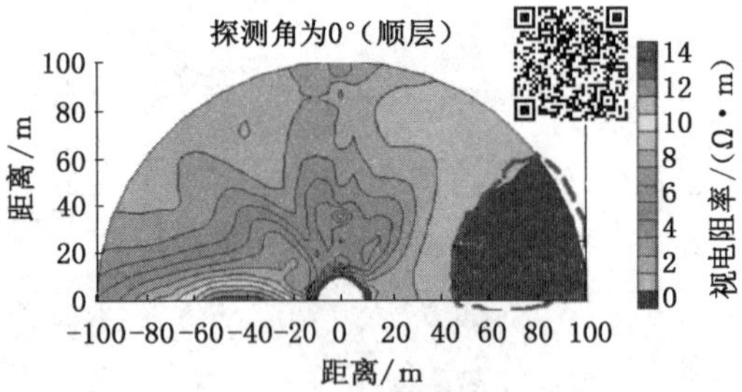

图 6-7-13　205 工作面回风巷迎头前方顺层超前探测成果

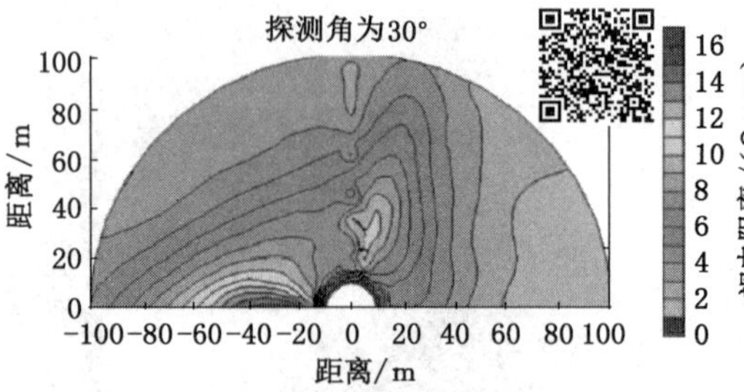

图 6-7-14　205 工作面回风巷迎头前方底板超前探测成果

第 7 章　矿井瞬变电磁法勘探

瞬变电磁法(transient electromagnetic method,TEM),利用线圈或接地电极向地下发送脉冲式一次场(即一次电磁场),用线圈或接地电极观测由该脉冲式一次场感应地下涡流(即涡旋电流)产生的二次场(即二次电磁场)的空间和时间分布,根据二次场衰减曲线特征判断地下地质体的电性、性质、规模和产状等信息。该方法能够穿透高阻屏蔽层,对地层或构造有较好的分辨能力,受巷道空间的限制程度小,具有体积效应小、抗干扰能力强等特点,可预测巷道掘进前方及工作面顶底板附近的断层及破碎带、裂隙发育区、岩溶陷落柱、老采空区巷道、采空区等异常体的富水性,探查这些异常体的空间位置及形态。从方法机理讲,瞬变电磁法的观测是在脉冲间隙中进行的,不存在一次场源的干扰,观测的是纯二次场的异常,这称为时间上的可分性。由于存在这一特点,TEM 法可使用同点装置(即发射点和接收点的位置重合)进行观测,从而降低体积效应、旁侧影响,增强分辨率。另外,一个脉冲电磁波可视为许多不同频率的谐变电磁波的组合,而由脉冲电磁场感应产生的二次时变电磁场便是由许多不同频率谐变电磁场感应产生的二次场的组合,因而不同延时观测的主要频率成分不同,相应时间场在地层中传播速度不同,探测深度也就不同,这称为空间的可分性。

7.1　矿井瞬变电磁法勘探的基础理论

7.1.1　瞬变电磁场的基本理论

在均匀各向同性大地表面敷设矩形发射回线,回线中供以阶跃脉冲电流:

$$I(t)=\begin{cases}I & t<0\\ 0 & t\geqslant 0\end{cases} \tag{7-1-1}$$

如图 7-1-1 所示,在电流断开之前($t<0$ 时),发射电流在回线周围的大地和空间中建立起一个稳定磁场。在 $t=0$ 时刻,将电流突然断开,该电流产生的磁场立即消失。一次场的剧烈变化经空气和地下导电介质传至回线周围的大地,并在大地中激发出感应电流以维持发射电流断开之前存在的磁场,使空间的磁场不会即刻消失。由于介质的欧姆损耗,感应电流将迅速衰减,其产生的磁场也随之迅速衰减,迅速衰减的磁场又在周围介质中感应出新的强度更弱的涡流。如此重复,直至大地的欧姆损耗将磁场能量彻底消耗为止。上述过程存在的电磁场便是大地的瞬变电磁场,其建立与恢复的过程如图 7-1-2 所示。

根据法拉第电磁感应定律,当把匝数为 N、截面积为 S 的线圈放置在随时间变化的磁场 $B(t)$ 中时,在线圈中就会产生感应电动势 $V(t)$:

$$V(t)=-N\frac{\mathrm{d}\varphi(t)}{\mathrm{d}t}=-q\frac{\mathrm{d}B(t)}{\mathrm{d}t}=-NS\cdot\frac{\mu_0 n\mathrm{d}I(t)}{\mathrm{d}t}=-\frac{N^2S}{l}\cdot\mu_0\cdot\frac{\mathrm{d}I(t)}{\mathrm{d}t} \tag{7-1-2}$$

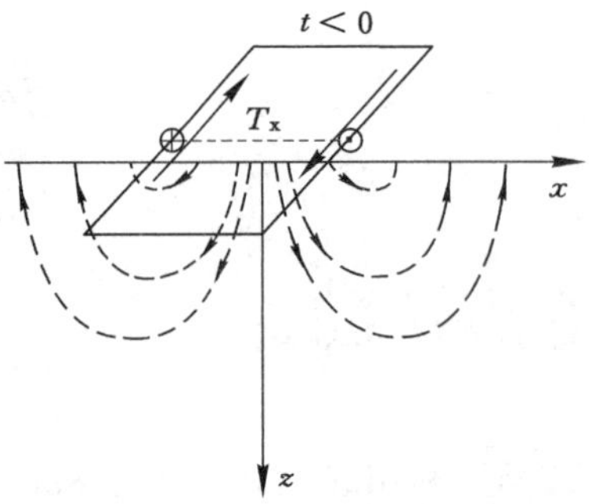

图 7-1-1　一次场生成的稳定磁场示意图

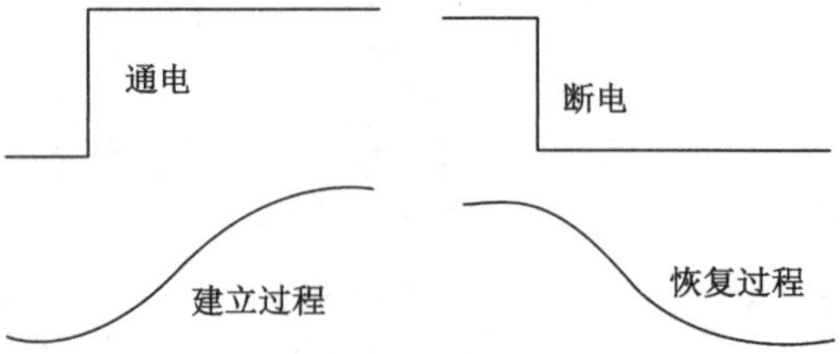

图 7-1-2　瞬变电磁场的建立与恢复

$$B(t)=\int_{t=0}^{\infty}[V(t)/q]\mathrm{d}t \tag{7-1-3}$$

式中　$\varphi(t)$——通过线圈的磁通量；

μ_0——真空磁导率；

n——螺线管上的线圈密度；

l——螺线管长度；

$I(t)$——产生的感应电流。

由此可知，瞬变电磁法中的一次场、二次场可由线圈的感应电动势反映出来。因此，将感应电动势进行数字化采集、处理即可得到二次场衰减曲线。

7.1.2　瞬变电磁场的传播特性

瞬变电磁场按过渡过程可分为早期和晚期两个阶段。在早期阶段(断电初)，感应电流集中分布于地质体的表面形成表面电流，频谱中高频成分占优势，涡流主要分布在地表附近。由于趋肤深度的高频效应阻碍电磁场向深部传播，故早期阶段的电磁场主要反映地层浅部的地质信息。随着感应电流在地质体内出现热损耗，表面电流开始向地质体内部扩散，扩散速度一般与地质体的导电率成反比。经过一段时间后，进入晚期阶段，高频成分被导电介质吸收，低频成分占主导地位，局部地质体中的涡流全部消失，地质体内的电流分布趋于稳定，热损耗速度减慢，与感应电流相对应的二次场衰减速度减慢，而各层的涡流磁场之间相互作用使场平均化，这时瞬变电磁场的大小主要依赖于地电断面的纵向电导。

此外，瞬变电磁场也有近区、远区之分。在近区，对于高阻岩石介质，瞬变电磁场衰减消失很快，一般为几十到几百毫秒；对于地下良导地质体，衰减过程变缓。在远区，瞬变电磁场衰减很慢，可达几到几十秒，而在大规模良导地质体中甚至能达一分钟或更长。

瞬变电磁场的结构特点为：当发射装置中的电流突然阶跃下降为零时，在其周围产生急剧变化的电磁场是形成地中涡流的激发源。该电磁场以两种途径传播到地下介质中。第一种途径是以光速 C 传播的电磁波，从空气中直接传播到地表各点并将部分能量传入地下，在离场源足够远的地表形成垂直向下传播的不均匀平面波；第二种途径是电磁能量直接从场源所在地传播到地下，它在地中激发的涡流似“烟圈”那样随时间的推移逐步扩散到大地深处。在瞬变电磁场建立和传播的早期，第一种传播方式是瞬时建立的，由于大地的电抗作用，第二种场的建立较迟缓，两者在时间上是分开的，随着时间的推移两种场相互叠加，随后达极大值。在晚期，第一种激发方式的场在各处衰减殆尽，第二种场占主导地位，电磁场以“烟圈”形式逐步扩散到深处，在每一地层中的涡流都有产生和增加的过程以及达到最大后逐渐衰减的过程，并且随深度的增加出现极大值的时间逐渐向后推移。

在研究瞬变电磁场的传播特性时，有时需要将瞬变电磁场的收发距问题与瞬变过程的衰减时间结合起来，即引入“远区的早期阶段”“远区的晚期阶段”等类似的概念。根据电磁场相关理论，规定的早期条件为 $2\pi r/\tau \gg 1$（r 为收发距，τ 为瞬变场参数，$\tau = 2\pi\sqrt{2\rho t/\mu_0}$），这也可认为是远区条件。所谓早期是指收发距 r 一定时，时间 t 很小，可满足 $2\pi r/\tau \gg 1$ 的条件。远区是指时间 t 一定时，收发距 r 很大，从而满足 $2\pi r/\tau \gg 1$ 的条件；也可以使 r、t 都变化从而满足 $2\pi r/\tau \gg 1$ 的条件。与此类似，称 $2\pi r/\tau \ll 1$ 为“近区”或“晚期”条件。对于同点装置的近区方法（如偶极装置等），就没有近、远之分，只有早、晚之分，早期条件变为 $2\pi a'/\tau \gg 1$，晚期条件变为 $2\pi a'/\tau \ll 1$（a' 为偶极发射源回线半径）。

显然，在瞬变电磁场远区的早期阶段，第一类激发起主导作用。这时对于浅层部位，电磁场具有很强的分层能力。然而，在远区的晚期阶段，对于收发距 r 来说，层状介质的总厚度相对来说很小，与涡流范围比较显得层间距离小，于是层状介质之间的感应效应很强。所以各层间的涡流效应平均化，即可以把整个层状断面等效为具有总纵向电导 S 的一个地层。由此可见，瞬变电磁场在远区的晚期阶段只能确定各层总纵向电导和总厚度，不具有分层的能力。

在瞬变电磁场近区的早期阶段，由于早期信号幅值大，变化剧烈，受探测仪器的影响严重，准确检测早期信号技术难度大。在近区的晚期阶段，测量结果可很好地给出地电断面的分层信息，物理过程是：在上部导电层中晚期阶段刚刚出现，就开始产生涡流的衰减过程，并以其纵向电导 S_1 来表征该地层存在时，在更深的导电层中，由于“烟圈”效应，涡流还处于产生和增加的早期阶段。但是，由于第一层具有很强的衰减作用，在地表观测中很难或很微弱地出现第二层的影响，随着时间的推移，在地表可观测到第一层和第二层的综合结果，并以 S_1+S_2 来表征其综合影响。在更晚的时间上，出现 $S_1+S_2+S_3$ 的综合影响，以此类推，就可以得到在整个断面所能测到的信息。

7.1.3　矿井瞬变电磁法勘探的基本原理

矿井瞬变电磁法的测量装置主要由发射回线和接收回线两部分组成，工作过程分为发射、电磁感应和接收三部分。在井下巷道布设不接地回线，发射回线中通以阶跃电流，在其周围空间产生一次场，并在巷道周围导电岩矿体中产生感应电流；当发射电流突然下降到零时，根据电磁感应理论，发射回线中电流的突然变化必将使其周围产生磁场，该磁场称为一次场，一次场在周围传播过程中如遇地下良导电地质体，将在其内部激发产生感应电流，又称涡流或二次电流，由于二次电流随时间变化，因而在其周围又产生新的磁场，称为二次场。由于良导电地质体内感应电流的热损耗，二次场大致按指数规律随时间衰减，形成瞬变电磁场。二次场主要来源于良导电地质体的感应电流，包含着与地质体有关的地质信息。二次场可通过接收回线观测（即先对观测的数据进行分析和处理，再对地下地质体的相关物理参数进行解释）。

因电磁场在空气中的传播速度快于在导电介质中的传播速度，当一次电流断开时，一次场的剧烈变化首先传播到发射回线周围巷道顶底板和侧帮，因此，最初激发的感应电流局限于巷道附近岩层。巷道附近各处感应电流的分布是不均匀的，在紧靠发射回线一次场最强的巷道顶底板处的感应电流最强。但随着时间的推移，巷道周围的感应电流逐渐向外扩散，其强度逐渐减弱，分布趋于均匀。研究结果表明，任一时刻巷道顶底板导电岩层中的涡流在巷道内产生的磁场可以等效为一个水平环状线电流的磁场。在发射电流刚关断时，该环状线电流紧挨发射回线，与发射回线具有相同的形状。随着时间的推移，该电流环向外扩散，并逐渐变形为圆形电流环。等效电流环像从发射回线中"吹"出来的一系列"烟圈"。因此，将巷道顶底板导电岩层中涡流向外扩散的过程形象地称为"烟圈"效应(图 7-1-3)。

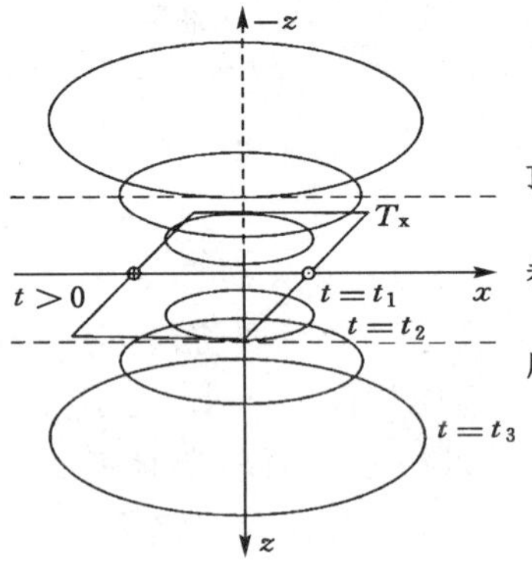

图 7-1-3　巷道顶底板导电岩层中涡流的"烟圈"效应

7.1.4　矿井瞬变电磁法勘探的特点

受井下勘探环境的影响，测量线圈大小有限，井下瞬变电磁法的勘探深度较地面的浅。不同于地面探测，矿井瞬变电磁法为全空间瞬变电磁响应，响应来自回线平面上下(或两侧)地层，从而给确定异常体的位置带来困难。实际资料解释中必须结合地质和水文地质情况综合分析。总的来说，矿井瞬变电磁法具有如下特点。

(1) 由于井下勘探环境与地表勘探环境不同，只能采用边长小于 3 m 的多匝小线框，相比地面瞬变电磁法，井下瞬变电磁法具有数据采集工作量小、设备轻便、工作效率高、成本低等优点。

(2) 测点距更密(多为 2～10 m)，体积效应小，勘探分辨率(特别是横向分辨率)高。

(3) 探测装置距离异常体更近，大大提高探测信号的信噪比，实际探测结果说明，井下探测信号的强度比地面同样工作装置的高 10～100 倍。井下噪声等干扰信号相对有用信号可忽略不计(图 7-1-4)。

(4) 地面瞬变电磁法勘探一般只能将线圈平置于地面测量，而井下瞬变电磁法勘探可以将线圈置于巷道底板测量，探测巷道底板下方一定深度内含水异常体垂向和横向的发育规律。也可以将线圈直立于巷道内，当线圈面平行于巷道掘进迎头断面时，可进行超前探查；当线圈面平行于巷道侧面煤壁时，可探查工作面及其顶底板一定范围内含水低阻异常体的发育规律。

(5) 与其他物探方法相比，由于受关断时间的影响，瞬变电磁法无法探测到更浅部的异常体(存在盲区)，但是对于其他矿井物探方法无法探查的巷道(巷道长度有限或巷道掘进迎

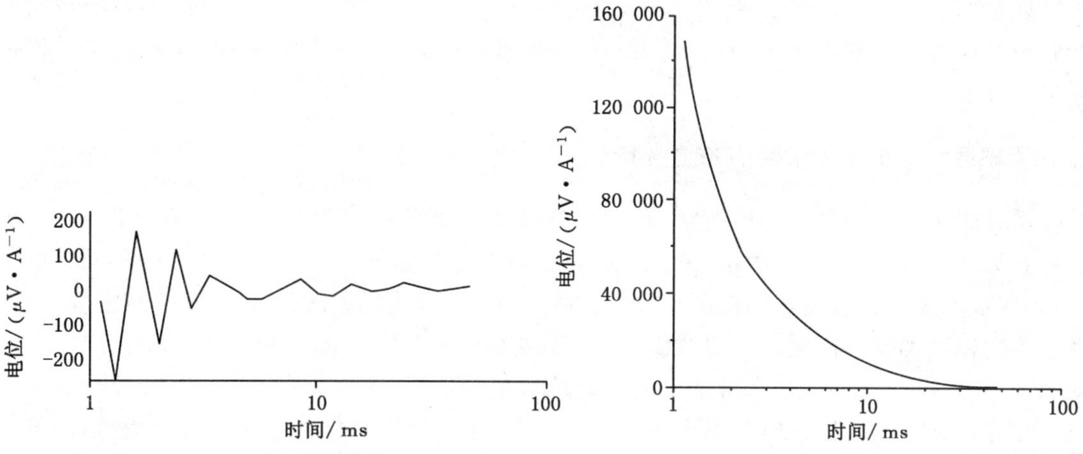

(a) 井下噪声　　(b) 有用信号

图 7-1-4　电位衰减曲线

头超前探测等)，可采用测量装置小、轻便的矿井瞬变电磁法探查。

(6) 矿井瞬变电磁法勘探从数据采集、资料处理、成图到定量解释工作均可在微机上实现，无须手工作业，故矿井瞬变电磁法勘探是一种自动化程度很高的勘探方法。

7.1.5　瞬变电磁法常见的发射波形

在实际应用中，为了有效抑制观测系统中的直流偏移和超低频噪声的干扰，可将不同时域的相应二次场进行叠加以消除随机干扰，提高信噪比，因而需要采用周期性脉冲序列连续激发二次场。经常采用的激励场波形主要有双极性矩形脉冲序列、双极性半正弦脉冲序列、双极性梯形脉冲序列等。图 7-1-5 显示了几种常用激励场的波形。

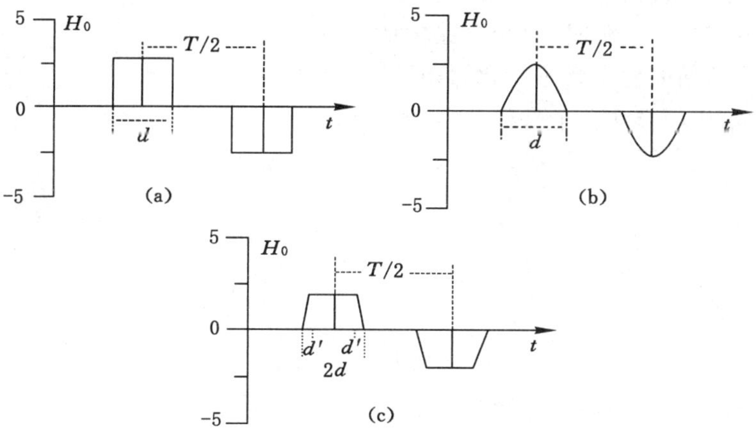

图 7-1-5　几种常用激励场的波形

实际的波形受到发射线圈感应的影响，不可能为理想的阶跃波形。双极性脉冲理想波形会发生变化，上升沿近似指数规律衰减，下降沿变为斜阶跃波形。目前，多数研究都采用双极性矩形脉冲波形进行激发产生瞬变电磁场，但实际工作中由于发射线圈为感性负载，激发源波形在线圈中发生变化，发射波多为斜阶跃波，从而导致早延时或浅层测深正反演拟合效果不好。

7.1.6 矿井瞬变电磁法探测的深度分析

矿井瞬变电磁法受限于施工空间，发射和接收线圈的边长只能采用边长为 2～3 m 的线框。另外，因煤矿防爆技术条件的要求，矿井瞬变电磁法的发射电流与地面的不同。小电流、小线框的发射接收装置的探测深度受到了一定影响，故需要增加发射天线的匝数、增大发射磁矩以增加探测深度。发射线圈、接收线圈本身都有一个固有的过渡过程。接收线圈接收的信号有两种：一种是来自地下的电磁感应信号，另一种是接收线圈、发射线圈本身的自感信号。在接收的早期时间道中，接收信号不仅包括探测目标体感应的有用信号，还包括线圈的自感信号，线圈自感信号比有用信号大得多，但衰减速度快于有用信号的。在线圈自感的影响时间范围内，自感信号与浅层地层介质感应信号难以分离，所以总存在瞬变电磁法无法分辨有用信号的时间范围，这个范围是矿井瞬变电磁法对应于浅层的探测盲区，即矿井瞬变电磁法的最小探测深度。

自感信号衰减完毕后，接收信号主要为不同深度地层介质的感应信号。瞬变电磁场传播时能量不断衰减，且具有趋肤效应，当能量衰减到一定程度时，它无法区分更深地层的感应信息，故此时装置对应一个最大探测深度。然而，探测深度受各种因素影响，如目标层厚度及电性、目标层异常与地质噪声的分离程度、电磁噪声电平等。

7.1.6.1 最小探测深度的分析与计算

线圈相当于等效 RCL 回路，可看成一个电阻、电感和电容的组合电路（图 7-1-6）。图中，R' 是线圈电阻，R 是匹配电阻，C 是等效电容，U 是发送电压，L 为自感（与线圈的形状、大小及周围的介质有关）。

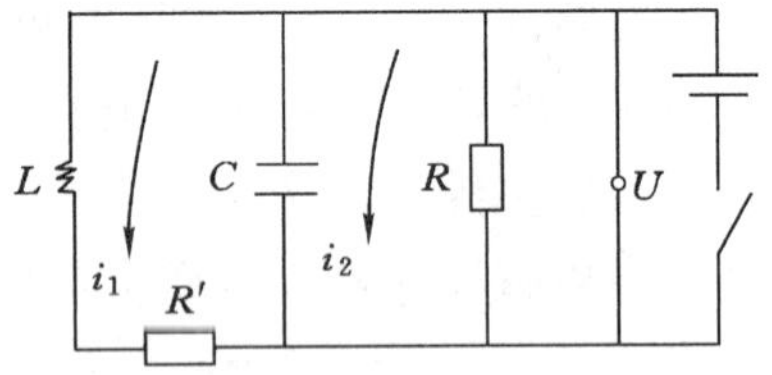

图 7-1-6 线圈等效电路图

当突然断开或接通电源时，这个电路中的电流将从原来的状态向着新的稳定状态变化，这种变化过程不可能瞬时完成，中间存在一个过程，回路方程为：

$$IR - i_1 \frac{1}{pC} + i_2 \frac{1}{pC} = 0 \tag{7-1-4}$$

$$i_2\left(pL + \frac{1}{pC} + R'\right) - i_1 \frac{1}{pC} = 0 \tag{7-1-5}$$

$$i_1 = \frac{p}{(p+m)^2} + \frac{m^2}{p\,(p+m)^2} \tag{7-1-6}$$

经过域的变换，得到时间域方程：

$$i_1(t) = 2Imt\mathrm{e}^{-mt} \quad \text{（断电后线圈的自感电流）} \tag{7-1-7}$$

$$U(t) = 2IRmt\mathrm{e}^{-mt} \quad \text{（断电后线圈的自感电压）} \tag{7-1-8}$$

式中 p——阶跃波的谱；

m——常数，$m = 1/\sqrt{LC}$，单位为 s^{-1}。

为判断自感信号的变化特征，对式(7-1-8)求导，可知线圈自感信号的衰减规律：当 $t=0$

时，$U(t)=0$，随时间增加，自感信号增大；当 $t=1/m$ 时，$U(t)$ 达极大值；当 $t>1/m$ 时，曲线迅速衰减到零。对于不同的材料，m 值并不相同。在计算时，L 采用如下公式：

$$L=22.28\times10^{-7}\left[\ln\left(\frac{a'}{r_0}\right)-1.75\right] \tag{7-1-9}$$

式中　a'——方框的边长，$a'\geqslant r_0$，采用常用的线材时 $r_0=0.73$ mm。

等效电容 $C_{RCL}=4LC_1$，C_1 为每米长度的线圈电容，$C_1=160\times10^{-9}$ F。

电磁感应信号衰减很慢，而线圈的自感信号衰减很快。一般以自感信号衰减三个数量级的时间为最早可分辨时间，其所对应的深度为最小探测深度。具体计算步骤如下。

(1) 对于一定的导线材料，可根据式(7-1-9)计算材料电感；

(2) 在已知材料电感和给定电容的情况下，计算参数 m；

(3) 根据参数 m，利用公式 $t=1/m$，计算出 $U(t)$ 达极大值的时间；

(4) 根据式(7-1-8)计算出 $U(t)$ 极大值；

(5) 计算出 $U(t)$ 极大值的千分之一值；

(6) 根据式(7-1-8)，由步骤(5)的结果算出时间，即最早可分辨时间 $t_{\min}$(单位为 μs)；

(7) 由 $h_{\min}=\sqrt{t_{\min}\cdot\rho_1}$ 可以计算出最小探测深度(单位为 m)，ρ_1 为表层电阻率(单位为 Ω·m)。

7.1.6.2　最大探测深度的分析与计算

当电磁场在大地中扩散传播时，因趋肤效应，高频部分主要集中在源附近的局部范围内，而低频部分传播到深处且分布范围逐渐扩大。传播深度和传播速度分别为：

$$h=\frac{4}{\pi}\sqrt{t/(\sigma\mu_0)} \tag{7-1-10}$$

$$v_z=\frac{\partial h}{\partial t}=\frac{2}{\sqrt{\pi\sigma\mu_0 t}} \tag{7-1-11}$$

式中　t——传播时间；

σ——介质电导率；

μ_0——真空中的磁导率，$\mu_0=4\pi\times10^{-7}$。

由式(7-1-10)可得：

$$t=2\pi\times10^{-7}\ h^2/\rho \tag{7-1-12}$$

在中心回线下，时间与表层电阻率、发送磁矩之间的关系为：

$$t=\mu_0\left[\frac{(M/\eta)^2}{400\ (\pi\rho_1)^3}\right]^{1/5} \tag{7-1-13}$$

式中　M——发送磁矩；

ρ_1——表层电阻率；

η——最小可分辨电压，多为 0.2～0.5 nV/m²，大小与目标层几何参数、物理参数及观测时间有关。

求解式(7-1-12)和式(7-1-13)得：

$$h=0.55\left(\frac{M\rho_1}{\eta}\right)^{1/5} \tag{7-1-14}$$

式(7-1-14)为施工中计算最大探测深度的常用公式。由式(7-1-14)可知，瞬变电磁的探测深度与发送磁矩、表层电阻率及最小可分辨电压有关。研究分析最大和最小探测深度的影响因素对矿井瞬变电磁法的实际应用起一定的指导作用。先根据最大探测深度对设计参数的要求选择相应的天线装置,然后分析设计装置的自感、互感信号的大小及其影响的采样时间,从而确定装置的探测“盲区”。

7.2 矿井瞬变电磁法勘探的工作装置和工作方法

矿井瞬变电磁法的施工环境有别于地面的,无法使用大回线组合,只能采用边长为 2 m 左右的小回线组合测量。为了保证有效感应信号强度,采用多匝数的小回线组合测量。矿井瞬变电磁法主要用于巷道掘进迎头超前探测及采煤工作面顶底板探测。巷道掘进迎头超前探测主要为了查明巷道掘进迎头前方不同空间方位、不同形态的含水构造,采煤工作面顶底板探测主要查明工作面顶底板在采动影响范围内是否存在隐伏的导含水构造或导水通道,并圈定影响范围,从而为煤矿防治水工作提供技术资料。

7.2.1 矿井瞬变电磁法勘探工作装置的物理模拟

矿井瞬变电磁法主要探测巷道不同位置、不同形态的含水构造,而矿井突水构造主要为导水断层(一般倾角较大)、含水岩溶、富水陷落柱和采空区积水等,这些突水构造分别可以用近直立的薄脉、圆柱体、球体等低阻规则模型模拟。

矿井瞬变电磁法回线组合主要有重叠回线组合和双回线组合两种。图 7-2-1 为重叠回线组合和双回线组合装置产生的地下磁场分布图,带箭头实线为磁力线,虚线为电性界面线。图 7-2-1(a)所示是重叠回线组合装置产生的地下磁场分布图,回线的中心位置磁力线分布集中,且垂直于回线平面;在回线边附近,磁力线分布相对稀疏,磁力线呈半球状分布;如果地下存在导电介质,根据电磁感应定律,切割磁力线数愈多(面积大),回线中感应信号愈强,因此回线中心位置的水平导电体感应信号最强,即重叠回线对与回线平面平行的低阻体反映灵敏。图 7-2-1(b)所示为双回线组合装置产生的地下磁场分布图,其中两并联回线装置产生的磁场与重叠回线装置的有明显区别,但在左、右两单独回线中心位置的磁力线分布与重叠回线装置的基本一致;在两并联回线装置的中间位置,磁力线仍为半球状,由于两回线中电流反向,即磁力线由一回线出来,另一回线进入,因而在双回线中间位置的磁力线不但比左、右各回线中心磁力线密集,而且磁力线呈近水平分布;在双回线组合装置中心位置垂直导电体切割的磁力线数最多(面积大),感应信号最强,即双回线组合装置对与垂直回线平面的低阻体反映灵敏。

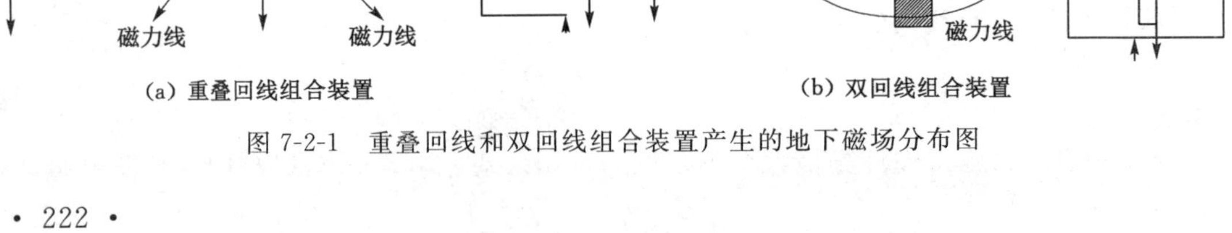

图 7-2-1 重叠回线和双回线组合装置产生的地下磁场分布图

根据相关物理模型试验分析结果，巷道空间的存在使接收到的感应信号值减小，受巷道空间内金属体（如工字钢、锚网和铁轨等）产生的涡流影响，对应的感应信号增大。探测目标体感应信号接收的强弱不仅受巷道空间及金属体的影响，还与回线组合装置在巷道内的位置及探测方向有关。当探测目标体位于巷道顶板以上，同时巷道内有锚网支护、底板有铁轨时，发射、接收回线组合装置应位于巷道顶板附近，使回线平面的法线方向指向探测目标体位置。如果探测的主要地质任务是采煤工作面顶板的电性变化，则应采用图 7-2-2(a)中所示的探测方法，使回线平面尽量靠近巷道顶板，同时与顶板面保持一个夹角，夹角大小由采煤工作面的宽度决定，这样所接收的感应信号主要是采煤工作面顶板在探测范围内地层介质的综合响应。如果探测目标体主要位于采煤工作面煤层内，则回线平面应采用如图 7-2-2(b)所示的方式，使发射、接收回线平面垂直于巷道底板面，并且靠近探测目标体所在巷道一侧，从而降低巷道空间对感应信号的影响，同时能接收到探测目标体产生的最大感应信号。如果无法确定探测目标体的具体位置，在巷道空间内应采取全空间探测方法（图 7-2-3），即同时向巷道底板和巷道顶板进行探测。

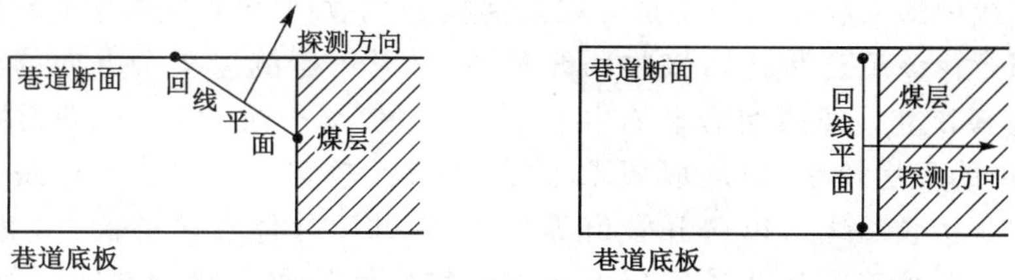

(a) 采煤工作面顶板探测　　(b) 采煤工作面煤层探测

图 7-2-2　矿井瞬变电磁法探测方向示意图

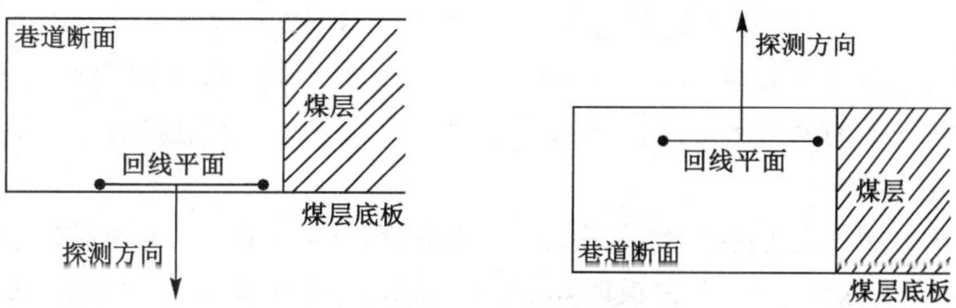

(a)　　(b)

图 7-2-3　矿井瞬变电磁法全空间探测方法示意图

7.2.2　矿井瞬变电磁法勘探常用工作装置

7.2.2.1　重叠回线组合装置

图 7-2-4(a)所示为重叠回线组合装置。瞬变电磁法的供电和测量回线在时间上是互相分开的，它们铺在同一位置故称为重叠回线组合，实际工作中并不需要完全重叠，有时候还需要相距 1 m 或更远以降低可能存在的超顺磁效应。重叠回线组合装置与探测对象有最佳耦合，其响应曲线形态简单，时间特性不发生变号现象，具有较高的接收电平、较好的穿透深度及异常便于分析解释等特点。重叠回线组合装置由于接收与发射回线完全共面，不会

使接收回线混杂水平分量。当接收回线和发射回线重叠时，互感大、一次场影响大，所以关断时间长，盲区大。

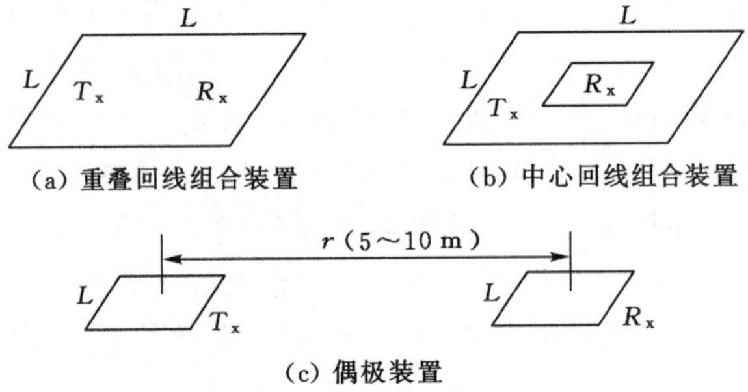

图 7-2-4　矿井瞬变电磁法常用装置示意图

7.2.2.2　中心回线组合装置

将重叠回线中的接收回线用小型可视为偶极的接收回线代替并置于发射回线中心，即中心回线组合。该组合装置因接收回线轻便，又可用于测量 3 个方向的分量，故应用比较广范。它有和重叠回线组合装置相似的特点，但线框边长较小，纵、横向分辨率较高，受外部噪声的干扰较小，对环境要求较低，适应面较宽。用该装置可观测水平分量，分辨率较高。其接收回线可以避开管道等导体，在井下导体较多的位置，其数据质量优于重叠回线的。此种装置受巷道底板地质体不均匀性的影响较重叠回线的大，互感大，一次场影响大，盲区大。

7.2.2.3　偶极装置

与频率域水平回线法类似，偶极装置要求保持固定的发、收距，沿测线逐点移动观测，具有轻便灵活的特点，它可以在不同位置和方向去激发导体、观测多个分量，对矿体有较好的分辨能力。但偶极装置是动源装置，发送磁矩不可能很大，因而探测深度受到限制。另外，偶极装置所观测到的时间特性曲线复杂，易发生变号现象，从而给解释带来困难。

(1) 共面偶极装置

该装置的发射回线与接收回线共平面，二者相距 5～10 m，一次场对接收回线的影响可以忽略，盲区小。当探测煤层顶底板时，发射回线和接收回线沿巷道倾斜布置，倾角为 45°(或大、或小)。当探测巷道顶底板时，发射回线和接收回线沿巷道水平布置[图 7-2-4(c)]。

(2) 共轴偶极装置

该装置的发射回线与接收回线分别位于前后平行的两个平面内，但处于同一轴线上，两者相距5～10 m，适合巷道掘进头的超前探测。此时，接收回线贴近工作面，发射回线位于其后 5～10 m 处，两者的同一轴线指向探测方向(图 7-2-5)。当接收回线和发射回线同时(共轴)向左、向右转动不同角度(如±30°、±45°等)时，探测方向也分别指向前方的不同角度，于是便可以探测掘进迎头前方扇形区域内的储水构造(图 7-2-6)。

7.2.2.4　双回线组合装置

发射回线固定，测量回线在信噪比足够的范围内逐测点采集数据，称为定源组合。在此类组合中，重点介绍与矿井瞬变电磁法联系紧密的双回线组合装置。图 7-2-7 为双回线组合装置示意图，双回线组合由两个相邻并联回线组成，此组合对直立导体的耦合性较好而对

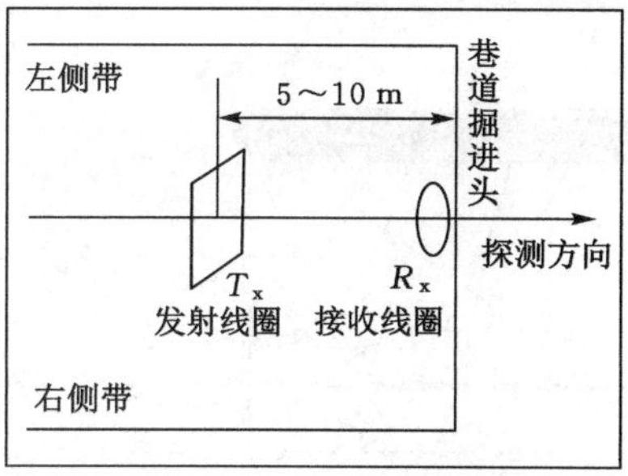

图 7-2-5　共轴偶极装置示意图

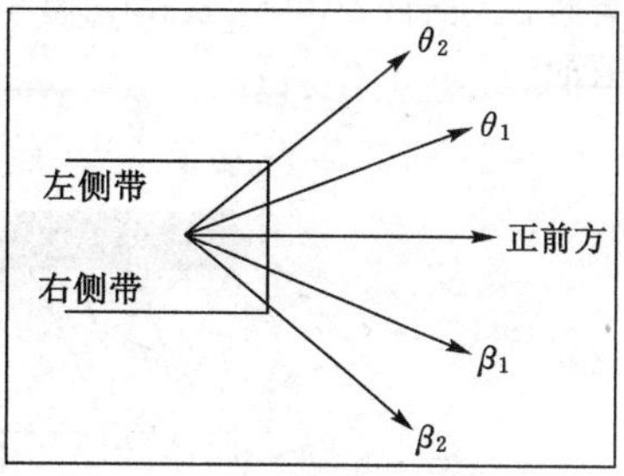

θ_1,θ_2—正前方向左偏移角度；
β_1,β_2—正前方向右偏移角度。

图 7-2-6　掘进迎头前方探测方向变化示意图

覆盖层的耦合性较弱。两个回线这样的连接方式使两回线中相位相同的噪声信号反相相加,即此种组合能使回线噪声大大减弱。

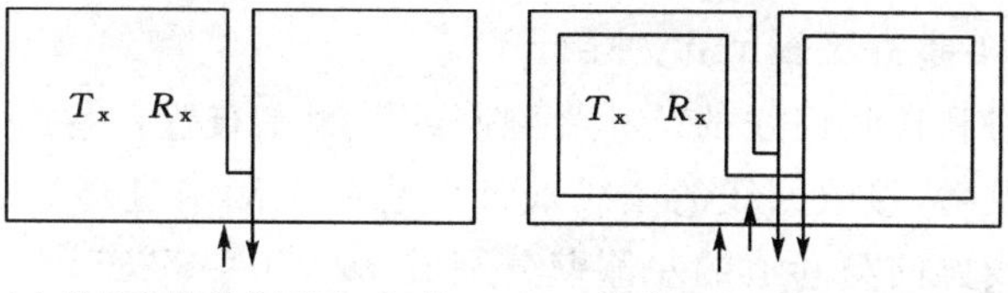

(a) 接收和发射使用同一回线　(b) 接收和发射使用独立回线

图 7-2-7　双回线组合装置示意图

7.2.3　矿井瞬变电磁法勘探工作方法

7.2.3.1　工作面底板探测工作方法

在进行工作面底板探测时,测点布置在采煤工作面两侧巷道内,根据具体地质任务、探测深度,在每个测点处可调整探测方向,从而实现工作面底板的全覆盖(图 7-2-8)。受巷道空间限制,发射和接收回线的几何尺寸受到制约,只能采用多匝小回线的发射和接收装置,即边长为 2～3 m。在实际工作过程中,对图 7-2-8 所示的每个发射点,根据煤层倾角变化情况,调整其回线的法线与巷道底板面的夹角以探测巷道底板方向的围岩变化情况,即从多个

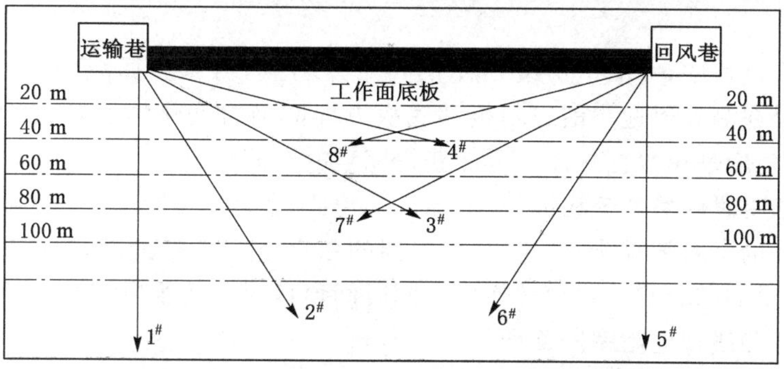

图 7-2-8　工作面底板探测方向布置示意图

角度采集数据，从而尽可能获得完整的底板空间信息（图 7-2-9）。工作面顶板探测工作方法与该法类似，此处不作叙述。

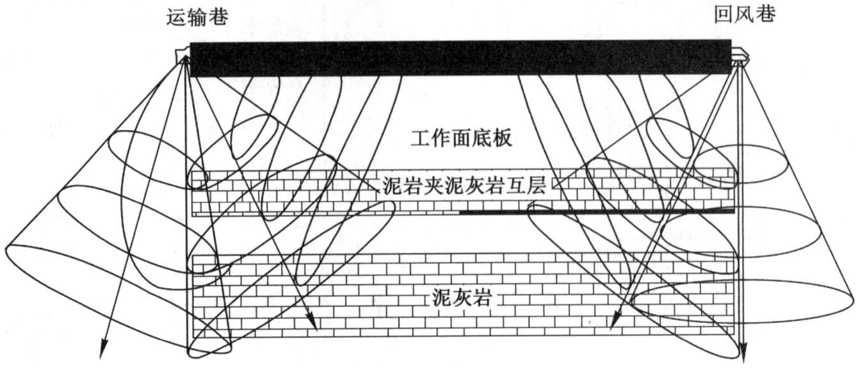

图 7-2-9　工作面底板探测范围示意图

7.2.3.2　巷道掘进迎头超前探测工作方法

受空间限制，发射和接收回线的尺寸受到制约。测点布置在巷道迎头位置（图 7-2-10），从左侧开始，首先使发射、接收回线的法线垂直于巷道左侧壁进行测量，然后按一定角度旋转回线，使回线的法线方向与巷道的左侧壁分别成 15°、30°、45°、60°、75°和 90°的夹角进行探测。当回线的法线方向与巷道迎头断面垂直时，根据迎头断面的宽度布置 2～3 个测点。到巷道迎头右侧壁时再旋转回线，使法线方向与巷道右侧壁分别成 90°、75°、60°、45°、30°和 15°的夹角进行探测。

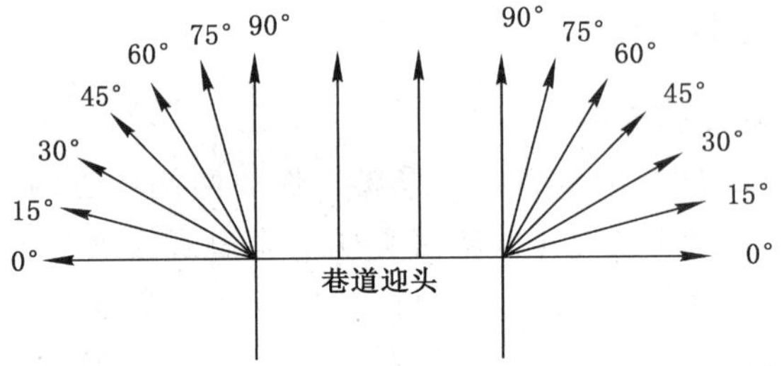

图 7-2-10　巷道迎头顺层超前探测回线的法线方向布置示意图

在实际工作过程中，对图 7-2-10 所示的每个发射点，可调整回线的法线与巷道顶底板面的夹角大小以探测巷道迎头前方顶板和底板方向的围岩变化情况，探测方法如图 7-2-11 所示，即在多个角度采集数据从而尽可能获得完整的空间信息。

7.2.3.3　超前探测的成果显示技术

瞬变电磁法的资料解释步骤：① 对采集到的数据进行去噪处理，根据晚期场或全期场公式，将仪器测量的电流归一化值转换成不同时间窗口对应的视电阻率值。② 进行时深转换处理以得到各测线视电阻率断面图。

成果的显示方法主要有：① 矩形成图法，将图 7-2-10 的各测点视为在一条直测线上等间距分布的点，绘制的视电阻率等值线图中横坐标为测点标号（或与 1 号测点的相对距离），

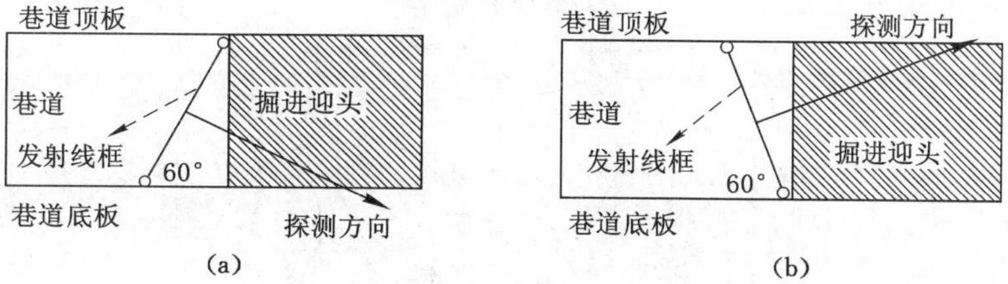

图 7-2-11　巷道迎头前方顶底板超前探测方法示意图

纵坐标为相对直测线的探测深度。② 扇形成图法，将图 7-2-10 的各测点不同位置上的视电阻率值分布在实际平面位置，将视电阻率等值线图绘制成扇形方式，纵坐标为迎头断面向正前方探测的实际距离，横坐标对应图 7-2-10 中左侧 15°和右侧 15°方向探测距离和巷道断面的宽度，其中巷道的断面宽度可根据正前方测点的间距进行等比例放大。

以不良钻孔赋水性的矿井瞬变电磁法超前探测为例说明两种成果显示方法的区别。某煤矿在资源普查与勘探初期，许多勘探、水文钻孔穿过了煤层顶板或底板的含水层。现在，有些钻孔的准确位置、封孔资料很难收集，这给煤矿的安全生产及地下水资源的合理开发利用带来了潜在威胁。据已知地质资料，巷道掘进迎头附近存在一个勘探钻孔，该钻孔终孔于煤层底板下的灰岩。但是，钻孔的孔斜、封孔资料不详，若该钻孔封孔效果达不到要求，并且无法确定其具体位置，当该钻孔与煤层底板下的含水层导通时，在巷道掘进及工作面回采的过程中，采动影响或直接对钻孔的揭露将会诱发涌水事故，从而给煤矿的安全生产带来严重影响。

在该钻孔附近只有一条正在掘进的独头巷道，故采用矿井瞬变电磁法超前探测技术按图 7-2-10 和图 7-2-11 的布置方式进行探测，完成了向巷道前方顶板、顺层和底板的探测任务，从而获取了巷道迎头正前方 110 m 以内、前方底板 60 m 以上、前方顶板 60 m 以下锥形体积范围内的地层视电阻率。

图 7-2-12 为利用矩形成图法绘制的巷道迎头顺层超前探测视电阻率等值线图。其中，顶部横坐标是与 1 号测点的相对距离，即先设计各测点的间距(5 m)；底部横坐标是测点标号；纵坐标是沿巷道掘进方向的探测距离。实际上，巷道迎头断面的宽度为 3～6 m，标号为 2 到 10 的距离最大为 6 m，故图 7-2-12 只提供了相对位置，这给资料解释带来了一定误差。在数据采集过程中，巷道迎头附近标号为 1、2、10、11 的 4 个测点位置已经利用工字钢或金属锚网支护，而金属体对矿井瞬变电磁法会产生较大干扰。因此，这些测点的资料会对地质解释产生不利影响，一般作背景值处理。从图 7-2-12 中可以看出，巷道迎头前方约 50 m 处有一个视电阻率值小于 7 Ω · m 的狭长状封闭区域。由于图 7-2-12 的横坐标是相对距离，无法准确确定该封闭区域的横向位置，另外在两侧由于支护金属体的影响也出现了低阻异常区域。

图 7-2-13 为利用扇形成图法绘制的巷道迎头顺层视电阻率等值线图。其中，只需要利用图 7-2-12 中标号为 2 到 10 的测点数据，将每个测点的数据按实际坐标绘在平面图上，横坐标的长度等于从巷道中轴线向两侧的探测距离加上巷道断面宽度，纵坐标为相对巷道迎头断面的实际探测距离。另外，由于巷道迎头断面的宽度一般为 3～6 m，为了有效利用 5 到 7 号这 3 个测点的数据，将巷道的宽度按一定比例进行加宽可准确计算出图中任意一点到巷道迎头

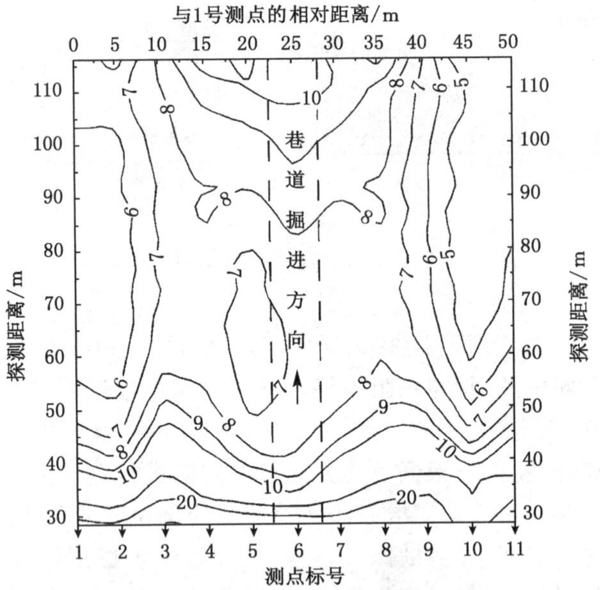

图 7-2-12　巷道迎头顺层超前探测视电阻率等值线图(矩形成图法)

的实际距离。由图 7-2-13 可知,在巷道迎头正前方 55 m、巷道中轴线左侧 30 m 处有一个视电阻率值小于 7 Ω・m 的近似圆形异常区。该异常区经解释为钻孔的反映,位置与地面钻孔的位置基本一致,说明该钻孔的孔斜度较小。根据该矿区的瞬变电磁探测经验可知,当视电阻率值小于 4 Ω・m 时,对应区域的富水性较强。因此,可判断煤层中该钻孔附近富水性较弱,没有直接导通深部的灰岩水,钻孔封孔效果较好。但是,由于钻孔对地层的破坏,其周围地层的视电阻率呈相对低阻现象,随着到钻孔距离的增大,地层的视电阻率逐渐稳定至相对高阻。该结果被回采过程验证,钻孔的实际位置位于探测迎头正前方 53～54 m、巷道中轴线左侧 31～32 m 范围内,钻孔中心点实际位置与探测成果位置的误差小于 2 m。

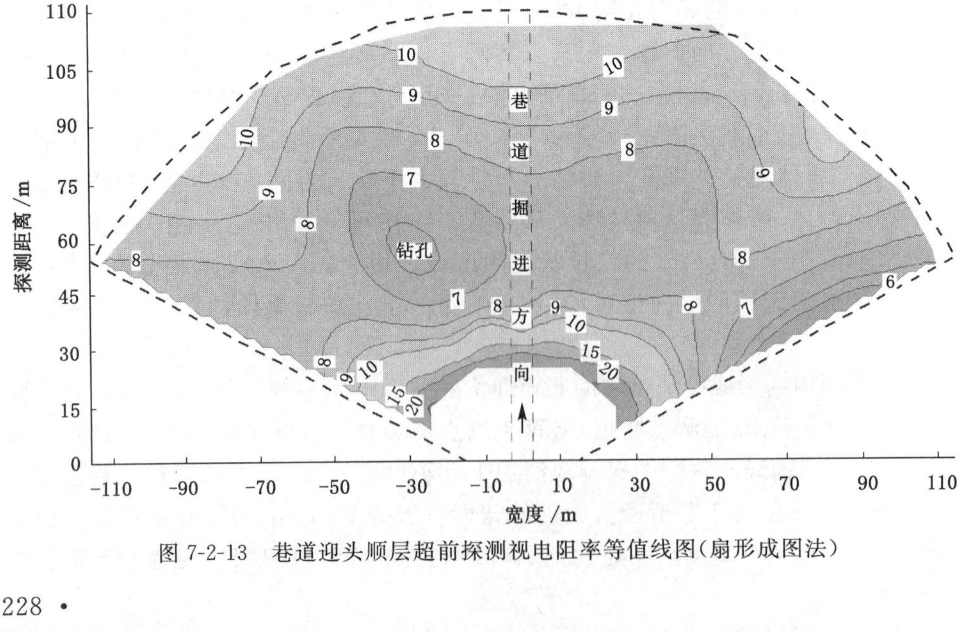

图 7-2-13　巷道迎头顺层超前探测视电阻率等值线图(扇形成图法)

另外，在向巷道迎头前上方(顶板方向)和前下方(底板方向)探测的视电阻率等值线图中，与图 7-2-13 的同一位置均存在一个类似椭圆形的封闭区域，视电阻率值均小于 7 Ω·m，均为钻孔的反映。通过对比图 7-2-12 和图 7-2-13 可以看出，图 7-2-13 中钻孔对应的异常区域较明显，与异常构造的实际形状更一致。

7.3　矿井瞬变电磁法勘探的应用

7.3.1　工作面顶底板导水通道全空间探测实例

7.3.1.1　地质概况

某矿 1115 工作面北部为 F_1 断层，南部为 11 采区集中进回风巷，上至 −560 m 等高线，下至 −840 m 北回风巷和 −850 m 北大巷，煤岩层总体为一向 SE 倾斜的单斜构造，平均倾角为 18°。掘进过程发现 P5 控制点向上 40～80 m 处存在温度异常，该段巷道温度明显较低。由水文地质资料可知，巷道空间温度异常是突水的征兆，该异常段内顶板上或底板下可能存在含水构造。该次瞬变电磁法探测的主要任务是查明该范围内巷道周围含水构造的具体位置，从而为防治水工作提供参考资料。

7.3.1.2　施工方法

根据探测任务和巷道条件，采用 2 m×2 m 的多匝数矩形重叠回线组合装置。测点布置在 1115 工作面回风巷道内(P5 控制点后 20 m 到前 160 m 范围内)，测点间距为 10 m，测线长度为180 m。巷道底板有铁轨，巷道的顶板和两侧为金属锚网支护。主要采用全方位立体的探测方式，即在测量过程中向巷道底板和顶板两个方向探测。因此，向底板方向探测时，回线装置放置在巷道底板；向顶板方向探测时，将回线装置高举，接近顶板；全空间探测如图 7-2-3 所示。

7.3.1.3　资料处理与解释

将原始数据绘制成多测道剖面图，可直观、定性反映介质电性参数的横向变化。实际观测数据经过专用处理软件换算成视电阻率曲线，经滤波、一维反演等处理后，进行时深转换并绘制 TEM 视电阻率拟断面图。根据 TEM 视电阻率拟断面图，综合地质和水文地质资料可确定测线、探测方向的介质电性变化情况。图 7-3-1 是绘制的多测道剖面图。图 7-3-1(a)为向巷道底板方向的多测道剖面图，受巷道底板铁轨的影响，各测点观测道的感应电动势相对较高，但横向无变化。图 7-3-1(b)为向巷道顶板方向探测的多测道剖面图，7 到 12 号测点之间存在横向异常扰动，感应电动势相对较高，可初步判断含水地质构造主要位于巷道顶板。

图 7-3-2 为向巷道顶板方向探测的视电阻率等值线图，下侧横坐标是相对测点标号，上侧横坐标是相对起点的距离，纵坐标为探测深度。在 22 到 26 号测点[对应图 7-3-1(b)中的 7 到 12 号测点]之间存在一个明显的低阻异常区，到巷道顶板的最小距离约为 45 m，解释为顶板砂岩局部富水，实际位置见图 7-3-3。另外，该段附近存在一个早期勘探钻孔，该钻孔封孔效果不好。因此，推断钻孔和顶板局部砂岩水之间可能存在水力联系。

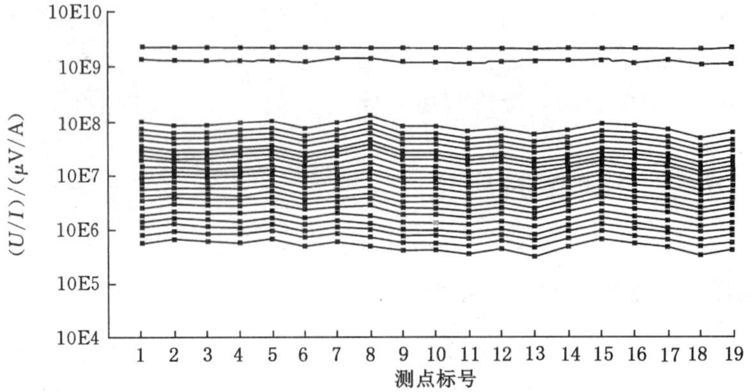

(a) 巷道底板方向

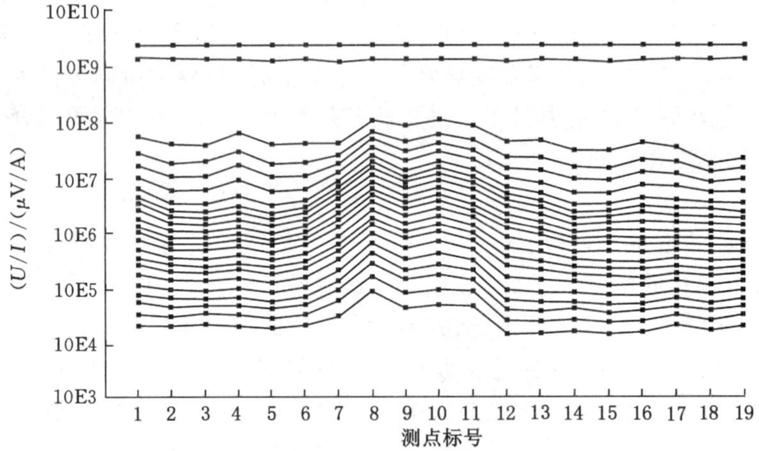

(b) 巷道顶板方向

图 7-3-1 多测道剖面图

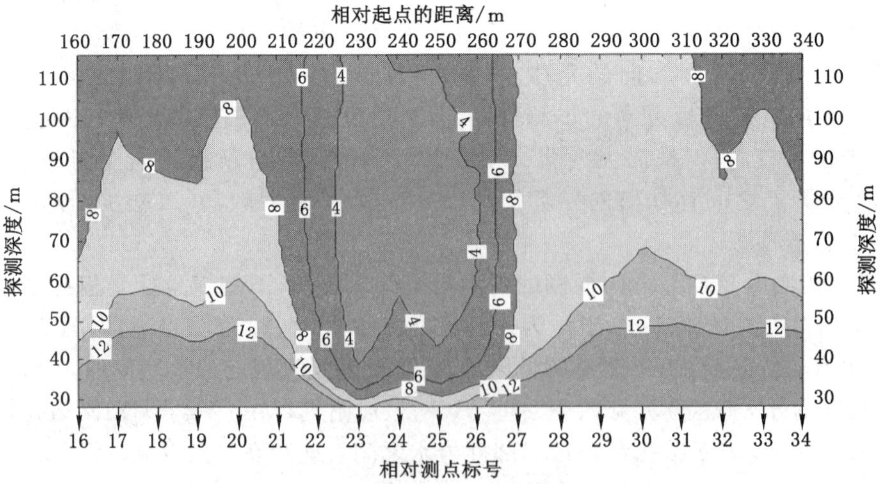

图 7-3-2 巷道顶板视电阻率等值线图

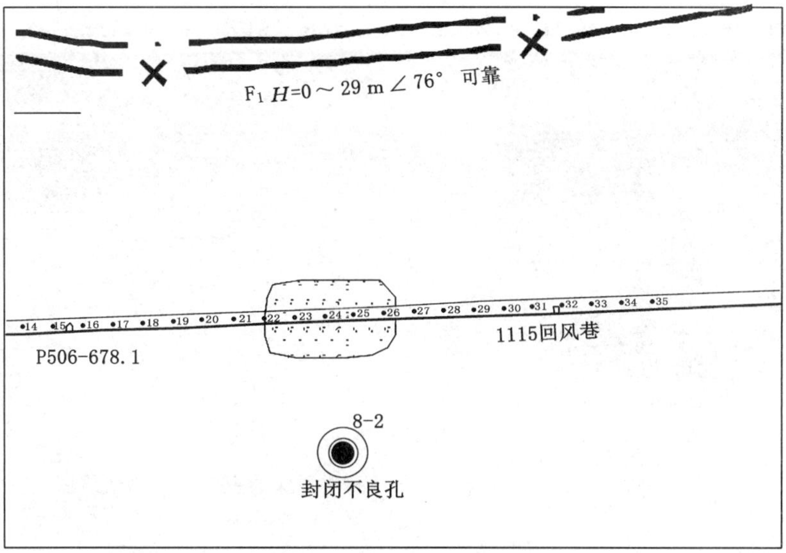

图 7-3-3 瞬变电磁法探测成果平面图

7.3.2 工作面顶板富水区探测实例

7.3.2.1 地质概况

某矿 9305 工作面煤层伪顶是平均厚度为 0.5 m 的灰黑色泥岩,富含植物根部、叶部化石,易破碎、冒落;直接顶是灰黑色粉砂岩,厚度变化较大,成分以石英为主,长石次之,致密、性脆,含植物根部化石碎片;基本顶为灰白色中砂岩,成分以长石、石英为主,泥质胶结,含少量暗色矿物,岩性坚硬。影响该工作面回采的含水层是煤层顶板砂岩含水层,属直接充水含水层,顶板砂岩平均厚度为 39 m,若局部富含水,则将对工作面的正常回采产生影响。此次矿井瞬变电磁法探测的主要地质任务是查明煤层顶板潜在的砂岩含水层局部富水区,从而为煤矿防治水工作提供参考资料。

7.3.2.2 施工方法

根据探测任务和巷道实际条件,采用多匝数重叠回线组合装置,观测参数包括 30 匝 2 m×2 m 发射回线、28 匝 2 m×2 m 接收回线、64 次叠加、3～4 A 供电电流、23 个有效采样时间窗口。施工过程中,使发射、接收回线尽量贴近煤层顶板[图 7-2-2(a)]。另外,因回线装置的方向特性,而使回线平面的法线方向指向探测目标可能存在的方向。

7.3.2.3 资料处理与解释

图 7-3-4 为 9305 工作面煤层顶板 TEM 探测视电阻率等值线图,上、下横坐标分别为测点标号和相对起点的距离,纵坐标为沿探测方向(仰角 60°)上的探测距离。从该图中可看出,在探测方向(纵向)35 m 范围内,视电阻率等值线横向变化不大,等值线近于平行分布,这说明工作面煤层顶板电性横向分布较均匀,含水裂隙不发育。35～115 m 范围内有三处低阻异常区:A 异常区位于 31 至 33 号测点之间,在 31 号测点的异常顶端位于探测方向 35 m 处,随深度的增加逐步变宽;B 异常区位于 39 至 41 号测点之间,等值线呈半封闭状,开口向下,顶界位于探测方向 50 m 处;C 异常区位于 43 至 44 号测点之间,为一低阻窄带。

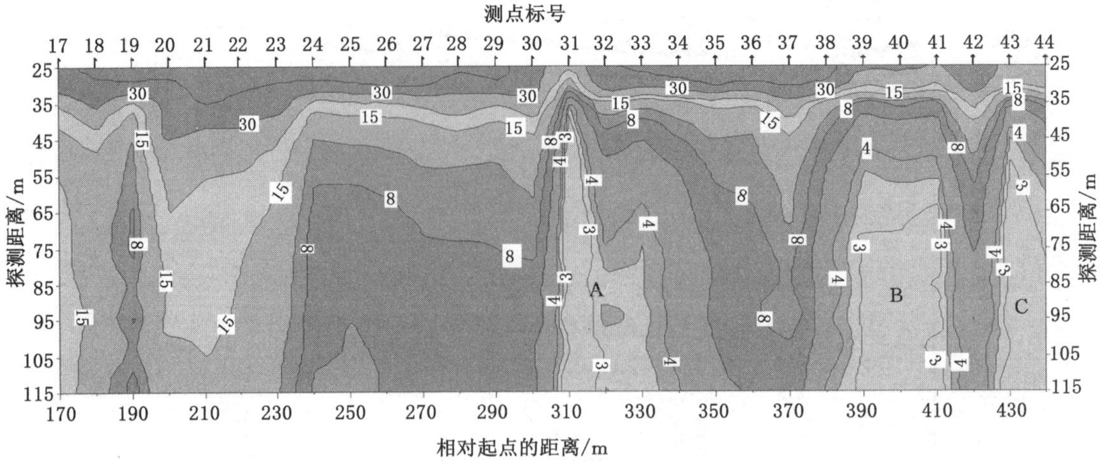

图 7-3-4　9305 工作面煤层顶板 TEM 测探的视电阻率等值线图

7.3.2.4　地质结论与验证情况

探测成果如图 7-3-5 所示，在 9305 工作面煤层顶板砂岩层内有三个低阻异常区，形成原因为砂岩层内局部裂隙发育且充水。其中，A 异常区位于辅助运输巷 31 号至 33 号点，在距巷道仰角为 60°倾斜方向的 30～100 m 范围内；B 异常区位于辅助运输巷 39 号至 41 号测点附近，在距巷道仰角为 60°倾斜方向的 50～105 m 范围内；C 异常区位于辅助运输巷 42 号测点附近，在距巷道仰角为 60°倾斜方向的 45～100 m 范围内。根据物探资料，矿方分别在三个异常区的 31 号、40 号、44 号测点附近布置 3 个钻孔，钻孔仰角均为 60°，孔深为 75～82 m，5 天内共放水 1 250 m^3。在正常区 27 号测点附近的 1 号钻孔没有出水，进而验证了探测结果的准确性。

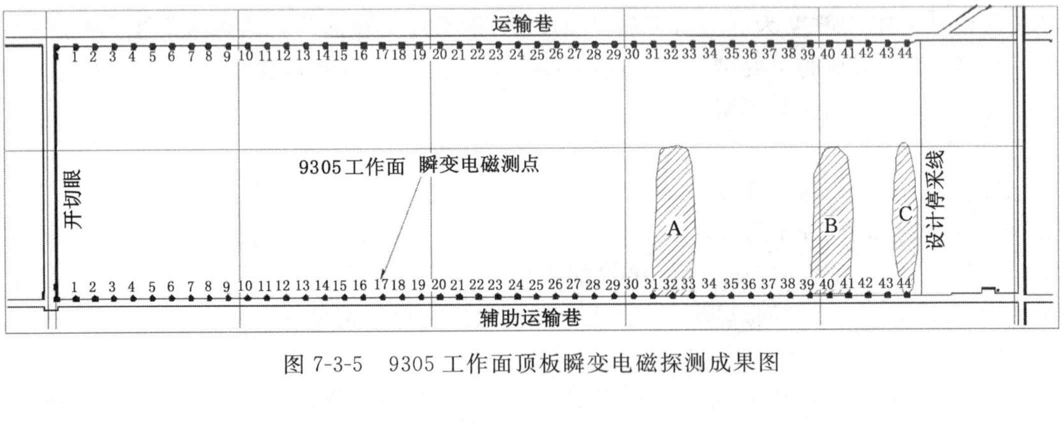

图 7-3-5　9305 工作面顶板瞬变电磁探测成果图

7.3.3　工作面内隐伏构造探测实例

7.3.3.1　地质概况

某矿 1101 工作面内有一编号为 316 号的地面钻孔，终孔深度大于 500 m，穿过该工作面煤层并延伸到煤层底板灰岩层，但是无法查到钻孔封孔资料。1101 工作面煤层顶板砂岩裂隙较发育，如果 316 号钻孔未封堵或封堵效果不好，受回采过程的采动影响，316 号钻孔附近顶板砂岩裂隙可能进一步发育，使煤层顶板水或底板承压水沿钻孔涌出，进而对工作面的安全回采造成威胁。本次瞬变电磁法探测的主要任务是查明 316 号钻孔的准确位置及其影响范围。

7.3.3.2　施工方法

采用 2 m×2 m 的多匝数矩形重叠回线组合装置，发射和接收回线分别为匝数不等、完全分离的两个独立线框，以便与目标异常体产生最佳耦合响应，测点间距为 5 m。采用矿井瞬变电磁法可以沿顺煤层和向煤层底板方向进行探测，具体探测方向见图 7-3-6，测点布置见图 7-3-7。

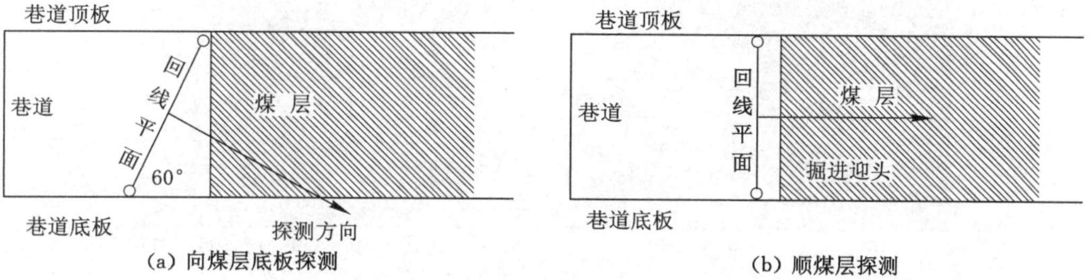

图 7-3-6　1101 工作面瞬变电磁法探测方向示意图

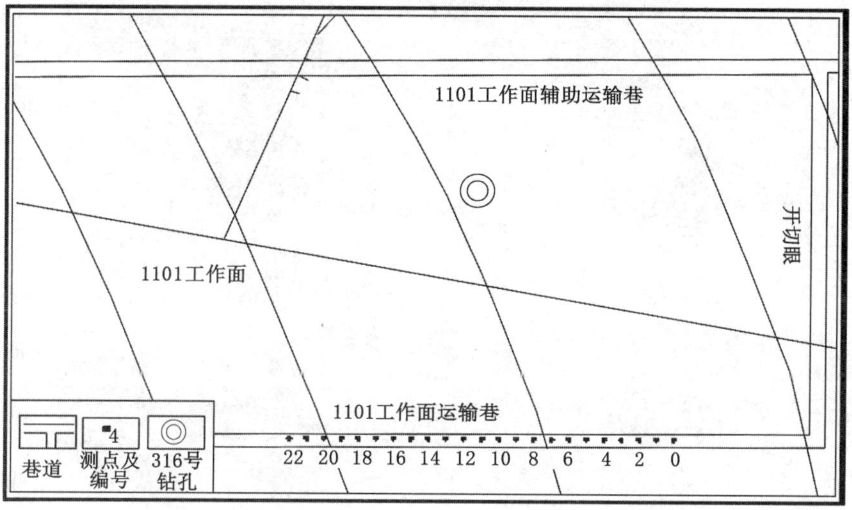

图 7-3-7　1101 工作面瞬变电磁法探测的测点布置示意图

7.3.3.3　资料处理与解释

图 7-3-8(a)为 1101 工作面顺煤层方向探测的视电阻率等值线图，在横坐标为 60～70 m之间、纵坐标为 58～70 m 范围内有一低阻异常区。结合已知地质资料，该异常区为 316 号钻孔附近煤层破碎弱含水的反映。图 7-3-8(b)为向煤层底板方向探测的视电阻率等值线图，在横坐标为 60 m 附近有一狭长形的相对低阻异常区域，反映了 316 号钻孔的位置及其影响范围。

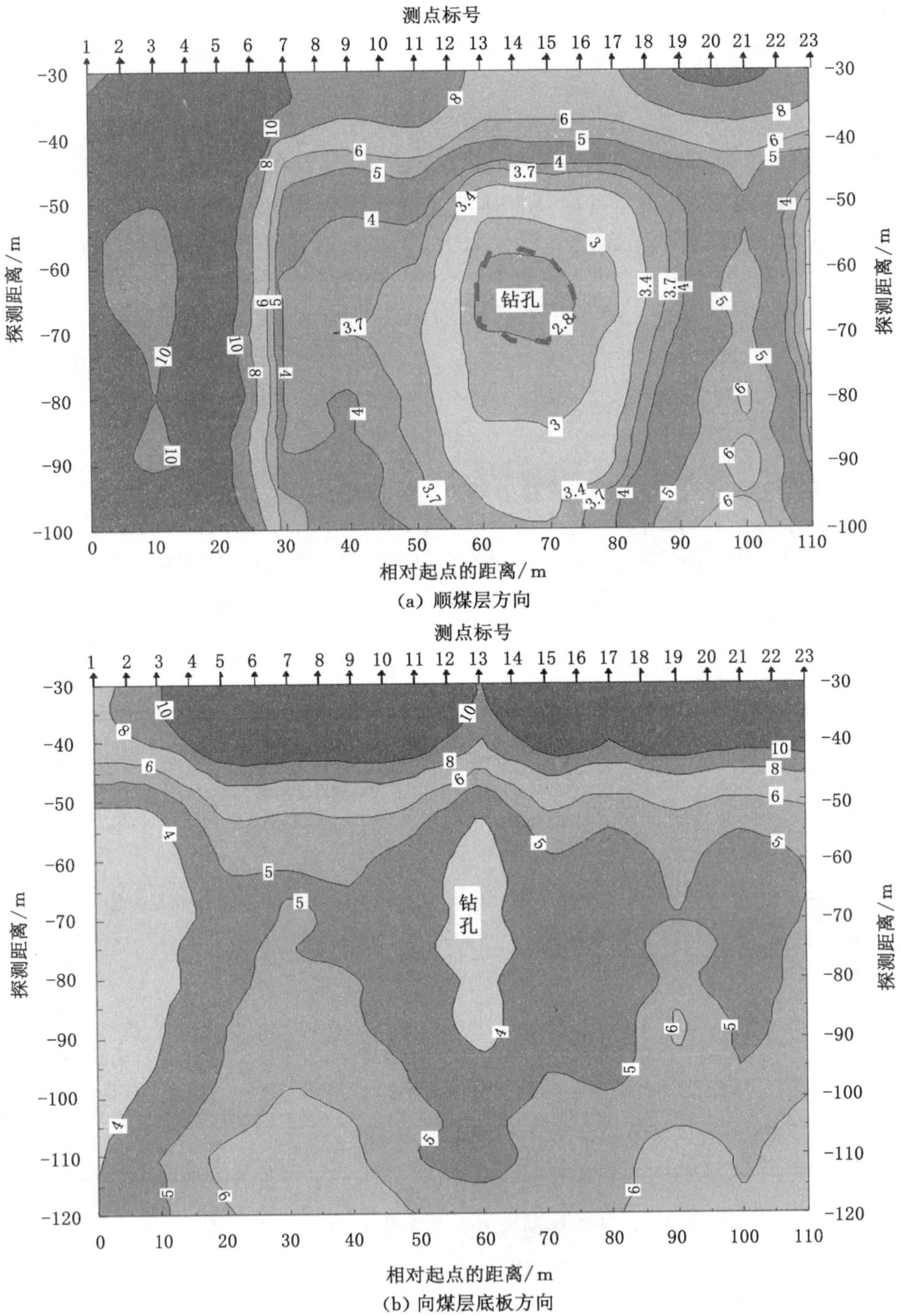

图 7-3-8　1101 工作面 TEM 探测的视电阻率等值线图

7.3.4　含(导)水陷落柱及注浆效果检测实例

某矿投产以来，通过井下巷道或工作面已经揭露两个含(导)水陷落柱。导水陷落柱垂向发育高度不同，7222 工作面发育的导水陷落柱顶部穿过 8 号煤层，而 7218 工作面发育的导水陷落柱顶部在 8 号煤层底板以下 50 m 左右距离处，从而给地面物探和井下其他物探工作带来一定困难。

在 7218 工作面掘进之前，该矿在地面对采区进行了三维地震勘探和直流电测深勘探工作，并对采区奥灰界面以下 50 m 范围内发育的含水构造(包括导水陷落柱)进行探查，在 7218 工作面设计范围内煤层顶底板无明显含水异常。当 7218 工作面机巷掘进到约 30 m 位置时，巷道迎头及底板开始出水，经水质、水温、小构造以及突水征兆等分析，已基本确定该次出水水源为奥灰水。

出水机巷长度只有约 30 m，附近存在一条长度为 100 m 的Ⅱ辅助轨道下山，巷道长度均较短，采用其他矿井物探方法施工具有一定难度。因此，采用矿井瞬变电磁法在Ⅱ辅助轨道下山内靠近工作面的侧帮处进行探查，工作装置选择 2 m×2 m、匝数为 50 的重叠回线组合，回线直立于巷道内，靠近工作面的侧帮，发射电流约为 5 A；从 7218 机巷口开始探测，测点间距为 10 m，布置 14 个物理点，测点布置见图 7-3-9(a)。为了在巷道内探查到工作面底板含水构造发育区域，应使探查方向与煤层呈一定夹角[图 7-3-9(b)]。发射和接收回线是完全分离的两个独立回线，以便与目标异常体产生最佳耦合响应。

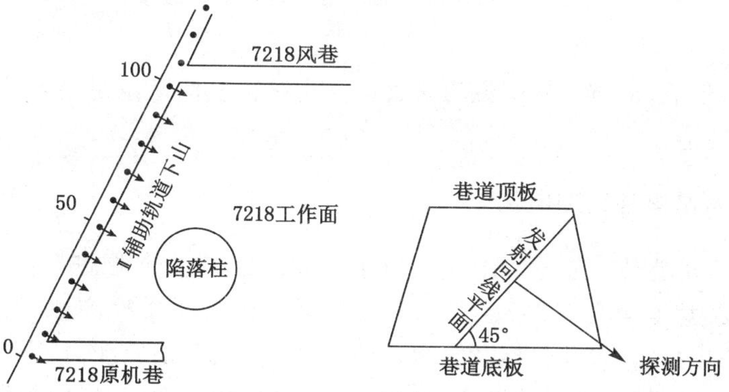

(a) 测点布置示意图　　(b) 煤层底板探查方向示意图

图 7-3-9　7218 工作面底板矿井瞬变电磁法施工布置图

图 7-3-10(a)是 7218 工作面底板注浆前视电阻率等值线图，其中发育一顶部宽度(横坐标在 5 号至 7 号测点之间)为 20 m、深部宽度(横坐标在 3.2 至 7.7 之间)为 45 m 低阻异常区，视电阻率等值线呈半封闭状，但在辅助轨道下山另一侧的其他巷道揭露情况中无明显低阻异常区。根据对后期多个验证钻孔资料的综合分析，该含水异常体为一半径为 50 m 左右的含水陷落柱，距离辅助轨道下山 50 m 左右，即钻探结果与矿井瞬变电磁法探查结果基本吻合。

7218 工作面发育的含(导)水陷落柱位置被查明后，矿方在地面布置多个钻孔进行注浆封堵。为了确保 7218 工作面安全回采，回采之前应探查该含(导)水陷落柱地面注浆后的封堵情况。为此，在第一次探查的同样位置，采用相同工作装置进行矿井瞬变电磁法探测，探查结果如图 7-3-10(b)所示，在注浆前含(导)水陷落柱发育的低阻异常位置，视电阻率等值线最小数值变为 6 Ω・m，这与附近不含水地层基本一致，即此处视电阻率等值线沿巷道长

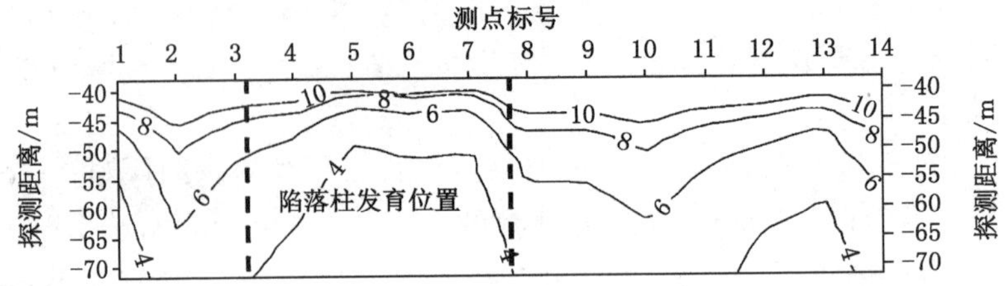

(a) 注浆前

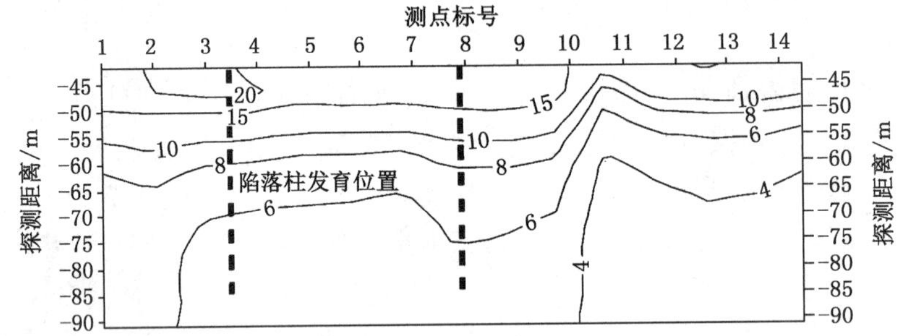

(b) 注浆后

图 7-3-10　7218 工作面底板视电阻率等值线图

度方向变化均匀，呈平行分布，从而说明该含(导)水陷落柱的注浆封堵效果较好。后期钻孔资料映证了这一结论。

7.3.5　非含(导)水陷落柱探测实例

某矿 540 集中机巷位于 6 号煤层底板以下 10 m 处，沿走向掘进时，巷道中揭露 A8 陷落柱(倾向为 180°，塌陷角为 75°)，近水平岩层与该柱体成圆弧状接触，该陷落柱内岩石杂乱无章，岩块多具棱角状，岩性包括灰至深灰色的粉砂岩、含铝质泥岩、中粗粒长石砂岩、细砂岩、煤块、煤屑等，充填物为泥砂混合物、煤屑煤泥，胶结程度差，岩体松散且易冒落，破碎岩石水解风化明显。由柱内岩石所处原层位分析，应为巷道顶部煤层至 6 号煤层以上 60 m 以内地层的垮落物。巷道中刚揭露 A8 陷落柱时，柱内处的涌水量约为 0.1 m^3/h，随后逐渐增大，40 h 后涌水量增至并稳定在 5 m^3/h。水文资料表明，A8 陷落柱的涌水与奥灰水暂无水力联系。

在 540 集中机巷遇见破碎构造后，在联络巷前方 120 m 范围内采用矿井瞬变电磁法进行探查。为了有效探查 A8 陷落柱的含(导)水性及向下延伸情况，实际探查时根据煤层倾角变化，在巷道内分别沿顺煤层方向、与煤层底板呈 50°夹角向下方向进行探查，从而确保发射的一次场在有效探查范围内的含(导)水体上可产生最强电磁感应信号，具体探查方向见图 7-3-11。

图 7-3-12(a)、图 7-3-12(b)分别为联络巷顺煤层方向 TEM 和向煤层底板方向 TEM 探查非含(导)水陷落柱的视电阻率等值线图。在图 7-3-12(a)中，视电阻率横向变化较大，即横向电性差异较大，特别在横坐标 25～95 m 之间存在低阻圈闭，其他位置视电阻率均为高阻。在图 7-3-12(b)中，视电阻率的横向变化类似图 7-3-12(a)的，横坐标在 25～85 m 之间存在低阻圈闭(视电阻率最小值为 6～8 Ω · m)。根据以往矿井瞬变电磁法探查结果和实

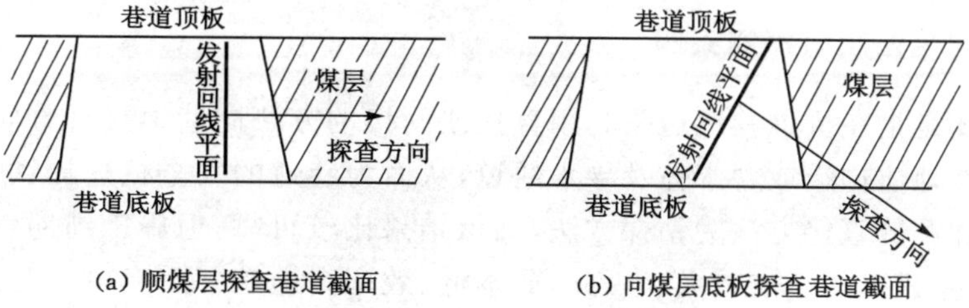

图 7-3-11　联络巷矿井瞬变电磁法探查方向示意图

际验证情况，若视电阻率大于 6 Ω · m，则煤层底板富水性较弱，因而此处只是局部裂隙富水，储水量很小。根据后期井下钻孔资料验证，540 集中机巷内揭露的 A8 陷落柱平面发育范围基本在距相对起点 20～90 m 段，A8 陷落柱局部富水，但总体富水性较弱，且与深部岩层无明显水力联系。这与矿井瞬变电磁法探查结果基本吻合。

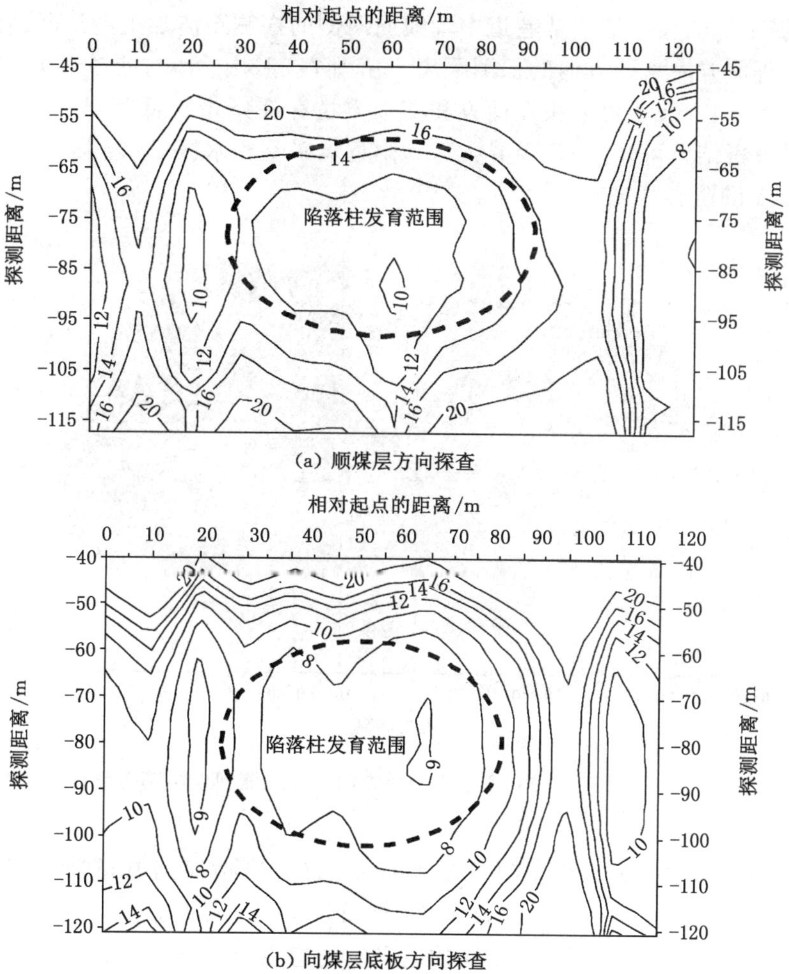

图 7-3-12　联络巷瞬变电磁法探查非含(导)水陷落柱的视电阻率等值线图

7.3.6 矿井瞬变电磁法超前探测实例

超前探测主要是指在掘进巷道迎头利用直接或间接的方法向巷道掘进方向进行探测，探测前方是否存在地质构造或含水体及导水通道，从而为巷道的安全掘进提供详细的物探资料。煤矿超前探测的直接方法为钻探方法，钻探结果比较可靠，但施工周期较长，费用较高，对巷道的正常掘进工作影响较大。因此，成本低、效率高的矿井瞬变电磁法被普遍用于解决掘进巷道前方富水性探查问题。

7.3.6.1 老采空积水区超前探测实例

某矿附近老采空区比较多，经整合重组后，小煤矿都已经停产关闭。缺少附近老采空区的生产资料，特别是防治水方面的相关资料，给整合煤矿的后继生产带来了潜在的水灾隐患。为了查清老采空积水区的具体位置及影响范围，采用矿井瞬变电磁法超前探测技术在巷道掘进过程中进行跟踪超前探测。

图 7-3-13 为在掘进巷道迎头沿煤层方向利用矿井瞬变电磁法定向超前探测的视电阻率等值线图，横坐标的长度等于从巷道中轴线向两侧的探测距离加上巷道断面的宽度，纵坐标为巷道迎头正前方沿水平方向的探测距离。从图 7-3-13 中可知，巷道迎头前方 50～90 m 范围内存在低阻异常区，巷道迎头左前方和右前方也存在条带状低阻异常区。由已掌握的水文地质资料分析结果可知，该低阻异常区为附近老采空积水区，该老采空积水区具体影响范围见图 7-3-14 的阴影区域。

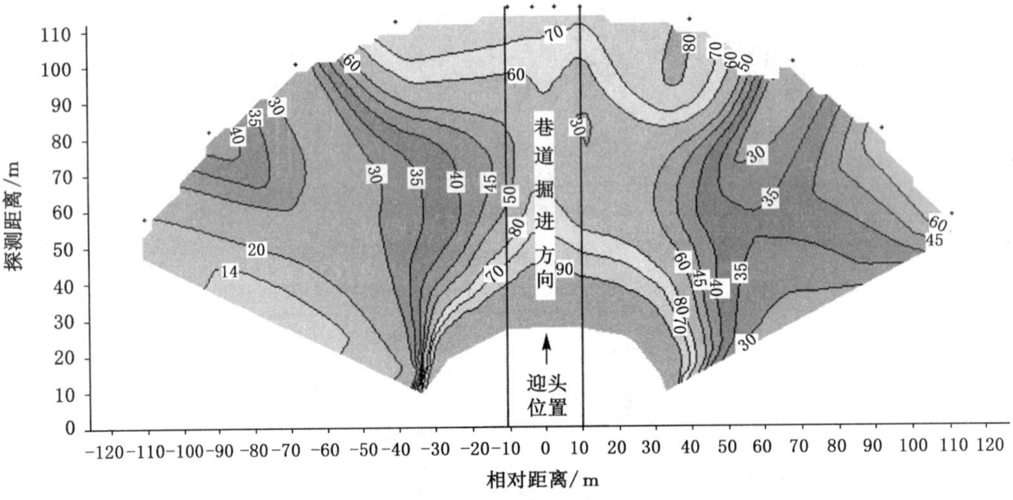

图 7-3-13 某矿掘进巷道迎头顺层方向超前探测视电阻率等值线图

根据超前探测结果，矿方提前采取钻探放水措施，当钻探到巷道迎头正前方约 48 m 时，钻孔出水，水压、水量较大，后经增加钻孔和扩大孔径的方法历时一个多月放水约 12 万 m^3。随后，巷道继续向前掘进，揭露的老采空区巷道位于该异常区范围内。因此，利用超前探测不仅提前预测了巷道迎头正前方老采空积水区的影响范围，同时查明了巷道迎头前方两侧存在的老采空区巷道充水区域，从而为煤矿防治水提供了可靠的技术保障。

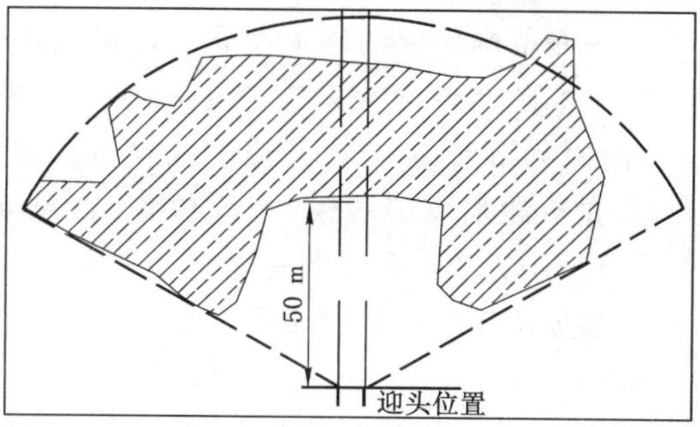

图 7-3-14　某矿掘进巷道迎头前方实际老采空积水区(阴影部分)

7.3.6.2　掘进巷道迎头富水性超前探测实例

某矿位于复向斜南翼、阜凤断层 F_1 与 F_2 断层夹块内，EW 走向长度约为 8.3 km，SN 倾向宽度约为 2 km，含煤地层属阜凤逆冲断层的上覆系统，走向为 255°～265°，倾角为 75°～90°，局部倒转，含可采煤层 8 层，煤系及其底部灰岩均隐伏于新生界之下。该矿 3# 煤层与 1# 煤层之间发育一层约 1.5 m 的夹矸，1# 煤层距离太灰第一含水组 16.2～24.0 m，平均为 20.2 m。根据井下探放水钻孔资料，太灰第一含水组局部富水，水压较大。因此，在 －220 m 水平 3# 煤层西二石门掘进过程中，当巷道迎头岩层富水时可能发生较大涌水。当巷道掘进到 T_2＋123 m 位置时，煤层存在倒转现象。为确保巷道的安全掘进，可采用矿井瞬变电磁法查明巷道前方煤层底板富水性。

由于－220 m 水平 3# 煤层西二石门煤层倾角为－5°左右，为了查明巷道前方底板含水构造发育情况，设计与煤层呈 30°左右夹角向底板进行探查(图 7-3-15)。

图 7-3-16 为－220 m 水平 3# 煤层西二石门(T_2＋123 m)迎头超前探测获得的视电阻率等值线图，横坐标为测点相对距离，－10～－110 m 之间对应巷道顶板探查范围，10～110 m 之间对应巷道底板探查范围，－10～10 m 之间对应巷道断面高度；纵坐标为沿探测方向的距离。由图 7-3-16 可以看出，从巷道顶板→煤层→巷道底板，视电阻率变化较大，说明对应岩层电性差异较大。在巷道顶板探测范围内，视电阻率大于 5 Ω · m；顺煤层延伸方向及

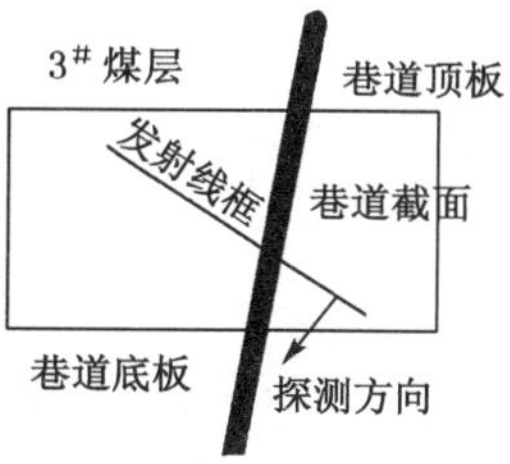

图 7-3-15　某矿石门迎头瞬变电磁法探测方向示意图

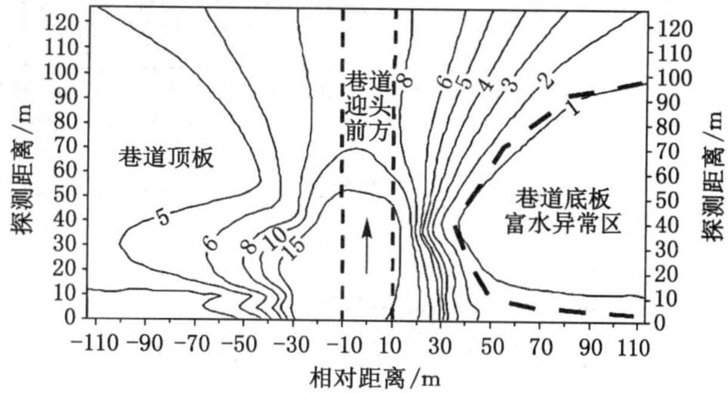

图 7-3-16　某矿石门迎头瞬变电磁法超前探测的视电阻率等值线图

巷道掘进方向的视电阻率大于 8 Ω·m。根据该矿以往矿井瞬变电磁法探测结果和验证情况分析,煤层及巷道顶板对应探测范围岩层的富水性弱。在巷道底板探查范围内,视电阻率小于1 Ω·m,且范围较大,从而推断巷道迎头前方巷道底板对应探测范围的富水性较强。根据本次矿井瞬变电磁法超前探测结果,矿方在巷道迎头位置向煤层底板布置一超前验证钻孔,钻孔钻进到 60 m 孔深、垂直距离煤层底板 36 m 位置,最大涌水量达 110 m^3/h,后稳定在 70 m^3/h 左右。由于及早采用了矿井瞬变电磁法超前探测技术,因而有效预报了掘进巷道前方的富水异常体,从而避免了较严重的突水事故。

某矿在 560 集中机巷掘进到 13 点+57 m 左右位置时,底板有少量出水,通过水质化验和分析认为其水源可能为灰岩水。为了确保机巷安全掘进,必须查明出水点附近及迎头前方底板是否发育垂直含水裂隙。因此,采用全空间瞬变电磁探测技术对机巷停头位置进行超前探测可为巷道安全掘进提供物探资料。

图 7-3-17 是某矿 560 集中机巷停头瞬变电磁法超前探测视电阻率等值线图,横坐标为相对距离,纵坐标为探测距离。可以看出,在沿巷道掘进方向及两侧帮 50 m 范围内,视电阻率等值线分布均匀,说明对应范围岩层电性稳定,无明显电性异常;在探测距离大于 65 m 范围,巷道迎头正前方 65~100 m 之间存在相对低阻,说明巷道迎头正前方对应位置发育含水裂隙或构造。根据超前探测结果,按照“有疑必探,先探后掘”的安全原则,在巷道继续掘进前布置钻孔进行验证,钻孔在距离巷道迎头 72 m 处开始出水,涌水量为27 m^3/h。

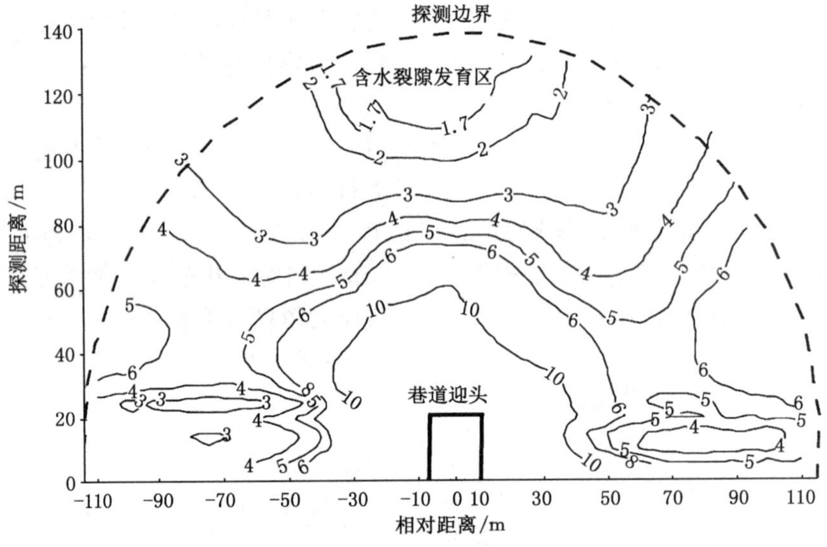

图 7-3-17　某矿 560 集中机巷停头瞬变电磁法超前探测视电阻率等值线图

7.3.6.3　断层定向超前探测实例

某矿掘进巷道前方存在落差约 30 m 的 F_7 断层。为了查明 F_7 断层的影响边界、定性评价其含水性、查明 F_7 断层下盘灰岩在探测范围内的含水性,给巷道的安全掘进提供技术资料,矿方要求采用矿井瞬变电磁法进行定向超前探测。在实际工作中,对于每个发射点,调整回线的法线与巷道底板面的夹角(15°、0°、−15°、−30°四个方向)依次探测(图 7-3-18),以获得巷道迎头前方锥体范围内地层的电性情况。

图 7-3-19 是在某矿掘进巷道迎头分别以 15°、0°、−15°、−30°方向探测的视电阻率等值线图，横坐标长度等于以巷道中轴线两侧测点的探测距离加上巷道断面的宽度，纵坐标为沿探测方向的探测距离。从图 7-3-19(a)和图 7-3-20 中可以看出，沿探测方向(顺煤层)巷道迎头正前方约 80 m 处存在较明显的电性差异界面，根据已知地质资料可解释为前方 F_7 断层的边界反映。从其视电阻率变化情况分析，可判断 F_7 断层富水性较弱或不含水。由图 7-3-19(b)至图 7-3-19(d)可知，视电阻率等值线变化较均匀，无明显的低阻异常，这说明对应探测范围内没有明显的含水地质构造，且 F_7 断层下盘的灰岩在探测范围内不存在含水构造或含水裂隙。依据 TEM 超前探测结果，矿方在巷道掘进过程中及时调整坡度方向实现了断层上下

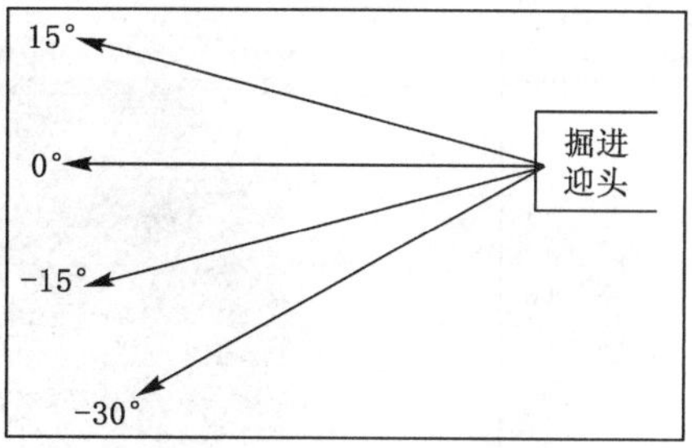

图 7-3-18　探测方向剖面示意图

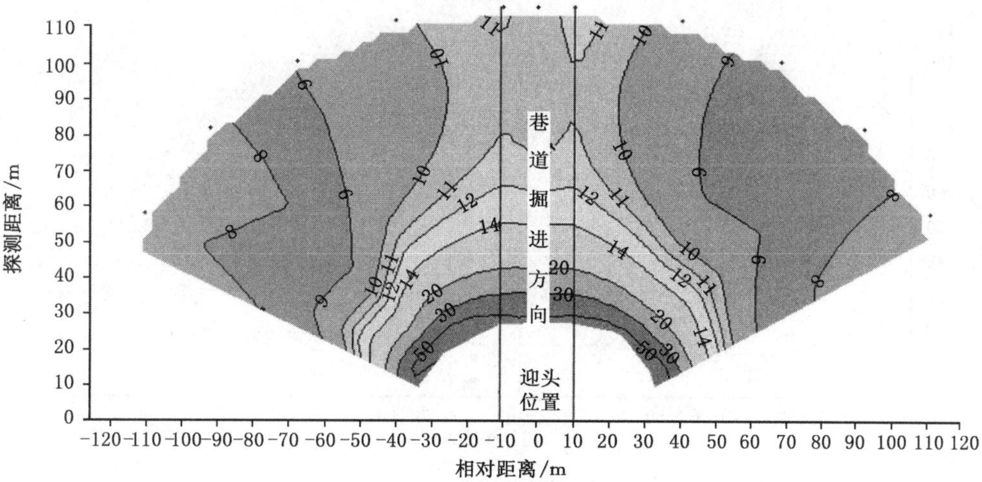

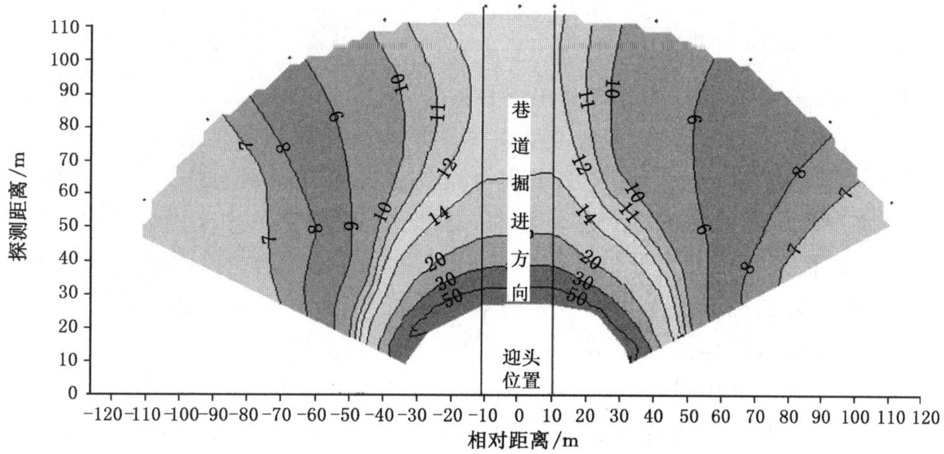

图 7-3-19　某矿掘进巷道迎头 TEM 超前探测视电阻率等值线图

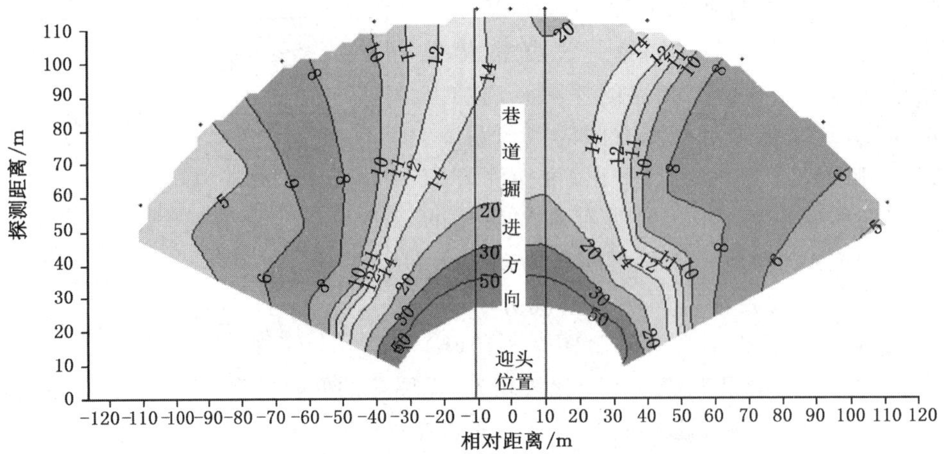

(c) -15°方向

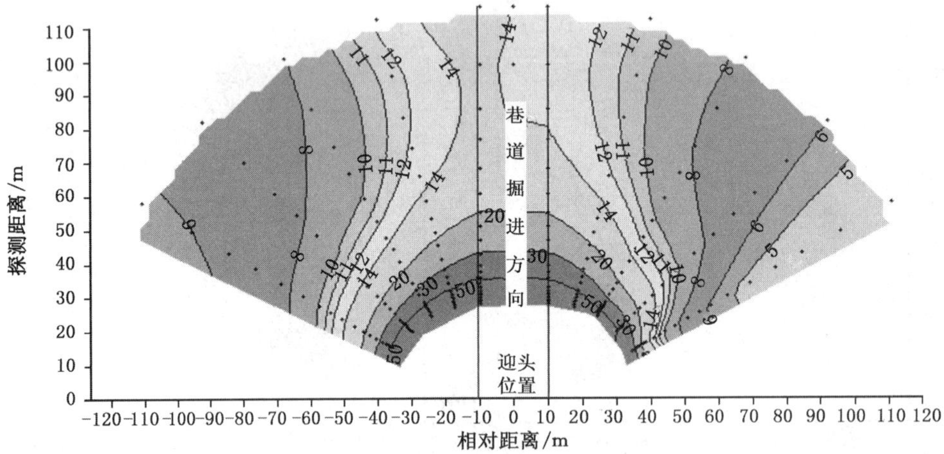

(d) -30°方向

图 7-3-19(续)

两盘 2# 煤层的安全对接。由图 7-3-20 可知，探测迎头前方约 78 m 处为 F_7 断层边界。

7.3.6.4　非煤巷道岩层不整合界面超前探测实例

某煤矿井底车场已基本形成，正处于大巷掘进阶段。根据煤矿地质勘探报告，掘进巷道顶板上方主要充水含水层为寒武系顶部风化裂隙含水层和石炭系上统太原组孔隙、裂隙含水层，两个含水层均为弱富水性含水层。然而，掘进过程中揭露的水文地质情况与已有资料存在差异，如巷道揭露寒武系多处出水点的涌水量较大，原主、副井筒掘进过程中在新近系发生过溃水、溃沙事故，因而可见揭露地层的富水性较强，需要探测掘进工作面前方水文地质异常区或地层不整合界面的分布情况，进而开展防治水工作。

此次超前探测在岩巷中进行，采用定向扇形探测方法，探测装置采用中心回线方式，由多匝小回线发射线圈和中心磁探头组成，发射回线边长为 2 m，发射回线的匝数为 20 匝。由图 7-3-21 可以看出，巷道掘进工作面前方 11～40 m 范围沿顺层方向存在 1 处相对低阻异常区，视电阻率为 40～50 Ω · m。对图 7-3-21 的视电阻率值进行标准化处理，提取出局

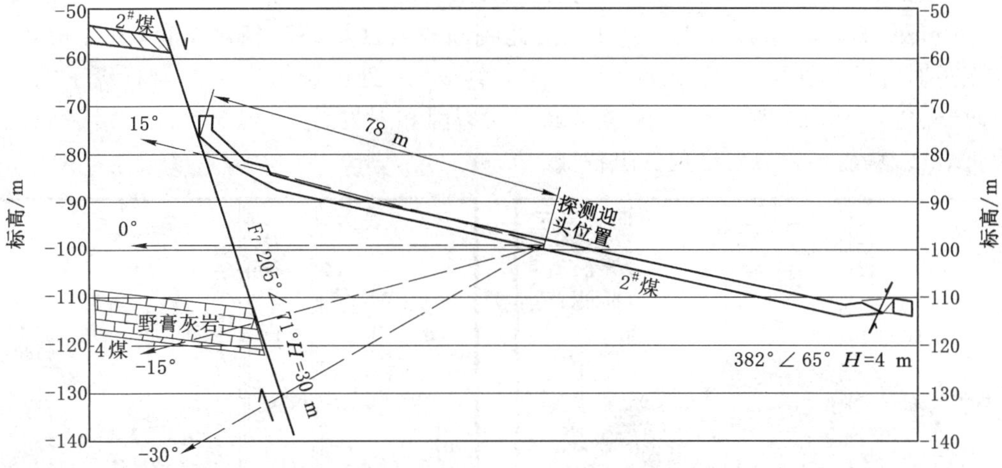

图 7-3-20　实际探巷素描剖面示意图

部弱异常(图 7-3-22)。相比图 7-3-21,图 7-3-22 中 1 号异常区域空间位置基本没变,但异常核心区域出现等值线圈闭,有向掘进迎头右前方延伸的趋势。

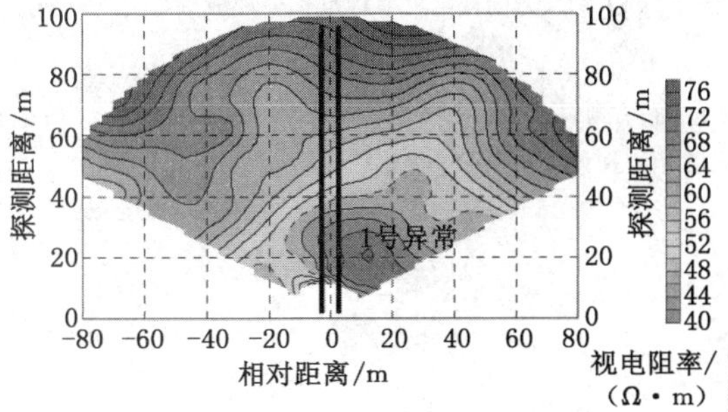

图 7-3-21　某矿掘进巷道迎头超前探测顺层方向视电阻率断面图

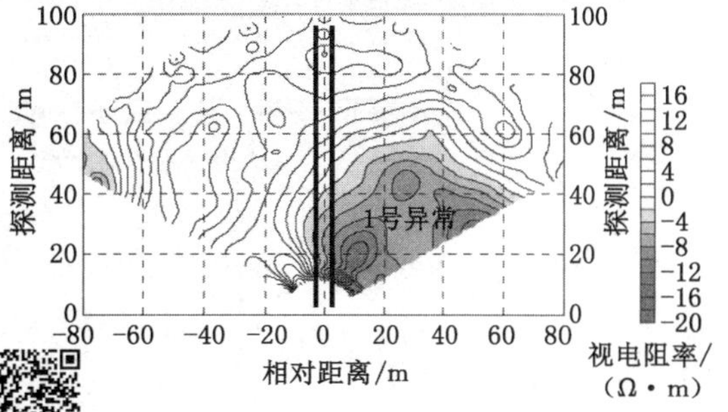

图 7-3-22　某矿掘进巷道迎头超前探测顺层方向视电阻率标准化处理成果图

矿方在掘进工作面布置了 5 个钻孔,钻孔布置如图 7-3-23 所示。根据钻孔揭露的地层岩性,巷道前方地层岩性从粗砂岩到泥岩再到砂岩;掘进方向右侧及向下倾角方向的粗砂岩段较厚。在瞬变电磁法超前探测成果中,巷道掘进工作面前方右侧方向 10～40 m 为低阻异常区。对比钻孔岩性,该区段位于粗砂岩段,岩层视电阻率应相对较高。2 号钻孔钻进至

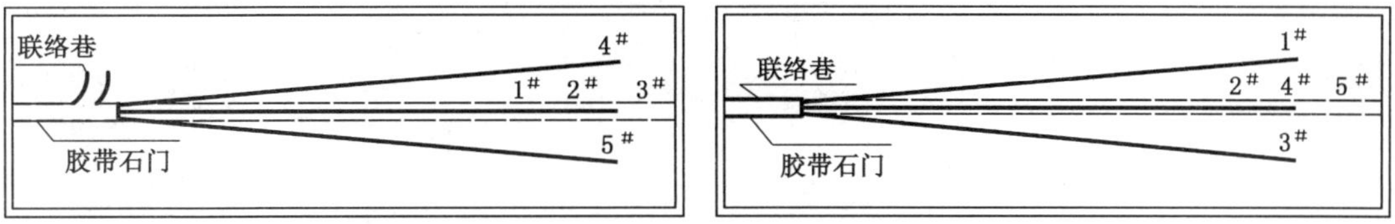

(a)　　(b)

图 7-3-23　钻孔布置图

32 m 处，此时涌水量为 3 m^3/h；3 号钻孔钻进至 19 m 处，此时涌水量为 8 m^3/h；5 号钻孔钻进至 26 m 处，此时涌水量为 10 m^3/h。由此判断异常区域裂隙相对发育，岩层相对富水。巷道掘进通过后，揭露距离原施工迎头正前方约 20 m 处区域为寒武系与石炭系的不整合面，地层倾角约为 11°(图 7-3-24)。该区域岩层裂隙相对发育，上覆含水层水沿裂隙流入巷道附近岩层，从而导致岩层呈现低阻特征。

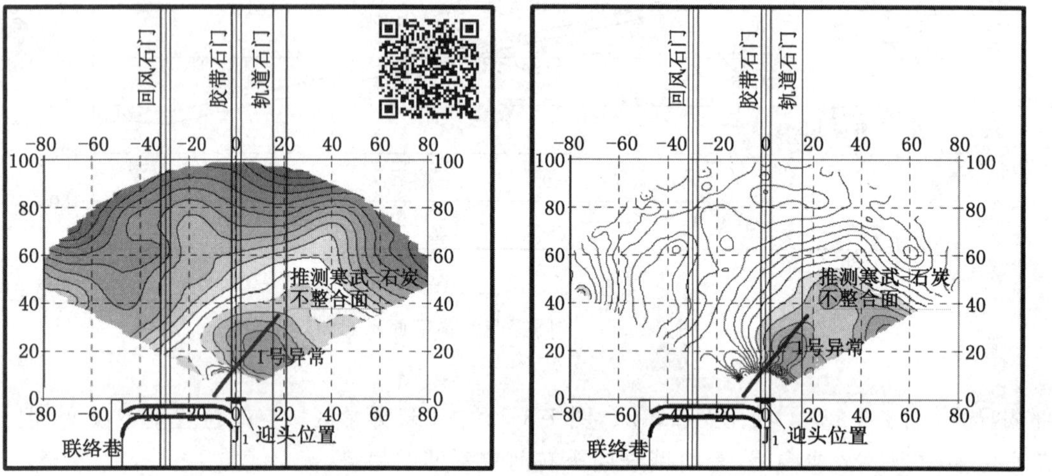

(a) 顺层方向视电阻率成果与揭露的地质情况对比图

(b) 顺层方向视电阻率标准化处理成果与揭露的地质情况对比图

图 7-3-24　某矿掘进巷道迎头超前探测综合成果对比图

(横坐标为相对距离，m；纵坐标为探测距离，m)

第 8 章　矿井工作面电磁波透视法探测

矿井工作面电磁波透视法，又称坑道无线电波透视法（简称坑透法），是指在工作面一个巷道中发射高频电磁波，另一巷道中接收相同频率的电磁波，若发射机和接收机之间，电磁波穿过煤层的途径中存在与煤层电性不同的地质体，如陷落柱、断层、煤层裂隙发育区或其他地质构造等，电磁波能量被吸收，信号显著衰减，甚至接收不到有效信号，则形成透视异常。该方法研究电磁波在煤层中的传播规律，可以用于探测工作面隐伏地质构造（包括断层、陷落柱、火成岩侵入体）、煤层厚度变化等。

8.1　矿井工作面电磁波透视法探测的原理

8.1.1　电磁波在均匀介质中的传播特性

在煤层中进行电磁波透视具有显著特点。第一点，交替成层的含煤地层是典型的非均匀介质。第二点，采煤工作面的巷道通常是沿着煤层掘进的，而极少数布置在煤层的顶板或底板中。考虑第一点，介质的电性参数（ρ、ε、μ）都要用垂直或平行于层理的 X、Y、Z 三个分量才能完整地表达透视波的参数，从而使资料解释工作的复杂程度高于均匀介质的。但是，考虑第二点，采煤工作面的巷道通常布置在煤层中（除寻找断失煤层的情况外），如果在透射时将发射机和接收机均置于同一煤层，大多数情况下，煤层在一定范围内的横向变化是均匀的，故仍可利用均匀介质的简单公式进行计算和解释。

8.1.1.1　辐射场的一般规律

电磁波传播理论是以麦克斯韦方程组为基础的。电磁波在均匀介质中的辐射场随传播距离呈规律性变化。电磁波辐射场的能量大小除受发射机输出功率影响外，还取决于天线的辐射形式。因此，选择一定的天线形式，使其获得最佳匹配并辐射出最大能量具有重要意义。在实际应用中，根据巷道条件一般采用长度小于波长的短偶极子。电磁波透视法常用发射天线包括鞭状天线、T 形天线和框形天线，其中以框形天线为主。

8.1.1.2　辐射场的表达式

如图 8-1-1 所示，假设原点 A 在辐射源（天线轴）中点，在无限均匀介质中，观测点 P（在辐射场内）到点 A 的距离为 r，在此条件下求解导电介质（电导率 $\sigma \neq 0$）的波动方程，则可求得 P 点的电磁场强度 H_P：

$$H_P = H_0 \frac{\mathrm{e}^{-\alpha r}}{r} f(\theta) \tag{8-1-1}$$

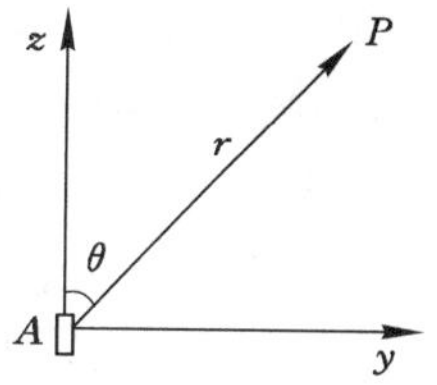

图 8-1-1　偶极天线辐射场

式中　H_0——取决于发射功率、天线周围介质的初始场强；

a——介质对电磁波能量的吸收系数；

$f(\theta)$——方向因子；

θ——偶极子轴与观测方向的夹角。

由式(8-1-1)可知，决定 P 点场强的参量有四个。当辐射条件不随时间变化时，H_0 是一个常数，吸收系数 a 是影响场强辐射的主要参数。因为场强随距离呈指数规律衰减，a 值越大，场强衰减越快。

8.1.1.3　吸收系数的物理意义

电磁波在介质中传播时，电磁波能量随距离的增加而减弱甚至消失，这种现象称为吸收。a 表示单位距离场强的衰减量(dB/m 或 N_P/m，1 N_P＝8.69 dB)，称作吸收系数。为了说明其物理意义，一般用下式表达：

$$a=\omega\sqrt{\varepsilon\mu}\sqrt{\frac{1}{2}\left[\sqrt{1+\left(\frac{\sigma}{\varepsilon\omega}\right)^2}-1\right]} \tag{8-1-2}$$

式中　ω——角频率；

ε——介电常数；

σ——电导率；

μ——磁导率。

由式(8-1-2)可知，a 是介质电磁参数 σ、$\varepsilon(\varepsilon=\varepsilon_r\varepsilon_0)$、$\mu$ 以及角频率 $\omega(\omega=2\pi f)$ 的函数。因此讨论 a 与电磁参数、角频率的关系具有重要意义。

8.1.1.4　吸收系数与有关参量间的关系

(1) 吸收系数与工作频率的关系

当工作频率 f 较低时，a 随 f 的增加而增加；高频情况下，a 变化不明显，达到某一极值后趋于饱和，且介质电阻率 ρ 越大，极限值越小。例如，在开滦矿区范各庄矿 2.2 m 厚的肥煤层中进行坑透法探测，当 f＝1.5 MHz 时，a＝0.747，透射距离 r＝140 m；当 f＝3 MHz 时，a＝1.071，透视距离 r＝110 m。该结果表明，考虑大透视距离时，应选用较低工作频率；为提高分辨能力，选用高频更适宜。

(2) 吸收系数与介质电阻率的关系

当介质电阻率 ρ 较小时，a 值主要取决于 ρ 和 f，当 ρ 很小时，有 $a\approx\sqrt{\sigma\mu\omega/2}$，与 ε 无关；当 ρ 很大时，a 值主要由 ρ 和 ε 决定，与 f 无关。当 ρ 较小时，在 $\frac{\sigma}{\omega\varepsilon}$ 项中 σ 很大，说明介质传导电流密度远大于位移电流密度，故电阻率起主要作用；反之，ρ 很大时，位移电流影响不可忽略，故介电常数影响电磁场分布。频率升高时，位移电流影响增大，介电损耗增加，也使介质吸收增强。因此，导电性好的岩石，其 a 值大，场强衰减较剧烈，电磁波穿透距离较小；导电性差的岩石，a 值较小，电磁波穿透距离较大。

(3) 吸收系数与介电常数的关系

由图 8-1-2 可以看出，当工作频率 f 为定值时，a 与 ε 关系不大，但在 ε 较小和 ρ 较大时，ε 对 a 仍有一定影响。ε 对 a 的影响远小于电阻率 ρ 对 a 的影响。

8.1.1.5　电磁波在工作面内的传播路径分析

在工作面巷道进行电磁波透视法探测时，电磁波被限制在层状介质中传播，煤层与顶底板的电阻率差异较大，所以电磁波在垂直于层理方向上的传播距离很小，煤层顶底板实际上

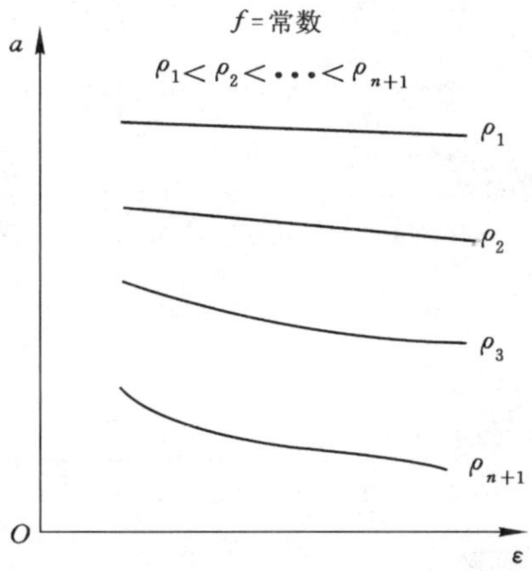

图 8-1-2　介质吸收系数与介电常数的关系曲线

起屏蔽作用[图 8-1-3(a)]。电磁波顺煤层方向传播，电磁场强度最大方向与煤层层理方向平行，以发射点 A 为圆心、最大距离 R 为半径向周围传播[图 8-1-3(b)]。

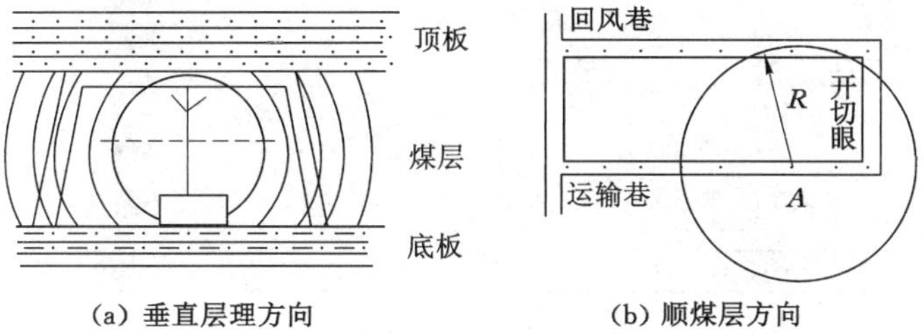

图 8-1-3　井下煤层工作面中电磁波的传播方向

煤矿井下可能遇到的构造分布情况见图 8-1-4。其中，图 8-1-4(a)所示是简单情况，即发、收点连线平行于煤层层理，电磁波可沿着煤层层理传播；图 8-1-4(b)所示为厚煤层，两巷道分别靠近顶、底板布置，则发、收点连线与煤层层理有一夹角 φ，如果 $\varphi>3^\circ$，则要考虑煤层的各向异性影响；图 8-1-4(c)、图 8-1-4(d)为发、收巷道之间存在断层的情况，接收的电磁场强度主要反映煤层被断开后煤(岩)体电性参数的变化情况；图 8-1-4(e)、图 8-1-4(f)为工作面中存在褶曲的情况，背斜煤层底板和向斜煤层顶板对电磁波传播的影响依褶曲幅度变化而变化，褶曲幅度越大则影响越大；图 8-1-4(g)至图 8-1-4(j)是存在褶曲和分层开采的情况，可以看出图 8-1-4(g)、图 8-1-4(i)中煤厚的变化对电磁波传播的影响较大，因而通过吸收系数成像可以圈定煤厚变化趋势，同时通过局部点的已知煤厚可半定量或定量绘制煤层等厚线图；图 8-1-4(k)、图 8-1-4(l)为工作面中存在隐伏陷落柱和火成岩侵入体的情况，通过吸收系数成像可以准确圈定这些不良地质体的分布范围。在实际工作中，图 8-1-4(a)至图 8-1-4(d)是经常遇到的情况。

8.1.2　矿井工作面电磁波透视法探测的工作原理

电磁波在煤层中传播时，如果煤层中存在异常地质构造，异常地质构造的电性(电阻率 ρ 和介电常数 ε)与煤层的不同，对电磁波能量的吸收不同，低阻岩层对电磁波具有较强的吸

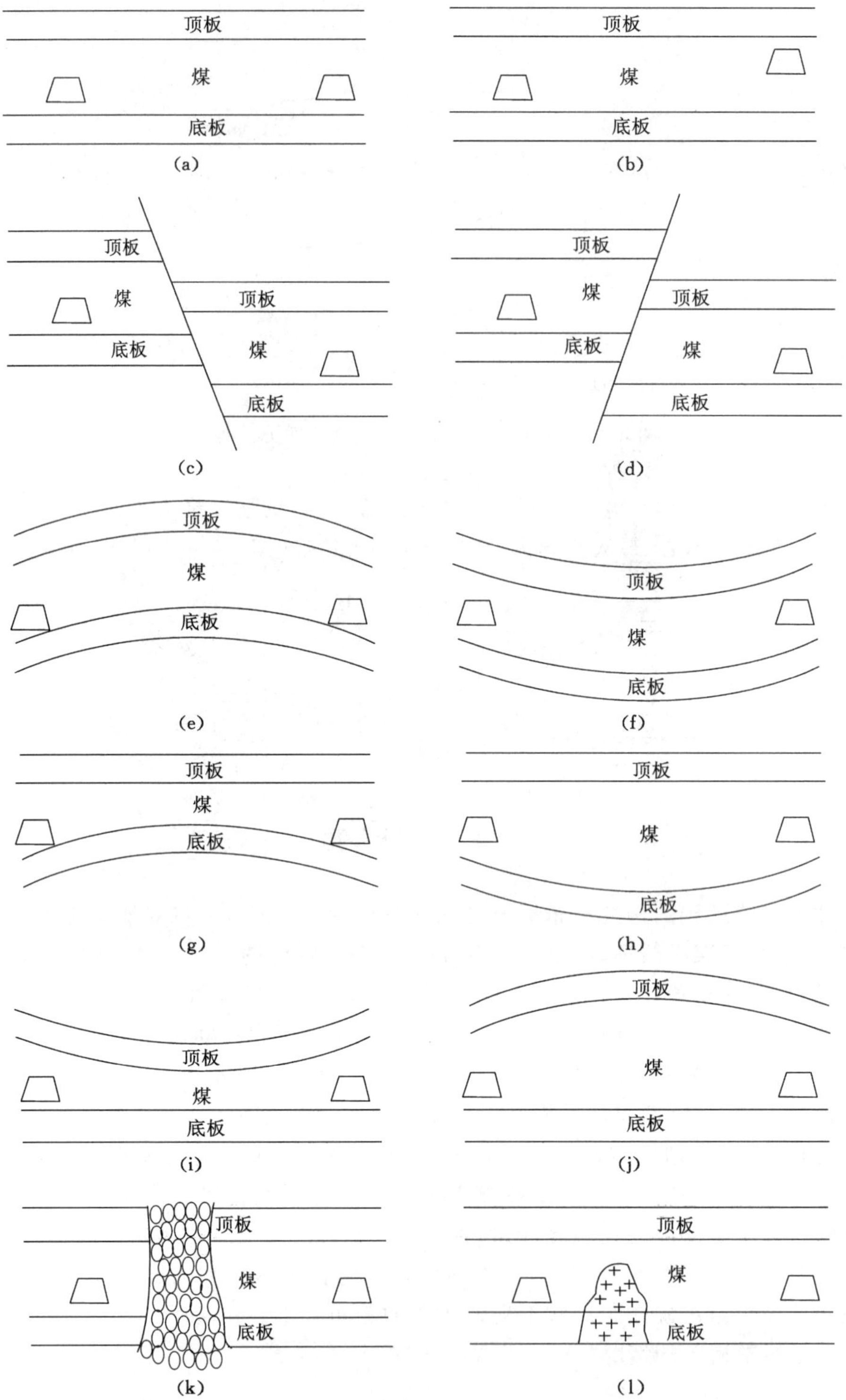

图 8-1-4　采用电磁波透视法在工作面探测中可能遇到的地质情况

收作用。当电磁波在前进方向遇到断裂构造的界面时，电磁波将在界面上产生反射和折射作用，从而造成能量的损耗。因此在矿井地质条件下，如果发射源发射的电磁波在穿过煤层途中遇到断层、陷落柱、含水裂隙、煤层变薄区或其他构造，电磁波能量将被吸收或完全屏蔽，在接收巷道可收到微弱信号或收不到透射信号，形成透视异常区，从而探测出异常体的位置和范围(图 8-1-5)。然后研究煤层中各种构造及地质异常体引起的透视异常区，并进行地质推断和解释。这就是矿井工作面电磁波透视法的工作原理。

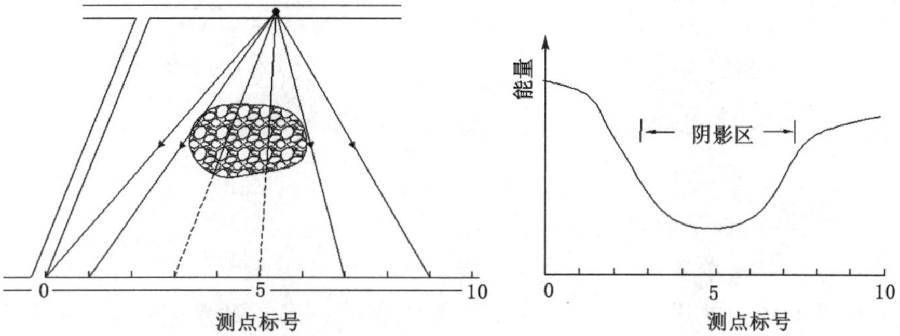

(a) 测点布置图　　(b) 衰减曲线剖面图

图 8-1-5 矿井工作面电磁波透视法的工作原理图

8.2 矿井工作面电磁波透视法探测的工作方法

工作面电磁波透视法一般在井下两巷道间实施，如在回风巷布置发射机，向煤层中发射某一频率的电磁波，在运输巷布置接收机观测电磁场场强信号。电磁波在煤层中传播遇到介质电性变化时，电磁波被吸收或屏蔽，接收信号显著减弱或收不到有效信号，若沿巷道多点观测，则形成所谓的透视异常区。根据工作任务，发射机和接收机可分别布置在回风巷、运输巷、辅助运输巷或工作面易于通行和干扰性弱的地段。

8.2.1 观测方法

8.2.1.1 工作布置

井下观测方法有同步法和定点交会法两种。同步法是指发射机和接收机分别位于两条大致平行的巷道[图 8-2-1(a)]，同时等距离同向移动，逐点发射和接收。同步法发射点移动频繁，不易做到和接收机同步，工作效率低，除研究一些特殊问题外，较少采用。定点交会法是指发射机相对固定于某巷道事先确定好的发射点位置，接收机在另一巷道一定范围内沿巷道逐点观测场强[图 8-2-1(b)]。根据工作要求，发射点和接收点可以交换位置，尽可能把工作面全部覆盖。定点交会法工作效率高，是常用的观测方法。

在定点交会法的基础上适当加密测线，并保证实测区内射线均匀，可进行层析反演以提高观测精度和分辨率，称之为 CT 观测法。为实现高精度层析成像，CT 观测法要求在电磁波透视范围内保证射线分布基本均匀，避免出现“盲区”。因此，在工作之前，要根据工作面的实际情况预先画出观测系统示意图，检查观测射线是否分布均匀，并适当调整发射点和接收点的位置，从关键性环节上确保成像质量。不同发射点的发射参数应基本保持不变，以减

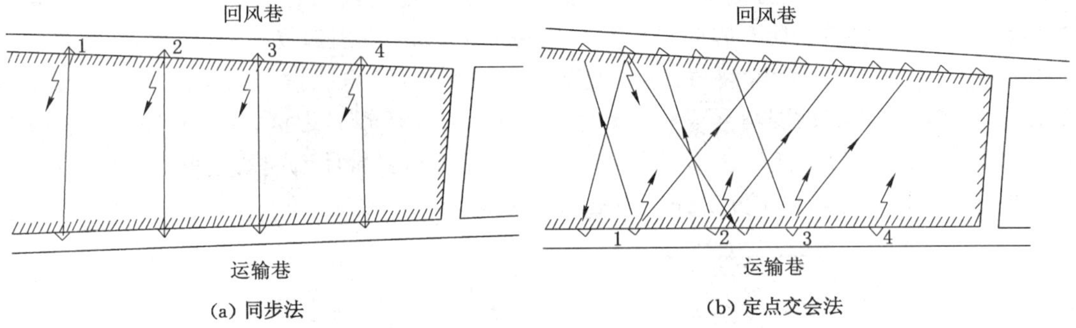

图 8-2-1　同步法和定点交会法工作布置图

少吸收系数反演的误差，保证收敛速度。

8.2.1.2　观测点与发射点布置

在井下工程平面图上按设计布置发射点和接收点的位置。通常，发射点距为 50 m，接收点距为 10 m。对于每一发射点，接收机可相应观测 15～20 个点，这样可覆盖一个扇形区域(图 8-2-1)。如在该扇形区域内发现异常，可适当加密观测点。正式观测前，在地质条件正常的地段，特别是在人工设施干扰弱的区域进行条件试验，即在同巷或不同巷道布置 1～2 个发射点，由近及远逐点观测，实测场强由大到小，目的在于求取初始场强、煤层吸收系数和最大透视距离等。

接收点和发射点尽量布置在远离人工导体的地段，发射点和接收点间不能有金属物等干扰体。为保证异常体的观测信号清晰可辨，发射点应设置在远离地质构造一侧的巷道。

8.2.1.3　观测基本步骤

在井下进行发射和接收观测之前，应预先统一安排好观测时间顺序并列出时间表格，发、收双方各执一份，然后双方按时间表格进行观测。观测开始时，发射机线圈平面应平行于巷道壁并悬挂成多边形。发射时要注意工作电压、电流和调谐值应自始至终保持相对稳定。直立放置的接收回线平面对准发射机的方位，即观测场强最大值的方向。

8.2.2　资料处理与解释

8.2.2.1　数据整理

电磁波透视法资料解释通常采用场强对比法。即将各接收点的实测场强 H 与相应正演理论场强 H_1(或经条件试验后计算取得的场强值)作商，称衰减系数：

$$\eta = H/H_1 \tag{8-2-1}$$

或

$$\eta = H - H_1 \tag{8-2-2}$$

在均匀介质中，实测场强值等于理论场强($H=H_1$)，所以 $\eta=1$(或 $\eta=0$ dB)。由于煤层的非均匀性和存在观测误差，η 通常接近 1 而不等于 1(或 0 dB)。当 η 远离 1($\eta<1$ 或 $\eta\ll 1$)，即出现负分贝值时，就说明在透视距离内遇到了地质异常体。根据 η 的变化，结合实测场强 H 和理论场强 H_1 曲线可分析异常体性质，给出地质推断。

8.2.2.2　理论场强计算

从电磁场的麦克斯韦方程出发，可以推导出理论场强的计算公式：

$$H_1 = H_0 \frac{e^{-ar}}{r} \sin\theta \tag{8-2-3}$$

式中　H_1——距发射点 r 处的理论场强（注：电磁波透视法中，一般把 H_φ 表示为 H_1）；

H_0——初始场强；

a——介质吸收系数；

θ——发射天线轴与发收点连线间的夹角（图 8-2-2）。

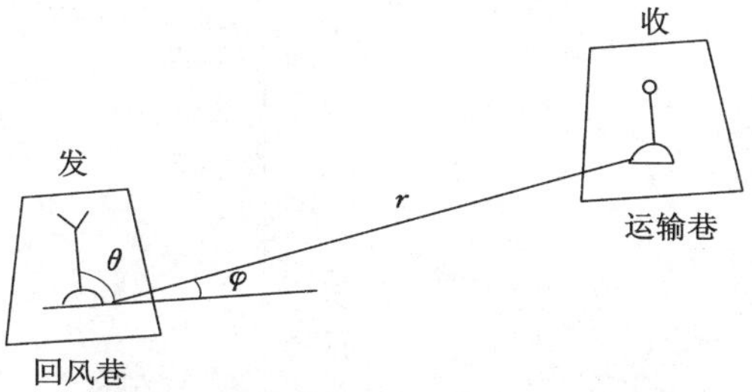

图 8-2-2　发射机与接收机相对位置及相关参数角示意图

在缓倾斜煤层中，煤层的倾角 φ 较小，即 θ 角较大，当 $\theta > 70°$ 时，即可认为 $\sin\theta \approx 1$，则式(8-2-3)式可简化为：

$$H_1 = H_0 \frac{e^{-ar}}{r} \tag{8-2-4}$$

因此，计算理论场强时，要确定介质的吸收系数 a 和初始场强 H_0。求取 a 和 H_0 可采用实测场强法和图解法两种方式。

(1) 实测场强法

在相对均匀介质地段设置发射点，设距发射点为 r_1 和 r_2 的两点的实测场强分别为 H_1 和 H_2，则可认为在均匀介质中实测场强 H_1（或 H_2）近似等于理论场强 H_0。根据式(8-2-3)有：

$$H_1 = H_1 \frac{e^{-ar_1}}{r_1} \sin\theta \tag{8-2-5}$$

$$H_2 = H_2 \frac{e^{-ar_2}}{r_2} \sin\theta \tag{8-2-6}$$

移项相除，取自然对数，整理得：

$$a = \frac{\ln H_1 r_1 - \ln H_2 r_2}{r_2 - r_1} \tag{8-2-7}$$

初始场强为：

$$H_0 = \frac{H_1 r_1}{e^{-ar_1}} \quad 或 \quad H_0 = \frac{H_2 r_2}{e^{-ar_2}} \tag{8-2-8}$$

(2) 图解法

由于煤层并非完全均匀介质，由上述任选两点实测场强计算出的 a 和 H_0 与实际值存在较大偏差，为了求取准确的理论场强，在条件允许的情况下通常采用图解法求解 a 和 H_0。

将多点实测场强 H_1、H_2、…、H_n 分别乘以其与发射点的水平距离 r_1、r_2、…、r_n 后，以 Hr 为纵坐标（对数坐标）、以 r 为横坐标（算术坐标）作出散点图，通过回归分析作出最佳拟合曲线（图 8-2-3）。利用拟合曲线（称吸收系数线），可以求取 a 和 H_0。

由式（8-2-7）知，拟合曲线斜率等于 a。因此，在图上任选两点 r_1 和 r_2，将其纵坐标和横坐标代入式（8-2-7），即可求出吸收系数 a。

对式（8-2-4）两边取对数，有 $\ln H_1 r = \ln H_1 - ar$，当 $r \to 0$ 时，$\ln H_1 r \to \ln H_0$ 或 $H_0 = H_1 r$，即吸收系数线与纵坐标交点处的 Hr 值就是 H_0 值。a 和 H_0 确定后，将其代入式（8-2-4）即可计算出理论场强值或绘制出一条 H_1 和 r 的关系曲线（图 8-2-4）。

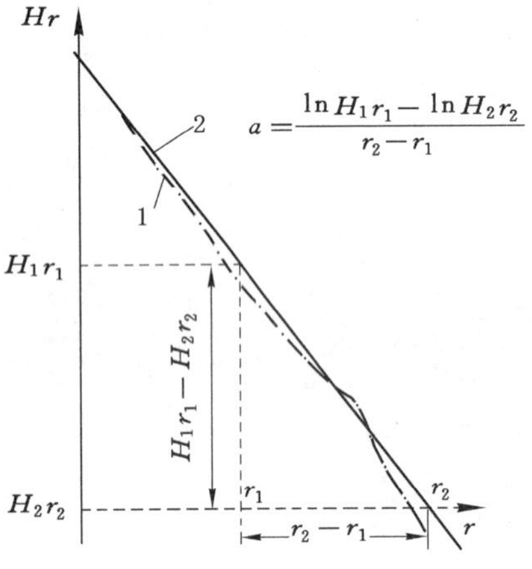

1—实测曲线；2—拟合曲线。

图 8-2-3　ln Hr 和 r 的关系曲线

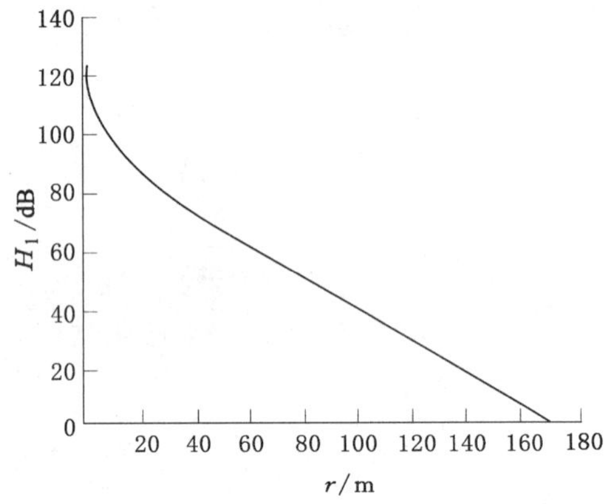

图 8-2-4　H_1 和 r 的关系曲线

（3）综合曲线解释

① 绘制图件

电磁波透视法常用综合曲线图、交会平面图描述沿观测巷道或透视范围内的场强变化。

a. 综合曲线图

将同一发射点所对应接收点的实测场强值 H、理论场强值 H_1 和衰减系数值 η 按给定比例尺绘制成曲线图。横坐标为接收点点号，纵坐标（对数或算术）为 H、H_1 和 η 值，即可得到关于 H、H_1 和 η 的三条曲线，称电磁波透视法综合曲线图（图 8-2-5）。

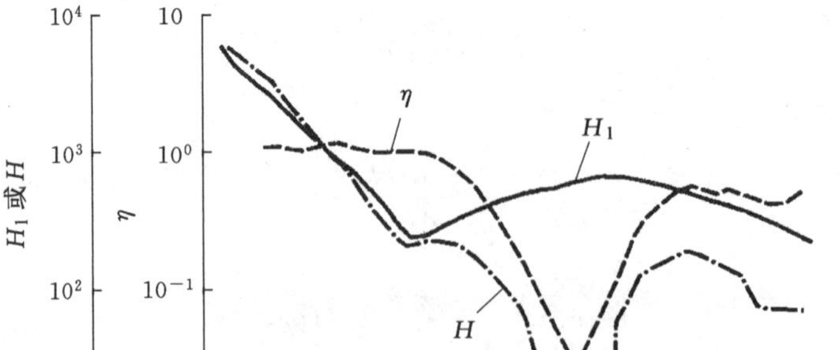

图 8-2-5　电磁波透视法综合曲线图

b. 交会平面图

交会法是指依据各发射点的相应接收点取得的 η 异常，通过交会确定异常平面位置和划分异常体的边界。如图 8-2-6 所示，在采掘工程平面图上标定各发射点（A、B、C、D、…）和对应的接收段（a_1a_2、b_1b_2、c_1c_2、d_1d_2、…）。根据综合曲线确定边界点，将该点与对应的发射点连线，于是可由发射点和所对应的接收点绘出相应的边界射线，各射线所圈定的范围便为异常体的平面位置。发射点密度越大，且沿巷道的分布越均匀，所圈定异常体的范围和边界越真实、准确。

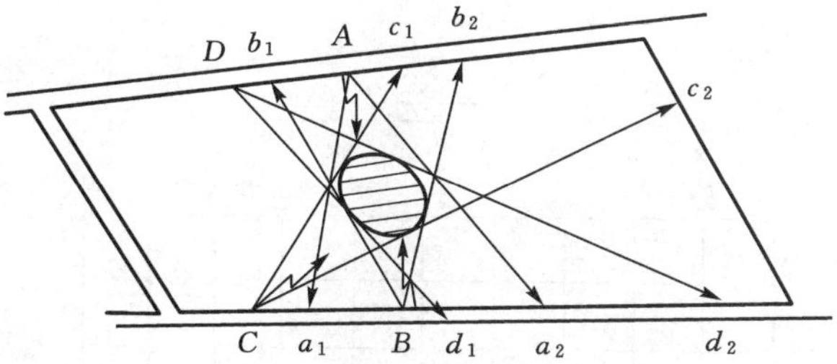

图 8-2-6　电磁波透视法交会平面图

② 综合解释

综合曲线图（图 8-2-5）是电磁波透视法解释的基础资料，图 8-2-5 中的三条曲线相互关联，缺一不可。根据综合曲线中 H、H_1 和 η 的变化规律和曲线特征，结合地质或其他资料对透视异常作出定性解释，推断引起异常的地质原因，根据曲线特征点确定透视异常范围。根据各综合曲线图发现的异常点，采用定点交会法作出定量解释，即可确定异常区的范围和大小。如图 8-2-6 所示，阴影部分为异常体在采区的平面分布范围和位置，根据综合曲线推断引起异常的地质因素，按规定的地质符号标在图上，就得出了最终解释成果。

在煤层中进行坑透法探测时，大多数情况下，由于煤层电阻率高于围岩电阻率，所以煤层中呈低阻的断层或陷落柱等构造呈现场强衰减特征，即“阴影异常”。阴影异常在综合曲线图中通常分为五种类型：梯形、槽形、“U”字形、下降型和漏斗形。这五类曲线的形态与发射点和接收点的相对位置有关，也与异常体的性质有关。因此，研究曲线形态对于定性解释极其重要。例如梯形和槽形曲线常是断层引起的，断距愈大，两盘电性差别越明显，则曲线突变点越清楚；煤层变薄带或断层尖灭点，η 曲线呈“U”字形或下降型；无煤带或煤层严重风化时，电磁波强烈衰减，η 曲线呈漏斗形等。对于异常体性质的推断，除根据曲线的形态外，需要结合地质资料才能得出正确、可信的地质结论。

如果煤层中的异常体（如火成岩侵入体等）相对煤层电阻率为高阻，由于高阻体对电磁波吸收较弱，则将观测到正异常，相对阴影异常来说，称为透明异常。

在解释时，煤层的非均匀性对场的影响要给予重视。对煤系来说，成煤环境的差异可能造成煤层不均匀，如煤变质程度区域性变化、煤厚变化、煤层物理状态变化等，上述变化也可引起岩层的电性变化，即造成岩石的各向异性。为了确定正常场，在做条件试验时，要尽可能依据不同地段分别求取 a 和理论场强 H_1。

8.2.2.3　*层析成像(CT)法*

(1) 层析成像的图像重构

在数学上，层析成像的图像重构方法有两类：变换法、迭代法。目前，在地学中主要应用迭代法进行图像重构。迭代法的基本思想是：依据射线原理，首先对成像条件提出一个初始模型，然后把模型网格化，计算出投影函数的观测值与理论值的残差量，将每条射线的残差量以它穿过每一网格的路径长度占比作为权系数分摊到该网格中去，修正模型，反复迭代直到满足收敛条件为止。

如图 8-2-7 所示，把用电磁波透视法探测的工作面按不同吸收系数划分为若干小单元，每一个小单元可视为均匀介质。假设电磁波的第 i 个传播路径 r_i，它可以表示为若干小单元的距离之和：

$$r_i=\sum_{j=1}^{m}d_{i,j} \tag{8-2-9}$$

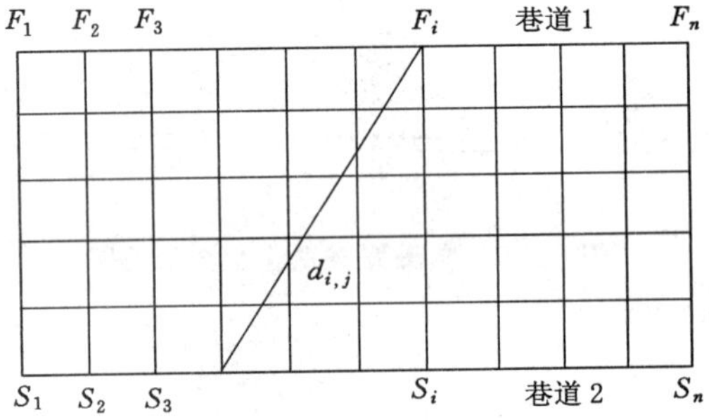

图 8-2-7 电磁波透视法层析成像单元离散示意图

没有射线穿过的单元，可视为 $d_{i,j}=0$。那么，式(8-2-4)变成：

$$H_i=H_{0,i}\mathrm{e}^{-\sum_{j=1}^{m}a_i d_{i,j}/r_i} \tag{8-2-10}$$

式中 H_i——第 i 条测线的实测场强；

$H_{0,i}$——第 i 条测线的初始场强。

对式(8-2-10)两端取对数：

$$\sum_{j=1}^{m}a_i d_{i,j}=\ln\left(\frac{H_{0,i}}{H_i\times r_i}\right) \tag{8-2-11}$$

若在多个发射点上分别进行多重观测，可形成矩阵方程：

$$\boldsymbol{XD}=\boldsymbol{Y} \tag{8-2-12}$$

式中 $\boldsymbol{X}$——未知数 a_i 的矩阵；

$\boldsymbol{D}$——系数 $\sum_{j=1}^{m}d_{i,j}$ 的矩阵；

$\boldsymbol{Y}$——已知数矩阵，即实测值。

利用 ART 算法(代数重构技术)和 SIRT 算法(同时迭代重构技术)就可以得到各单元的吸收系数值，从而实现了工作面成像区内吸收系数的反演成像。利用反演计算结果可以绘制成像区吸收系数等值线图和色谱图。

(2) 层析成像成果解释

电磁波透视法层析成像成果解释的主要依据是衰减系数成像结果(包括衰减系数色谱图和等值线图)。不同地质条件、地质现象引起的电磁波衰减特征不同，故可依据电磁波的异常特征完成地质解释。

通常对电磁波的吸收煤层弱于围岩，而当煤层破碎、煤层中裂隙发育以及裂隙含水时，就会造成煤层中电磁波的衰减程度增大，甚至这种衰减程度远大于围岩中的。工作面中隐伏断层的落差不同，引起的衰减程度也不同，相比落差小于煤厚的断层，落差大于煤厚的断层引起的衰减程度将随落差的减小而减小。当煤层变薄且煤层存在夹矸时，电磁波的衰减程度随煤层变薄和夹矸增厚而增大。当煤层有火成岩侵入体时，衰减程度依据火成岩侵入体的电性特征不同而不同，出现低值异常和高值异常的情况均有可能，但同一采面内的侵入体具有单一性。工作面中陷落柱同样可引起电磁波的高程度衰减。

从吸收系数异常范围来说，断层通常可引起条带状异常，相比落差小的断层，落差大的断层的异常带更宽；煤层厚度变化区、夹矸增厚区、煤层破碎区的异常范围一般较大。工作面中火成岩侵入体及陷落柱引起的异常范围与目标体的形状基本一致。

依据上述吸收系数的异常特征，可以给出不同异常的地质解释。

8.2.2.4　井下干扰因素分析及排除

井下巷道人工导体设施对电磁波传播起干扰作用，如金属支架、金属管道、铁轨及电缆等，高频电磁场可感应生成二次场，该二次场易造成观测值畸变，从而使观测结果与实际情况相差甚远。

巷道金属支架对电磁波具有少量的屏蔽吸收作用，与木支架相比，其初始场强略低一些，一般不影响观测结果。接地铁轨、刮板输送机对电磁波有一定的引导作用，存在二次场；但在铁轨附近，场的梯度大，相距 1 m 以外，二次场的影响可忽略不计。

电缆对电磁波有很好的引导作用，电缆中感应电流以驻波形式沿电缆传播，成为二次辐射源。当接收巷道存在电缆时，天线接收的电磁波有来自煤层的直达波，也有来自接收巷道电缆的二次辐射波。如果二次辐射波大于直达波，它就掩盖了直达波，导致透视法失效。为此，发射和接收机天线要远离电缆与其他金属导线，或将悬挂在巷道壁上的电缆放下。对各巷道相通的电缆，应在电缆接头处（如巷道拐弯处的接线盒、启动器等）断开，并拉开一定距离，以尽量降低其影响。

在金属管道上会产生较强的二次场，影响强度与到发射点的距离有关。井下一些电力设备如电机、变压器等，本身就可产生强干扰，工作时应停止运转或远离它们。

8.3　矿井工作面电磁波透视法探测的应用

无线电磁波透视仪器简称坑透仪。利用电磁波在介质中的传播特性可探测出工作面煤层中的地质构造，如断层、陷落柱、火成岩、煤层厚度变化区、瓦斯富集区和突水构造等。

8.3.1　陷落柱探测

煤系底部的可溶性石灰岩岩溶空洞，因后期地壳运动或失去应力平衡而塌陷，从而形成陷落柱。陷落柱的形成过程往往伴随裂隙发育、小断层增多甚至大量充水等现象，这使它能够大量吸收电磁波能量。对于低阻陷落柱，在其电磁波透视综合曲线图上有明显的特征：η 和 H 曲线呈漏斗形或“U”字形。

某矿 7218 采煤工作面长度为 820 m，宽度为 150 m，煤层倾角小于 10°。煤层赋存稳定，平均厚度为 4.8 m，内部裂隙发育，煤体以块状及碎块状为主，中间夹一层厚度约为 0.4 m的炭质泥岩夹矸。当工作面掘进任务完成后，在回风巷、运输巷及工作面开切眼处均未揭露较大的含水构造。但是在运输巷迎头 80～100 m 范围内，工作面一侧煤层出水，初始涌水量为 3～5 m^3/h。为探测工作面煤层内的隐伏含水构造，矿方立即采用电磁波透视法对出水段进行重点探测，探测范围及测点射线布置情况见图 8-3-1。

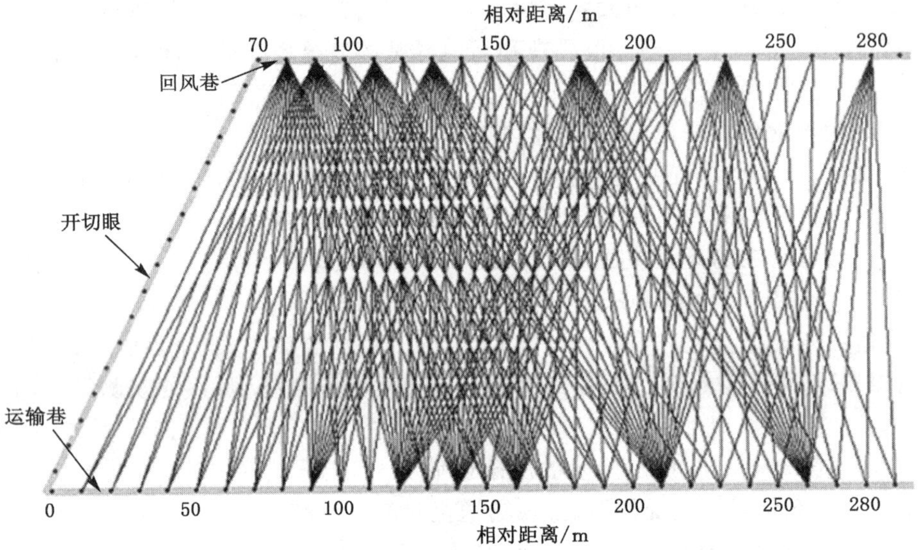

图 8-3-1　工作面电磁波透视法测点射线布置示意图

井下采用 12～19 次定点覆盖进行探测，接收点距为 10 m，发射点距为 20～50 m，工作频率为 0.5 MHz。由接收的无线电磁信号可知，在出水范围内工作面一侧存在明显的低阻异常区，η 的衰减值为－38～－13 dB。图 8-3-2 为定点观测曲线(仅对综合曲线中的场强曲

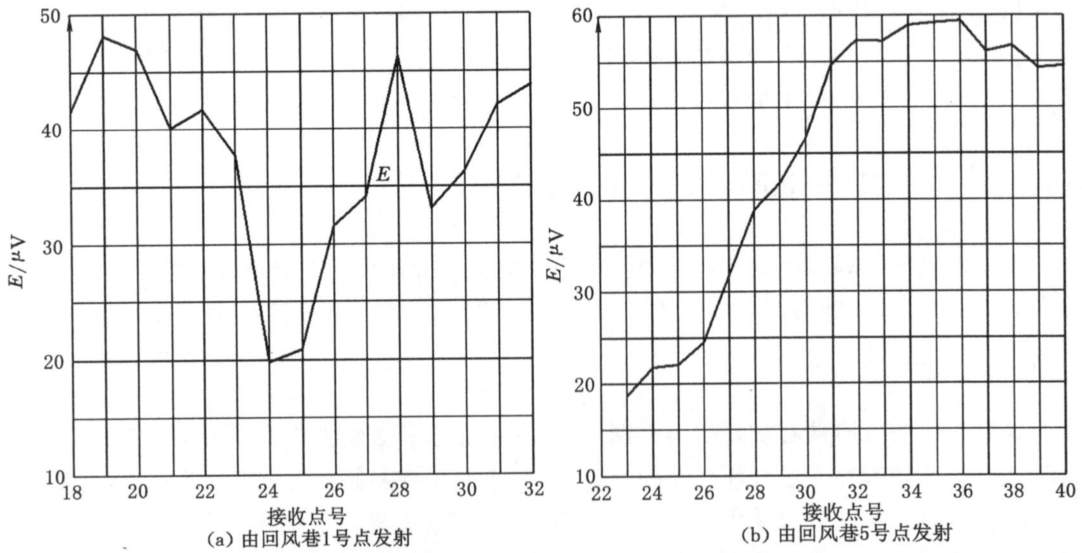

图 8-3-2　7218 采煤工作面电磁波透视法场强曲线

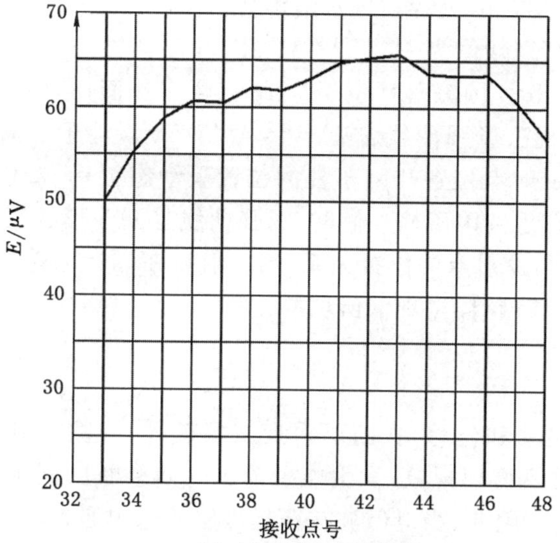

(c) 由回风巷15号点发射

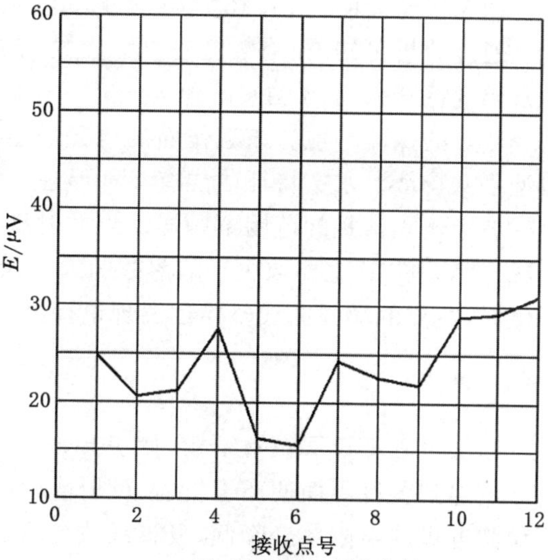

(d) 由运输巷25号点发射

图 8-3-2(续)

线进行分析)，其中图 8-3-2(a)、图 8-3-2(b)、图 8-3-2(c)分别为由回风巷的 1、5、15 号点发射并在运输巷接收的场强曲线，图 8-3-2(d)为由运输巷 25 号点发射并在回风巷接收的场强曲线。图 8-3-2(a)和图 8-3-2(b)中曲线分别呈现“V”形和半“V”形，“V”形曲线主要是因为中间部分的接收点接收的场强信号受到低阻异常体的影响，而半“V”形曲线说明接收点一侧的接收信号受到低阻异常体的影响。图 8-3-2(c)为接近理论值的场强曲线，说明在发射点到接收点的辐射范围内无低阻异常体。图 8-3-2(d)也是近“V”形曲线，但场强值相对较小，这主要是因为在发射点到接收点的辐射范围内均受低阻异常体的影响。该工作面电磁波透视法衰减系数灰度图(图 8-3-3)表明，距离迎头 70～110 m 范围、煤层内 20 m 处存在陷落

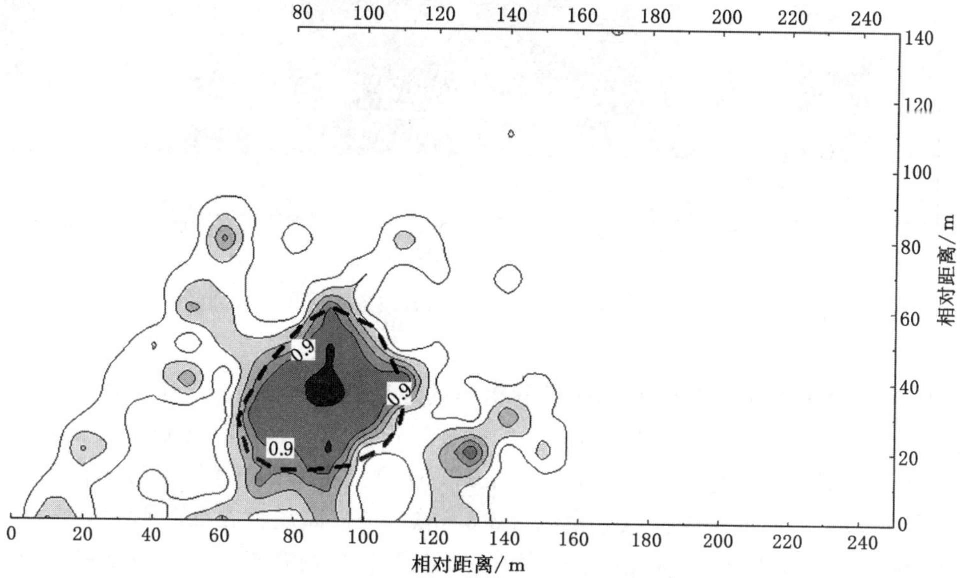

图 8-3-3　7218 采煤工作面电磁波透视法衰减系数灰度图

柱。回采揭露表明，在7218运输巷迎头上帮约20 m处存在导水陷落柱。

通过分析可知，在陷落柱的中心位置，η的衰减值为－38～－33 dB；在陷落柱的周围，异常幅度逐渐减弱，η的衰减值为－33～－13 dB。因陷落柱位于7218采煤工作面内，两巷均有较好的探测环境。该工作面的电磁波透视法场强曲线含有半"V"、"V"及漏斗形三种典型水文特征。水文特征曲线有多种形态。发射点位置与陷落柱的位置呈动态关系，造成电磁波穿越陷落柱的范围不一样。当发射点在远离陷落柱一侧时，场强曲线呈漏斗形、"V"形或半"V"形，这主要取决于陷落柱的大小及与发射点的位置关系；当发射点在靠近陷落柱一侧时，实测的场强曲线整体远离理论探测曲线，整体呈现低值现象。

8.3.2 断层探测

断层可破坏煤层正常结构，使煤层发生错动和位移，在断层附近煤层破碎、裂隙发育。电磁波遇到各种界面便产生折射、反射或散射等物理现象，发生能量损失。如果断层充水，断层附近煤层电阻率会降低，吸收系数会增大。因此，当电磁波在穿越煤层的途中遇到断层时，电磁波就会被吸收、屏蔽，形成透视低值异常区。只要适当布置发射点和接收点，就能利用电磁波透视法圈定断层在工作面内的尖灭点，寻找隐伏断层，估计落差大小。

某矿7513工作面走向长度约为650 m，倾向长度约为145 m，煤层厚度为5.1～6.3 m，煤层赋存稳定。该工作面走向两端构造简单，但中部构造复杂，巷道中已揭露断层断点9个，断层之间的切割关系难以推断。为了查明断层在工作面内的延伸情况、断层之间的切割关系、断层最大落差位置以及是否存在隐伏断层，采用电磁波透视层析成像法进行探测，共发现10个探测异常，解释10条断层(图8-3-4)，7513工作面电磁波衰减系数层析成像色谱图清晰地显示出中间区段断层的切割关系以及最大落差位置，校正了原推断结论。CT成果为该工作面的正常生产提供了准确、可靠的地质依据。主要解释成果已被回采揭露证实。

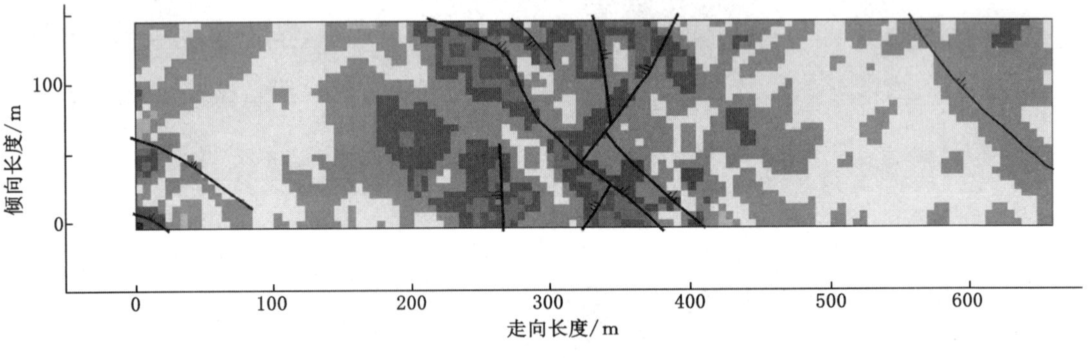

图8-3-4　某矿7513工作面电磁波透视法层析成像图

某矿3248工作面长1 850 m，由两巷揭露的地质资料可知，该工作面构造较发育，两巷揭露5条落差大于3 m的断层。为进一步探查工作面内部是否存在隐伏水文地质构造，采用电磁波透视法对该工作面进行探查。图8-3-5(a)、图8-3-5(b)分别为工作面回风巷25号、30号发射点对应的场强曲线。由图8-3-5可知，场强曲线存在漏斗形、"V"形水文特征，在运输巷41号至44号接收点之间存在一明显水文地质构造，η的衰减值为－30～－15 dB，相应层析成像结果见图8-3-6。图8-3-6所示的两条较大断层已被回采揭露证实。

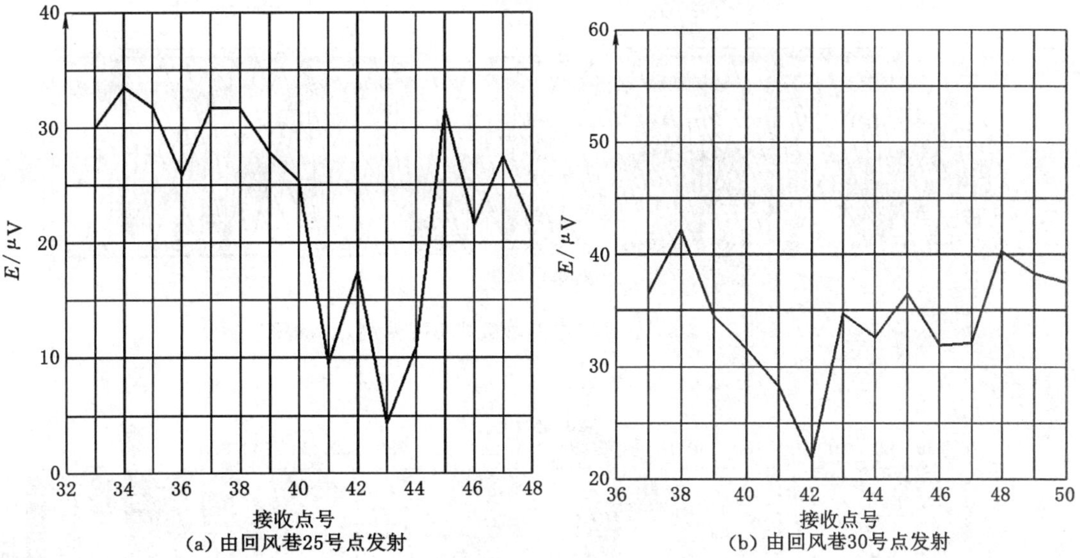

图 8-3-5　某矿 3248 工作面电磁波透视法场强曲线

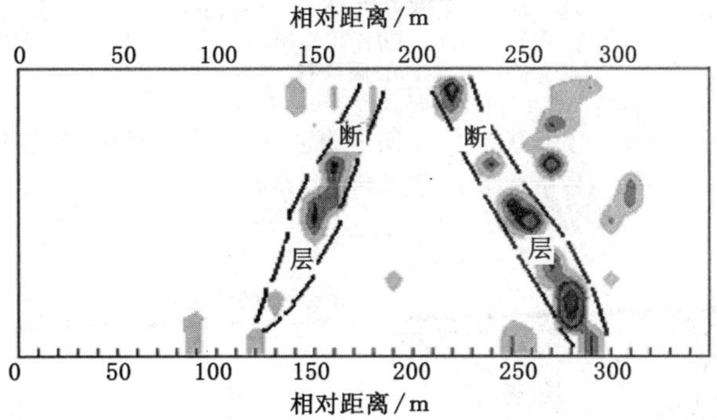

图 8-3-6　某矿 3248 工作面电磁波透视法衰减系数灰度图

8.3.3　采空区探测

某整合矿井 1301 复采工作面由 1201 进风巷和 1202 回风巷构成，进风巷探测长度约为 410 m，回风巷探测长度约为 400 m，开切眼长度为 80 m。巷道采用密集棚支护方式，顶板为粉砂岩，底板为泥岩。工作面内煤层受老采空区的破坏程度较严重。

如图 8-3-7 所示，在 1202 回风巷布置发射点，每个发射点对应 1201 进风巷的 11 个接收点。根据巷道长度确定发射点数量(共 10 个发射点)，发射点间距为 50 m；共 43 个接收点，接受点间距为 10 m；1202 回风巷发射任务完成后，调换发射和接收巷道，方法同此。

图 8-3-8 是电磁波透视法实测场强分布图。其中，深色区域的颜色越深，表明其场强值越低，即该段煤层中电磁波的穿透能力低，为潜在的构造异常区。矿方在后续一年多的时间里持续记录开切眼推进过程中揭露的空巷和采空区等情况，并结合相关地质资料绘制出了工作面开切眼以里 300 m 范围内空巷和采空区的范围(图 8-3-9)。图 8-3-9 中揭露了 9 条空巷、6 个采空区。

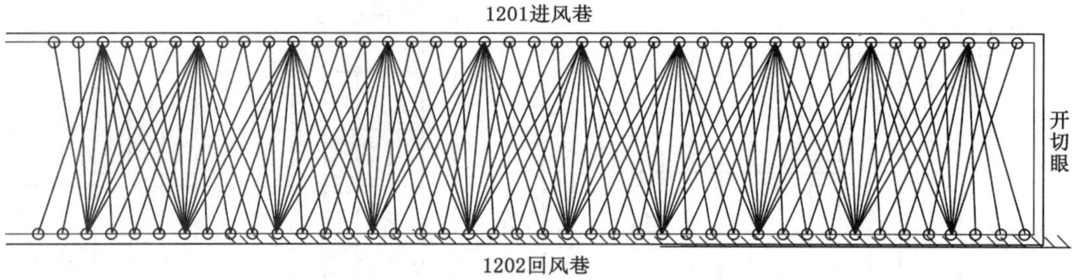

图 8-3-7　1301 复采工作面电磁波透视法测点布置图

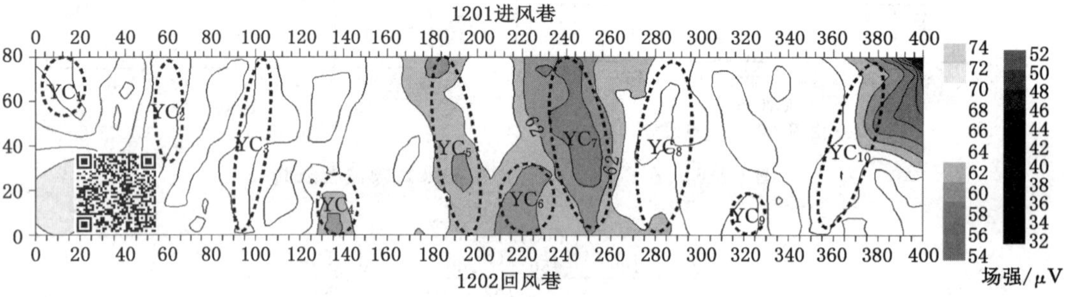

图 8-3-8　1301 复采工作面电磁波透视法实测场强分布图

（图中坐标刻度值表示相对距离，单位为 m）

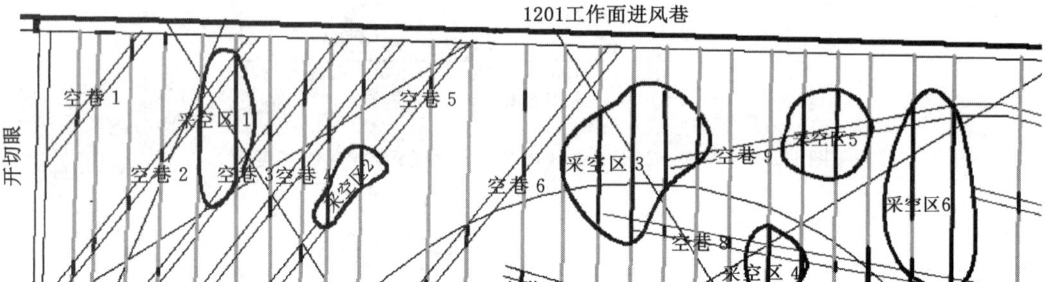

图 8-3-9　工作面内采空区和空巷范围示意图

对比图 8-3-8 与图 8-3-9 发现，二者异常区分布基本一致：(1) YC_1 对应空巷 1 的响应特征；(2) YC_2 是空巷 2、空巷 3 以及采空区 1 的共同响应；(3) YC_3 是空巷 4、空巷 5 以及采空区 2 的共同响应；(4) YC_4 为空巷 6 与空巷 7 的共同响应；(5) YC_5 为空巷 6、空巷 7 与采空区 3 的共同响应；(6) YC_6 为空巷 8 和采空区 4 的共同响应；(7) YC_7 为空巷 8、空巷 9 和采空区 5 的共同响应；(8) YC_8 为采空区 6 的响应。

第 9 章　矿井地质雷达探测

地质雷达探测法是一种利用电磁波反射来探测地质构造的无损探测方法。通常采用高频或特高频波段的电磁波通过发射天线向岩层发射，当遇到介电常数、电导率有差异的地质异常体或地层界面时，接收到的反射波通过放大、滤波、叠加等一系列后期处理，形成时间剖面成果图。地质雷达能够用于岩层的定量研究，在矿井的含水层、陷落柱、裂隙带、风化带、采空区垮落带、断层、煤与瓦斯突出危险性区域等灾害隐患探测方面的应用可以取得良好的效果。

9.1　矿井地质雷达探测的基础知识

9.1.1　矿井地质雷达探测的原理

矿井地质雷达利用高频电磁波的反射探测存在电性差异的界面或目标体。高频电磁波以宽频带短脉冲形式，通过发射天线被定向送入地下，经存在电性差异的界面或目标体反射后返回地面，由接收天线接收。高频电磁波在介质中传播时，其传播路径、电磁场强度与波形将随所通过介质的电性特征与几何形态的变化而变化。因此，通过对时域波形的采集、处理和分析，可确定地下界面或目标体的空间位置及结构。

地质雷达探测原理示意图见图 9-1-1。先根据介质的介电常数和电导率差异确定介质中电磁波的传播速度，再结合电磁波双程走时来确定界面或目标体的位置，最后通过分析反射波形态、幅度变化特征等判定界面或目标体性质。

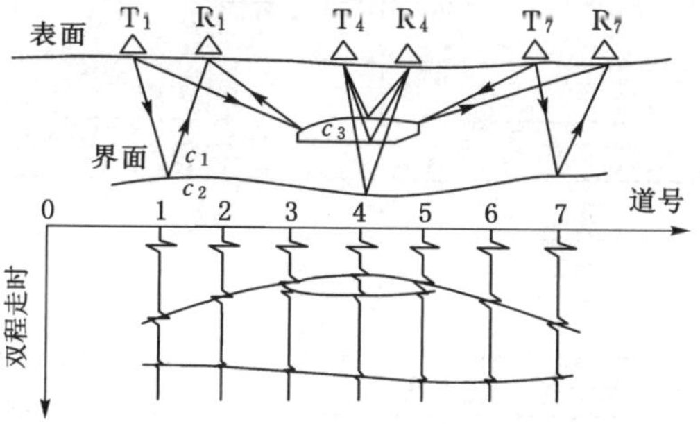

图 9-1-1　地质雷达探测原理示意图

由图 9-1-1 可知，由地下界面反射回来的电磁波能反映地下介质的结构、构造情况。当地质雷达向下发射电磁波，用接收天线接收地质体反射的电磁波时，地下界面反射电磁波的走时为：

$$t=\frac{\sqrt{4h^2+x^2}}{v} \tag{9-1-1}$$

式中 h——目的层深度；

x——发射天线和接收天线的距离；

v——各层介质中电磁波的传播速度。

探测雷达测量的是地下界面的反射波的走时。为了获取探测目标体的深度，必须有地层介质的电磁波传播速度 v，其值为：

$$v=C\times\left[\frac{\mu\varepsilon}{2}\left(\sqrt{1+\left(\frac{\sigma}{\omega\mu}\right)^2}+1\right)\right]^2 \tag{9-1-2}$$

式中 σ——电导率；

ε——介电常数；

ω——角频率；

C——真空中电磁波的传播速度，C=0.3 m/ns；

μ——磁导率。

大多数岩层、煤层介质属非导电、非磁性介质，常常满足 $\sigma/(\omega\mu)\ll 1$。于是可得：

$$v=\frac{C}{\sqrt{\varepsilon_r}} \tag{9-1-3}$$

式中 ε_r——相对介电常数。

式(9-1-3)表明，对大多数非导电、非磁性介质来说，电磁波传播速度 v 主要取决于介质的相对介电常数。

介质的相对介电常数、电导率与电磁波传播速度详见表 9-1-1。

表 9-1-1　介质的相对介电常数、电导率与电磁波传播速度

介质名称	相对介电常数	电导率/(ms/m)	电磁波传播速度/(m/ns)
真　空	1	0	0.3
褐　煤	2.8	0.01	0.18
气　煤	2.8	0.002	0.18
肥　煤	3.0	0.001	0.17
焦　煤	2.3	0.002 8	0.20
瘦　煤	3.1	0.001 4	0.17
贫　煤	2.5	0.004 7	0.19
无烟煤	3.6	0.014 7	0.16
石灰岩	4～8	0.5～2	0.12
泥　岩	5～15	1～100	0.09
粉砂岩	5～30	1～100	0.07
黏　土	5～40	2～1 000	0.06
花岗岩	4～6	0.01～1	0.13

9.1.2　矿井地质雷达探测的分辨能力

反射脉冲波形的明显程度，是地质雷达图像地质解释的重要依据，取决于发射脉冲波的能量、波在地质界面的反射特性以及波在地下介质中行进时的衰减条件。反射特征则主要取决于反射界面对电磁波的反射系数和所穿过介质对电磁波的吸收程度。

地质雷达利用了高频电磁波，故探测深度比其他物探方法的更浅，一般为几米至数十米，但分辨率却要高得多，有时可达厘米级。探测深度主要受近处介质的电阻率和发射脉冲频率等因素制约。

反射脉冲信号的强度，与界面对电磁波的反射系数和所穿透介质对电磁波的吸收程度有关。垂直于界面入射的反射系数 R 的模值和幅角 φ，分别可由下式表示：

$$|R| = \sqrt{(a^2 - b^2)^2 + (2ab\sin\varphi)^2}/(a^2 + b^2 + 2ab\cos\varphi) \tag{9-1-4}$$

$$\varphi = \arctan[\sigma_2/(\omega\varepsilon_2)] - \arctan[\sigma_1/(\omega\varepsilon_1)] \tag{9-1-5}$$

式中　$a = \mu^2/\mu_1$；

$b = \sqrt{\mu_2\varepsilon_2\sqrt{1+[\sigma_2/(\omega\varepsilon_2)]^2}} \Big/ \sqrt{\mu_1\varepsilon_1\sqrt{1+[\sigma_1/(\omega\varepsilon_1)]^2}}$，下角标 1 和 2 分别代表入射介质和透射介质。

由式(9-1-4)和式(9-1-5)可以看出，反射系数与界面两侧介质的电磁性质和角频率 ω($\omega=2\pi f$)有关。显然，当电磁参数差别大时，反射系数也大，因而反射波的能量也大。

对于斜入射情况，反射系数将依电磁波的极化性质而变，此时反射系数还与入射角大小有关。

地质雷达的电磁波主要在非理想介质中传播，其衰减速度非常快，这也成了地质雷达应用的主要障碍，即探测深度有限。当介质的电导率较低时，电磁波的吸收系数为：

$$a \approx \frac{\sigma}{2}\sqrt{\frac{\mu}{\varepsilon}} = 60\pi\sigma\sqrt{\frac{1}{\varepsilon}} \tag{9-1-6}$$

探测的分辨率是指对多个目标体的区分或小目标体的识别能力。概括来说，分辨率取决于脉冲的宽度，即与脉冲频带的设计有关。频带越宽，时域脉冲越窄，它在射线方向时域空间的分辨能力就越强，或可近似认为垂深方向的分辨率越高，其关系式为：

$$1/\Delta t = B_{\text{eff}} \tag{9-1-7}$$

式中　B_{eff}——有效频带宽度；

Δt——分辨界面的有效波形之间的时间间隔。

若从波长的角度考虑，则工作主频率越高(即波长短)，雷达反射波的脉冲波形就越窄，分辨率就越高。实际应用中，可以半波长为尺度表示纵向分辨率。例如，对于 100 MHz 的中心频率，在黏土中，波长 $\lambda=0.6$ m(以 $v=0.06$ m/ns 计)，分辨能力为 0.3 m。

水平空间方向的分辨率问题，在很大程度上取决于介质的吸收特性。介质吸收能力越强，目标体中心部位与边缘部位的反射能量差别也越大，水平方向的分辨能力相对也越强。吸收系数 a 和探测深度 d 均较大时，有如下关系式：

$$1/\Delta x \approx 1/(3.3\sqrt{d/a}) \tag{9-1-8}$$

式中　Δx——目标体水平方向的间距。

当然，分辨率还与地下各方向上脉冲波的能量分布情况(即天线的方向图)有关。此外，波的散射截面也对分辨率有影响，面介质与目标体的物理性质、工作频率、目标体的埋深与散射截面有关。因此，要了解雷达的实际分辨能力，就需要借助具体试验加以确定。需要特别指出的是，在天线的极化性质方面，对于线性极化，有时在一些走向方位上接收信号的幅值为零，而圆极化可以回避线性极化的问题。因此，对于前一种极化性质的天线，现场工作时必须进行天线试验。

9.1.3 矿井地质雷达探测法的特点

同其他地球物理探测方法相比，矿井地质雷达探测法有如下特点：① 矿井地质雷达探测法是一种非破坏性的探测技术，可安全地用于各种工程现场，适用性强；② 抗电磁干扰的能力强，受环境干扰的影响程度低，可在各种噪声条件下工作；③ 具有一定的探测深度和较好的分辨率，并可提供实时剖面记录图，且图像清晰、反映直观；④ 使用频率高，电磁波能量在地下的衰减速度快，故在高导层覆盖的条件下，其探测范围受到限制。

9.2 矿井地质雷达探测的技术参数与工作方法

9.2.1 矿井地质雷达探测的技术参数

地质雷达探测仪器多采用脉冲发射，而脉冲波产生方法有调制方式和直接脉冲方式两种。前者技术比较复杂，而直接脉冲方式比较简单，易得到高输出功率的发射脉冲，并可在较窄空间范围内探测。目前常用地质雷达采用发射和接收天线的分离系统，目的在于最大程度地抑制干扰波，提高探测资料的信噪比。

9.2.1.1 *矿井地质雷达探测的分辨率*

(1) 垂直分辨率

地质雷达探测剖面中分辨一个以上反射界面的能力可用垂直分辨率表示。若地层厚度为 b，电磁波的波长为 λ，则垂直分辨率的下限条件为 $b>\lambda/4$，极限条件为 $b>\lambda/8$。从 widess 图解中可得出三个重要结论：① 当地层厚度大于 $\lambda/4$ 时，复合反射波波形和第一波谷与最后一个波谷的时间差正比于地层厚度。这种情况下，地层厚度可以通过测量顶界面反射波的初至 R_1 和底界面反射波的初至 R_2 的时间差确定。② 当地层厚度小于 $\lambda/4$ 时，反射波波形的变化很小，这时地层厚度正比于反射振幅。③ 当地层厚度等于 $\lambda/4$ 时，来自顶底界面的反射波发生相长干扰，其复合波的振幅达最大值。

(2) 水平分辨率

地质雷达在水平方向上所能分辨最小目标体的尺寸为水平分辨率。地质雷达的水平分辨率通常用菲涅耳带来说明。第一菲涅耳带的直径 d_f 为：

$$d_f=(\lambda H/2)^{\frac{1}{2}} \tag{9-2-1}$$

式中 λ——雷达子波波长(v/f)；

H——异常体埋深。

由理论分析可得出两点结论：① 异常体的水平尺寸为第一菲涅耳带直径的 1/4 时，仍能接收到清晰的反射波，说明地质雷达的水平分辨率高于第一菲涅耳带直径的 1/4；② 由于菲涅耳带的存在，若两个有限体的间距小于第一菲涅耳带直径，则不易区分。

9.2.1.2 矿井地质雷达的探测深度

矿井地质雷达能探测到最深目标体的距离称为矿井地质雷达的探测深度，地质雷达的探测深度通常可由功率传输过程和实践经验来确定。

(1) 功率传输过程

矿井地质雷达的功率传输过程为：发射机→发射天线→探测目标→接收天线→接收机。雷达系统从发射到接收过程中的功率损耗 Q 和系统的增益 Q_s 确定后，满足 $Q+Q_s>0$ 的距离 r，称为矿井地质雷达的深测距离，即雷达系统能够探测该距离范围内的目标体。

(2) 矿井地质雷达的经验探测深度

根据经验，表 9-2-1 中给出了矿井地质雷达在不同介质中相应工作频率下的探测深度。表 9-2-2 中给出了分辨率为目标体深度的 25%时天线中心频率与探测深度之间的关系。

表 9-2-1 矿井地质雷达在不同介质中相应工作频率下的探测深度

介质名称	探测深度	工作频率
干砂	5 m	1 GHz
砂土	3 m	1 GHz
有机土	3 m	500 MHz
黏土	2 m	100 MHz
煤层	20 m	50 MHz
岩层	20 m	50 MHz

表 9-2-2 分辨率为目标体深度的 25%时天线中心频率与探测深度之间的关系

探测深度/m	0.5	1.0	2.0	5.0	10	30	50
中心频率/Hz	1 000	500	200	100	50	25	10

9.2.2 矿井地质雷达探测的工作方法

目前矿井地质雷达探测方式与地面探测方式基本一致，主要有 3 种：剖面法、多次覆盖法和宽角法。

(1) 剖面法

剖面法的发射天线(T)和接收天线(R)以固定间隔沿测线同步移动(图 9-1-1)。当发射天线与接收天线间距为零，亦即发射天线与接收天线合二为一时称为单天线形式，反之称为双天线形式。发射天线和接受天线同时移动一次便获得一个记录。当发射天线与接收天线同步沿测线移动时，就可以得到由一个个记录组成的矿井地质雷达图像剖面。横坐标为天线在测线上的位置或剖面长度，纵坐标为雷达脉冲从发射天线出发经地下界面反射回到接收天线的双程走时(可转换成探测深度)。这种记录能准确地反映测线下方各反射界面的起伏变化情况(图 9-2-1)。

(2) 多次覆盖法

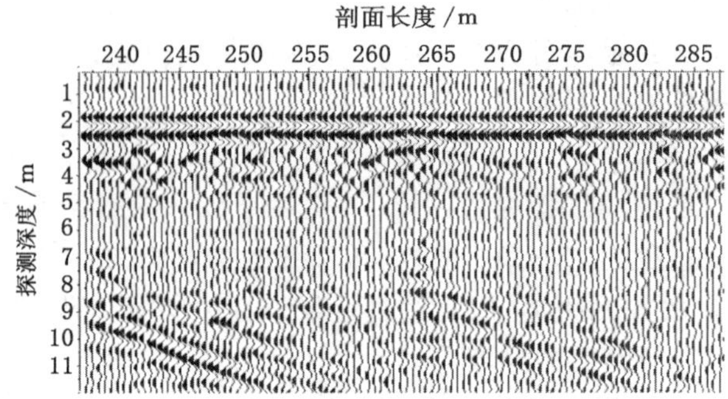

图 9-2-1 矿井地质雷达探测的图像剖面

由于介质对电磁波的吸收,来自深部界面的反射波会因信噪比过小而不易识别。这时可用不同天线距的发射-接收天线在同一测线上进行往复探测,然后把探测记录中相同位置的记录进行叠加,这种叠加后的记录能增强对深部地下介质的分辨能力。多次覆盖法示意图见图 9-2-2。在同一测点对不同天线距的测量结果进行叠加前,需要把不同天线距的信号双程走时校正为零源距的双程走时,然后才可进行叠加，这种校正称为时差校正。

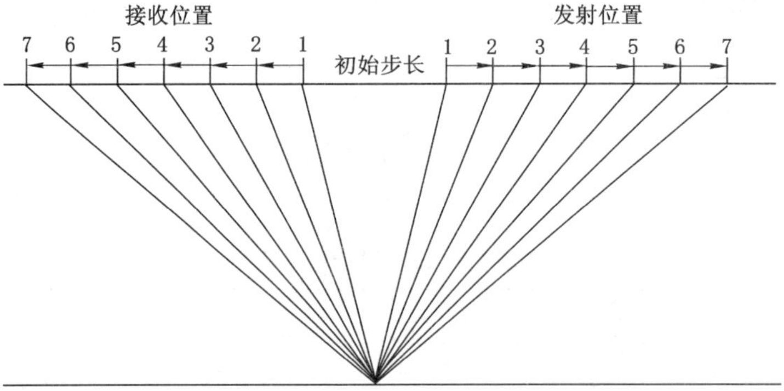

图 9-2-2 多次覆盖法示意图

假设地下界面是水平的,以天线距作为横坐标,反射波的双程走时为纵坐标,可绘制来自反射点的时距曲线。曲线方程为:

$$t_n = \frac{\sqrt{4h^2 + x^2}}{v_n} \tag{9-2-2}$$

对于通过共深点的时距曲线,可将不同天线距(亦称偏移距)的双程走时减去一个校正值,使其与零源距双程走时 $t_0(t_0 = 2h/v)$一致。对经过偏移距校正后的记录进行叠加可使来自地层界面的反射波信号得到增强。

(3) 宽角法

让一个天线固定在地面某一点不动而另一个天线沿测线移动,记录地下各不同界面反射波的双程走时,这种探测方式称为宽角法(图 9-2-3)。这种探测方式的目的是求地下介质的电磁波传播速度。

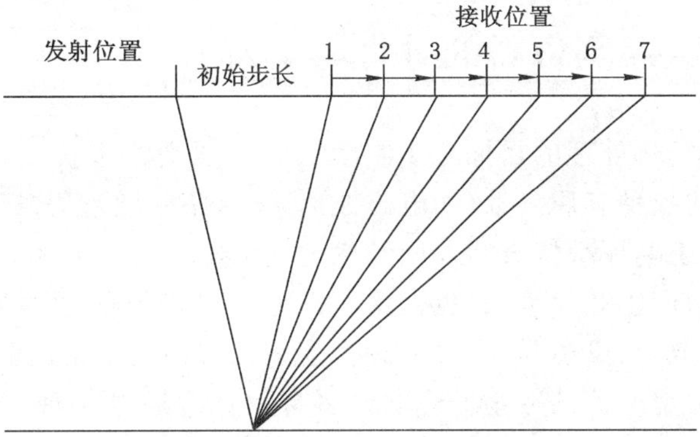

图 9-2-3　宽角法示意图

在实际工作中利用矿井地质雷达探测法进行探测时，结合施工场地条件并根据不同的探测目标及其位置，通常采用以下两种方式（均属剖面法）。

① 在同一点位设置发射天线和接收天线，同时发射脉冲信号和接收反射回来的脉冲信号（同位发射-接收装置），根据反射波的双程走时计算与目标体距离和相对位置。在井下掘进工作面迎头进行超前探测时，在发射点 T_x 和接收点 R_x 之间相距 0.5～1 m 的位置架设天线（图 9-2-4）。架设天线时，要先铲平悬挂面，将天线紧贴煤壁或岩壁悬挂，并用金属网将天线四周围好。

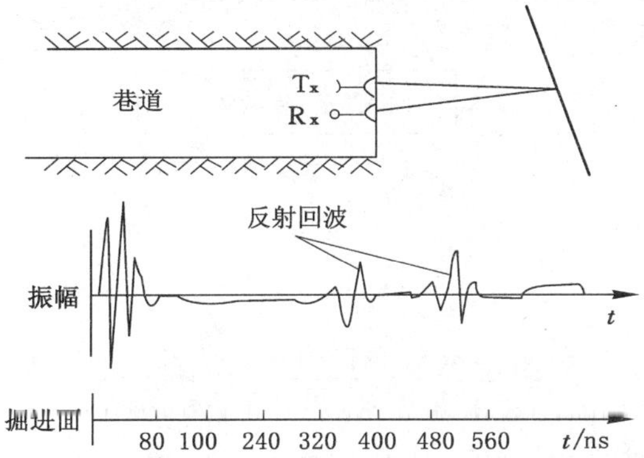

图 9-2-4　矿井地质雷达超前探测的同位发射-接收装置示意图

② 在巷道或采煤工作面探测时，工作布置采用图 9-2-5 所示的广角反射系统。发射天线和接收天线可布置在采面、巷道两帮或巷道顶底板，间距为 2～5 m。发射天线发出的脉冲在岩层或煤层中传播，遇界面会产生反射，反射脉冲信号被接收天线接收，反射波走时（单位为 ns）可由式（9-2-2）计算。

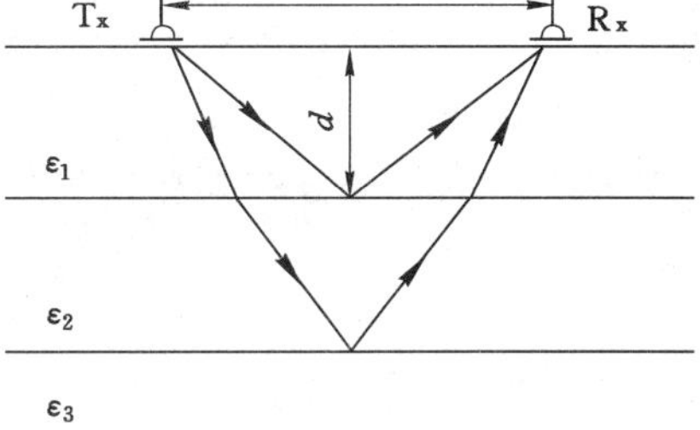

图 9-2-5　广角反射系统示意图

9.3 矿井地质雷达探测资料的处理与解释

矿井地质雷达探测资料处理的目标是压制随机的和规则的干扰波，以最大分辨率显示反射波，并提取反射波的各种有用参数（如电磁波速度、振幅和波形等）来帮助解释。矿井地质雷达探测与反射波地震勘探都依靠脉冲回波信号，其子波长度都由发射源控制。脉冲在地下传播过程中，能量会产生球面衰减，也会由于介质对电磁波能量的吸收而减弱，在地下介质不均匀时还会发生散射、反射与透射。因此，数字记录的地质雷达数据类似于反射波地震勘探的数据，反射波地震勘探的数字处理的许多有效技术通过某种形式的改变均可以应用于矿井地质雷达探测资料的处理（图 9-3-1）。

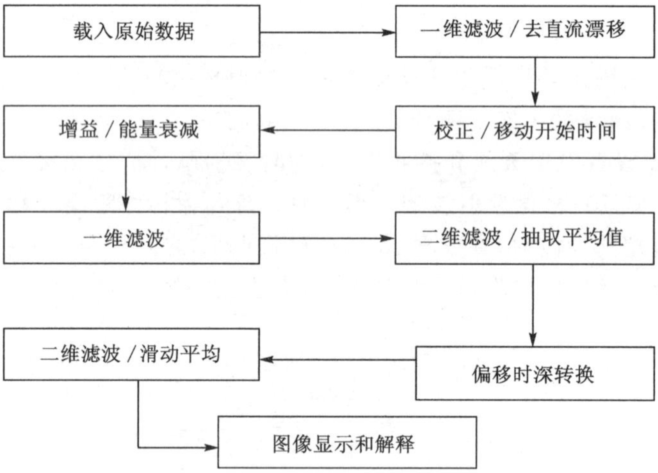

图 9-3-1 矿井地质雷达探测资料的处理流程

9.3.1 数字滤波的原理

矿井地质雷达探测法在探测过程中，为了尽可能保留较多信息，常采用全通的记录方式，因而有效波的干扰信号同时被记录下来，为了去除数据中的干扰信号，需要采用数字滤波的方法。数字滤波就是根据数据中有效信号和干扰信号不同的频谱范围来消除干扰信号的。

如果有效信号的频谱分布与干扰信号的频谱分布有一个比较明显的分界，那么可根据具体的干扰信号的频谱分布设计一个合理的滤波器将其滤除，从而可得到滤波以后的结果。根据干扰信号不同的频谱分布，可以采取低通、高通或带通滤波的方法。

9.3.1.1 低通滤波

如果噪声的频谱分布只有高频成分，那么可采用如下的滤波器将其滤除：

$$|H(f)|=\begin{cases}1 & f\leqslant f_{\mathrm{h}} \\ 0 & \text{其他}\end{cases} \tag{9-3-1}$$

式中 f_{h}——高截频率。

9.3.1.2 高通滤波

如果噪声的频谱分布只有低频成分，那么可采用如下的滤波器将其滤除：

$$|H(f)|=\begin{cases}1 & f \geqslant f_1 \\ 0 & \text{其他}\end{cases} \tag{9-3-2}$$

式中　f_1——低截频率。

9.3.1.3　带通滤波

如果噪声的频谱分布既有低频成分又有高频成分，那么可采用如下的滤波器将其滤除：

$$|H(f)|=\begin{cases}1 & f_1 \leqslant f \leqslant f_h \\ 0 & \text{其他}\end{cases} \tag{9-3-3}$$

所有理想滤波器的频率响应函数在截止频率处（f_1、f_h）都是间断的，间断函数的傅里叶变换（脉冲响应函数）必定是无限长的。实际计算中脉冲响应函数只能取有限长，即要对其截断。截断后的脉冲响应所对应的频率响应函数不再是一个理想的“门”，而是接近这种门的一条幅值有波动的曲线，这种现象称为吉布斯现象。由于频率特性曲线在通频带内是波动的曲线，滤波后有效波必定会发生畸变，另外在通频带处也是波动的曲线，这样并不能有效地压制干扰波。为了避免出现吉布斯现象可采用其他方法，例如镶边法，它从频率域角度考虑问题，在矩形频率特性曲线的不连续点处镶上连续的边，从而使频率特性曲线变为连续曲线。

9.3.2　矿井地质雷达探测资料的偏移处理

矿井地质雷达探测与反射波地震勘探方法一样都接收来自地下介质界面的反射波。偏离测点的地下介质交界面的反射点信号，只要其法平面通过测点，都可以被记录下来。在资料处理中应把地质雷达记录中的每个反射点移到其原来的位置，这种处理方法称为偏移归位处理，经过偏移处理的地质雷达剖面可反映地下介质界面的真实位置。

按照惠更斯原理，地下介质界面的每一反射点都可看作一个子波源，这些子波源产生的电磁波（绕射波）都可以到达地表被接收天线接收。地面接收到的子波源绕射波的时距曲线为双曲线形状，采用绕射扫描偏移叠加处理时，可把地下划分为很多网格，将每个网格看成一个反射点。如果反射点 P 的深度为 H，反射点所处的记录道为 s_j（其地表水平位置为 x_i），则 P 点对应任意记录道 s_j 的反射波或绕射波旅行时 $t_{i,j}$ 为：

$$t_{i,j}=\frac{2}{v}\sqrt{H^2+(x_j-x_i)^2} \quad (j=1,2,\cdots,m) \tag{9-3-4}$$

式中　m——参与偏移叠加的记录道总数；

　　　v——地层中电磁波传播速度。

把记录道 s_j 上 $t_{i,j}$ 时刻的振幅值 $A_{i,j}$ 叠加起来作为 P 点的总振幅值 A_i：

$$A_i=\sum_{j=1}^{m}A_{i,j} \tag{9-3-5}$$

按照上述方法进行绕射扫描偏移叠加可得到矿井地质雷达图像剖面。在有反射界面的地方，由于各记录道的振幅值接近同相叠加，叠加后总振幅值自然增大；在有绕射点的地方，由于各记录道的振幅值完全同相叠加，叠加后总振幅值也自然增大。反之，在没有反射界面或绕射点的地方，由于各记录道的随机振幅值非同相叠加，它们彼此部分互相抵消，叠加后的总振幅值自然相对减小。这样就使反射波自动偏移到其空间真实位置，绕射波自动归位到绕射点上。

9.3.3 矿井地质雷达探测图像的增强处理

矿井地质雷达探测数据由于存在干扰波以及地下介质条件复杂,即使进行了数据滤波、偏移归位处理,我们有时也难以从地质雷达图像上对其进行地质解释。因此,需要对地质雷达图像信息进行增强处理,改善图像质量,从而使其易于识别。

9.3.3.1 振幅恢复

矿井地质雷达接收天线记录到的反射波振幅由于波前扩散和介质对电磁波的吸收而在时间轴上逐渐衰减。为了使反射波振幅仅与反射层有关,需要进行振幅恢复。在均匀介质中,距发射天线为 r 处的电磁波振幅为:

$$A=\frac{A_0}{r}e^{-at} \tag{9-3-6}$$

式中 A_0——矿井地质雷达发射天线发射出的电磁波的振幅;

$\frac{1}{r}$——波前扩散因子;

a——吸收系数。

若接收到的反射波的双程走时为 t,则反射波的真振幅为:

$$A_0=Are^{at} \tag{9-3-7}$$

由于反射波的实际路径 $r=vt$ (v 是电磁波的平均速度),因此式(9-3-7)可变为:

$$A_0=Avte^{at} \tag{9-3-8}$$

于是可由矿井地质雷达记录的反射波振幅 A 与反射波走时 t 近似恢复反射波的真振幅,应注意的是吸收系数 a 的选取。

9.3.3.2 道内均衡

矿井地质雷达探测数据经处理后,通常浅层能量很强,深层能量很弱,这给信息输出显示造成困难,为了使浅、中、深层都能清晰显示,可采用道内均衡来解决个问题。道内均衡的基本思想是把各道中能量强的波相对压缩一定的比例,把能量弱的波相对增大一定的比例,使强波和弱波的振幅控制在一定的动态范围之内。据此,将各道记录的振幅值在不同的反射段内乘以不同的权系数即可。

设 F_j 为均衡后的振幅,f_j 为待均衡的振幅值,$1/W_j$ 为权系数(j 为记录道编号),则:

$$F_j\cong\frac{f_j}{W_j}\quad(j=0,1,2,\cdots,N) \tag{9-3-9}$$

W_j 是个缓慢渐变的序列,局部的可视为常数,这相当于由各个 F_j 和各个 f_j 构成的波形在局部是相似的。而从整道记录看,对振幅小的时段,取较小的 W_j 值,以增大 F_j 的值;对振幅较大的时段,用较大的 W_j 值,以缩小 F_j 的值。所以,W_j 应是一个与某个时段内的平均振幅成比例的序列。于是,设待均衡的记录长为 N,把它平分为 K 段,每个小段长度为 $2M$,此处 $2M=\text{int}[N/K]$。设 E_j 为各段内的振幅和,记为:

$$E_j=\sum_{m=-M}^{m}|f_{j+m}| \tag{9-3-10}$$

$$K_j=\frac{E_j}{2M+1}$$

式中 K_j——每一个时间段内的平均振幅,以其倒数作为加权系数。

则均衡处理后的振幅为：

$$F_j = \frac{Cf_j}{K_j} \tag{9-3-11}$$

式中　C——道内平衡系数，是个常数，由用户提供，用来调整振幅的幅度到一定的量值。

9.3.3.3　道间均衡

一般情况下，由于接收条件的差异，矿井地质雷达探测记录中道与道之间的能量不均衡，这会影响剖面图像中同相轴的连续性。因此，为了改善剖面的质量，需要进行道间均衡处理。道间均衡处理的基本原理与道内均衡的原理相同，只不过是把道内的加权改为道与道之间的加权，从而使各道的能量达到强弱均衡并处于一定的动态范围内。在计算平均振幅时，要把一张记录分成若干组，每组为 n（n 为奇数）道，把求出的平均值的倒数作为权系数，用该系数对 n 道的中心道加权。平均振幅的求法是：各道先求出本道的平均振幅，然后把各道的平均振幅相加，再除以 n 。

9.3.4　矿井地质雷达探测资料的解释

9.3.4.1　*矿井地质雷达探测图像剖面的解释方法*

矿井地质雷达探测图像剖面是矿井地质雷达探测资料地质解释的基础图件，只要地下介质存在电性差异，就可以在矿井地质雷达探测图像剖面中找到相应的反射波与之对应。根据相邻道上反射波的对比，把不同道上同一个反射波相同相位连接起来的对比轴称为同相轴。一般在无构造区，同一波组往往有一组光滑平行的同相轴与之对应，这一特性称为反射波组的同相性。矿井地质雷达探测中使用的点距很小（小于 2 m），地下介质的地质变化一般比较缓慢。因此，相邻记录道上同一反射波组的特征会保持不变，这一特征称为反射波形的相似性。同一地层的电性特征接近，其反射波组的波形、振幅、周期及包络线形态等有一定的相似特征。确定具有一定特征的反射波组是反射层识别的基础，而反射波组的同相性与相似性为反射层的追踪提供了依据。

对比矿井地质雷达探测图像剖面与钻探结果，可建立测区地层的反射波组特征。根据反射波组的特征就可以在矿井地质雷达探测图像剖面中拾取反射层。一般从垂直走向的测线开始，逐条测线进行。最后拾取的反射层必须在全部测线中都能连接起来并保证在全部测线交点上相互一致地闭合。

根据地层反射波组特征在与钻孔对应的位置划分出反射波组后，就需要依据反射波组的同相性与相似性进行地层的追踪与对比。在进行时间剖面的对比之前，要掌握区域地质资料，了解测区所处的地质构造背景。在此基础上，充分利用时间剖面的直观性和范围大的特点，统观整条测线，研究重要反射波组的特征及其相互关系，从而掌握重要反射波组的地质构造特征，其中要重点研究特征波的同相轴变化。特征波是指振幅强、能长距离连续追踪、波形稳定的反射波，它们一般都是能分辨主要岩性分界面的有效波。特征波的特征明显，易于识别。掌握了特征波就能研究剖面的主要地质构造特征。矿井地质雷达探测图像剖面主要表现为如下特征。

（1）矿井地质雷达探测反射波同相轴发生明显错动

破碎带、大的风化裂缝带及含水量变化大的区域使正常地层发生突变，表现在地质雷达图像剖面中的特征是，反映地层界面的矿井地质雷达探测反射波同相轴明显错动。断层或地层性质的变化越大，这一特征越明显。

(2) 矿井地质雷达探测反射波同相轴局部缺失

地层中断层、陷落柱等构造可使地层电性参数发生突变。这些构造对矿井地质雷达探测反射波的吸收作用，往往使得在它们的发育位置可连续追踪对比的矿井地质雷达探测反射波同相轴局部缺失，而缺失的范围与地层中构造横向发育范围和介质性质突变有关。

(3) 矿井地质雷达探测反射波波形发生畸变

地层裂缝等不均匀体在矿井地质雷达探测时间剖面上的另一表现特征为：由于地层裂缝等不均匀体对矿井地质雷达探测反射波的电磁弛豫效应及吸收而造成矿井地质雷达探测反射波在局部发生波形畸变，畸变程度与不均匀体的规模有关。

(4) 矿井地质雷达探测反射波频率发生变化

地层中各种成分含量对矿井地质雷达探测反射波有电磁弛豫效应及吸收作用，往往在对矿井地质雷达探测反射波波形进行改造的同时会使矿井地质雷达探测反射波在局部的频率降低，这也是在矿井地质雷达探测图像剖面上可识别不同性质土壤边界的一个重要标志。

9.3.4.2 矿井地质雷达探测反射波速度的获取

矿井地质雷达探测反射波速度的获取是矿井地质雷达探测资料解释的重要内容，也是深度转化的重要参数，其准确与否直接关系解释结果的准确程度。获取电磁波在介质中传播速度的常用方法有：已知目标换算法、几何刻度法、介电常数法、CDP 速度分析法、反射系数法等。

已知目标换算法最简单，也是常用的方法。该方法采用钻探的方法获取已知地层或目标体的深度，根据电磁波的传播时间进行计算。然后根据获得的速度来推断没有钻孔区域的地质体深度。

几何刻度法在天线移动过程中，由地下目标对电磁波的不同反射路径来求得电磁波在地下介质中的传播速度。

$$t(x)=\frac{\omega}{v}=\frac{2\sqrt{x^2+z^2}}{v}=\sqrt{\frac{4x^2}{v^2}+t_0^2} \tag{9-3-12}$$

式中 $t(x)$——当前位置 x 到目标体的双程时间；

t_0——沿垂直路径到目标体的双程时间。

可见，由式(9-3-12)能获得地下介质中电磁波的传播速度。

9.4 矿井地质雷达探测的应用

9.4.1 采煤工作面已知断层的尖灭点探测

某采煤工作面煤层厚度为 1.5 m，倾角为 10°，要求确定运输巷揭露的落差为 2.6 m、倾角为 75°的正断层在工作面内的尖灭点位置(图 9-4-1)。在机巷设置探测点 A、B、C，获取如图 9-4-2 所示的雷达波形图。图 9-4-2(a)中除脉冲宽为 400 ns 的直达波 1 外，存在脉冲宽为 500 ns 的回波 2，显然回波 2 不应是断层反射波；图 9-4-2(b)中回波 2(脉冲宽为 500 ns)比直达波 1(脉冲宽为 400 ns)还要强，反射距离为 12.7 m，回波 3(脉冲宽为 620 ns)不明显，反射距离为 25 m，推断为尖灭点位置；图 9-4-2(c)为运输巷道多次反射形成的回波。

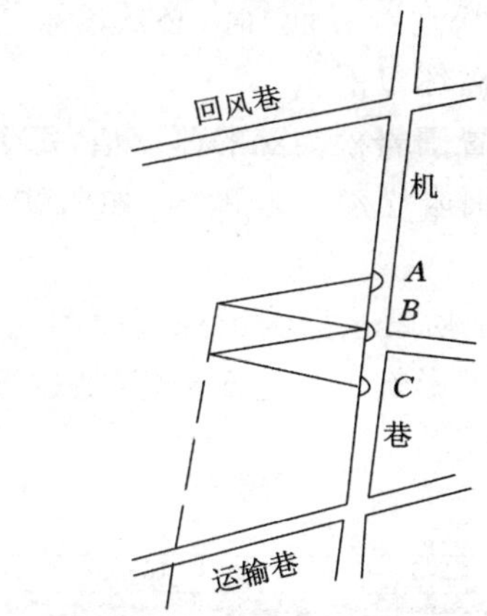

图 9-4-1　某采煤工作面矿井地质雷达探测示意图

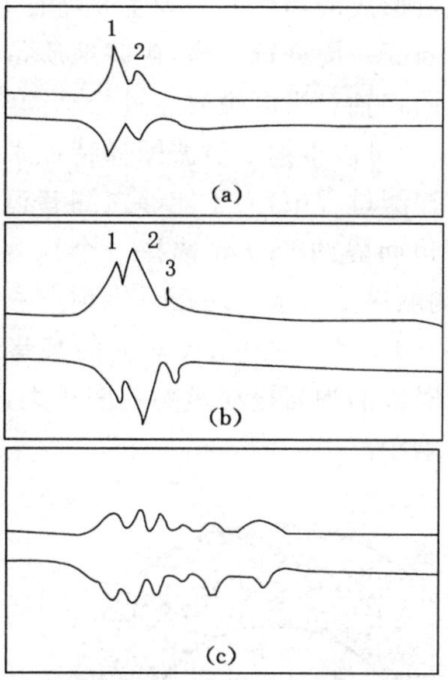

图 9-4-2　矿井地质雷达探测波形图

9.4.2　石灰岩含水层探测

矿井地质雷达探测法可用于探测石灰岩含水层位，工作布置见图 9-4-3(a)，即在距离辉绿凝灰岩和石灰岩的分界面 6～7 m 处的石灰岩表面安置发射天线，采用频带为 100～500 MHz、脉冲宽为 20～50 ns 的信号进行了矿井地质雷达探测。如图 9-4-3(b)所示，由于该区辉绿凝灰岩介电常数($\varepsilon_r=6\sim7\ \varepsilon_0$)和石灰岩的($\varepsilon_r=8\ \varepsilon_0$)近似相等，所以推断地质雷达记录的反射回波是石灰岩中含水层位产生的，而与石灰岩和辉绿凝灰岩分界面无关。后经钻孔证实，4～7 m 间存在与反射回波相对应的三个含水层位。

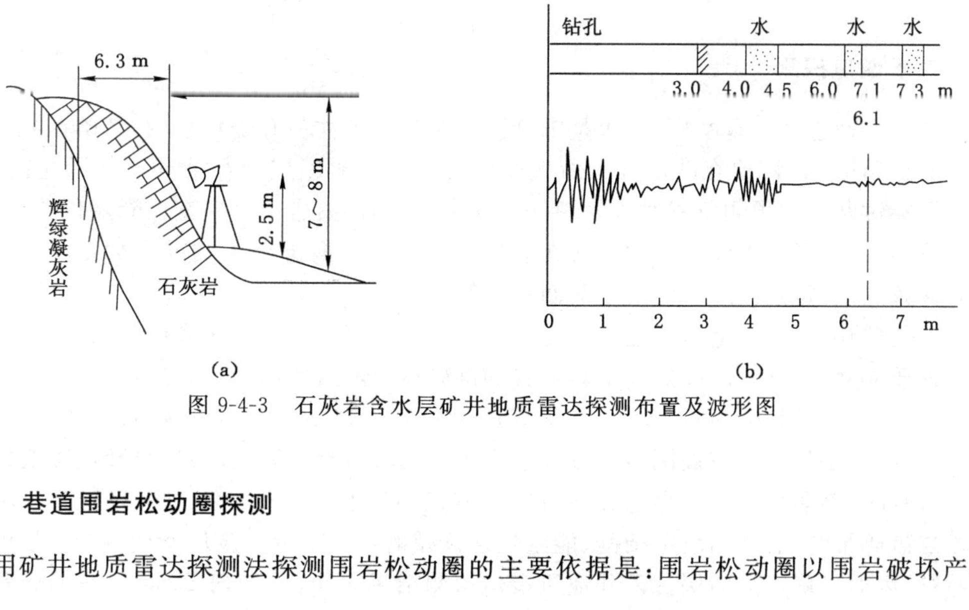

图 9-4-3　石灰岩含水层矿井地质雷达探测布置及波形图

9.4.3　巷道围岩松动圈探测

用矿井地质雷达探测法探测围岩松动圈的主要依据是：围岩松动圈以围岩破坏产生宏

观裂隙所形成的物性界面为主要特征，在该范围内岩体为破裂松弛状，通过矿井地质雷达围绕巷道断面一周进行扫描，矿井地质雷达发射的电磁波在其中传播时波形呈杂乱无章状态，无明显同相轴。当电磁波经过松动圈与非破坏区交界面(松动圈界面)时，必然发生较强的反射，从而可以根据反射波图像特征来确定围岩松动圈的破坏范围。

在探测过程中，为了能够探测巷道内每个断面不同位置围岩松动圈的厚度值，每个巷道断面周边间隔约 50 cm 选择一个探测点，逐一探测巷道围岩松动圈厚度值，如图 9-4-4 所示，探测顺序是底板→左帮→拱顶→右帮(面向迎头)。

图 9-4-5 为与图 9-4-4 对应的某巷道围岩松动圈矿井地质雷达探测图像剖面图，巷道拱顶部分对应的围岩松动影响范围较大，右上方最大围岩松动影响距离达 6 m，其他位置围岩松动影响距离平均为 3 m 左右。

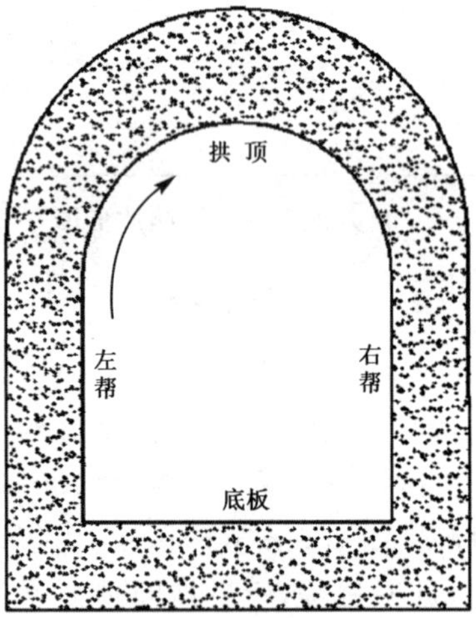

图 9-4-4 某巷道围岩松动圈测试示意图

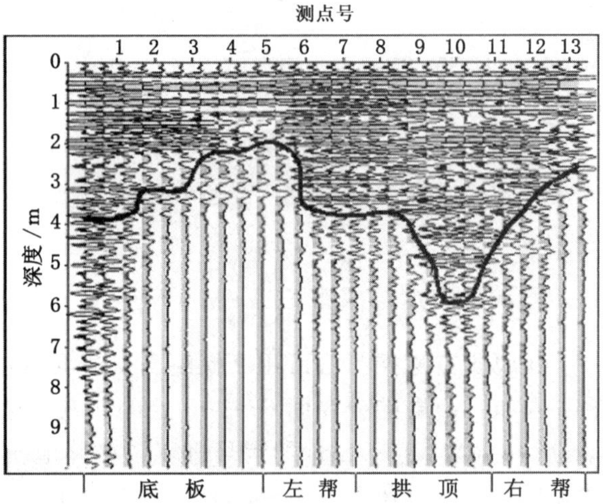

图 9-4-5 某巷道围岩松动圈矿井地质雷达探测图像剖面图

9.4.4 突水通道探测

矿井突水通道主要是断层，其次是节理破碎带和陷落柱。有资料预测，某矿在掘进巷道前方可遇到断层 F_6，需要在断层处预留安全煤柱。该矿对断层导水情况进行了超前钻探，但当钻孔穿过断层的预测位置时未发现任何异常，因而需要进一步探查该断层位置。为此，采用配置为 100 MHz 天线的地质雷达在巷道内沿水平方向进行地质雷达探测。沿掘进巷道布置两条测线，每条测线均为两个测回。

煤矿地质环境复杂，地质雷达信号受周围电线和金属支架的干扰较严重，因此采用时间剖面对地质界面进行解释，以提高资料解释的准确度。经过室内数据处理后，得到解释成果图(图 9-4-6)。由图 9-4-6 可以看出，探测巷道前方 10～15 m 处围岩反射回波波形凌乱，同向轴连续性差，多处反射波被围岩吸收。这是由于，断层两盘的岩性不同导致电磁物性差异较大，从而使得高频脉冲波在穿过界面时发生较强的反射，且形成的波形幅值较大；脉冲波穿过断层破碎带时，表现出波形杂乱、能量快速衰减的特征。以上波形特征符合断层引起的一般特征，因而可确定为断层。矿井地质雷达探测结果表明，矿区内 F_6 断层在掘进巷道北侧10～15 m 范围内出现，处于前期预测位置以北 10 m 处，这可能是断层面向地下延伸时产状发生变化引起的。

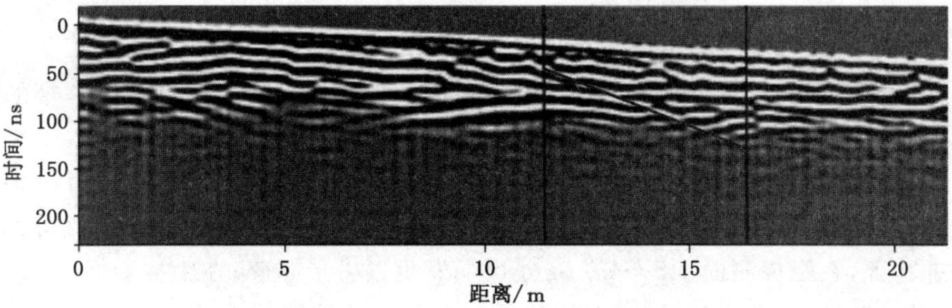

图 9-4-6　某矿掘进巷道矿井地质雷达探测解释成果图

9.4.5　陷落柱、破碎带等隐蔽灾害探测

某矿小型陷落柱、破碎带等隐蔽灾害较发育，煤层倾角变化较大。如图 9-4-7 所示，随着 8510 工作面进风巷与回风巷的掘进（巷道宽度约为 4 m），先后对掘进工作面进行了 8 次地质雷达超前探测，识别前方 50 m 范围内的隐蔽灾害源及煤层倾角变化情况，从而为巷道的安全掘进提供物探依据。

探测采用 50 MHz 与 200 MHz 频率天线，采用人为托举方式将地质雷达天线贴于被探测的掘进工作面侧壁，沿测线连续滑动（或定点探测），根据系统配置和天线滑行速度设定空间采样率，矿井地质雷达主机实时记录每个测点反射回波的时间和振幅值，从而构成连续矿井地质雷达探测图像剖面。8510 掘进工作面测线布置和探测方向见图 9-4-8。对探测结果进行滤波处理后，得到了如下解释成果。

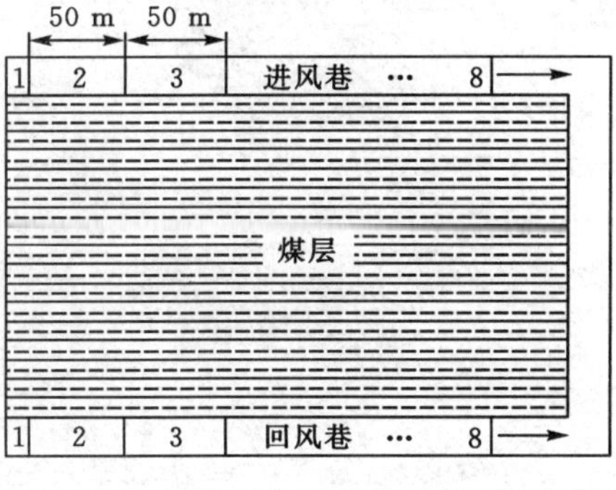

图 9-4-7　8510 掘进工作面矿井地质雷达探测位置
（数字 1,2,…,8 表示第 n 次探测，箭头表示探测方向）

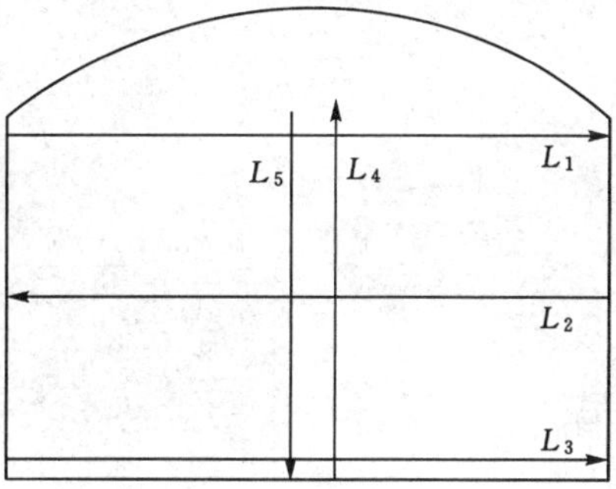

图 9-4-8　8510 掘进工作面测线布置与探测方向

（1）陷落柱探测

图 9-4-9 是某次回风巷探测的 200 MHz 矿井地质雷达探测对陷落柱的数据处理结果。掘进工作面前方5.5～7.0 m 处、9.0～12.0 m 处均存在强反射区域，虚线处反射同向轴错断，异常区域与周围地层相比有界面下陷特征。其中，浅部异常区内部反射波幅度差异明显，说明该异常区内岩石破碎；深部异常区反射波幅度均匀，表现为地层的整体下陷。因此，

判定浅部和深部这 2 个异常区为陷落柱发育区。经巷道推进验证，自探测面起 5.0～8.0 m 及 9.0～11.5 m 巷道范围内存在碎石且煤层中断，这与雷达预测的 2 个陷落柱发育位置基本吻合。

(2) 破碎带探测

图 9-4-10 所示是在某次进风巷探测的 200 MHz 矿井地质雷达探测对破碎带的数据处理结果。上部自掘进工作面左侧(深度 1.5 m)至右侧(深度 3.3 m)虚线处存在 1 个条带状的反射异常区，宽度约为0.5 m，而左右反射层面连续，从而判别为小型破碎带；掘进工作面前方 4～7 m 处存在一块状强反射区，但相位与周围介质的一致，判定为岩体结构异常区。经巷道推进验证，在距探测面 1.5～4.0 m 处煤层发生条带形破碎；在距探测面 4～8 m 处煤体呈块状、煤质较硬，与 200 MHz 矿井地质雷达探测的结果吻合。

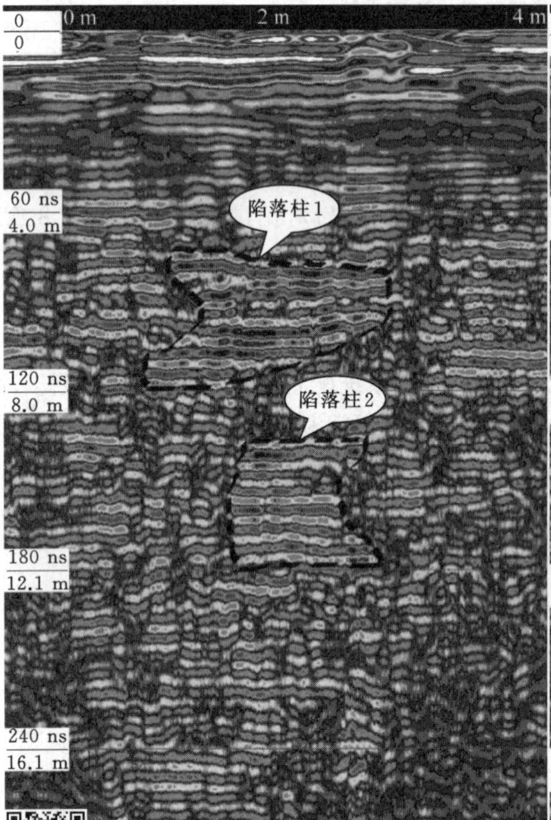

图 9-4-9　200 MHz 矿井地质雷达探测对陷落柱的数据处理结果

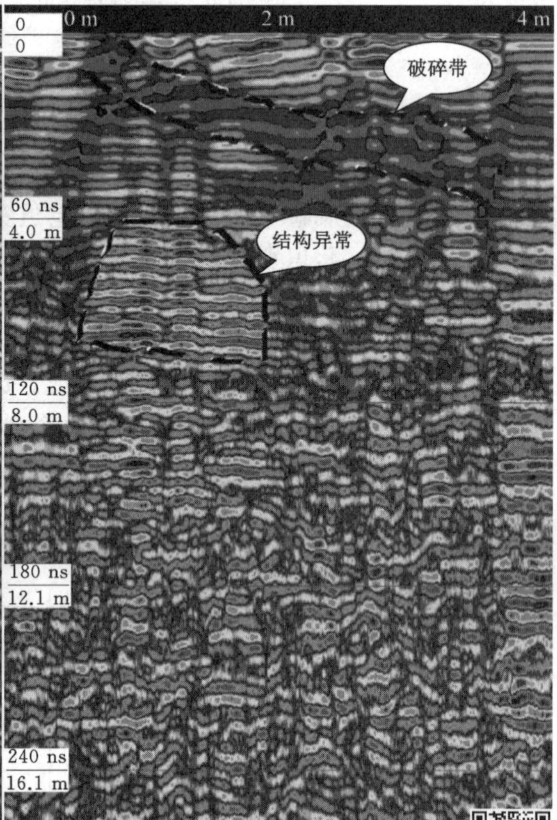

图 9-4-10　200 MHz 矿井地质雷达探测对破碎带的数据处理结果

(3) 煤岩交界面探测

图 9-4-11 所示是某次进风巷探测的 50 MHz 矿井地质雷达探测对煤岩界面的数据处理结果。掘进工作面前方 26～32 m 处存在层面反射信号，且信号较强、层面连续，推测是因地层褶皱而出现的煤层与岩层的交界面。经巷道掘进验证，在距探测面 25～34 m 处，由

于地层发生扭曲而出现砂岩地层，探测剖面位于扭曲地层尖部，所以尺度较小，这与矿井地质雷达探测的结果基本吻合。

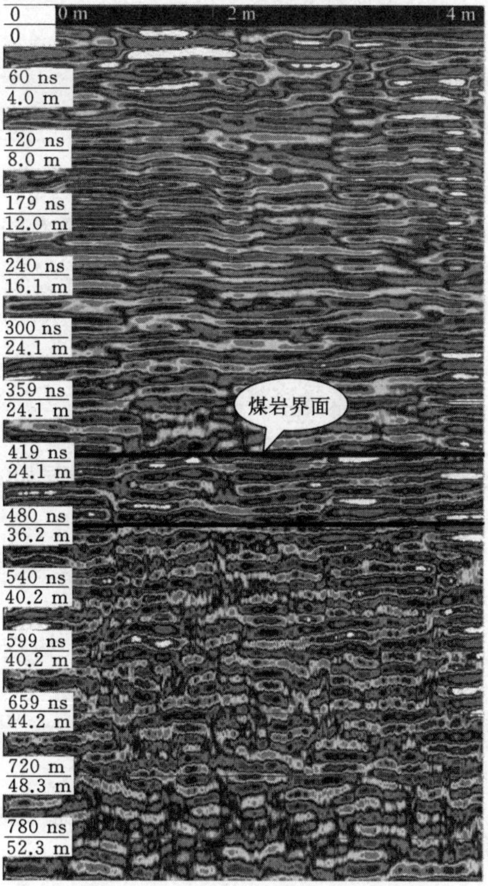

图 9-4-11　50 MHz 矿井地质雷达探测对煤岩界面的数据处理结果

参考文献

[1] 陈继福.地震勘探法在矿井地质工作中的应用[J].山西大同大学学报(自然科学版),2018,34(4):70-72.

[2] 成宽亮.基于声波测试的煤矿深井巷道围岩松动圈影响因素分析[J].能源与节能,2020(4):36-37,162.

[3] 程建远,孙洪星,赵庆彪,等.老窑采空区的探测技术与实例研究[J].煤炭学报,2008,33(3):251-255.

[4] 杜艳艳,冯磊,余为维,等.透射法地震勘探中槽波几何运动学特征[J].地球物理学进展,2017,32(5):1978-1983.

[5] 费明泽.井下高密度电法在矿井防治水的应用:以解决运煤通道底板下沉为例[J].中国煤炭地质,2014,26(9):78-80.

[6] 郭光裕.无线电波坑道透视技术在煤矿勘探隐伏地质构造中的应用[J].煤炭技术,2018,37(8):116-118.

[7] 侯朝军,张殿江,姬道新,等.声波检测在煤矿采空区灌浆质量效果中的应用[J].物探与化探,2005,29(1):93-95.

[8] 胡雄武,张平松,吴荣新,等.矿井多极供电电阻率法超前探测技术研究[J].地球物理学进展,2010,25(5):1709-1715.

[9] 霍全明,王玉海,罗国平.瞬变电磁法在煤矿水害预测防治中的应用[M].西安:西北工业大学出版社,1994.

[10] 姬广忠,程建远,胡继武,等.槽波衰减系数成像方法及其应用[J].煤炭学报,2014,39(增刊2):471-475.

[11] 江微娜,雷凯丽.井下综合物探技术探测隐伏小煤窑采掘范围研究[J].中国煤炭,2020,46(3):95-99.

[12] 姜永虎.煤巷断层地震超前探测三维波场特征研究[D].徐州:中国矿业大学,2018.

[13] 姜志海.巷道掘进工作面瞬变电磁超前探测机理与技术研究[D].徐州:中国矿业大学,2008.

[14] 景瑞旭.坑透法在工作面陷落柱探测中的应用[J].山西焦煤科技,2015,39(1):37-38,42.

[15] 蓝航.反射共偏移探测技术在掘进工作面地质异常探测中的应用[J].煤矿开采,2014,19(4):22-24,80.

[16] 李冬,杜文凤,许献磊.矿井地质雷达超前探测方法及应用研究[J].煤炭科学技术,2018,46(7):223-228.

[17] 李刚.煤矿井下工作面内隐伏断层透射槽波探测技术[J].煤田地质与勘探,2016,

44(5):142-145.

[18] 李高鹏.微震技术在煤矿注浆防治水过程中的检测分析研究[J].同煤科技,2021(1):25-28.

[19] 李广义,焦阳,卫金善,等.槽波地震透射法在陷落柱探测中的应用研究[J].山西煤炭,2018,38(6):35-38.

[20] 李娜,邢立杰,张建智,等.地震CT反演方法在井下起伏厚煤层中的应用[J].中国煤炭地质,2015,27(12):79-82.

[21] 李小召.综合物探技术在葛泉矿东井1292工作面防治水中的应用[J].煤炭与化工,2016,39(10):120-124.

[22] 李彦军.矿井直流电透视法在麦捷煤矿巷道掘进中的应用[J].现代矿业,2021,37(1):28-30.

[23] 李志聃.煤田电法勘探[M].徐州:中国矿业大学出版社,1990.

[24] 梁庆华,宋劲,孙兴平,等.地质雷达井下探测瓦斯富集区特征研究[J].地球物理学进展,2013,28(3):1570-1574.

[25] 刘广亮.层速度曲线在瑞利波探测中的应用[J].工程地球物理学报,2015,12(4):520-524.

[26] 刘盛东,王勃,章俊,等.矿井地震方法与技术[M].徐州:中国矿业大学出版社,2016.

[27] 刘盛东,章俊,李纯阳,等.矿井多波多分量地震方法与试验[J].煤炭学报,2019,44(1):271-277.

[28] 刘树才,刘志新,姜志海.瞬变电磁法在煤矿采区水文勘探中的应用[J].中国矿业大学学报,2005,34(4):414-417.

[29] 刘树才,岳建华,刘志新.煤矿水文物探技术与应用[M].徐州:中国矿业大学出版社,2005.

[30] 刘天放,李志聃.矿井地球物理勘探[M].北京:煤炭工业出版社,1993.

[31] 刘天放,潘冬明,李德春,等.槽波地震勘探[M].徐州:中国矿业大学出版社,1994.

[32] 刘志新,岳建华,刘仰光.矿井物探技术在突水预测中的应用[J].工程地球物理学报,2007,4(1):9-14.

[33] 刘志新,岳建华,刘仰光.扇形探测技术在超前探测中的应用研究[J].中国矿业大学学报,2007,36(6):822-825.

[34] 刘志新.矿井瞬变电磁场分布规律与应用研究[D].徐州:中国矿业大学,2008.

[35] 刘志新,刘树才,于景邨.综合矿井物探技术在探测陷落柱中的应用[J].物探与化探,2008,32(2):212-215.

[36] 刘志新,刘树才.矿井地球物理勘探[M].徐州:中国矿业大学出版社,2016.

[37] 马彦龙,朱书阶,勾永全,等.透射槽波探测技术在同煤塔山矿的应用研究[J].中国矿业,2021,30(增刊1):195-199.

[38] 孟令顺,杜晓娟,傅维洲.勘探地球物理教程[M].北京:地质出版社,2012.

[39] 牟义,李江华,徐慧,等.矿井瞬变电磁法参数优化试验及超前探测应用[J].煤炭科学技术,2020,48(6):184-190.

[40] 潘秋明.瞬态瑞雷波探测技术及其在矿井地质中的应用[J].煤田地质与勘探,1996,

24(4):53-56.
[41] 秦鸿刚.瑞利波探测技术在七台河矿区的适应性研究[J].内蒙古煤炭经济,2016(14):157-160.
[42] 商宇航,郜振华,刘春雨,等.基于瞬变电磁法的煤矿采空区积水探测[J].黑龙江科技大学学报,2018,28(2):152-156.
[43] 商宇航,郜振华,杨龙军,等.煤层构造与采空区的三维地震探测[J].黑龙江科技大学学报,2018,28(4):370-373.
[44] 商宇航,刘春雨,郜振华,等.基于瞬变电磁法和同位素测氡法的煤层综合探测[J].黑龙江科技大学学报,2020,30(1):16-21.
[45] 石学锋.矿井瞬变电磁法探测非煤巷道岩层不整合界面[J].物探化探计算技术,2020,42(4):510-516.
[46] 石永生.基于瑞利波技术的孤岛工作面风巷底板破坏深度探测[J].煤矿安全,2016,47(7):208-210,214.
[47] 宋伟,翟培合,徐西滨,等.三维高密度电法在矿井水害防治中的应用[J].现代矿业,2020,36(12):207-209.
[48] 郜振华,张凤旭,刘国兴,等.基于差分求导的伪总梯度余弦值法的位场边界检测[J].石油地球物理勘探,2014,49(4):807-814.
[49] 郜振华,王连元,隋宗津.位场向下延拓的有限高通算子迭代法[J].黑龙江科技大学学报,2019,29(1):88-92.
[50] 郜振华.位场梯度张量转换的频率域正则化迭代法[J].黑龙江科技大学学报,2019,29(4):398-403.
[51] 王东伟,刘志新,武俊文,等.矿井瞬变电磁法在巷道迎头超前探测中的应用[J].工程地球物理学报,2011,8(4):403-407.
[52] 王东伟,刘志新,许云磊,等.金属体支护下煤层工作面瞬变电磁探测技术研究[J].矿业安全与环保,2012,39(3):9-11,15.
[53] 王吉厅.地质雷达在燕子山煤矿突水通道探测中的应用[J].山西焦煤科技,2018,42(5):21-23.
[54] 王季,牛欢,吴海,等.基于共接收点道集波形相似度的槽波到时估计方法[J].煤炭科学技术,2018,46(1):162-166,230.
[55] 王季,刘最亮,牛欢,等.陷落柱对煤岩折射波的影响及相应成像方法研究[J].煤炭科学技术,2020,48(2):214-219.
[56] 王家臣,许延春,徐高明,等.矿井电剖面法探测工作面底板破坏深度的应用[J].煤炭科学技术,2010,38(1):97-100.
[57] 王军杰,王学民,樊孝敏,等.瑞利波探测实例与常见问题分析[J].煤炭技术,2014,33(4):89-91.
[58] 王君,朱培民,张双杰.折射波层析成像在探测煤田陷落柱中的应用[J].工程地球物理学报,2012,9(6):719-725.
[59] 王晓康,路拓.地震超前探测技术在老窑采空区探测中的模拟与应用[J].中国煤炭地质,2019,31(3):67-71,82.

[60] 王一.矿井反射槽波包络叠加成像方法及其应用[J].煤田地质与勘探,2017,45(5):152-154,160.
[61] 王永胜.井下直流电法解释软件系统[J].煤田地质与勘探,1998(增刊):52-54.
[62] 韦乖强,赵慧.矿井瞬变电磁法在老窑采空区边界探测中的应用[J].中国煤炭地质,2021,33(5):72-75.
[63] 武延辉,王伟,滕吉文,等.透射与反射槽波联合探测小构造应用研究:以山西龙泉矿区为例[J].地球物理学进展,2021,36(3):1325-1332.
[64] 肖玉林,吴荣新,张平松,等.无线电波透视场强增量法在煤层工作面坑透探测中的应用[J].矿业安全与环保,2016,43(5):36-40,44.
[65] 邢楷,刘江敏,郝宇军,等.矿井坑透技术及音频电透技术综合探测复采区域技术研究[J].山西煤炭,2018,38(1):75-78.
[66] 邢修举,蒋齐平.超宽综采工作面隐伏陷落柱探测技术研究[J].矿业安全与环保,2019,46(2):66-69.
[67] 徐慧.煤矿含水层富水性"双测"技术[J].煤炭技术,2021,40(2):43-47.
[68] 杨建增,王心义.富水异常区超前探查的综合物探技术评价[J].河南理工大学学报(自然科学版),2013,32(4):427-431.
[69] 杨文采,李幼铭.应用地震层析成像[M].北京:地质出版社,1993.
[70] 于景村.矿井直流电法勘探中应注意的几个问题[J].中国煤田地质,1998,10(3):59-60,62.
[71] 于景邨.矿井瞬变电磁法勘探[M].徐州:中国矿业大学出版社,2007.
[72] 于景邨,刘志新,岳建华,等.煤矿深部开采中的地球物理技术现状及展望[J].地球物理学进展,2007,22(2):586-592.
[73] 于景邨,刘志新,刘树才,等.深部采场突水构造矿井瞬变电磁法探查理论及应用[J].煤炭学报,2007,32(8):818-821.
[74] 于景邨,刘志新,汤金云,等.用瞬变电磁法探查综放工作面顶板水体的研究[J].中国矿业大学学报,2007,36(4):542-546.
[75] 岳建华,李志聃.矿井直流电法勘探中的巷道影响[J].煤炭学报,1999,24(1):9-12.
[76] 岳建华,刘树才.矿井直流电法勘探[M].徐州:中国矿业大学出版社,2000.
[77] 曾昭发,刘四新,王者江,等.探地雷达方法原理及应用[M].北京:科学出版社,2006.
[78] 张卜文.巷道直流透视二维反演成像技术及应用[J].物探化探计算技术,2021,43(2):242-247.
[79] 张宏兵,蒋甫玉,黄国娇,等.工程地球物理勘探[M].北京:中国水利水电出版社,2019.
[80] 张军,赵莹.瑞利波勘探在矿井断层探测中的应用[J].西部探矿工程,2013,25(9):109-111.
[81] 张明学.地震勘探原理与解释[M].北京:石油工业出版社,2010.
[82] 张胜业,潘玉玲.应用地球物理学原理[M].武汉:中国地质大学出版社,2004.
[83] 张倚瑞,李冰,邢修举,等.联合剖面装置在矿井精细化探测中的应用研究[J].煤炭技术,2019,38(12):43-46.
[84] 张艺耀.矿井断层超前探波动方程理论及声波波场特征研究[J].煤炭科技,2020,

41(4):61-63,75.

[85] 赵鸿亮,赵建斌,李宇腾.巷-孔瞬变电磁超前探测技术在矿井水害探测中的应用[J].煤炭技术,2020,39(12):47-51.

[86] 周俊杰.资源与工程地球物理勘探[M].2 版.北京:化学工业出版社,2018.

[87] HUANG L Y,WANG S C,SONG X J.Three-component channel wave characteristics and fine imaging of erosion zone[J].Journal of King Saud University-Science,2020,32(1):1197-1205.

[88] JI G Z,WEI J C,YANG S T,et al.Three-component polarization migration of channel waves for prediction ahead of coal roadway[J].Journal of applied geophysics,2018,159:475-483.

[89] JIANG Z H,YUE J H,YU J C.Experiment in metal disturbance during advanced detection using a transient electromagnetic method in coal mines[J].Mining science and technology (China),2010,20(6):861-863.

[90] LIU Z L,WANG J,CHEN T J,et al.Seismic time-lapse monitoring of gas drainage in an underground coal working face[J].International journal of coal geology,2021,237:103712.

[91] LU T,LIU S D,WANG B,et al.A review of geophysical exploration technology for mine water disaster in China:applications and trends[J].Mine water and the environment,2017,36(3):331-340.

[92] LU W K,YIN F F.Adaptive algebraic reconstruction technique[J].Medical physics,2004,31(12):3222-3230.

[93] SHI Y D.A data interpretation method of coal seam sounding and application effect[J].Procedia earth and planetary science,2011,3:311-317.

[94] TAI Z H,ZHANG F X,ZHANG F Q,et al.Approximate iterative operator method for potential-field downward continuation[J].Journal of applied geophysics,2016,128:31-40.

[95] TAI Z H,ZHANG F X,ZHANG F Q,et al.Weighted small subdomain filtering technology[J].Journal of applied geophysics,2017,144:50-56.

[96] TANG H Z,YANG H Y,LU G Y,et al.Small multi-turn coils based on transient electromagnetic method for coal mine detection[J].Journal of applied geophysics,2019,169:165-173.

[97] WANG B,LIU S D,JIN B,et al.Fine imaging by using advanced detection of reflected waves in underground coal mine[J].Earth sciences research journal,2019,23(1):93-99.

[98] YE Z J,ZHANG C P,YE Y,et al.Application of transient electromagnetic radar in quality evaluation of tunnel composite lining[J].Construction and building materials,2020,240:117958.

[99] ZHAI L J.Comprehensive exploration technology of water disaster prevention and control in coal mining roof[J].Procedia earth and planetary science,2011,3:303-310.